戏剧影视专业“十四五”规划教材

影视后期制作基础 Adobe Premiere Pro CC 实训教程

Fundamentals of Post-Production
for Film and Television:
Practical Training Course
in Adobe Premiere Pro CC

王　路 / 主编

余南霖　周　竹　杨　苏 / 副主编

中国传媒大学出版社
·北京·

本书受四川电影电视学院 2021 年度校级教育教学改革与研究项目

“影视后期基础 Adobe Premiere Pro CC 教材的开发与应用”(项目编号:2022JG41202)支持。

前 言

Adobe Premiere Pro CC 2019(简称 PR)是由 Adobe 公司开发的一款专业的视频剪辑和特效制作软件,被广泛应用于电影、电视、广告和社交媒体等领域。它拥有强大的视频剪辑、色彩校正、音频处理和字幕添加等功能,同时也支持各种插件和扩展,如与 Adobe 公司的 Photoshop、After Effects、Media Encoder 等互补使用,创造出强大的视觉效果,可以满足专业制作人员对于视频编辑的各种需求。

该软件简单易学、操作快捷,深受影视后期制作从业人员的喜爱。许多高校的数字媒体、影视、动画、广告、视觉传达等专业都开设了相关课程,作为影视后期制作的专业基础课。

习近平总书记在党的二十大报告中鲜明指出,“推进文化自信自强、铸就社会主义文化新辉煌”。这为新时代新征程上社会主义文化强国建设进一步指明了前进方向。全面建设社会主义现代化国家,必须坚持中国特色社会主义文化发展道路,增强文化自信,围绕举旗帜、聚民心、育新人、兴文化、展形象建设社会主义文化强国,发展面向现代化、面向世界、面向未来的,民族的科学的大众的社会主义文化,激发全民族文化创新创造活力,增强实现中华民族伟大复兴的精神力量。

根据党的二十大精神,同时考虑到传媒艺术类院校的教学方向和教学特色,本书从 Premiere Pro CC 2019 的基础操作入手,系统讲解了数字视频的相关理论知识,并结合案例深入探讨了该软件在渲染设置、转场特效、视频特效、字幕创建及应用、音频处理及特效应用、剪辑逻辑和剪辑技巧等方面的内容。

编者总结多年积累的专业知识、一线工作和教学经验,根据课程目标和教学重点，精心选择与课程内容密切相关的优秀经典案例，以帮助读者将所学到的理论知识综合运用到实际情境中，解决教学与实践相脱节的问题。

王路、余南霖、周竹、杨苏担任书稿的主要撰写工作，参与本书编写和资料整理的还有杨小勇、王月、张媛、陈佳颖、廖锐、董建东。部分插图素材来源于 pixabay 网站、国内外优秀电影截图，在此一并表示感谢。

由于时间仓促，加之我们编写人员的水平有限，书内难免有挂一漏万之处，敬请各位读者斧正。

编　者

目 录

第一章　数字视频概述

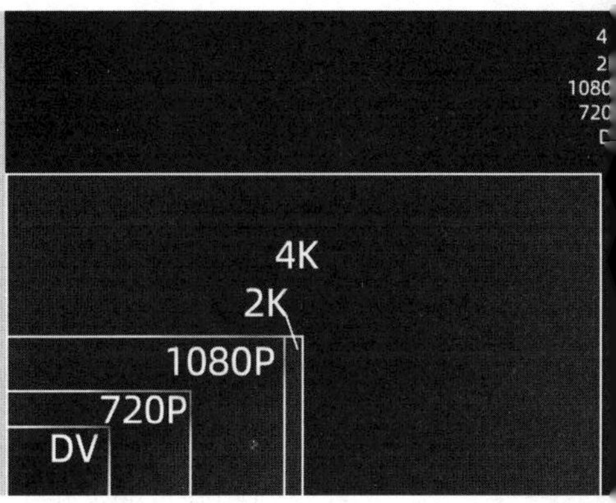

本章概述

数字视频的概念及相关理论知识是学习影视后期制作的基础。通过本章的学习，读者可以更好地了解数字视频的相关知识，为后续章节的学习奠定基础。

思政教学目标

激发当代大学生对学习影视后期制作的兴趣，培养青年学生求真务实的科学精神，以实干担当凝聚青春力量。

教学要求

◆掌握数字视频的概念及相关基础理论知识。

◆了解线性编辑和非线性编辑。

◆了解非线性编辑的工作流程。

教学重点和难点

重点：如何巧妙地让学生记住数字视频的概念及相关基础理论知识？

难点：区别线性编辑与非线性编辑。

第一节　数字视频的基本概念

数字视频是指以数字编码的形式记录的视频内容。其优点是:数字视频可以在计算机网络(局域网或广域网)上传输图像数据,基本上不受距离限制,信号抗干扰能力强,相对于模拟信号,大幅提高了图像的品质和画面稳定性。此外,数字化存储可以将视频数据存储在光盘、U 盘中,不仅降低了视频存储和使用的难度,同时也提高了视频查询的便捷程度。

数字视频常见的产生方式有:(1)使用数字摄像机之类的视频捕捉设备,将被摄主体的颜色和亮度信息转变为数字信号,再记录到数据存储介质(如数字带、闪存卡等)上;(2)将传统的模拟信号视频通过模拟/数字(A/D)转换器,转换为数字“0”或“1”的编码形式进行数字化存储,从而得到数字信号视频。

与之相对应的是模拟信号视频,该类视频是由连续的模拟信号组成的视频画面。在以模拟信号为主的时代,摄像机以电子管作为光电转换器件,把外界的光信号转换为电信号。摄像机前的被摄主体有不同的亮度,对应于不同的亮度值,摄像机电子管中的电流会发生相应的变化。模拟信号就是采用这种电流的变化来代表或模拟所摄取的图像,记录下它们的光学特征,然后通过后续的调制和解调,将电流变化的信号传输给接收机,通过电子枪显示在荧光屏上,还原成原来的光学图像。

模拟信号视频很难长期存放,视频经过多次复制后会对原带造成一定的伤害,并且随着时间的推移,录像带上的图像信号强度会逐渐减弱,造成画面质量下降、色彩模糊等现象。如今,录像带已逐步退出了主流市场。

第二节　数字视频基础理论

一、电视制式

电视制式是指一个国家的电视系统所采用的特定制度和技术标准。世界上各个国家对电视视频制定的标准不同,制式也会有所区别。目前全世界常用的电视制式有三种:PAL 制式(Phase Alternation Line,逐行倒相正交平衡调幅制)、NTSC 制式(Nation Television Systems Committee,美国国家电视标准委员会制式,又称正交平衡调幅制)、SECAM 制式(Sequentiel Couleur A Memoire,按顺序传送彩色信号与存储,又称塞康制)。

(一)PAL 制式

PAL 制式主要在中国、英国、澳大利亚、新西兰和欧洲大部分国家采用,帧速率为 25 帧/秒,每帧 625 线,采用隔行扫描方式,奇场在前,偶场在后。规定的标准数字化 PAL 制式电视分辨率为 720×576 像素,色彩位深 24 比特,画幅比例为 4∶3。

(二)NTSC 制式

NTSC 制式主要在美国、加拿大、日本、韩国、中美和南美的大部分地区采用。NTSC 制式的帧速率为 29.97 帧/秒,每帧 525 线,采用隔行扫描方式,偶场在前,奇场在后。规定的标准数字化 NTSC 制式电视分辨率为 720×480 像素,色彩位深 24 比特,画幅比例为 4∶3。

(三)SECAM 制式

SECAM 制式主要在法国、俄罗斯、中东地区和非洲大部分国家采用。SECAM 制式的帧速率为 25 帧/秒,每帧 625 线,隔行扫描,画幅比例为 4∶3。规定的标准数字化 SECAM 制式电视分辨率为 720×576 像素,如表 1-1 所示。

表 1-1 不同国家电视制式标准

播放制式	国家	水平线	帧速率	画幅比
PAL	中国、英国、澳大利亚、新西兰和欧洲大部分国家	625 线	25 帧/秒	4∶3
NTSC	美国、加拿大、日本、韩国、中美和南美的大部分地区	525 线	29.97 帧/秒	4∶3
SECAM	法国、俄罗斯、中东地区、非洲大部分国家	625 线	25 帧/秒	4∶3

二、现代视频常用的分辨率

我们在视频网站上经常会见到标清、高清、2K、4K 的字样,它们各自的含义及特点如下:

(一)标清

标清是指物理分辨率在 720P 以下的视频显示格式。

720P 是由美国电影电视工程师协会(SMPTE)制定的高等级高清晰数字电视的格式标准,指逐行扫描视频的垂直分辨率为 720 线,分辨率为 1280×720 的显示格式,行频为 45kHz。

(二)高清

高清通常是指物理分辨率在 1080P 以下的视频显示格式。

我们通常认为垂直扫描线超过 1080 条的视频的分辨率为 1080P,不过人们常用 1920×1080 这种方形像素的形式来表示 1080P 分辨率。

(三)2K 分辨率

2K 分辨率是指标准在高清之上的数字视频格式。2K 显示屏或视频的水平分辨率达到了约 2000 像素的分辨率等级。

传统的 2K 分辨率为 2048×1080;在电影行业,水平分辨率为 1804P 的电影,也会被当作 2K 分辨率影片。

(四)4K 分辨率

4K 分辨率属于超高清分辨率,其水平方向上,每行像素值达到或者接近 4096 个。

通常来说,4K 画面由 4096×2160 个像素组成,可提供 880 多万像素的高清画面,观众可以看清画面中的每一个细节和特写。同时由于 4K 画面的每一帧数据量都达到了 50MB,因此无论解码播放还是编辑,都需要使用顶级配置的机器,如图 1-1 所示。

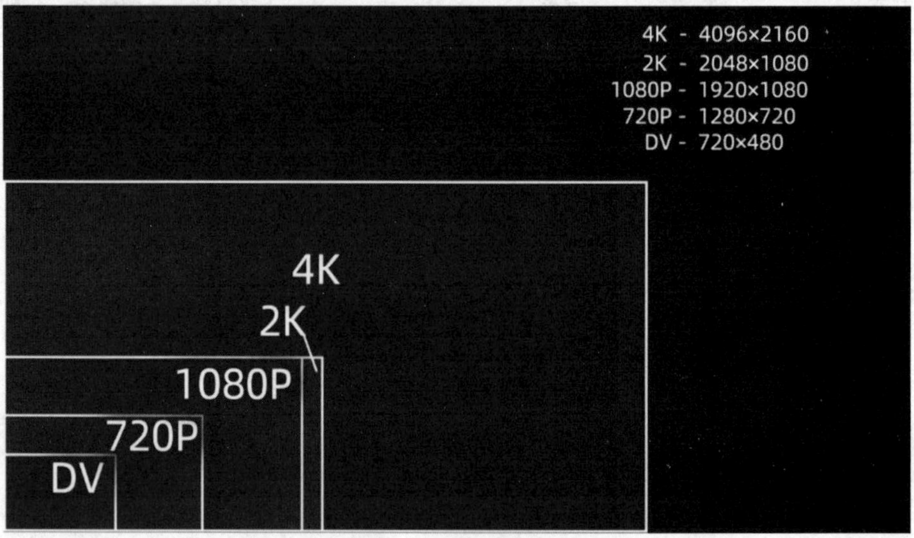

图 1-1 不同分辨率差异

第三节　线性编辑与非线性编辑

一、线性编辑

线性编辑，指的是一种需要按照时间轴顺序从头至尾进行编辑的影视制作方式。这种制作方式需要编辑人员对一系列镜头的组接做出准确的判断，事先做好构思，因为一旦编辑完成，就很难改变这些镜头的组接顺序。因为对编辑带的任何改动，都会直接影响到记录在编辑带上的信号，从改动点以后直至结尾的所有部分都将受到影响，需要重新编一次或者进行复制。

如今，线性编辑这种制作方式在新闻片的制作、纪实性节目的现场直播和现场直录中仍然被广泛使用。

二、非线性编辑

非线性编辑是一种数字视频编辑技术，指剪切、复制和粘贴素材无须在存储介质上重新进行，可以轻易地以非线性方式改变镜头顺序的编辑方式。

非线性编辑是在数字技术的基础上进行的影视编辑方式，它极大地提高了影视编辑的工作效率。

如今非线性编辑已成为影视编辑的主流编辑方式，绝大多数的影视制作机构均采用了非线性编辑系统。此处的“线”，指的是时间轴，而非信号线。

第四节　非线性编辑的基本工作流程

非线性编辑的工作流程可以简单地分为输入、编辑、输出三个步骤。当然，针对不同的软件，其工作流程还可以进一步细化。以我们即将学习的软件 Premiere Pro CC 2019 为例，其工作流程主要分为五个步骤：

一、素材采集与输入

采集就是利用 Premiere Pro CC 2019，将模拟信号视频、音频信号转换成数字信号存储到计算机中，或者将外部的数字视频存储到计算机中，成为可处理的素材。输入主要指把其他软件处理过的图像、声音等文件导入 Premiere Pro CC 2019 中。

二、素材编辑

素材编辑就是设置素材的入点和出点，以选择最合适的部分，然后按时间顺序组接不同素材的过程。

三、特技处理

给视频素材添加特效的特技处理包括但不限于转场、特效、合成叠加。对于音频素材，特技处理包括转场、音频特效等。很多令人惊叹的画面效果都是在这一过程中创造的。非线性编辑软件的功能是否强大也总是体现在影视作品的特技处理上。

四、字幕制作

字幕制作同样是节目制作中非常重要的部分，特别是在中文视频的制作过程中，由于中文的特殊性，有对话的视频基本上都需要配上中文字幕。

字幕制作包括两方面内容，分别是文字和图形。利用 Premiere Pro CC 2019 制作字幕很便捷，可以实现大量的字幕效果，同时该软件还提供了大量的字幕模板供用户选择。

五、输出和生成

在视频编辑完成后，编辑人员可以将其传输回录像带或存储卡上，同时也可以直接输出，生成视频文件，发布到网上、刻录成 VCD 和 DVD，或存储在存储卡上等。

第二章　初识非线性编辑软件——Premiere Pro CC 2019

本章概述

本章主要介绍的是 Premiere Pro CC 2019 的各个面板、菜单命令以及基础操作。通过本章的学习，读者可以了解并掌握 Premiere Pro CC 2019 的入门知识和基础操作。

思政教学目标

激发当代大学生对 Premiere Pro CC 2019 软件的学习兴趣。通过引入的国内优秀案例，提升学生在影视后期制作领域的审美价值观、文化感知力和艺术创作能力，培养学生对影视后期创新的责任感、使命感和归属感。

教学要求

◆了解 Premiere Pro CC 2019 的基本内容和配置要求。
◆熟悉 Premiere Pro CC 2019 的各个面板和菜单命令。
◆掌握 Premiere Pro CC 2019 的基本操作。

教学重点和难点

重点：熟悉 Premiere Pro CC 2019 在日常操作中的一些重要习惯。

难点：了解 Premiere Pro CC 2019 的各项基础操作并能创新性灵活应用。

第一节 Premiere Pro CC 2019 的配置要求

Premiere Pro CC 2019 是由 Adobe 公司开发的一款非线性编辑的视频剪辑软件，也是目前国内主流的视频编辑软件之一。它可以同时实时视频编辑和音频编辑功能，是视频爱好者们和影视剪辑从业者们使用最多的视频编辑软件之一。其作为功能强大的多媒体视频、音频编辑软件，使用范围越发广泛，制作效果美不胜收，足以协助用户高效完成视频剪辑工作。

与之前的版本相比，Premiere Pro CC 2019 的工作体验更加完美，功能也有所创新，但同时它对电脑配置的要求也有所提高。以下为官方对 Premiere Pro CC 2019 在不同操作系统的配置要求。

一、Windows 版本

表 2-1 Windows 系统硬件需求

	最小规范	推荐规范
处理器	Intel 第 6 代或更新款的 CPU（或 AMD 同等产品）	Intel 第 7 代或更新款的 CPU（或 AMD 同等产品）
操作系统	Microsoft Windows 10（64 位）版本 1703 或更高版本	Microsoft Windows 10（64 位）版本 1703 或更高版本
RAM（内存）	8G RAM	16G RAM，用于 HD 媒体 32G，用于 4K 媒体或更高的版本
GPU（显卡）	2G GPU VRAM（2G 显存）及以上（可选 Adobe 认证的 GPU 卡，以加速显示性能）	4G GPU VRAM（2G 显存）及以上（可选 Adobe 认证的 GPU 卡，以加速显示性能）
硬盘空间	最少 8G 可用硬盘空间用于安装；在安装过程中，需要额外的可用空间，请注意不要将应用程序安装在闪存或移动存储器上	在安装过程中，需要额外的可用空间，请注意不要将应用程序安装在闪存或移动存储器上；为了应用程序的快速安装和缓存效率，建议使用快速 SSD
显示器分辨率	1280×800	1920×1080 或更大

二、Mac OS 版本

表 2-2　Mac OS 系统硬件需求

	最小规范	推荐规范
处理器	Intel 第 6 代或更新款的 CPU	Intel 第 6 代或更新款的 CPU
操作系统	Mac OS v10.12 或更高版本(硬件加速要求必须是 v10.13 或更高版本)	Mac OS v10.13 或更高版本
RAM(内存)	8G RAM	16G RAM,用于 HD 媒体 32G,用于 4K 媒体或更高版本
GPU(显卡)	2G GPU VRAM(2G 显存)及以上	4G GPU VRAM(2G 显存)及以上
硬盘空间	最少 8G 可用硬盘空间用于安装;在安装过程中,需要额外的可用空间,请注意不要将应用程序安装在闪存或移动存储器上	在安装过程中,需要额外的可用空间;请注意不要将应用程序安装在闪存或移动存储器上;为了应用程序的快速安装和缓存效率,建议使用快速 SSD
显示器分辨率	1280×800	1920×1080 或更大

第二节　启动 Premiere Pro CC 2019

本书推荐到 Adobe 官网购买并下载正版软件,软件安装过程可参考官网安装步骤,以下为安装后软件使用步骤。

在安装好 Premiere Pro CC 2019 软件后,双击程序图标,启动软件,进入 Premiere Pro CC 2019 的操作界面。或在程序图标上点击鼠标右键,在弹出菜单中执行“打开”命令,启动 Premiere Pro CC 2019,如图 2-1 所示。

(a)软件图标

(b)软件启动界面

图 2-1　开机界面

在弹出的欢迎界面中，各选项命令如图 2-2 所示：

图 2-2　欢迎界面

- 新建项目：用于新建项目文件。
- 打开项目：用于打开已储存在计算机中的项目文件。

第三节　首次进入 Premiere Pro CC 2019 的基础设置

首次使用 Premiere Pro CC 2019，我们需要对软件进行一些基础的存储和运行设置，首选项设置如图 2-3 所示：

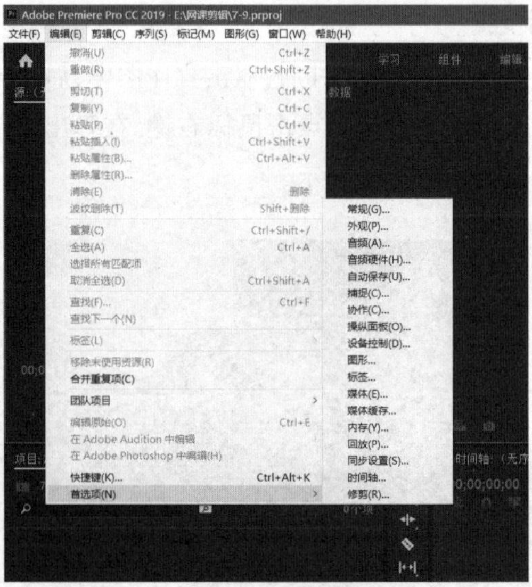

图 2-3　编辑下拉菜单及首选项设置

执行“编辑”→“首选项”→“常规”命令,弹出“首选项”对话框,如图 2-4 所示。

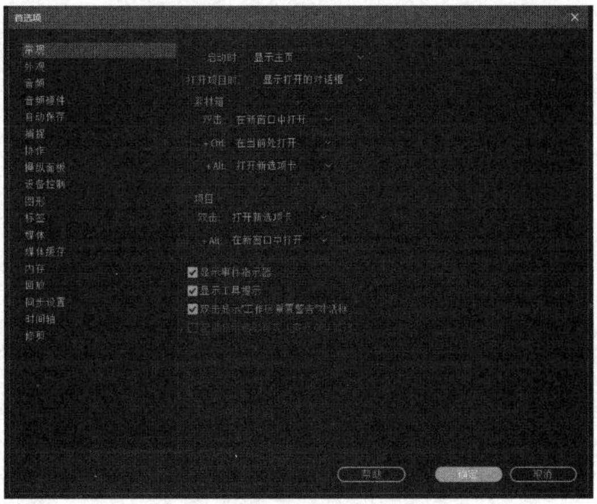

图 2-4　常规界面

选择左侧“自动保存”命令,根据自身的电脑情况,可将“自动保存时间间隔”设置为 10 分钟或 15 分钟,如图 2-5 所示。

选择左侧“媒体缓存”命令,然后选择“媒体缓存文件”右下角的“浏览”按键,尽量将缓存文件位置指定为 C 盘以外的固定位置,如新建文件夹“D:\Premiere pro\common\”。

选择“媒体缓存数据库”右下角的“浏览”按键,同样将路径指定为“D:\Premiere pro\common\”,如图 2-6 所示。

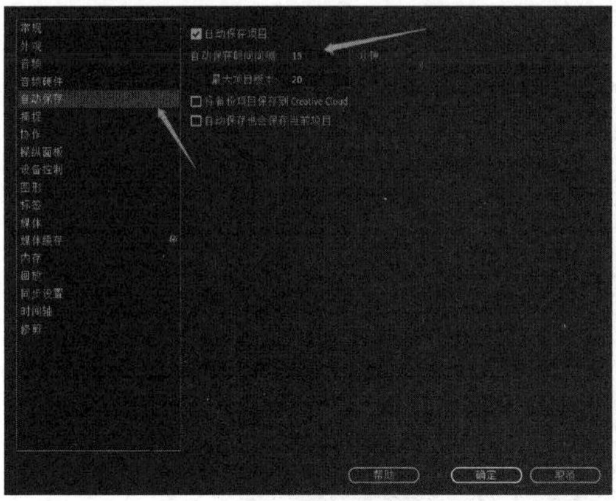

图 2-5　自动保存界面

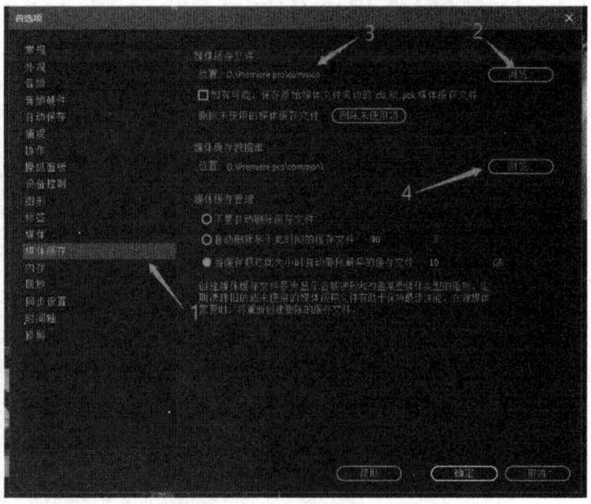

图 2-6　媒体缓存界面

选择左侧“内存”命令,可以将“为其他应用程序保留的内存”设置为 1.5GB,“优化渲染”设置为“性能”,如图 2-7 所示。

用鼠标左键单击右下角“确认”按键,完成首选项设置。

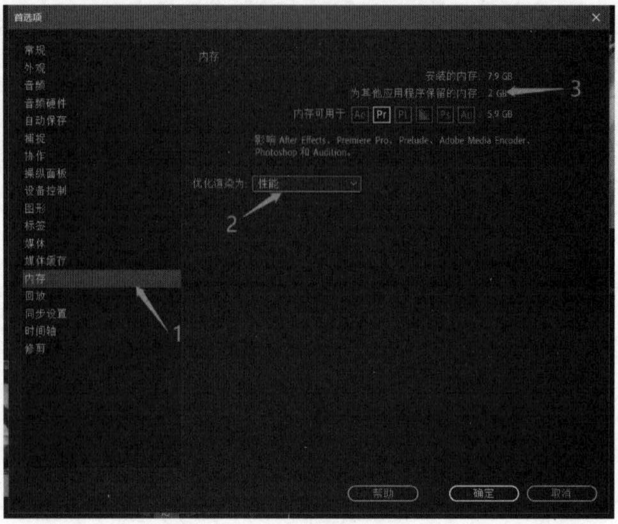

图 2-7　内存界面

第四节　操作界面详解

接下来我们正式认识一下 Premiere Pro CC 2019 的操作界面，在默认状态下，Premiere Pro CC 2019 打开的操作界面如图 2-8 所示；如果打开的操作界面略有不同，我们也可以通过操作界面中间正上方切换至“编辑”模式。

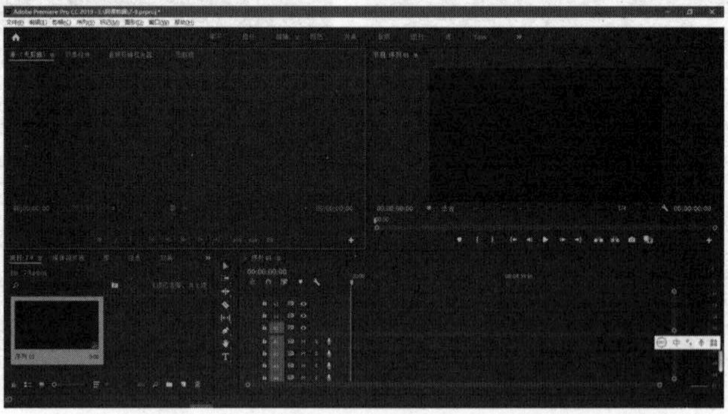

图 2-8　Premiere Pro CC 2019 操作界面

一、“项目”面板

在软件默认编辑布局状态下，“项目”面板位于界面的左下角，主要用于输入、组织和存放供“时间轴”面板编辑合成的原始素材。它可以对素材执行插入到序列、复制、删除等操作，也可以预览素材、查看素材的详细属性等，如图 2-9 所示。

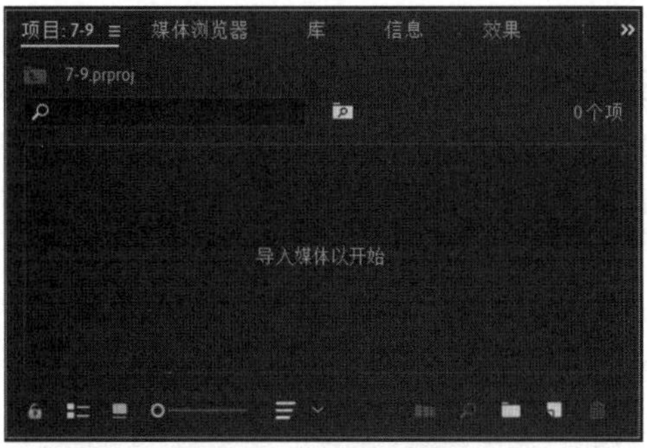

图 2-9　“项目”面板

按<Ctrl>+<PageUp>/<PageUp>组合键，可以将“项目”面板切换成列表视图形式或图标视图形式。

二、“媒体浏览器”面板

“媒体浏览器”面板位于“项目”面板上部堆叠选项卡中的第二位，用于快速浏览计算机中的其他素材。它可以对素材进行导入到项目、在“源”监视器面板中预览等操作，如图 2-10 所示。

三、“信息”面板

“信息”面板位于“项目”面板上部堆叠选项卡中的第四位，用于查看所选素材以及当前序列的详细属性，如图 2-11 所示。

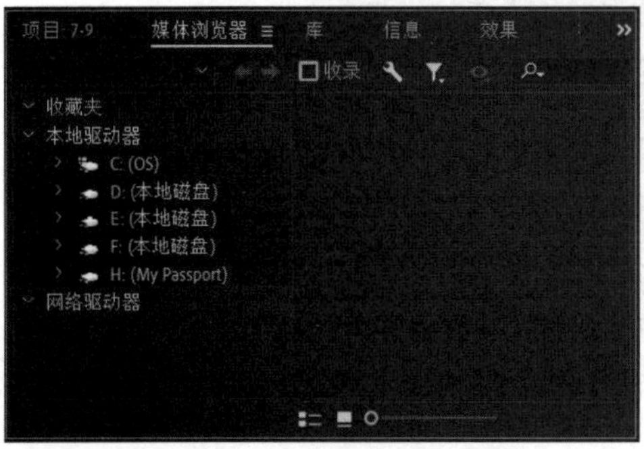

图 2-10　“媒体浏览器”面板

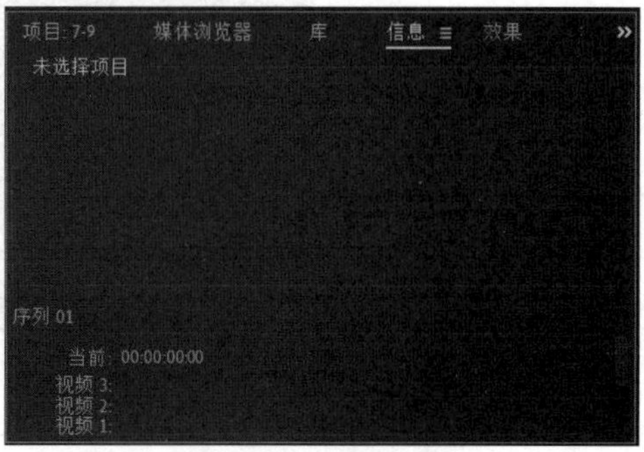

图 2-11　“信息”面板

四、“效果”面板

“效果”面板位于“项目”面板上部堆叠选项卡中的第五位，其中列举了软件所能提供的所有效果，包括预设文件夹、Lumetri 预设文件夹、音频效果文件夹、音频过渡文件夹、视频效果文件夹、视频过渡文件夹及其中的效果文件，如图 2–12 所示。

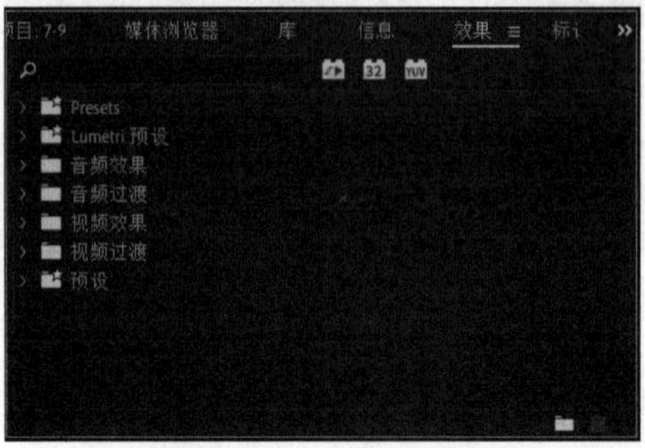

图 2–12 “效果”面板

五、“标记”面板

“标记”面板位于“项目”面板上部堆叠选项卡中的第六位，可以查看当前的剪辑或序列中的所有标记，并会显示与剪辑关联的详细信息，例如不同颜色编辑码的标记、入点、出点以及注释。单击“标记”面板中的剪辑缩略图，我们可以将“时间指示器”移动至相应标记的位置，如图 2–13 所示。

图 2–13 “标记”面板

六、“历史记录”面板

“历史记录”面板位于“项目”面板上部堆叠选项卡中的第七位，用于记录和展示操作中的每一个历史步骤。它可以删除一项或多项操作历史，也可以将删除过的操作还原。在“历史记录”面板中，如果选择并删除其中的某个动作，则其后的动作也将一并删除；不可以选择或者删除其中任意不相邻的动作，如图 2-14 所示。

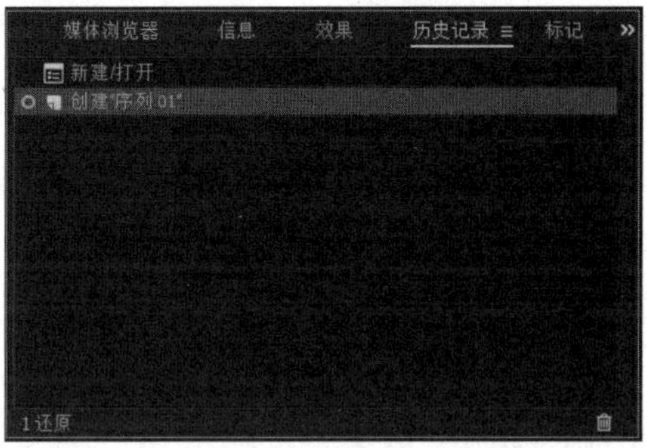

图 2-14　“历史记录”面板

七、“工具”面板

“工具”面板位于“项目”面板的右侧。“工具”面板中的每个图标都代表着一个工具的快捷方式，其中有我们较为常用的选择工具、选择轨道工具、剃刀工具、钢笔工具及手型工具等，如图 2-15 所示。

- “选择工具”：快捷键“V”。它是使用频率较高的单段调节工具，多用于调节单个素材移动或剪辑，也可搭配“Ctrl”“Shift”键进行复制或多选操作。同时，“选择工具”还可以作为调整素材起始端和末端的工具，将鼠标指针放至素材的起始端或末端，鼠标就会变成或形状，即可对素材进行调整，同时“节目”窗口也会显示出两幅画面：一幅是被拖动素材的画面，另一幅是相接位置的素材画面。

- “向前选择轨道工具”和“向后选择轨道工具”：快捷键分别是“A”和“Shift+A”。两个工具的效果也很相似，分别是可以一次性选中鼠标指针所在位置之前或之后的所有素材，常用于对时间轨道上的素材进行整体移动。搭配“Shift”键，鼠标会变成单个箭头，它只会选择其所在轨道上，在其位置之前或之后的所有素材。搭配“Alt”键，可以只选择音频或视频素材。

图 2-15 “工具”面板

•“波纹编辑工具”：快捷键“B”。该工具可用于改变素材的出入点、素材时间长度等，同时，作出更改之后的全部素材也会随之匹配新的素材长度。该工具可用于对前部素材进行时间调整，避免出现“选择工具”调整素材时间长度所导致的素材错位。

•“滚动编辑工具”：快捷键“N”。该工具可同时用于编辑相邻两段素材的入点和出点。将该工具放在素材的起点和末端，点击鼠标左键进行拖拽，即可编辑前后相邻两段素材的入点和出点，同时也不会影响两段素材在时间轴上的总时长。

•“比利率拉伸工具”：快捷键“R”。该工具可用于改变素材的播放速度，如获得快放、慢放效果。其使用方式与“选择工具”相同，但它对素材所进行的长短编辑是以改变素材的比利率来实现的。素材持续时间拉长，呈现慢放效果；素材持续时间缩短，则呈现快放效果。

•“剃刀工具”：快捷键“C”。该工具可用于对轨道上的素材进行裁切编辑，是一种较为常用的工具。按下快捷键“Alt+C”，可以仅裁断视频部分或音频部分，但该操作也会使音频与视频取消链接。按下快捷键“Ctrl+K”，可以将轨道上的视频或音频素材快速分割成两段，是十分常用的快捷键。

•“外滑工具”：快捷键“Y”。该工具可在不改变轨道上素材的持续时间和位置的情况下，修改素材的入点和出点。在影片剪辑过程中，为了不改变影片的整体结构，剪辑人员可以用“外滑工具”单独调整某个素材的剪辑点。

•“内滑工具”：快捷键“U”。它与“外滑工具”功能类似，区别在于，“内滑工具”是在不改动选中素材的出入点和持续时间的情况下，修改前后素材的出点或入点，从而调整选中素材的时间位置。

•“手型工具”：快捷键“H”。该工具可用于改变视觉上操作界面中的节目窗口、时间轴的位置，但不会对轨道上的素材位置进行修改。

八、“时间轴”面板

“时间轴”面板位于整体操作界面的右下方，其中左侧为轨道状态区，显示轨道名称和轨道控制符号等；右侧是轨道编辑区域，用于排列和放置剪辑素材，如图 2-16 所示。

图 2-16　“时间轴”面板

九、“源”监视器面板

“源”监视器面板位于整体操作界面的左上角。在“源”监视器面板中，可回放各个剪辑素材；可准备要添加至序列的剪辑——设置入点和出点，并指定剪辑的源轨道（音频或视频）；也可插入剪辑标记以及将剪辑添加至“时间轴”面板的序列中，如图 2-17 所示。

扫码可看图
2-17 彩图

图 2-17　“源”监视器面板

十、“效果控件”面板

“效果控件”面板显示了视频素材的基本属性参数，分别是运动、不透明度和时间重映射，以及音频素材的音量、声道音量、声像器属性；同时也可以自定义从效果文件中添加不同的效果，如图 2-18 所示。

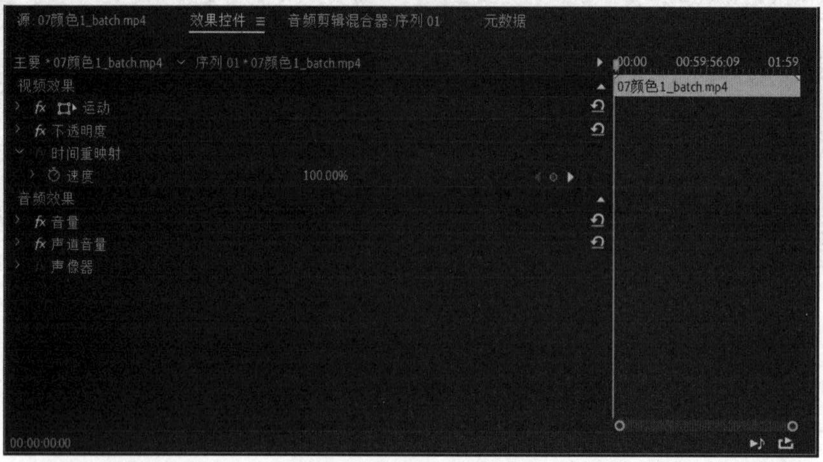

图 2-18 “效果控件”面板

十一、“音频剪辑混合器”面板

在“音频剪辑混合器”面板中，我们可以在听取音频轨道或查看视频轨道时调整属性。每条音频混合器轨道均对应于活动序列“时间轴”面板中的某个轨道，并会在音频控制台布局中显示“时间轴”音频轨道，如图 2-19 所示。

双击下侧轨道名称可以将其重命名。音频剪辑混合器同样可用于音频录制，将所录制的音频加入序列的轨道中。

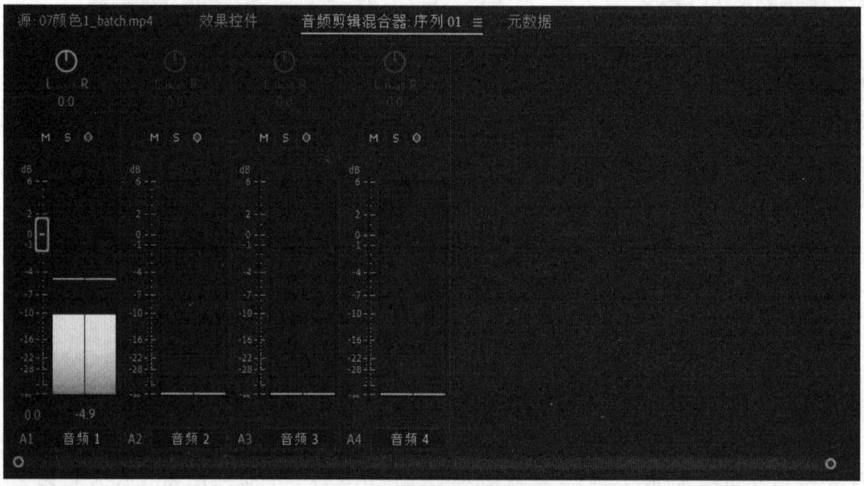

图 2-19 “音频剪辑混合器”面板

十二、“元数据”面板

“元数据”面板中会显示选定素材的剪辑实例元数据和 XMP 文件元数据。“剪辑”标题下的字段显示的是剪辑实例元数据——与在“项目”面板或序列中选择的剪辑有关的数字信息。剪辑实例元数据被存储在 Premiere Pro CC 2019 的项目文件中，而不是该剪辑所指向的原文件中。

图 2-20　“元数据”面板

“文件”标题下的内容显示的是 XMP 元数据；“语音分析”可以将剪辑中读出的文字转录为文本，然后通过搜索该文本，查找某个特定文字在剪辑中读出的位置，如图 2-20 所示。

十三、“节目监视器 ”面板

“节目监视器”面板可回放“时间轴”面板中正在组合的剪辑的序列。所显示的内容为“时间轴”面板中的活动序列。用户可以调整序列标记并指定序列的入点和出点。序列入点和出点决定了在序列中添加或移除帧的位置，如图 2-21 所示。

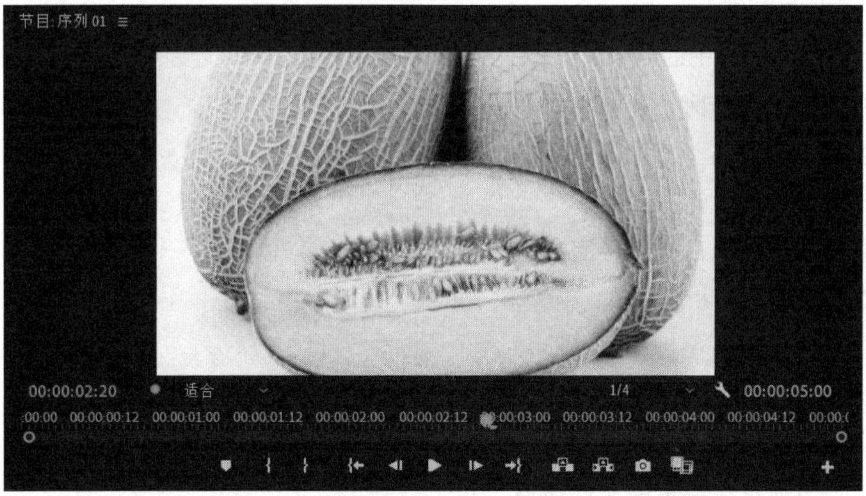

图 2-21　“节目监视器”面板

扫码可看图 2-21 彩图

第五节　菜单介绍

Premiere Pro CC 2019 菜单栏包含 8 个菜单："文件""编辑""剪辑""序列""标记""字幕""窗口""帮助"。

一、"文件"菜单

"文件"菜单主要用于创建、打开、保存、导入、导出等节目页面设置，同时也可用于采集外部视频和音频素材、观看影片属性、打印内容等，如图 2-22 所示。

图 2-22　"文件"下拉菜单

- "新建"：包括 15 个子命令，如创建一个新的项目文件、序列、文件夹、脱机文件、字幕、彩条、通用倒计时等。
- "打开项目"：打开已经保存的项目文件。
- "打开最近使用的内容"：可以打开最近编辑过的 10 个项目文件。
- "关闭"：关闭当前选中的面板。
- "关闭项目"：关闭当前打开的项目文件，但不退出软件。
- "保存"：将当前项目文件保存。
- "另存为"：将当前项目文件换路径保存，同时进入新文件的编辑状态。
- "保存副本"：为当前项目文件存储一个副本，存储副本后仍处于原文件的编辑状态。
- "还原"：将当前正在编辑的文件还原至最近的存储状态。
- "同步设置"：将常规首选项、键盘快

捷键和预设等设置同步。

- “捕捉”：通过外部采集设备，获得视频/音频素材。
- “批量捕捉”：通过外部采集设备，批量获得视频/音频素材。
- “Adobe Dynamic Link”：新建一个可以链接到 Premiere Pro 项目的 Encore 合成。
- “Adobe Story”：导入在 Adobe Story 中创建的脚本以及关联元数据。
- “从媒体浏览器导入”：将从媒体浏览器中选择的文件导入“项目”面板。
- “导入”：将硬盘内的多媒体文件导入“项目”面板。
- “导入最近使用的文件”：可以在不弹出“导入”对话框的情况下，直接将最近编辑过的素材导入“项目”面板，方便用户更快速、更准确地输入素材。
- “导出”：将工作区域范围内的内容输出。
- “获取属性”：获取指定文件的属性或者所选择内容的属性。包含两个选项：一个是文件，一个是选择。
- “项目设置”：设置当前项目文件的一些常规内容和暂存盘位置，包括：显示视频和音频的设置，采集视频和音频的设置及路径等。
- “项目管理”：收集项目素材文件，创建整合版本。
- “退出”：关闭 Premiere Pro CC 2019 软件。

二、“编辑”菜单

“编辑”菜单中主要包含我们常用的基础编辑功能，如撤销、重做、复制、粘贴、查找等。另外还提供了 Premiere Pro CC 2019 所特有的影视编辑功能，如波纹删除、编辑原始素材、标签等，如图 2-23 所示。

- “撤销”：撤销上一步操作。
- “重做”：恢复刚撤销的操作内容，该按键只有在使用过“撤销”命令后才会被激活。
- “剪切”：将选中的内容剪切至软件剪切板中，然后粘贴至指定位置。原位置将不再存在该素材。
- “复制”：将选中的内容复制一份，然后粘贴至指定位置。原位置素材无变化。
- “粘贴”：与“剪切”“复制”配合使用，将剪切或复制的内容粘贴到指定位置。
- “粘贴插入”：将剪切或复制的素材内容，在指定的地方以插入的方式进行粘贴。
- “粘贴属性”：将所选中素材片段上的属性参数内容粘贴至选中的素材片段上，这些属性包括但不限于运动效果和过渡特效。
- “清除”：删除选中的内容。
- “波纹删除”：删除选中的内容，且不让轨道中留下空隙。

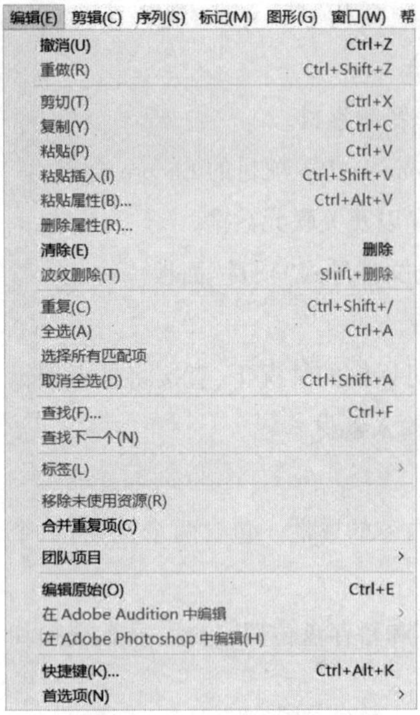

图 2-23 “编辑”下拉菜单

- “重复”:复制“项目”面板中所选定的内容,并为其创建副本。
- “全选”:选择当前窗口中的所有素材和对象。
- “选择所有匹配项”:选择“时间轴”上多个源自同一素材的片段。
- “取消全选”:取消全选的所有素材和对象。
- “查找”:根据项目名称、标签、类型、持续时间或入点,在项目中查找定位素材。
- “标签”:改变“时间轴”和“项目”面板中素材、对象的标签颜色,便于未来区分素材。
- “移除未使用资源”:将项目中未使用的素材、对象移除。
- “编辑原始”:将所选中的原始素材在外部程序软件(如 Adobe Photoshop 软件等)中进行编辑。
- “在 Adobe Audition 中编辑”:将选中的音频素材导入 Adobe Audition 软件中并编辑。
- “在 Adobe Photoshop 中编辑”:将选中的图片素材导入 Adobe Photoshop 软件中并编辑。
- “快捷键”:设置软件的键盘快捷键。
- “首选项”:设置软件系统中的基本参数,包括常规、外观、音频、音频硬件、自动保存、捕捉、操作界面、设备控制、标签颜色等。

三、“剪辑”菜单

“剪辑”菜单主要针对“项目”面板或“时间轴”面板中的素材进行操作处理,如图2-24所示。

- “重命名”:对选中的素材进行重命名。
- “制作子剪辑”:在“源素材”面板中为当前选中的素材创建子素材。
- “编辑脱机”:对脱机的素材进行编辑。
- “源设置”:对外部的采集设备进行设置。
- “修改”:对源素材的视频参数、时间码及音频声道进行修改。
- “视频选项”:调整视频素材的各个选项,其子菜单命令包括:

＊“帧定格”：使选中素材上的入点、出点或“时间指示器”所在的帧保持静止。

＊“场选项”：交换选中视频的场序，处理选项有“无”“始终去隔行”“消除闪烁”等。

＊“帧混合”：使视频前后帧之间交叉重叠。

＊“缩放为帧大小”：在“时间轴”面板中选中一段素材，选择该命令，所选素材在节目监视器窗口中将自动满屏。

● “音频选项”：调整音频素材的各个选项，其子菜单命令包括：

＊“音频增益”：提高或降低所选音频素材的音量。

＊“拆分为单声道”：将所选音频素材的立体声或 5.1 环绕音频声道创建为单声道音频主剪辑。

＊“渲染和替换”：创建并替换选定的音频剪辑。

＊“提取音频”：从被选中的素材中提取音频，提取后的音频格式为 MAV。

● “速度/持续时间”：设置被选中素材的播放速度或持续时间。

● “捕捉设置”：设置捕捉素材时的相关控制参数。

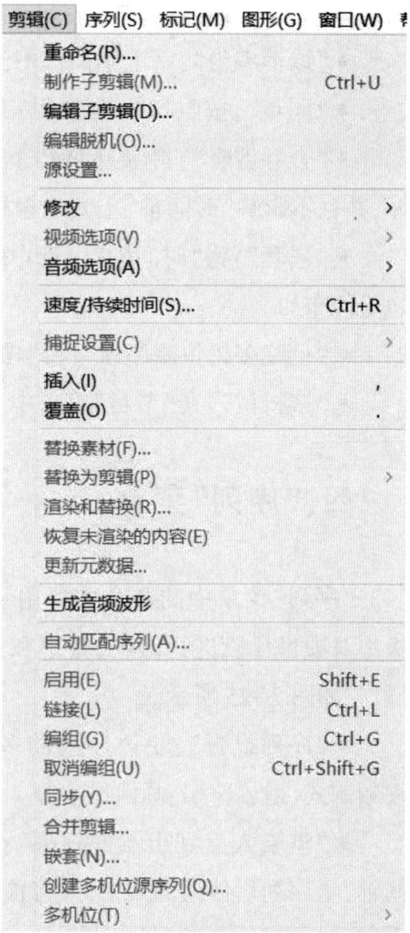

图 2-24　“剪辑”下拉菜单

● “插入”：将“项目”面板中的素材插入“时间轴”中当前“时间指示器”所在位置。

● “覆盖”：将“项目”面板中的素材放入“时间轴”中当前“时间指示器”所在位置，并覆盖已有的素材片段。

● “替换素材”：用新选择的素材文件替换“项目”面板中指定的旧素材。

● “替换为剪辑”：用“源”监视器面板中编辑的素材或素材库中的素材替换“时间轴”上已选中的素材。

● “自动匹配序列”：将“项目”面板中选中的素材按顺序自动排列到“时间轴”上。

● “启用”：激活或禁用当前选中的素材。被禁用的素材不会显示在“节目”监视器中，也不能被导出。

● “链接”：将“时间轴”上选中的视频文件和音频文件链接在一起。

● “编组”：将“时间轴”上选中的素材进行编组操作，当选中组内的任一文件时，组内的其他文件也会被选中。

●“取消编组”：将上个操作中已编组的素材取消编组，成为可单独选中的素材。

●“同步”：按照起始时间、结束时间或时间码，将“时间轴”上选中的多个素材对齐。

●“合并剪辑”：将“时间轴”上选中的独立的视频素材和音频素材添加至一个素材库，并且不影响“时间轴”上其他素材的位置。

●“嵌套”：将“时间轴”上选中的素材打包为一个新的合成序列，并保持原始剪辑和轨道的布局。

●“创建多机位源序列”：将“项目栏”选中的多个素材合并为一个多机位剪辑序列。

●“多机位”：在“节目”窗口中显示多机位的编辑界面。

四、“序列”菜单

“序列”菜单中的命令主要用于在“时间轴”面板中对项目片段进行编辑、管理和设置轨道属性等操作，如图 2-25 所示。

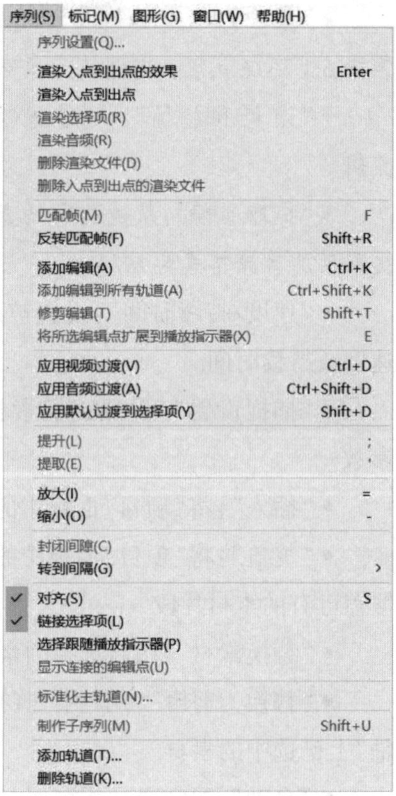

图 2-25 “序列”下拉菜单

●“序列设置”：更改序列的多个参数内容，如视频制式、播放速率、画面尺寸等。

●“渲染入点到出点的效果”：渲染和预览“时间轴”上序列所使用的效果，并将预览文件保存至磁盘中。

●“渲染入点到出点”：渲染和预览“时间轴”上的整个工作区，并将预览文件保存至磁盘中。

●“渲染选择项”：渲染“时间轴”上选中的内容，并将预览文件保存至磁盘中。

●“渲染音频”：只渲染“时间轴”上的所有音频素材内容。

●“删除渲染文件”：删除磁盘上保存的相关渲染文件。

●“删除入点到出点的渲染文件”：删除当前工作区域内的渲染文件。

●“匹配帧”：在“源”监视器面板中显示“节目”监视器面板中所显示的帧图像。

●“添加编辑”：将“时间轴”上所选中的素材在时间指示器所在位置进行拆分，作用与“剃刀工具”相似。

- “添加编辑到所有轨道”:将时间指示器所在位置的所有素材进行拆分。
- “修剪编辑”:在“节目”窗口以可视化的方式对已编入序列的素材入点和出点进行调整。
- “将所选编辑点扩展到时间指示器”:将素材中选择的编辑点伸缩至时间指示器位置,与“滚动编辑”工具相似。
- “应用视频过渡”:给时间指示器所在的 V1 轨道上的素材添加默认视频过渡效果。未在 V1 轨道的视频素材需提前选中素材,该命令才可生效。
- “应用音频过渡”:给时间指示器所在的 A1 轨道上的素材添加默认音频过渡效果。未在 A1 轨道的音频素材需提前选中素材,该命令才可生效。
- “应用默认过渡到选择项”:将默认的过渡效果应用到已选中的素材上。
- “提升”:将“时间轴”面板中 V1 和 A1 轨道上的已经设置入点到出点的素材剪切至磁盘缓存,并保留“时间轴”上的空隙。
- “提取”:将“时间轴”面板中 V1 和 A1 轨道上的已经设置入点到出点的素材剪切至磁盘缓存,不保留“时间轴”上的空隙。
- “放大”:将“时间轴”的显示比例放大。
- “缩小”:将“时间轴”的显示比例缩小。
- “转到间隔”:跳转到序列或轨道中的下一段或上一段。
- “对齐”:设置素材是否具有自动对齐效果。
- “标准化主轨道”:统一设置主音频轨道的音量值。
- “添加轨道”:在“时间轴”上添加新的轨道。
- “删除轨道”:在“时间轴”上删除选中的轨道。

五、“标记”菜单

“标记”菜单主要用于管理“时间轴”上各类标记点的添加、删除和选择效果,如图 2-26 所示。

- “标记入点”:在时间指示器所在位置添加新的入点标记。
- “标记出点”:在时间指示器所在位置添加新的出点标记。
- “标记剪辑”:在“时间轴”上设置与剪辑入点和出点相匹配的序列的入点和出点。
- “标记选择项”:在“时间轴”上将序列的入点和出点与选中的项目相匹配。
- “清除入点”:清除素材标记的入点。
- “清除出点”:清除素材标记的出点。
- “清除入点和出点”:清除素材标记的入点和出点。

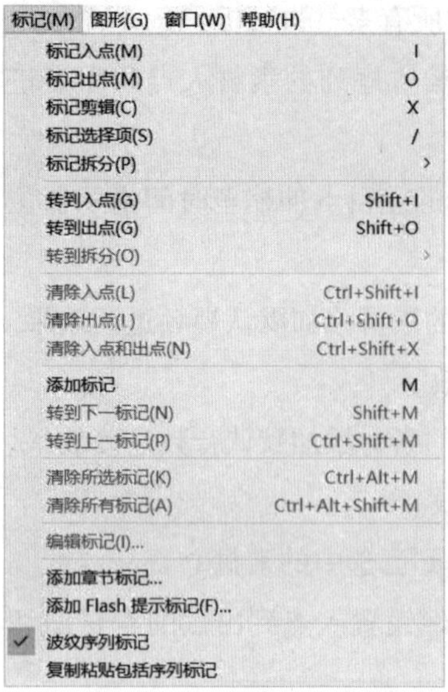

图 2-26 “标记”下拉菜单

- “添加标记”：在素材上添加时间指示器所在位置的标记。
- “转到下一标记”：跳转到素材的下一个标记位置。
- “转到上一标记”：跳转到素材的上一个标记位置。
- “清除所选标记”：清除时间指示器所在位置的标记。
- “清除所有标记”：清除素材上的所有标记。
- “添加章节标记”：在时间指示器所在位置添加章节标记。
- “添加 Flash 提示标记”：在时间指示器所在位置添加 Flash 提示标记。

六、“旧版标题”菜单

“旧版标题”菜单主要包含与字幕相关的一系列命令，如新建字母、字体、颜色、大小、方向和排列等。该菜单命令可用于更改字幕设计中已创建的文字和图形，如图 2-27 所示。在 Premiere Pro CC 2019 版本中，“旧版标题”菜单被收录于“文件—新建”菜单中，如图 2-28 所示。

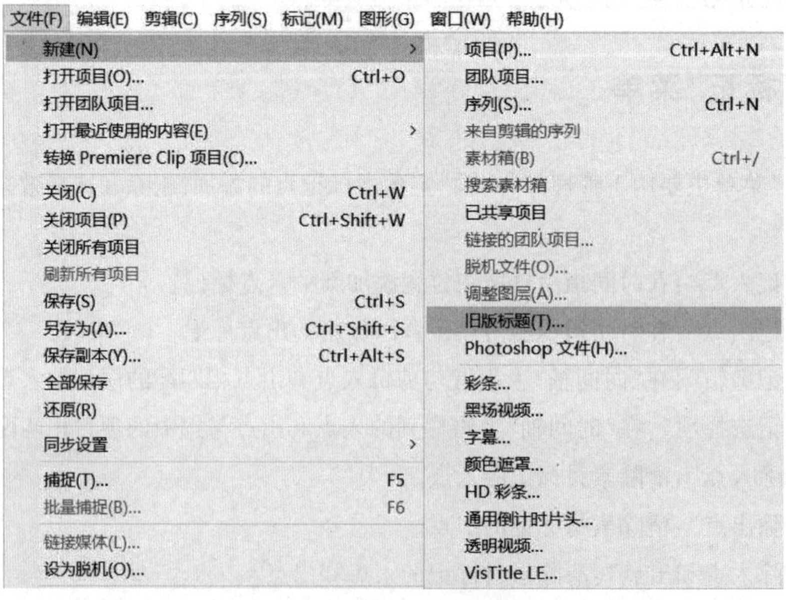

图 2-27 “旧版标题”菜单位置

- “新建字幕”：新建字幕文件，字幕类型包含静态字幕、滚动字幕和游动字幕等。
- “字体”：调整“字幕工具”面板中的字体。
- “大小”：调整“字幕工具”面板中的字体大小。
- “文字对齐”：设置“字幕工具”面板中的字幕对齐，对齐方式有靠左、靠右和居中对齐。

扫码可看图 2-28 彩图

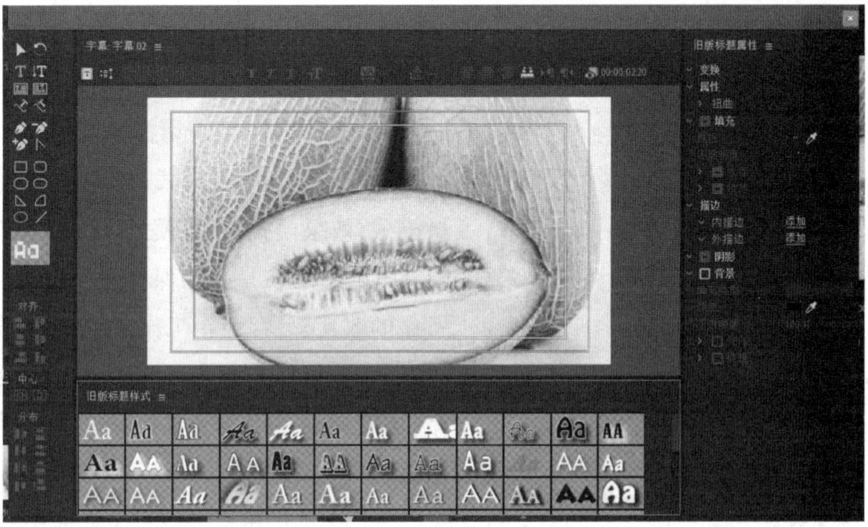

图 2-28 “旧版标题”窗口

- “方向”：调整“字幕工具”面板中的文字方向，文字方向有横排和竖排。
- “自动换行”：设置“字幕工具”面板中的字幕是否根据文本框自动换行。
- “制表位”：设置“字幕工具”面板中的制表定位符。
- “模板”：选择和创建 Premiere Pro CC 2019 中的字幕模板。
- “滚动/游动选项”：设置字幕的滚动方式。
- “图形”：在字幕中插入图片，修改图片大小。
- “变换”：设置字幕的变换属性，包括位置、比例、旋转和不透明度 4 种。
- “选择”：选择“字幕工具”面板中的不同对象。
- “排列”：改变当前文字的排列方式，包括移至最前、前移、移至最后和后移。
- “位置”：快速调整“字幕工具”面板中文字的位置，包括水平居中、垂直居中和下方三分之一处。
- “对齐对象”：将文字对齐当前“字幕工具”面板中的选定内容。
- “分布对象”：分布“字幕工具”面板中所选中的对象。
- “视图”：选择“字幕工具”面板中的视图显示方式，包括设置字幕和动作安全区域、文字基线、跳格标记和视频等。

七、"窗口"菜单

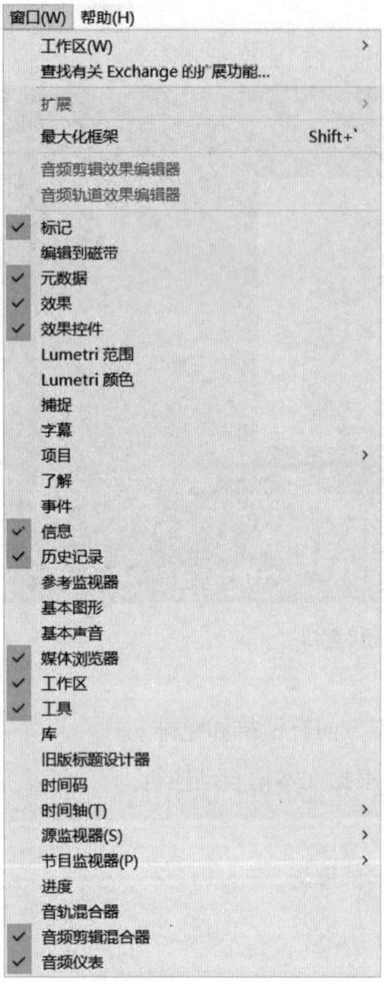

图 2-29 "窗口"下拉菜单

"窗口"菜单包含 Premiere Pro CC 2019 中所有的窗口和面板命令,我们可以随意打开或者关闭任意的面板和窗口,也可以恢复至默认状态,如图 2-29 所示。

● "工作区":用于切换不同模式下的工作窗口。其子命令有:"编辑"模式、所有面板模式、元数据记录模式、效果模式、字幕模式、库模式、组件模式、音频模式、颜色模式、重置为保存的布局、保存对此工作区所做的改变、另存为新工作区、编辑工作区等。

● "扩展":打开 Premiere Pro CC 2019 的扩展程序,加载默认的 Adobe Exchange 在线资源的下载与信息查询辅助程序。

● "最大化框架":将当前选中的窗口最大化显示。

● "音频剪辑效果编辑器":打开或关闭"音频剪辑效果编辑器"面板。

● "音频轨道效果编辑器":打开或关闭"音频轨道效果编辑器"面板。

● "Adobe Story":打开 Adobe Story 登录界面,登录用户的 Story 账户。

● "事件":打开或关闭"事件"面板,查看或管理项目编辑过程中的事件动作。

● "信息":打开或关闭"信息"面板,查看所选中素材的属性、序列及当前时间指示器所在位置等信息。

● "元数据":打开或关闭"元数据"面板,可以对所选中的素材剪辑、采集捕捉的磁带视频、嵌入的 Adobe Story 脚本等内容进行详细的数据查看及添加注释。

● "历史记录":打开或关闭"历史记录"面板,可以查看已完成的操作,或者返回到之前某一步操作的状态。

● "参考监视器":打开或关闭"参考监视器"面板,可以对编辑的图像进行修整处理。

● “媒体浏览器”：打开或关闭“媒体浏览器”面板，可查看本地磁盘或网络驱动器上的素材资源，并将所需要的资源导入项目中。

● “字幕”：打开或关闭“字幕”面板。

● “字幕动作、属性、工具、样式、设计器”：字幕工具常用编辑器面板，有助于更好地编辑字幕。

● “工具”：打开或关闭“工具”面板。

● “捕捉”：打开或关闭“捕捉”面板。

● “效果”：激活“效果”面板。该面板中集合了特效预设、音频效果、音频过渡、视频效果、视频过渡等多种功能，可以将所需要的效果从该窗口添加至轨道中的素材剪辑上。

● “效果控件”：激活“效果控件”面板。该面板中包含素材剪辑的基本属性，以及已添加至素材剪辑上的效果参数设置。

● “时间码”：显示或关闭“时间码”面板。该面板用于显示“时间指示器”所在位置时间。

● “时间轴”：显示或关闭“时间轴”面板。该面板可在子菜单中切换当前“时间轴”面板中显示的序列。

● “标记”：显示或关闭“标记”面板。该面板可查看当前工作序列中所有标记的时间位置、持续时间、入点画面等信息。

● “源监视器”：打开或关闭“源监视器”面板。该面板可以对“项目”面板中的各种素材片段进行预览，也可以对素材片段进行初步剪辑。

● “编辑到磁带”：打开或关闭“编辑到磁带”面板。当计算机连接了可以将硬盘输出到磁带的硬件设备时，可通过该面板对输出硬盘文件的时间区间、写入磁带的类型等选项进行设置。

● “节目监视器”：打开或关闭“节目监视器”面板，可以切换当前“节目监视器”中要显示的序列。

八、“帮助”菜单

“帮助”菜单主要用于帮助用户解决遇到的问题。选择该菜单中的“Adobe Premiere Pro 帮助”命令，可以载入主帮助网页，然后搜索或选择相关内容进行学习，如图 2-30 所示。

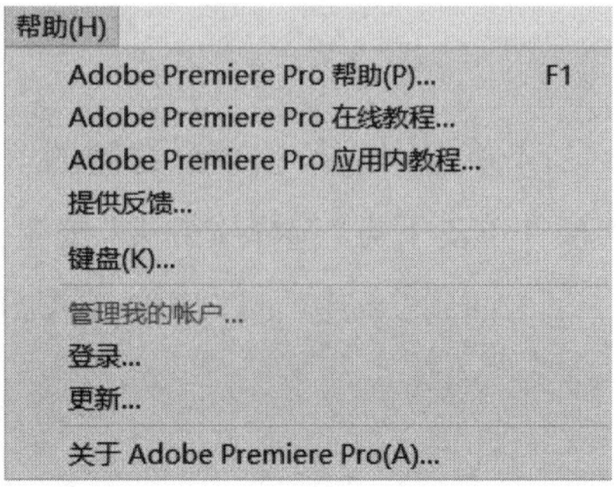

图 2-30　“帮助”下拉菜单

第六节　Premiere Pro CC 2019 项目的基本操作

Premiere Pro CC 2019 项目的基本操作有:创建项目、素材导入、编辑素材、添加视频特效、添加音频特效和影片输出等。下面简单介绍基本操作方法。

一、创建项目

1.双击 Adobe Premiere Pro CC 2019 的软件图标,启动软件。

2.在 Premiere Pro CC 2019 的开始界面中,选择左侧的“新建项目”按钮,新建一个项目文件,如图 2-31(a)所示。

3.在“新建项目”窗口中,设置项目名称及存储位置,如图 2-31(b)所示。

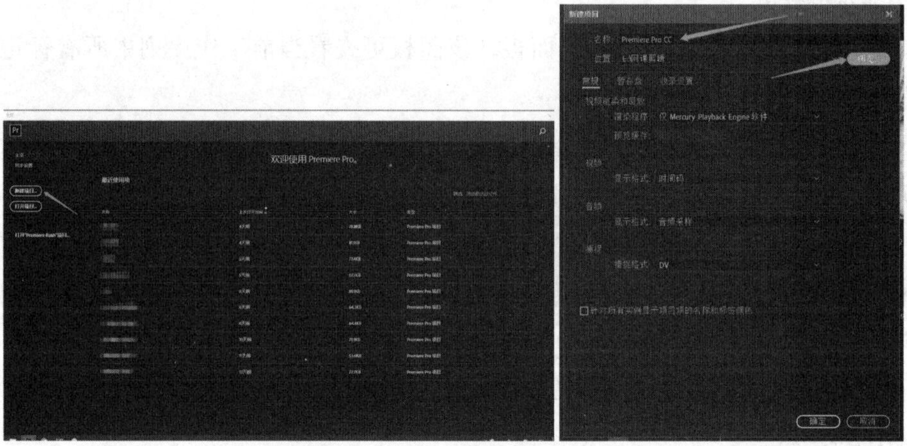

(a)新建项目文件　　(b)设置项目名称及存储位置

图 2-31　创建项目

4.单击“位置”选项栏右侧的“浏览”按钮,在弹出的硬盘路径中,选择希望保存的位置,并单击下方“选择文件夹”按钮,如图 2-32 所示。

5.回到“新建项目”窗口,单机下方“确定”按钮,完成项目的创建。

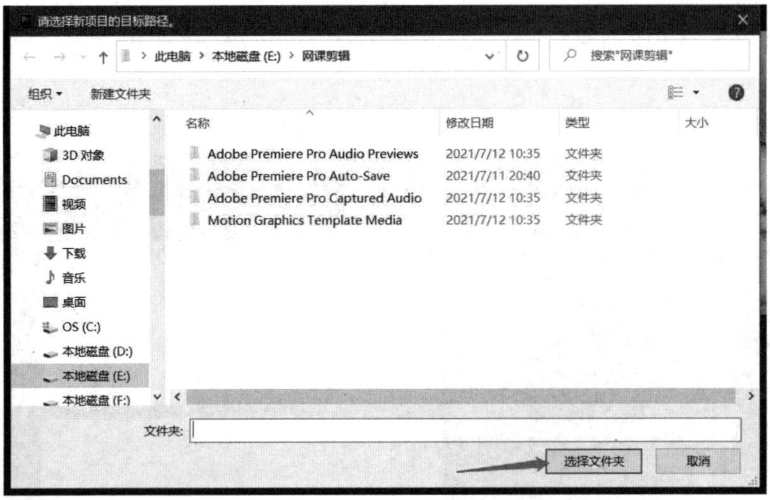

图 2-32　新建项目位置路径设置

二、创建序列

1.在 Premiere Pro CC 2019 的主界面中选择左上角“文件”菜单，执行“文件”→“新建”→“序列”命令，如图 2-33 所示。

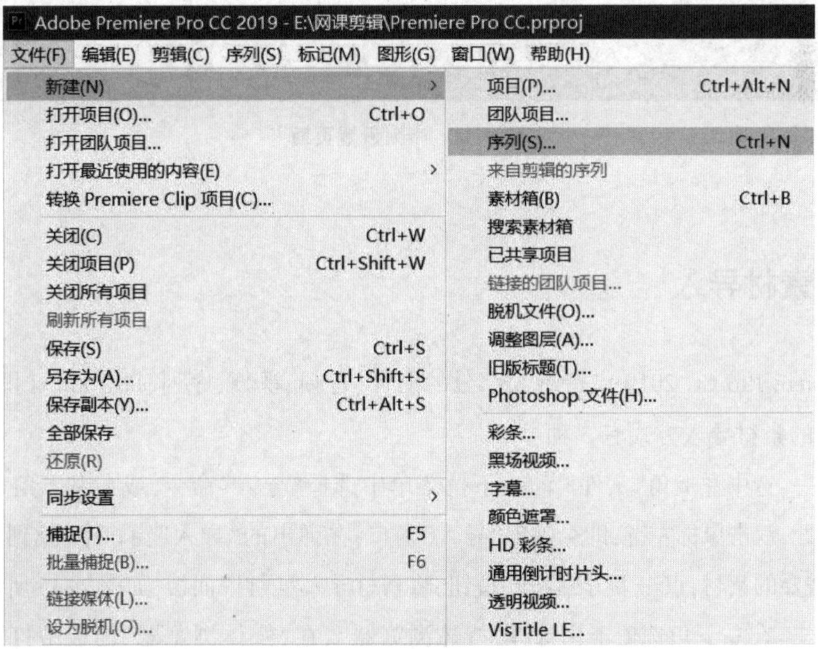

图 2-33　创建序列

2.在弹出的“新建序列”对话框中,选择适合的预设或进入“设置”选项卡“自定义”设置参数内容,在下方“序列名称”栏修改序列名称,单击“确定”按钮,完成序列创建,如图 2-34 所示。

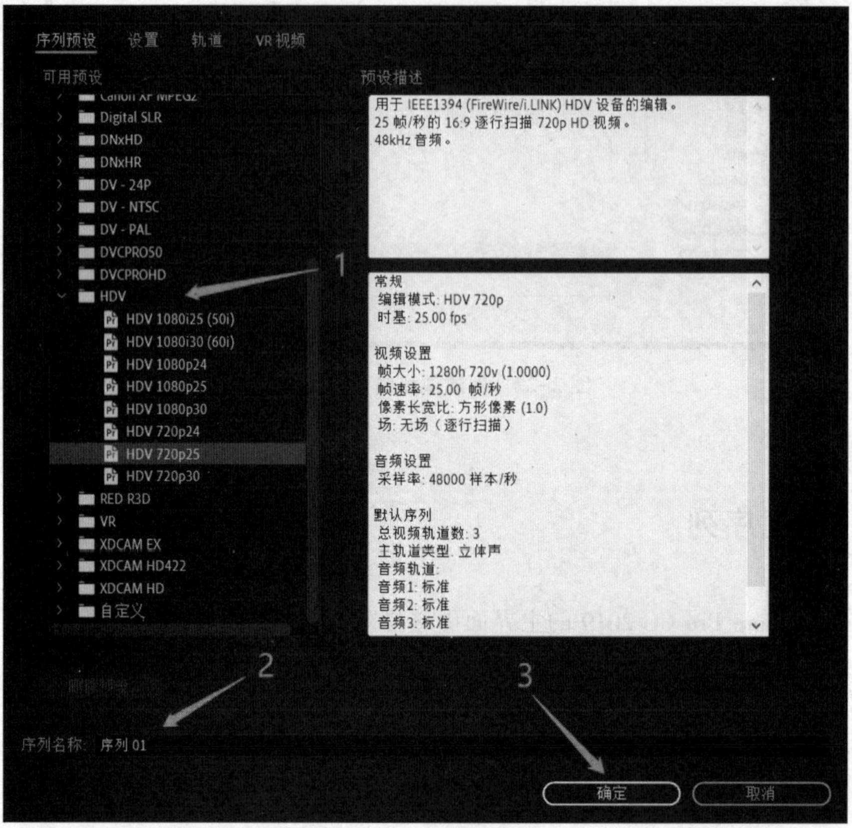

图 2-34　序列设置页面

三、素材导入

Premiere Pro CC 2019 支持绝大部分的图片、音频、视频、序列、PSD 和 AI 图层文件,并且常用的素材导入方式有 3 种:

方法一:选中左上角“文件”菜单,下拉菜单中选择“导入”命令,或在左下角“项目”面板的空白处,双击鼠标左键,即会弹出“导入”窗口;在弹出的“导入”窗口中,找到需要的路径,选择需要的素材,点击下方“打开”按钮,将素材导入“项目”面板,如图 2-35 所示。

方法二:在左下角选项卡中选择“媒体浏览器”,在“媒体浏览器”面板中打开所需素材的文件夹,选中一个或多个素材,单击鼠标右键,执行“导入”命令, 将素材导入“项目”

面板,如图 2-36 所示。

扫码可看图
2-35 彩图

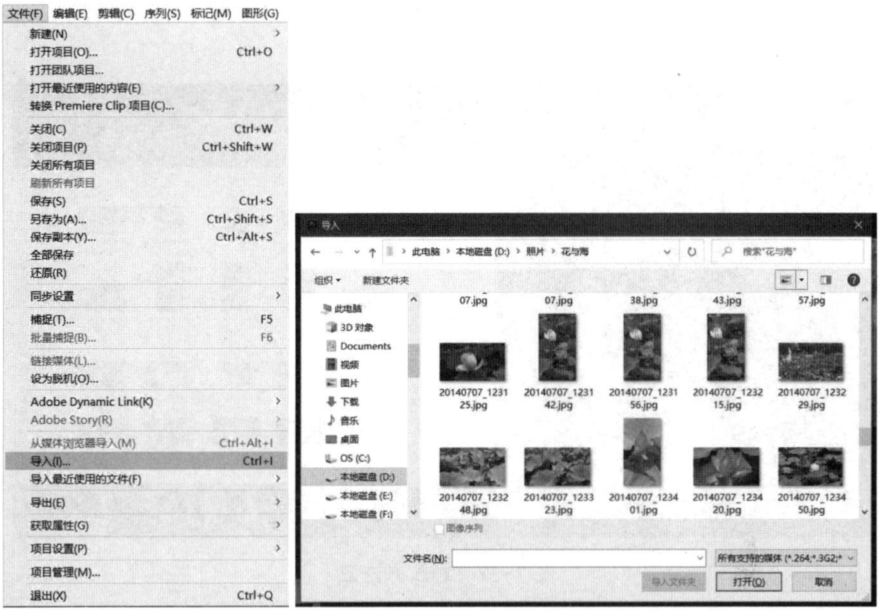

(a) 文件导入位置　　　　(b) 导入窗口

图 2-35　导入方法一

扫码可看图
2-36 彩图

图 2-36　导入方法二

方法三：在电脑资源管理器窗口中打开素材所在文件夹，选中要导入的一个素材或多个素材，点击鼠标左键将素材拖拽至“项目”面板中，如图 2-37 所示。

扫码可看图 2-37 彩图

图 2-37　导入方法三

四、PSD 文件导入

在 Premiere Pro CC 2019 的使用过程中，我们经常会遇到 PSD 图层文件导入的情况，在这种情况下，我们可以使用合并所有图层、合并的图层、各个图层和序列的方式导入，如图 2-38 所示。

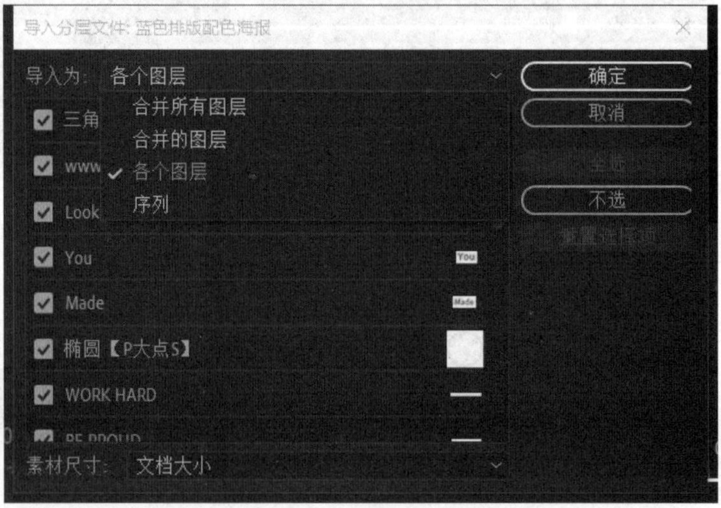

图 2-38　导入分层文件窗口

合并所有图层:将 PSD 图层文件里的所有图层进行合并,以一张图片的形式导入软件。

合并的图层:将 PSD 图层文件里的所有可见图层进行合并,以一张图片的形式导入软件。

各个图层:将 PSD 图层文件以文件夹的形式导入软件,文件夹中包含了该 PSD 文件中的各图层文件。

序列:将 PSD 文件中的所有可视图层整合创建为一个序列和单独图层文件,以文件夹的形式导入软件。

五、编辑素材

当我们用 Adobe Premiere Pro CC 2019 进行素材编辑时,通常会选择在“时间轴”面板中对素材进行修改编辑,以满足视频编辑的要求。

下面将用一个简单的案例讲解素材的基础过渡编辑和音频编辑。

1.选中“项目”面板中的素材 01,长按鼠标左键,将其拖拽至“时间轴”上,软件会根据素材 01 数据创建新序列,并默认将新序列命名为 01,如图 2-39 所示。

扫码可看图
2-39 彩图

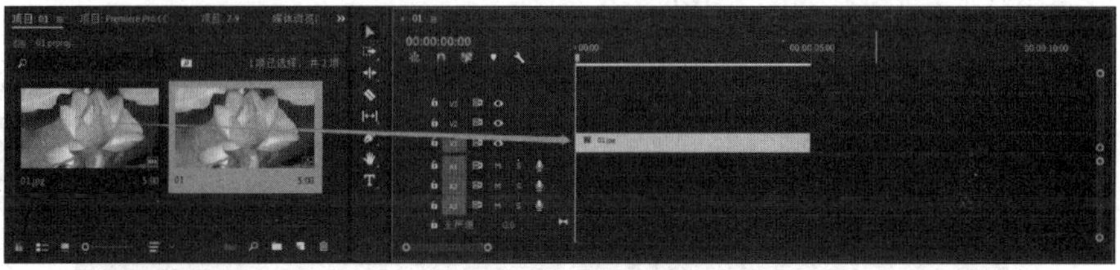

图 2-39　时间轴

2.选中“时间轴”面板中的素材 01,单击鼠标右键,选择“速度/持续时间”命令,如图 2-40 所示。

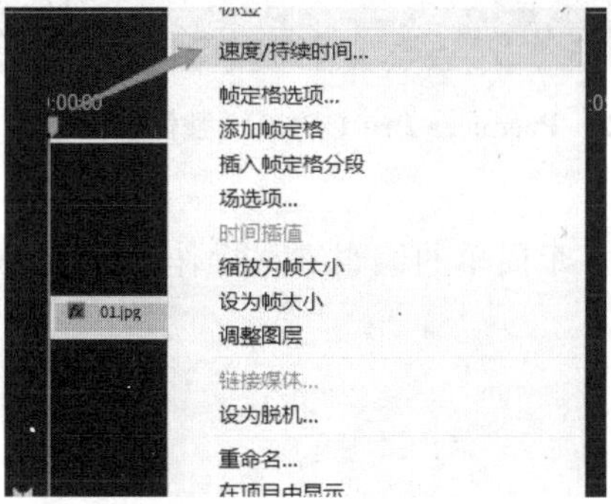

图 2-40　右键弹窗

3.在弹出的“剪辑速度/持续时间”对话框中,将“持续时间”调整为00:00:01:00(1秒),单击确定,完成持续时间更改,如图2-41所示。

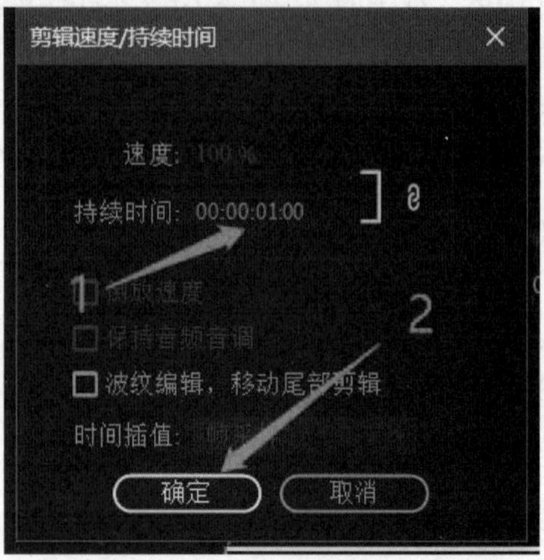

图2-41 剪辑速度/持续时间窗口

4.将素材02、03、04依次拖拽至时间轴并放置于素材01后面,调整持续时间(此时可勾选“剪辑速度/持续时间”对话框中的“波纹编辑/移动尾部剪辑”选项),即可得到一段静态图片展示视频,如图2-42所示。

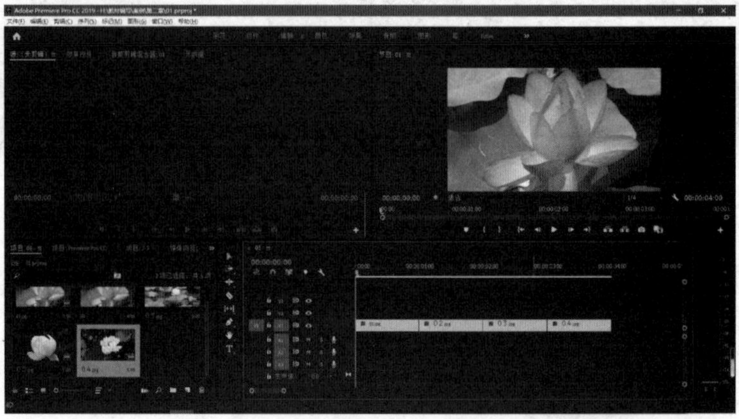

扫码可看图2-42彩图

图2-42 Premiere Pro CC 2019 整体界面

5.至此,我们就完成了一个简单的编辑素材操作,按下快捷键“Ctrl+S”保存项目,为接下来的操作做准备。

六、添加音频

接下来我们要为已经完成编辑的上一个项目添加音频。

1.打开刚刚已保存的工程文件 01,双击“项目”窗口空白处,导入素材“String_Harp.wav”。

2.将“项目”窗口中的“String_Harp.wav”素材拖拽至时间轴的音频轨道上,如图 2-43 所示。

扫码可看图 2-43 彩图

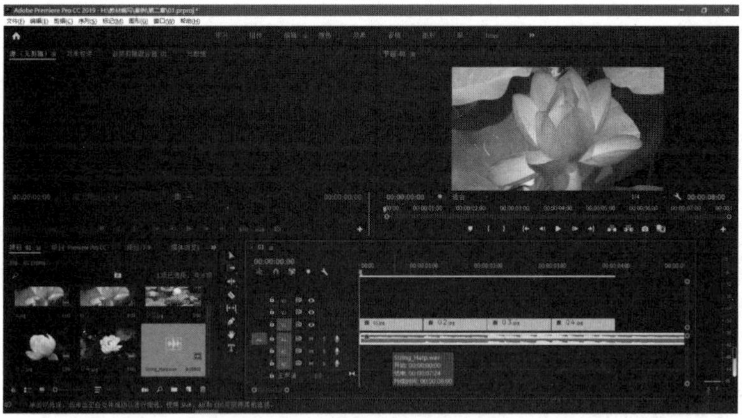

图 2-43 添加音频界面操作

3.将“时间指示器”置于素材 04 的末端,选中音频素材,按下快捷键“Ctrl+K”,将音频素材以“时间指示器”为界剪切为两部分,如图 2-44 所示。

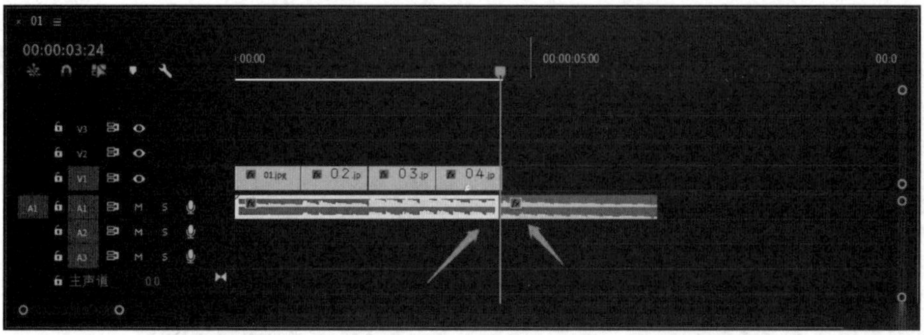

图 2-44 音频剪辑操作

4.选中后半段音频素材,按下“Delete”键删除,至此添加音频的操作完成,按下快捷键“Ctrl+S”保存项目,为接下来的操作做准备。

七、输出影片

影片完成编辑后，就要进入影视编辑的最后一个步骤：输出影片。Premiere Pro CC 2019 具有强大的输出功能，可以输出绝大部分我们所需要的视频、图片、音频格式。

常用的素材输出方式有 3 种：

方法一：选择“项目”面板中的序列 1，或打开“时间轴”面板，执行“文件”→“导出”→“媒体”命令，弹出“渲染器”窗口。

方法二：打开“时间轴”面板，按下快捷键“Ctrl+M”，弹出“渲染器”窗口。

方法三：打开“项目”面板，选中序列 1，单击鼠标右键，在弹出的菜单中选择最下面的选项“输出媒体”。

Premiere Pro CC 2019 常用的视频渲染格式有 H.264、QuickTime、Windows Media 等。

一般来说，在序列创建正确的情况下，“导出设置”界面并不需要进行过多的操作，主要是设置“格式”下拉菜单，然后设置渲染格式；“预设”采用“匹配源”或“PAL DV”。

单击“输出名称”后面的蓝色序列名，可以指定渲染路径及渲染视频名。

最后点击下方的“导出”按键，渲染导出视频，即可完成影片的编辑与渲染工作。

课后作业：大好河山

● 练习知识要点：使用“素材导入”“编辑素材”“添加音频”“导出”等效果制作《大好河山》短片，如图 2-45 所示。

● 效果所在位置：案例/2.7/课后练习.prproj。

扫码可看图 2-45 彩图

图 2-45 大好河山

第三章　Premiere Pro CC 2019 基础操作

本章概述

本章详细讲解了利用 Premiere Pro CC 2019 剪辑影片的基本操作和技巧。通过本章的学习,读者可以轻松掌握剪辑软件的基本使用方法和应用技巧。

思政教学目标

以影视为先锋引领传统文化高质量发展,激发青年学生的文化自信,增强对影视后期创新的责任感和使命感。

教学要求

◆了解切割素材、插入和覆盖、提升和提取、分离和链接素材的技巧。

◆掌握 Premiere Pro CC 2019 软件的素材剪辑方法。

◆掌握 Premiere Pro CC 2019 的渲染文件设置方法。

教学重点和难点

重点:掌握 Premiere Pro CC 2019 软件的素材剪辑方法。

难点:根据不同的情况对素材进行切割和合成。

Premiere Pro CC 2019 拥有很多功能完善的剪辑模块，创作者可以根据自身需求，对拍摄或制作的素材进行调用、分割、组合等操作，从而获得完美的影片合成效果。

第一节 使用 Premiere Pro CC 2019 剪辑素材

一、关键帧动画练习案例

• 案例学习目标

学习关键帧动画的基础剪辑操作。

• 效果所在位置

案例/3.1.1/关键帧动画.prproj。

扫码可看图 3-1 彩图

图 3-1 案例效果图

（一）编辑视频素材

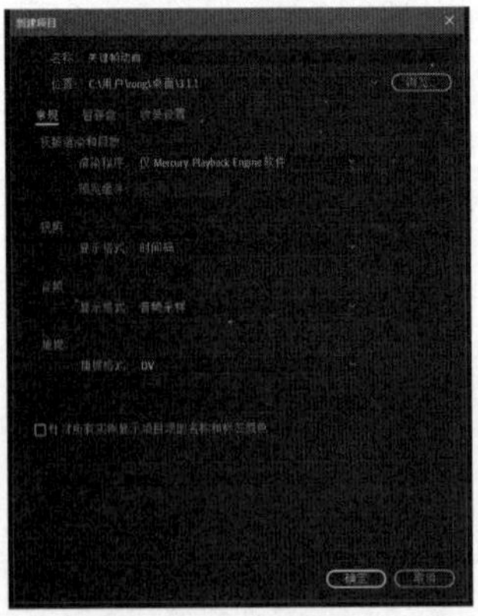

图 3-2 新建项目

1.启动 Premiere Pro CC 2019 软件，新建项目，在弹出的“新建项目”对话框中设置“位置”选项，选择保存文件路径，并在“名称”文本框中输入文件名“关键帧动画”，如图 3-2所示，单击“确定”按钮。按下快捷键“Ctrl+N”，新建序列，在左侧列表中展开“HDV”选项，选择“HDV 720p30”模式，并在“序列名称”文本框中输入关键帧动画，如图 3-3 所示，单击“确定”按钮。

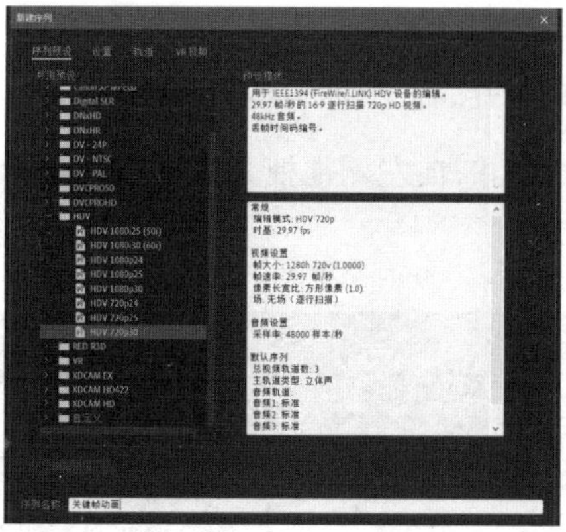

图 3-3　新建序列

2.选择左上角“文件”菜单下的“导入”命令，在弹出的对话框中选择资源包的“案例\3.1.1\素材\01、02、03、04”文件，单击“打开”按钮，导入视频文件，如图 3-4 所示。

扫码可看图 3-4 彩图

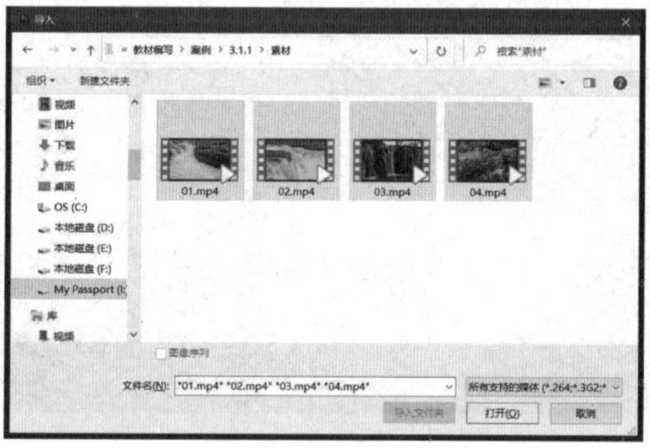

图 3-4　导入素材

3.打开“项目”面板，选择素材 01，并将其拖拽至“时间轴”面板的 V1 轨道上，但此时会弹出对话框，如图 3-5 所示，选择“保持现有设置”。将“时间指示器”置于 00:00:07:00，在 V1 轨道上选中素材 01，将鼠标指针放在素材 01 的结束位置，鼠标呈现状，向左侧拖拽光标至 00:00:07:00 位置上，如图 3-6 所示。

图 3-5　剪辑不匹配弹窗

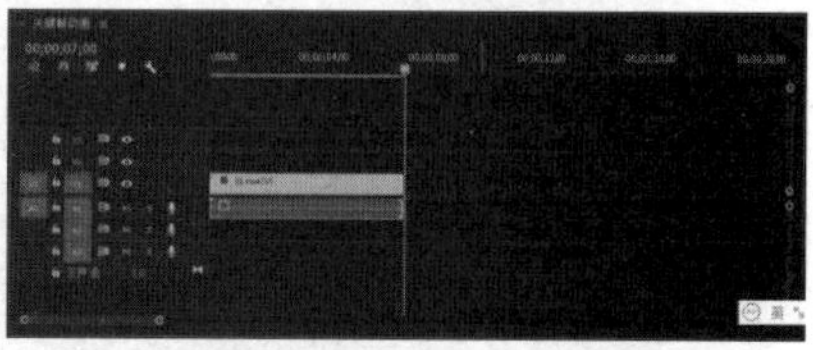

图 3-6　将素材 01 导入时间轴

4.选择“项目”面板中的素材 02，将其拖拽至素材 01 的后方并紧挨着素材 01，如图 3-7所示。如同对素材 01 的操作，将“时间指示器”置于 00：00：14：00，将鼠标指针放在素材 02 的结束位置，鼠标呈现状，向左侧拖拽光标至 00：00：14：00，调整素材 02 的持续时间，如图 3-8 所示。

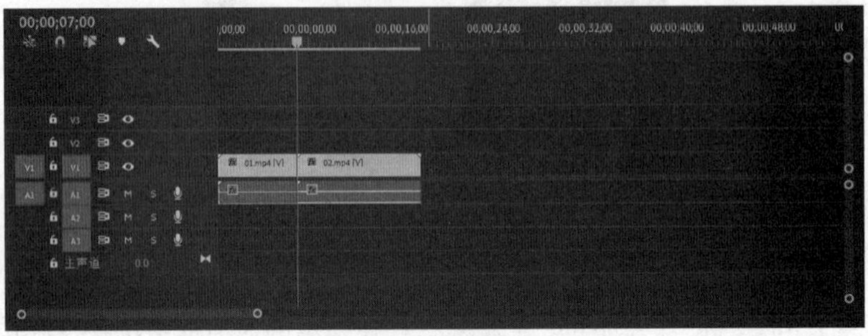

图 3-7 将素材 02 导入时间轴

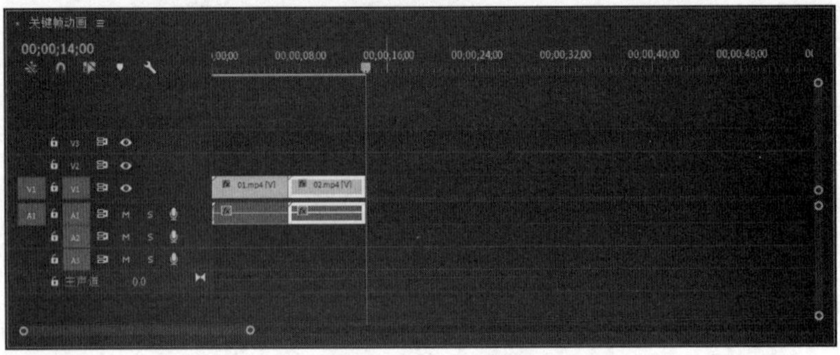

图 3-8 调整素材 02 的持续时间

5.采用相同的方法分别导入素材 03 和素材 04，调整素材的持续时间，使每个素材的持续时间均为 7 秒，素材 03 的结束时间为 00：00：21：00，素材 04 的结束时间为 00：00：28：00，如图 3-9 所示。这样我们就完成了基础的素材编辑，按下快捷键“Ctrl+S”，对现阶段项目内容进行保存。

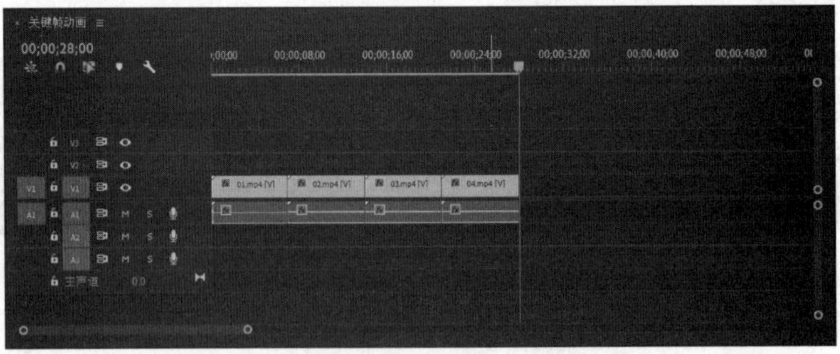

图 3-9 调整素材 03 和素材 04 的持续时间

(二)制作视频转场效果

1.选择 Premiere Pro CC 2019 界面左下角的“效果”选项卡,或选择“窗口”菜单,然后勾选“效果”选项,从弹出的“效果”选项卡中选择“视频过渡”特效分类选项,单击“溶解”前的三角按钮,再单击选中“交叉溶解”特效,如图 3-10 所示。

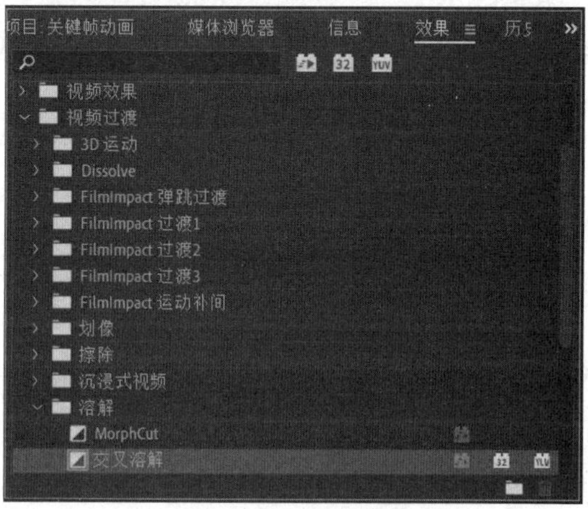

图 3-10 交叉溶解

2.按下鼠标左键拖拽“交叉溶解”特效至素材 01 和素材 02 相连接处,松开鼠标左键,将“交叉溶解”特效赋予两个素材之间,如图 3-11 所示。

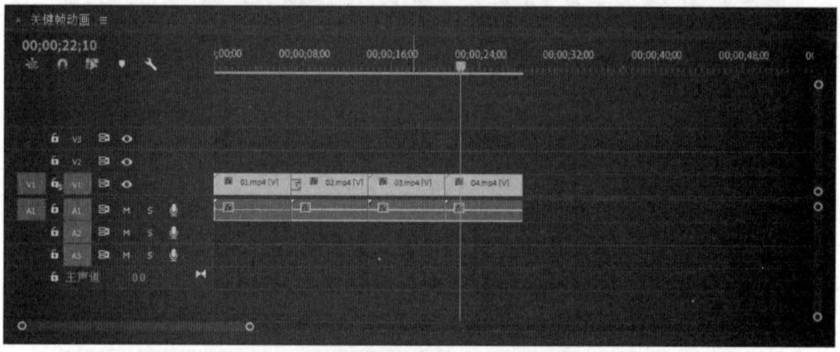

图 3-11 添加“交叉溶解”特效

3.用相同的方式将“交叉溶解”特效赋予素材 02 和素材 03、素材 03 和素材 04 之间以及素材的结尾处,或将“时间指示器”置于素材 01 和素材 02 相连接处,按下快捷键“Ctrl+D”,将“默认过渡效果”快速赋予 V1 轨道上的所有素材,如图 3-12 所示。按下快捷键“Ctrl+S”,保存当前项目,为下一步制作关键帧动画做准备。

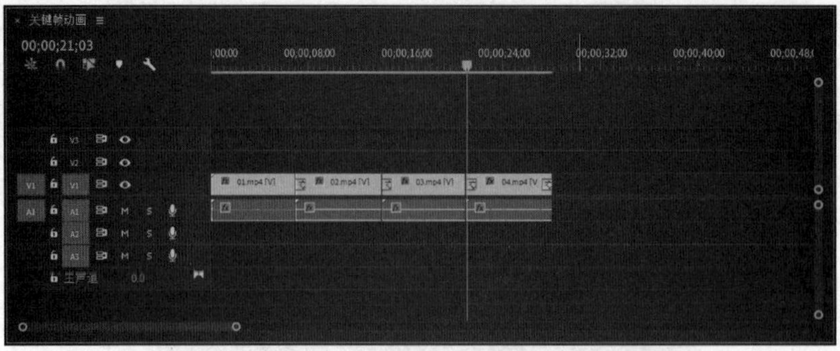

图 3-12　给所有素材添加“交叉溶解”效果

(三)制作关键帧动画

1.将“时间指示器”置于 00:00:00:00,选中轨道上的素材 01,然后打开“效果控件”面板,展开“运动”选项,单击“位置”和“缩放”选项前面的记录动画按键“”(也可以被称为“码表”),如图 3-13 所示,记录第一个动画关键帧。将“时间指示器”置于 00:00:07:00,调整“缩放”参数为“150.0”,“位置”参数为“920.0,520.0”,软件会自动记录关键帧,如图 3-14所示。框选 00:00:07:00 位置上的两个关键帧,向后拖拽至“效果控件”面板的最右侧,使画面运动从头至尾保持连贯性,如图 3-15 所示。

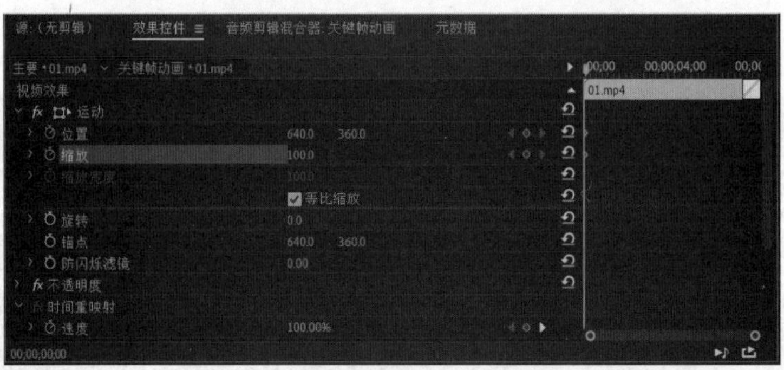

图 3-13　记录素材 01 的第一个关键帧

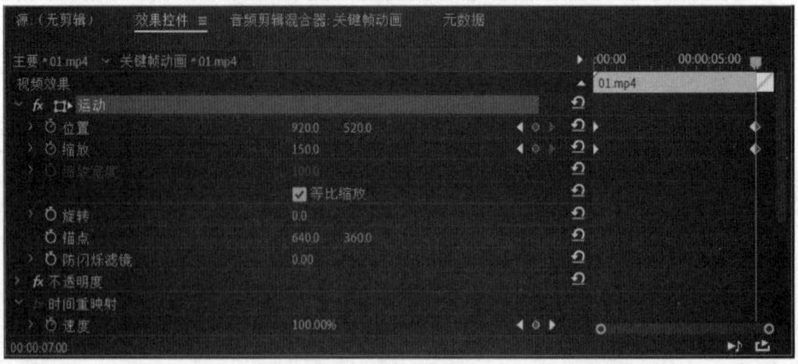

图 3-14　设置素材 01 的第二个关键帧参数

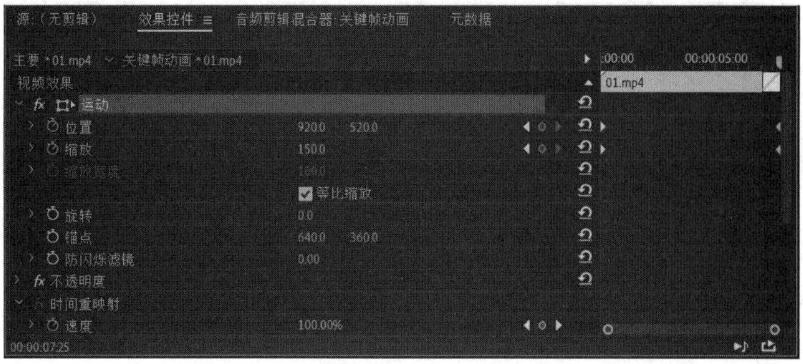

图 3-15　设置素材 01 的第二个关键帧位置

2.选中轨道上的素材 02,然后打开“效果控件”面板,展开“运动”选项,将“时间指示器”置于 00:00:08:00,将“缩放”参数调整为“150.0”,“位置”参数为“920.0,514.0”,单击“位置”和“缩放”选项前面的记录动画按键“”,记录关键帧后,将两个关键帧拖拽至窗口最左侧,使画面运动保持连贯性,如图 3-16 所示。

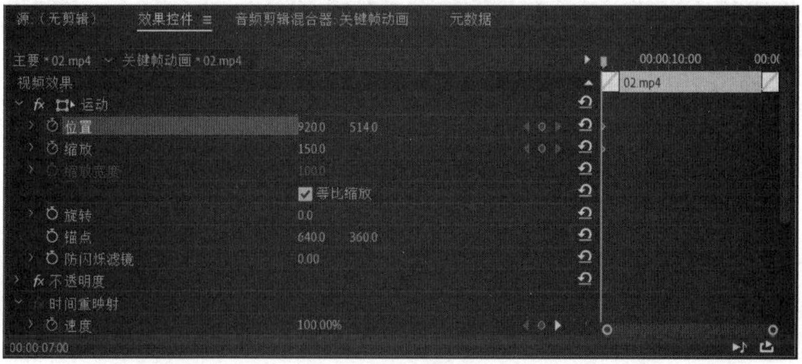

图 3-16　记录素材 02 的第一个关键帧

将“时间指示器”置于 00:00:14:00,调整“缩放”参数为“100.0”,“位置”参数为“640.0, 360.0”, Premiere Pro CC 2019 将自动记录关键帧,如图 3-17 所示。框选 00:00:14:00 位置上的两个关键帧,向后拖拽至窗口最右侧,如图 3-18 所示。

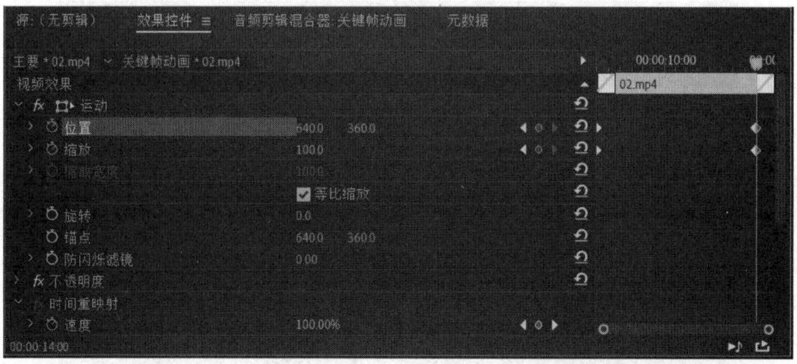

图 3-17　设置素材 02 的第二个关键帧参数

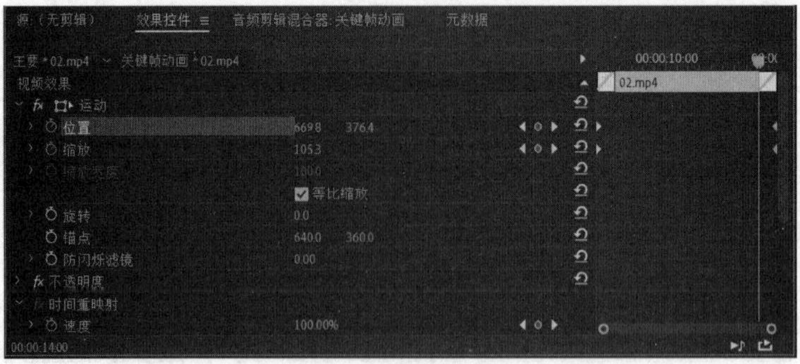

图 3-18 设置素材 02 的第二个关键帧位置

3.相似的操作,选中轨道上的素材 03,然后打开“效果控件”面板,展开“运动”选项,将“时间指示器”置于 00:00:14:24,调整“缩放”参数为“100.0”,“位置”参数为“640.0,360.0”,单击“位置”和“缩放”选项前面的记录动画按键“ ”,记录关键帧后,将两个关键帧拖拽至窗口最左侧,使画面运动保持连贯性,如图 3-19 所示。

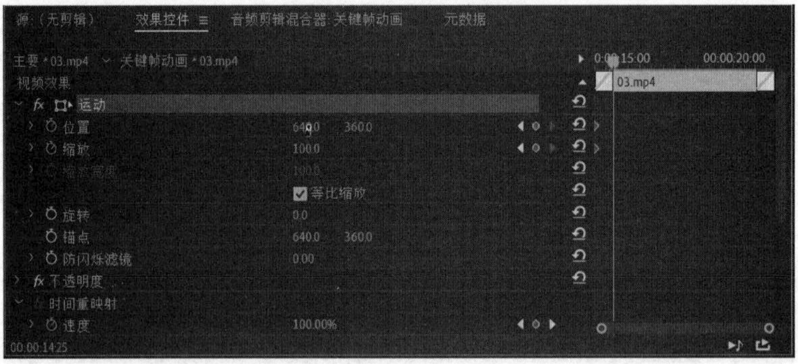

图 3-19 记录素材 03 的第一个关键帧

将“时间指示器”置于 00:00:20:29,调整“缩放”参数为“150.0”,“位置”参数为“944.0,460.0”, Premiere Pro CC 2019 将自动记录关键帧,如图 3-20 所示。框选 00:00:20:29 位置上的两个关键帧,向后拖拽至窗口最右侧,使画面运动保持连贯性,如图 3-21 所示。

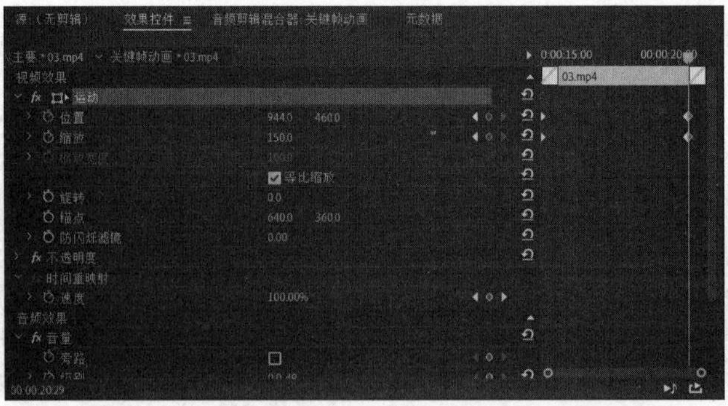

图 3-20 设置素材 03 的第二个关键帧参数

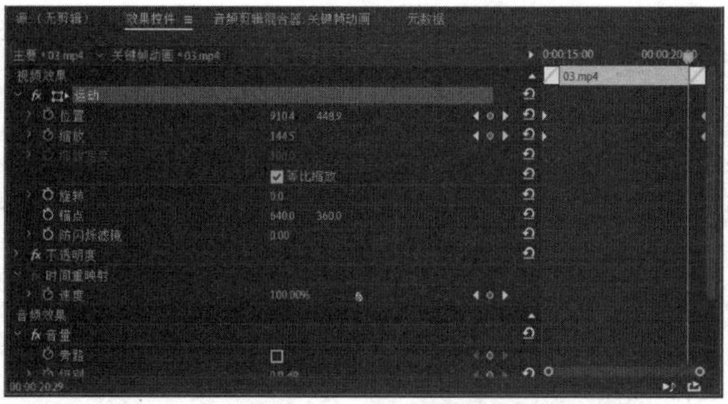

图 3-21 设置素材 03 的第二个关键帧位置

4.相似的操作,选中轨道上的素材 04,然后打开“效果控件”面板,展开“运动”选项,“时间指示器”置于 00:00:21:24,调整“缩放”参数为“150.0”,“位置”参数无须修改,单击“缩放”选项前面的记录动画按键“ ”,记录关键帧后,将关键帧拖拽至窗口最左侧,使画面运动保持连贯性,如图 3-22 所示。

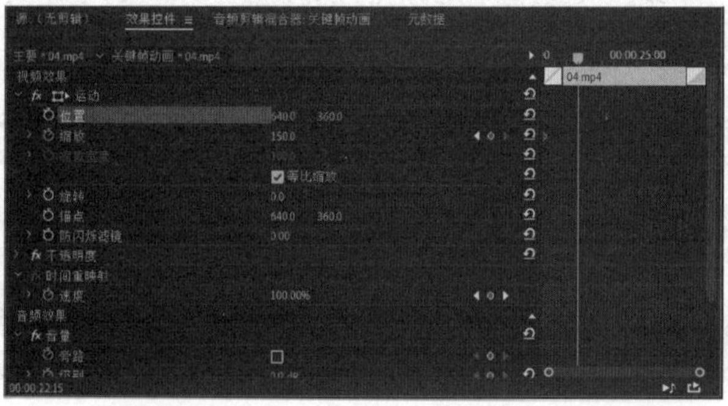

图 3-22 记录素材 04 的第一个关键帧

将“时间指示器”置于 00:00:27:03,调整“缩放”参数为“100.0”,Premiere Pro CC 2019 将自动记录关键帧,如图 3-23 所示。框选 00:00:27:03 位置上的关键帧,向后拖拽至窗口最右侧,如图 3-24 所示,完成关键帧动画操作,按下快捷键“Ctrl+S”保存当前操作,为下一步操作做准备。

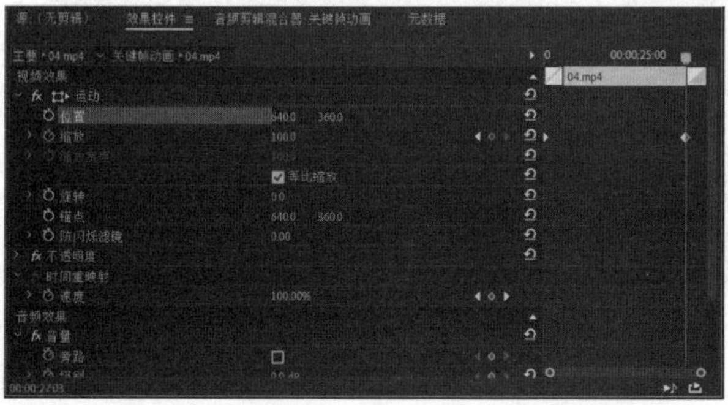

图 3-23 设置素材 04 的第二个关键帧参数

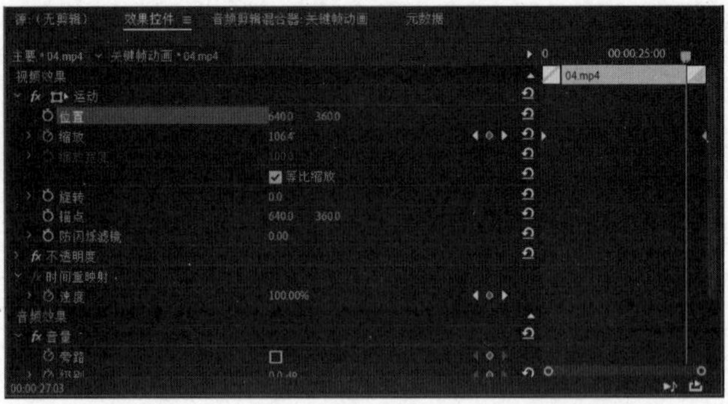

图 3-24　设置素材 04 的第二个关键帧位置

(四)渲染视频

1.选中“时间轴”面板,使面板呈现出被选中的蓝框状态,如图 3-25 所示。

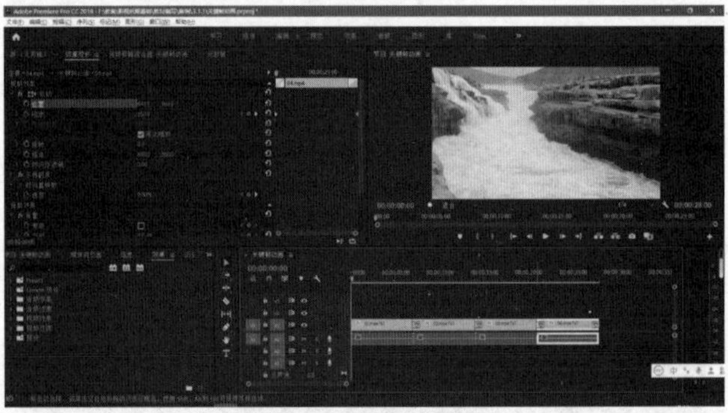

图 3-25　选中时间轴窗口

2.按下快捷键“Ctrl+M”,打开渲染界面,如图 3-26 所示。

扫码可看图 3-26 彩图

图 3-26　渲染界面

3.渲染参数设置。单击“导出设置”窗口右侧上方的“格式”下拉菜单，选择 H.264 格式（该格式为现阶段国内较为常用的一种视频格式，体积小、清晰度高）。单击“预设”下拉菜单，选择“匹配源—高比特率”。单击“输出名称：”右侧的蓝色文字，在弹出窗口中设置保存路径及文件保存名，如图 3-27 所示。

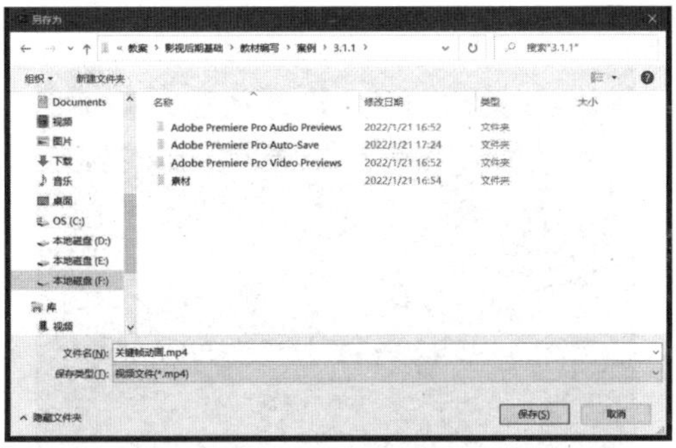

图 3-27　输出路径弹窗

勾选“导出视频”和“导出音频”选项，下面的参数保持默认即可。单击最下方的“导出”按钮，完成视频的渲染导出。这时会弹出“编码”窗口，如图 3-28 所示，等待进度条完成即可在相应位置找到所渲染导出的视频。

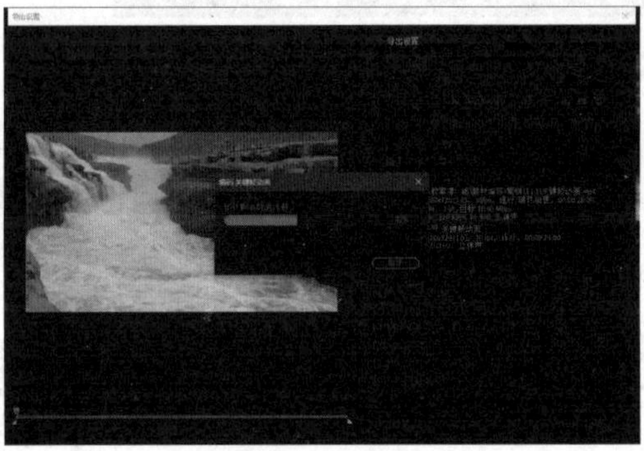

扫码可看图 3-28 彩图

图 3-28　渲染进度窗口

二、多机位剪辑

在日常工作中我们经常会遇到多机位拍摄的情况，那么就需要用到多机位剪辑这种快速剪辑方式。

• 案例学习目标

学习多机位剪辑的基本操作步骤。

● 效果所在位置

案例/3.1.2/多机位剪辑.prproj。

1.启动 Premiere Pro CC 2019 软件，新建项目，在弹出的“新建项目”对话框中设置“位置”选项，选择保存文件路径，在“名称”文本框中输入文件名“多机位剪辑”，如图3-29所示，单击“确定”按钮。

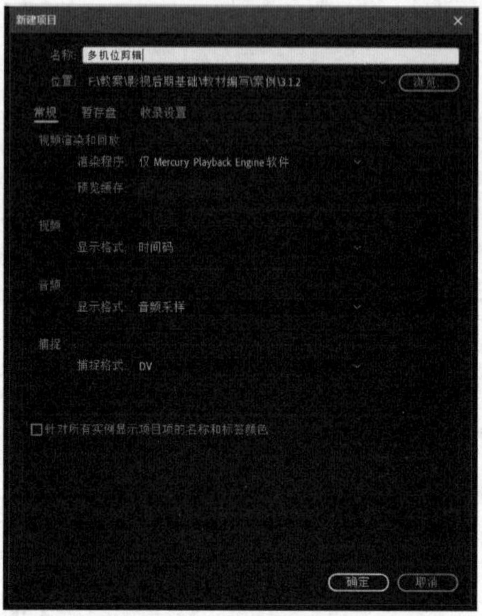

图 3-29　新建项目

2.选择左上角“文件”菜单下的“导入”命令，在弹出的对话框中选择资源包的“案例\3.1.2\素材\主机位、侧机位”文件，单击“打开”按钮，导入视频文件，如图 3-30 所示。

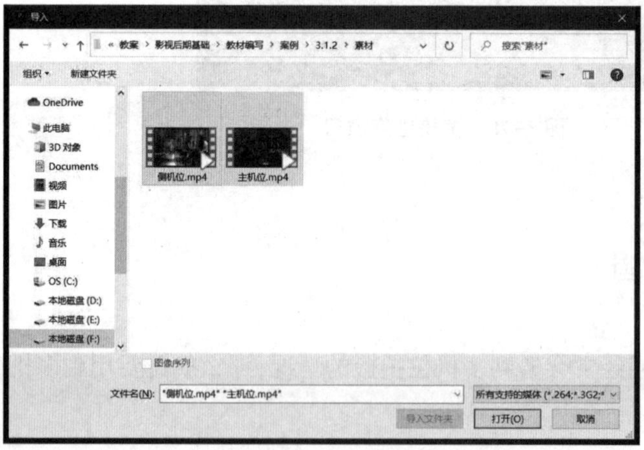

扫码可看图 3-30 彩图

图 3-30　导入素材

通常情况下，多机位剪辑首先应对物料进行重命名操作，标注清晰的机位，方便后期操作。

3.在 Premiere Pro CC 2019 中编辑素材的入点、出点，使所有素材的入点和出点时间画面保持一致。选中“项目”面板中的“主机位”素材，按鼠标左键将其拖拽至左上方“源”监视器窗口，设置左侧时间为“00:00:22:10”，单击“标记入点”按钮添加入点，同时“源”监视器窗口下方会出现一个入点标记，如图 3-31 所示。

扫码可看图
3-31 彩图

图 3-31　设置素材“主机位”入点位置

4.再次设置左侧时间为“00:01:47:15”，单击“标记出点”按钮添加出点，同时“源”监视器窗口下方会出现一个出点标记，如图 3-32 所示，“源”监视器窗口右下方显示数字为“00:01:25:06”。

扫码可看图
3-32 彩图

图 3-32　设置素材“主机位”出点位置

5.在“项目”面板中选中“侧机位”素材，按鼠标左键将其拖拽至左上方“源”监视器窗口，设置左侧时间为“00:00:05:00”，单击“标记入点”按钮添加入点，再次设置左侧时间为“00:01:30:05”，单击“标记出点”按钮添加出点，同时“源”监视器窗口下方会出现一个出点标记，如图 3-33 所示，“源”监视器窗口右下方显示数字为“00:01:25:06”。

扫码可看图
3-33 彩图

图 3-33　设置素材“侧机位”入点位置

6.在“项目”面板中选中“主机位”素材，将鼠标放在素材上单击鼠标右键，选择“从剪辑新建序列”选项，如图 3-34 所示。Premiere Pro CC 2019 会根据“主机位”素材的相关参数自动创建一个剪辑序列，如图 3-35 所示。

扫码可看图
3-34 彩图

图 3-34　从剪辑新建序列

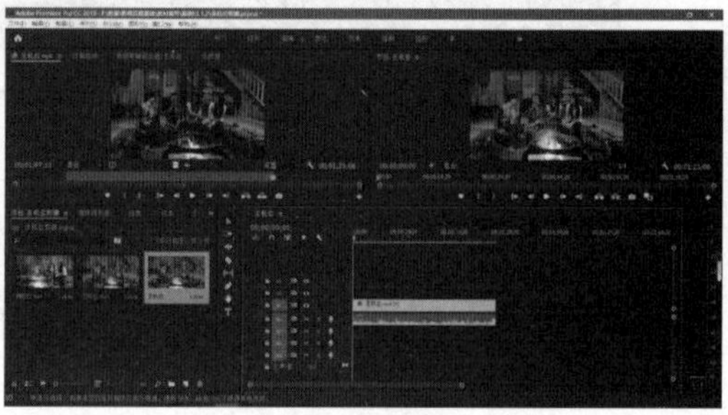

图 3-35　自动创建剪辑序列

扫码可看图
3-35 彩图

7.通过后期添加关键帧动画的方式赋予“主机位”镜头运动感。选择“时间轴”上的“主机位”素材，打开“效果控件”面板，将“时间指示器”置于起始位置，单击“位置”与“缩放”前的“切换动画”(码表)图标，记录第一个关键帧；然后将“时间指示器”拖拽至00:01:25:05位置，调整“缩放”参数为“150.0”，“位置”参数为“1100.0,510.0”，如图 3-36 所示。

图 3-36　设置位置与缩放参数

扫码可看图
3-36 彩图

8.以相同的方式选中“侧机位”素材，单击鼠标右键，选择“从剪辑新建序列”选项，如图 3-37 所示。

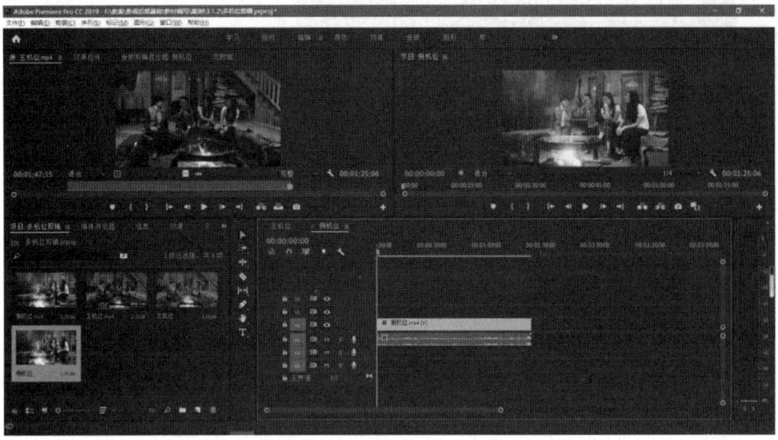

扫码可看图 3-37 彩图

图 3-37　从剪辑新建序列

9.通过后期添加关键帧动画的方式赋予“侧机位”镜头运动感。选择“时间轴”上的“侧机位”素材，打开“效果控件”面板，将“时间指示器”置于起始位置，单击“缩放”前的“切换动画”（码表）图标，记录第一个关键帧；然后将“时间指示器”拖拽至00:01:25:05位置，调整“缩放”参数为“150.0”，如图 3-38 所示。

扫码可看图 3-38 彩图

图 3-38　设置位置与缩放参数

10.在“项目”面板中选中“主机位”序列，按“Ctrl”键加选“侧机位”序列，即缩略图右下角为图案的素材，将鼠标放置在序列上，单击鼠标右键，在弹出的窗口中选择“创建多机位源序列”选项，如图 3-39 所示。

扫码可看图
3-39 彩图

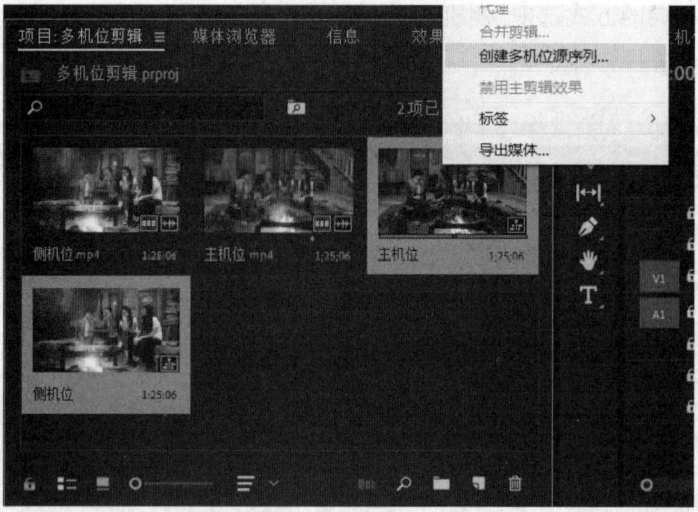

图 3-39　创建多机位源序列

11.在弹出的“创建多机位源序列”窗口中,单击左上方的“视频剪辑名称+”下拉菜单,选择“自定义”选项,在右侧文本框中输入“桃坪羌寨采访多机位”。“同步点”选择“入点”;“音频”序列选择“相机 1”,即第一个选中的素材;摄像机名称选择“使用剪辑名称”,如图 3-40 所示。

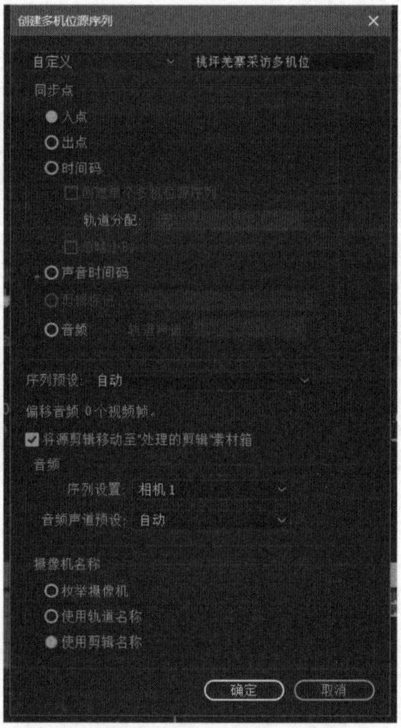

图 3-40　创建多机位源序列弹窗

12.在“项目”窗口中创建一个名为“桃坪羌寨采访”的多机位剪辑文件和“处理的剪辑”文件夹,选中“桃坪羌寨采访”的多机位剪辑文件,单击鼠标右键选择“从剪辑新建序列”,创建一个新序列,如图 3-41 所示。

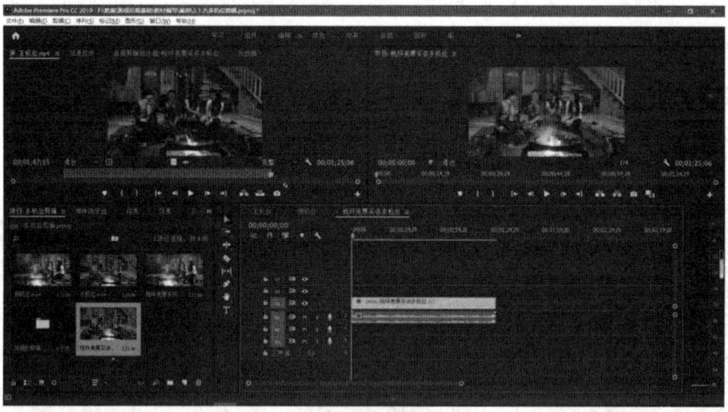

扫码可看图 3-41 彩图

图 3-41　从剪辑新建序列

13.单击“节目窗口”右下角的“+”按键,如图 3-42 所示,打开“按钮编辑器”窗口,将“切换多机位视图”拖拽至“按钮栏”,如图 3-43 所示,单击“确认”按钮。

扫码可看图 3-42 彩图

图 3-42　节目窗口

图 3-43　按钮编辑器

14.单击“节目窗口”下方我们添加的“切换多机位视图”按钮，“节目窗口”将变化为多机位视图，如图 3-44 所示。在左侧窗口中，黄色框选内容为当前“节目窗口”中所显示的内容，其他视图为“时间指示器”所指示时间的其他素材画面内容（但不会在最终“节目窗口”中显示）。右侧窗口为“节目窗口”最终显示的画面内容。我们可以在播放状态下单击左侧不同的窗口，切换右侧最终显示画面内容。需要注意的是，在“时间指示器”静止的状态下，这样做会修改“时间指示器”所在素材的所有显示内容，但不会在不同素材间进行切换操作。

扫码可看图
3-44 彩图

图 3-44 多机位视图

15.在播放的状态下，依次在 20 秒、40 秒、60 秒左右的位置进行画面切换，如图 3-45 所示。

扫码可看图
3-45 彩图

图 3-45 设置画面切换

16.按下快捷键“Ctrl+S”保存工程文件，“Ctrl+M”渲染视频。

至此，多机位剪辑的基础操作就完成了。但是，该练习视频案例并不能算是一个完整的视频成果，它还缺少画面的颜色调整、字幕的添加与制作，这些内容我们会在接下来的案例中逐步补充进去。

三、设置标记点

在素材的剪辑过程中，我们首先要对素材进行初步剪辑，调整素材开始帧和结束帧的位置，也被称为“入点”和“出点”。这里通常要用到“标记入点”（快捷键“I”）和“标记出点”（快捷键“O”）工具。

在选中内容不同的情况下，“标记入点”和“标记出点”工具也会产生不同的效果。当我们用鼠标双击素材，在左上角“源”监视器中看到这个素材时，“标记入点、出点”工具会在“源”监视器的“时间指示器”所在位置对当前素材进行入点和出点的调整。该工具常用于初步调整素材的持续时长，如图 3-46 所示（具体操作可参考 3.1.2 案例中的第 3、4、5 步骤）。

扫码可看图 3-46 彩图

图 3-46　“源”监视器设置素材入点和出点

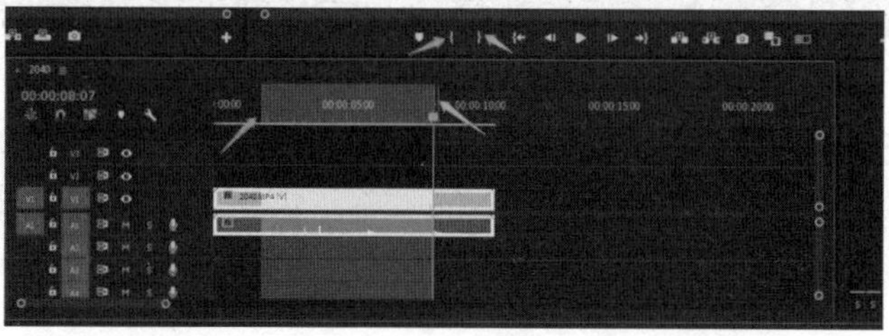

图 3-47　在“时间轴”上添加入点和出点

当我们选中序列时，“标记入点、出点”工具会在“节目”窗口的“时间指示器”所在位置对当前“序列”进行入点和出点的调整。该工具常用于调整序列的显示时长，如图3-47所示，并且在渲染时，也会优先显示“入点”和“出点”之间的内容，如图 3-48 所示。

扫码可看图
3-48 彩图

图 3-48　渲染界面

同时我们也会对素材中的某些重要时间点进行标记，也就是“节目”窗口下方的按键“添加标记”，快捷键“M”。

给素材添加标记有两种较为常见的方式。

第一种：选中素材，单击“添加标记”图标或在英文输入法的前提下按快捷键“M”，此时标记点标记在素材本身，属于素材的绝对位置标记。标记点可以跟随素材随意移动，标记点所在时间不会改变。这种方式常用于标记素材的关键点，如图 3-49 所示。

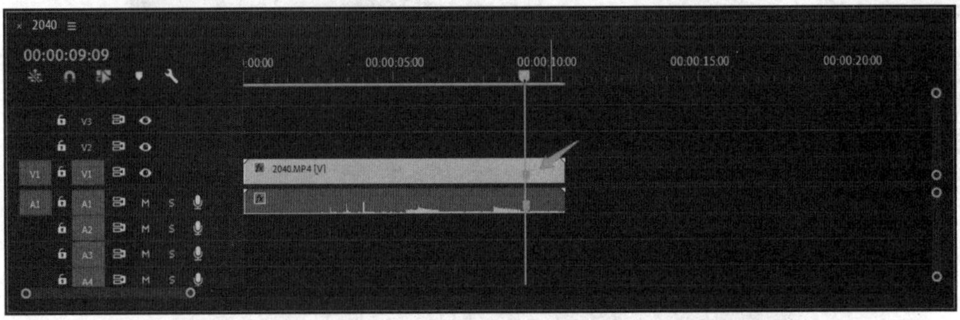

图 3-49　给素材添加标记

第二种：未选中素材，仅选中“序列”，单击“添加标记”图标或在英文输入法的前提下按快捷键“M”，此时标记点标记在“序列”上，与时间轴上的素材位置相对。当前位置上的素材移动时，标记点的画面也会随之改变。这种方式常用作音乐卡点或标记鼓点，如图 3-50 所示。

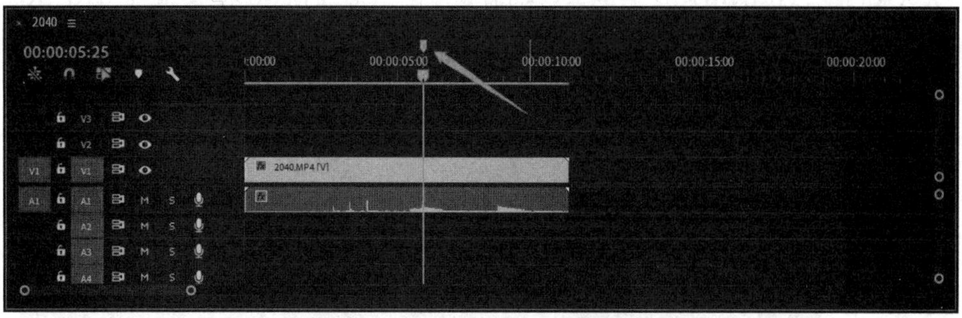

图 3-50　在“时间轴”上添加标记

如果既没有选中素材，也没有选中序列，则使用快捷键“M”是不会有任何反应的。这个对于初学者来说经常会遇到，请初学者注意。

四、切割素材

在剪辑过程中，我们经常要调整“时间轴”上的素材持续时间，常用的方式有以下两种。

第一种：使用“选择工具”，将鼠标指针放置在要调整素材的入点或出点位置，鼠标指针会变成▶，即可左右拖动素材，调整素材持续时间，如图 3-51 所示。

图 3-51　在“时间轴”上调整素材持续时间

第二种：使用“剃刀工具”，按下快捷键“C”（注意“剃刀工具”常与“时间指示器”相搭配）。

打开项目文件：切割素材.prproj。

1.将素材拖入“时间轴”面板。通过预览我们可以看到素材在00:00:05:02画面右侧有行人入画,那么00:00:05:02后的素材都需要删除。将“时间指示器”置于00:00:05:02位置,如图3-52所示。

扫码可看图3-52彩图

图3-52 调整“时间指示器”位置

2.选择“剃刀工具”,将鼠标指针放置于素材上并临近“时间指示器”的位置,如图3-53所示。

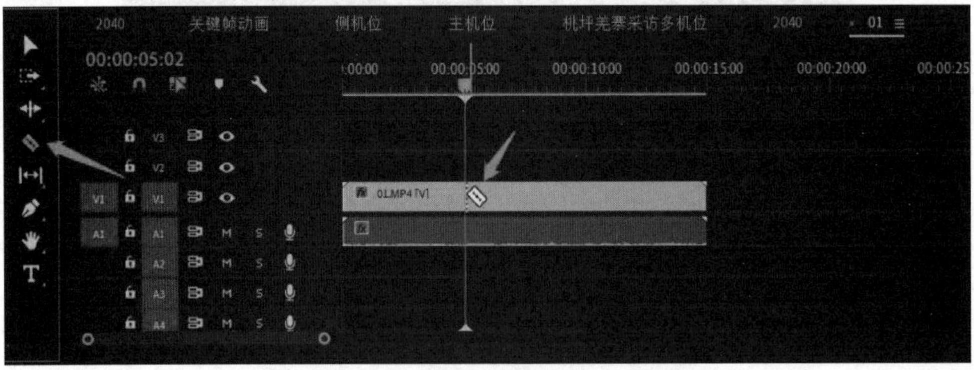

图3-53 使用“剃刀工具”裁剪

3.单击鼠标左键,对素材进行切割,选中后半段素材,使用删除键“Delete”将其删除;或单击鼠标右键,选择“波纹删除”选项,如图3-54所示。

扫码可看图
3-54 彩图

图 3-54 鼠标右键弹窗

“剃刀工具”搭配“Shift”键同时使用,可以对“时间轴”上的所有素材进行切割,常用于多素材叠加状态下的剪辑,如图 3-55 所示。

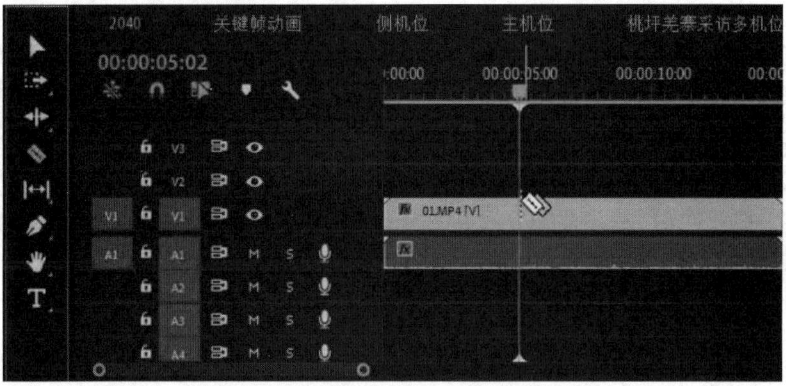

图 3-55 搭配“Shift”键进行多素材剪辑

五、插入和覆盖编辑

插入与覆盖编辑是我们在视频剪辑过程中经常用到的两种方式。

插入编辑:在“时间指示器”所在位置的 V1 轨道上添加素材,“时间指示器”后的所有素材向后移动。

覆盖编辑:在“时间指示器”所在位置的 V1 轨道上添加素材,“时间指示器”后重复的部分被覆盖,并不会向后移动。

案例练习：

1.打开“插入和覆盖编辑.prproj”项目文件，将“时间指示器”置于 00：00：02：00，如图 3-56 所示。

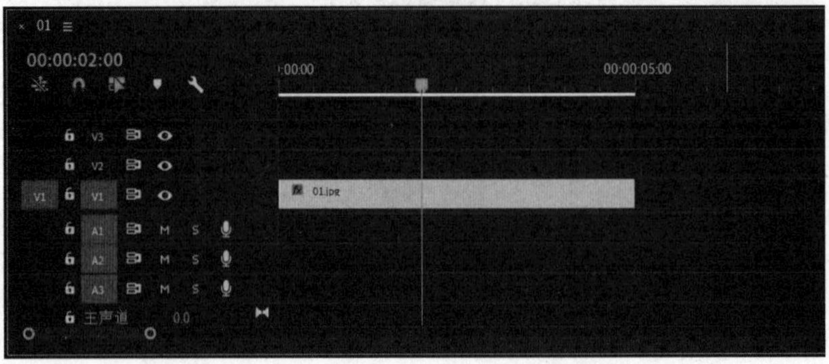

图 3-56　调整“时间指示器”的位置

2.双击素材 02.jpg，在“源”监视器面板显示 02.jpg，单击“源”监视器面板下方的“插入”按钮，如图 3-57 所示。

扫码可看图
3-57 彩图

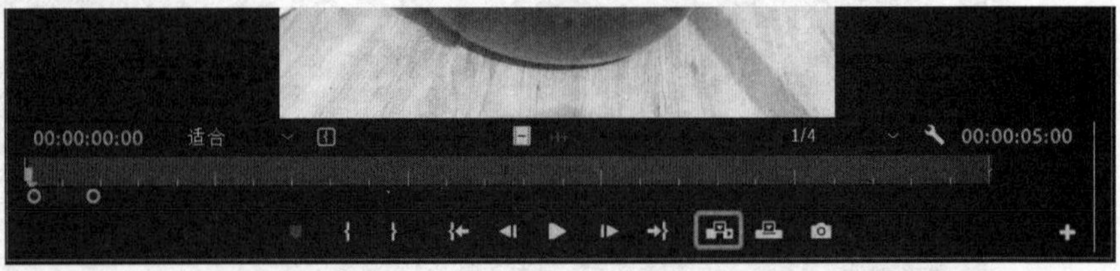

图 3-57　插入按钮

3.素材 02.jpg 就会在“时间指示器”位置插入，并且将 01.jpg 的后半部分素材向后移动了 5 秒，如图 3-58 所示。

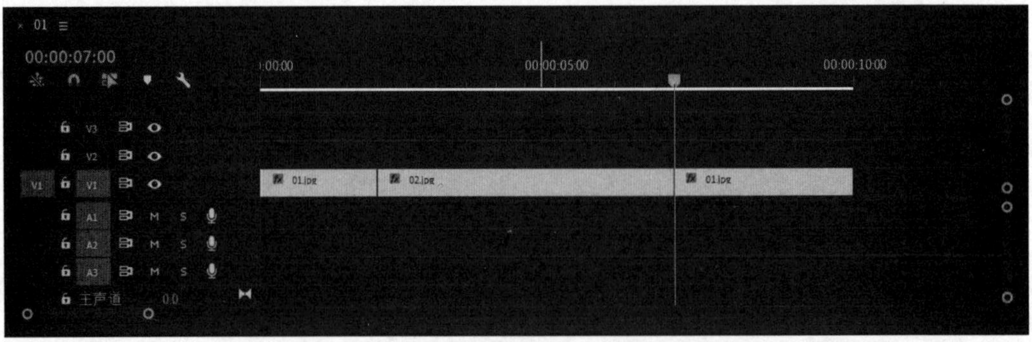

图 3-58　插入编辑时间轴界面

4.按下快捷键“Ctrl+Z”撤销上一步操作，单击“源”监视器面板下方的“覆盖”按钮，如图 3-59 所示。

图 3-59　覆盖按钮

扫码可看图 3-59 彩图

5.素材 02.jpg 就会在“时间指示器”位置被添加，与 01.jpg 相重合部分则会被覆盖，如图 3-60 所示。

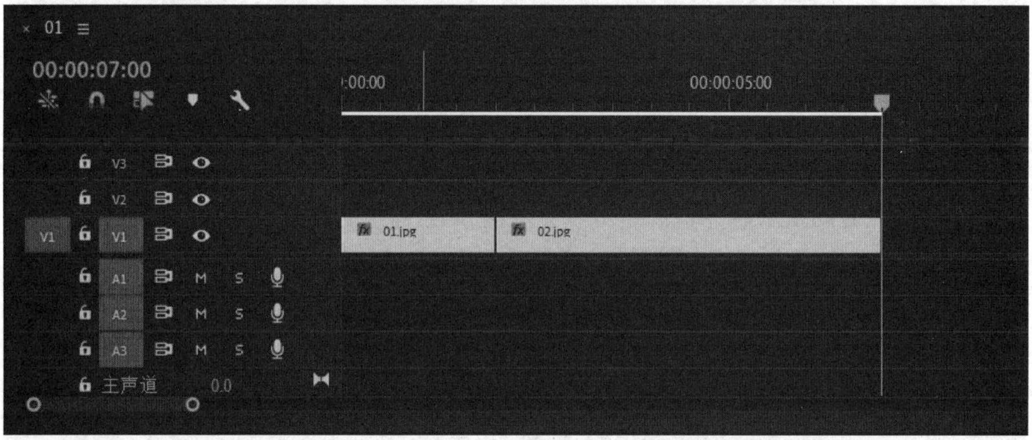

图 3-60　覆盖编辑时间轴界面

六、提升和提取编辑

在剪辑过程中，我们经常需要对序列中的某段内容进行移除的操作，常见的有两种方式，分别是使用“剃刀工具”对素材切割后删除和使用“提升”“提取”工具。

“提升”工具是从“时间轴”中“提升”出一个片段，并在原素材处留下一段空白区域。该操作需要提前使用“标记入点”和“标记出点”工具进行片段设置。

“提取”工具是从“时间轴”中“提取”出一个片段，移除素材的一部分，后续帧会前移填补空白区域。该操作同样需要提前使用“标记入点”和“标记出点”工具进行片段设置。

(一)使用“切割工具”对素材切割后删除

1.打开“提升和提取编辑.prproj”工程文件，我们可以看到，素材 01 从 00:00:04:22 至 00:00:12:10 这段画面中有明显的人员走动，因此需要删除该段素材。

2.将“时间指示器”置于 00:00:04:22 位置，选择“剃刀工具”，并将鼠标指针放置于素材 01 上的“时间指示器”位置，单击鼠标左键，对素材进行切割，如图 3-61 所示。

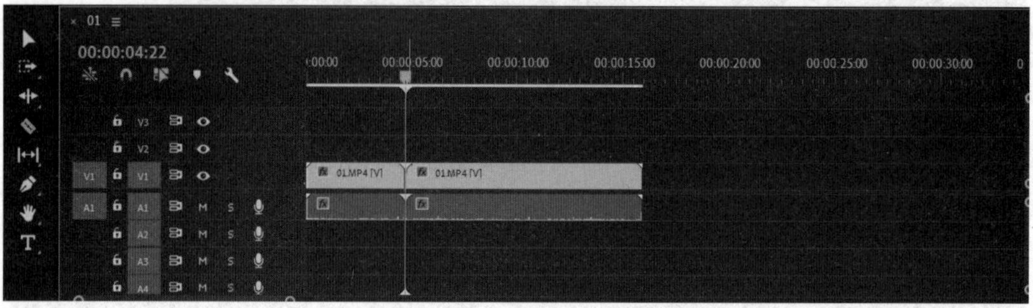

图 3-61　对素材进行切割(一)

3.将“时间指示器”置于 00:00:12:10 位置，选择“剃刀工具”，并将鼠标指针放置于素材 01 上的“时间指示器”位置，单击鼠标左键，对素材进行切割，如图 3-62 所示。

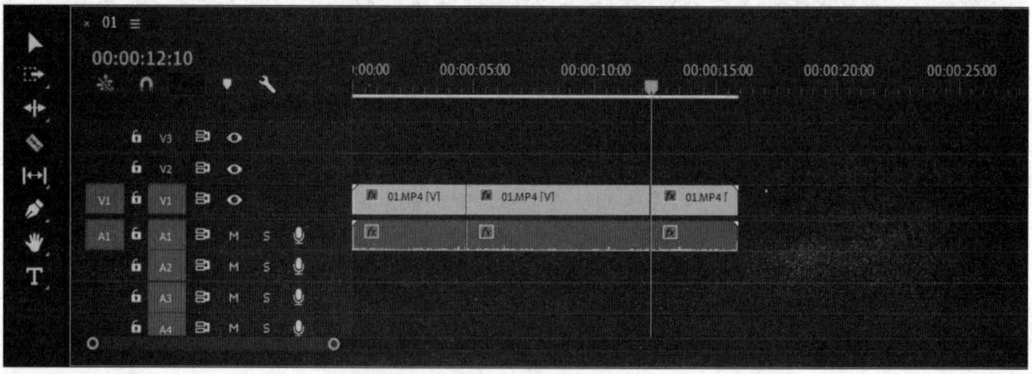

图 3-62　对素材进行切割(二)

4.使用“选择工具”选中中间部分素材，单击“Delete”按键删除素材。该效果与“提升”相似，皆为移除素材，原地留下空白区域，如图 3-63 所示。

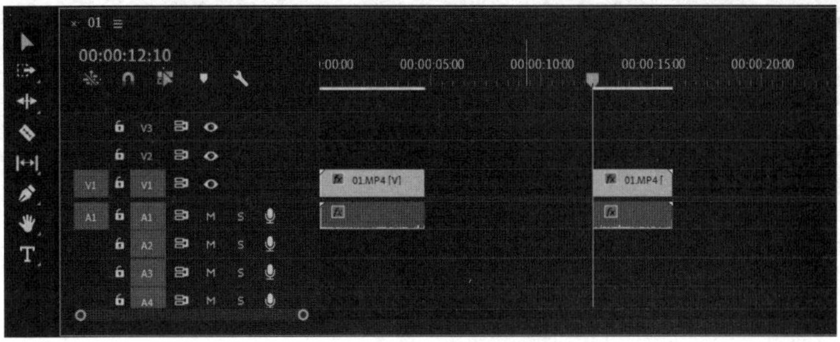

图 3-63　对素材进行删除

5.按下快捷键“Ctrl+Z”撤销上一步操作，使素材回到未执行移除操作命令前的状态。使用“选择工具”选中中间部分素材，将鼠标指针放置于素材 01 上，单击鼠标右键，选择“波纹删除”选项移除素材，如图 3-64 所示。该效果与“提取”相似，皆为移除素材，后面的帧前移，原地不留空缺，如图 3-65 所示。

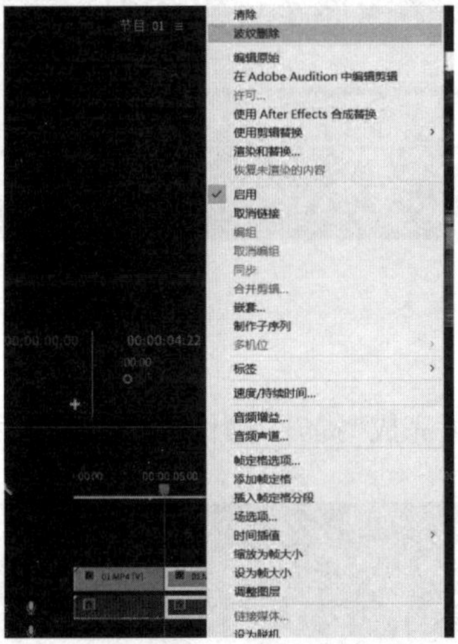

图 3-64　波纹删除

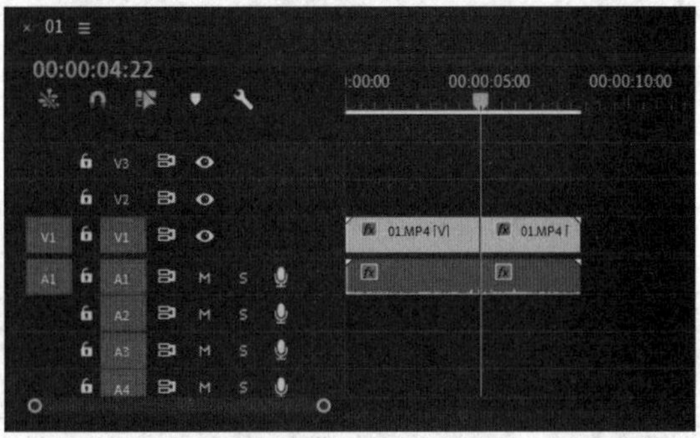

图 3-65　移除素材

6.关闭“提升和提取编辑.prproj”文件，不保存，为提升、提取操作做准备。

(二)使用“提升”“提取”工具

1.打开“提升和提取编辑.prproj”工程文件，将“时间指示器”置于 00:00:04:22 位置，按下“I”键标记入点，如图 3-66 所示。

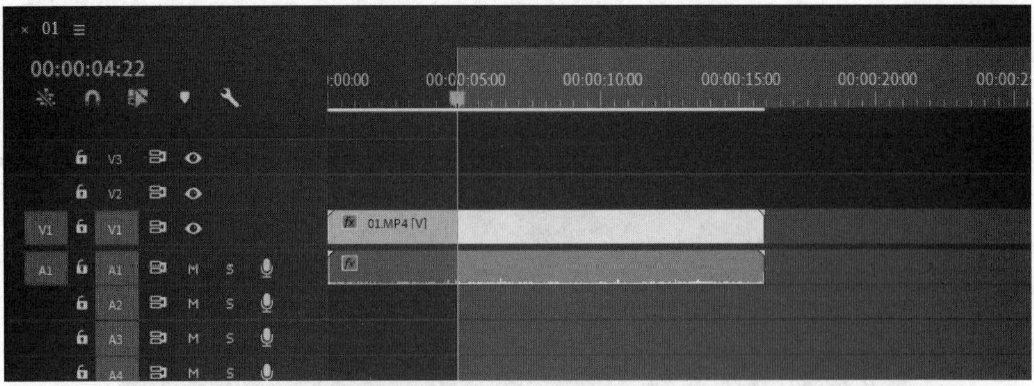

图 3-66 标记入点

2. 将“时间指示器”置于 00:00:12:10 位置，按下“O”键标记出点，如图 3-67 所示。

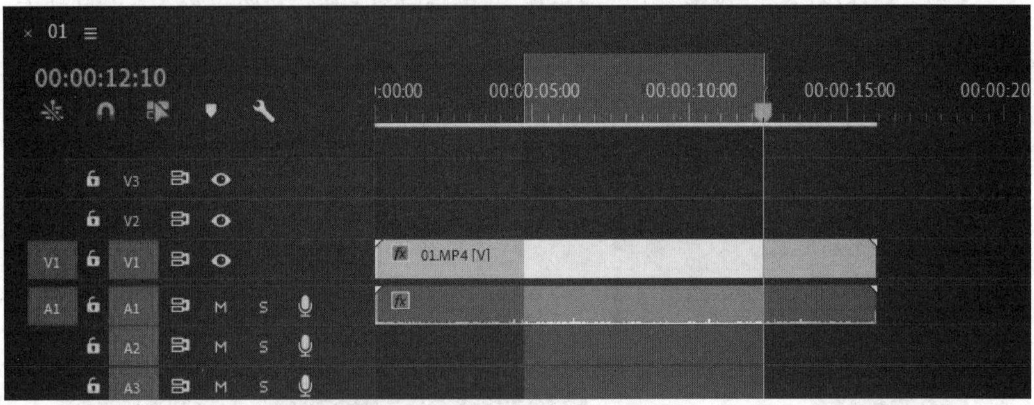

图 3-67 标记出点

3.单击“节目”窗口下方的“提升”按钮,即可完成“提升”操作，如图 3-68 所示。

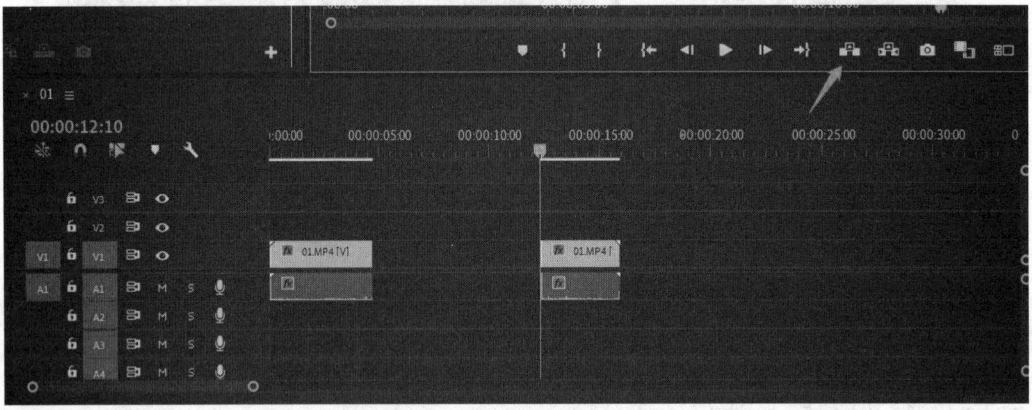

图 3-68 提升素材

4.按下快捷键“Ctrl+Z”撤销上一步操作,使素材回到未执行提升操作命令前的状态。单击“节目”窗口下方的“提取”按钮,完成“提取”操作,如图 3-69 所示。

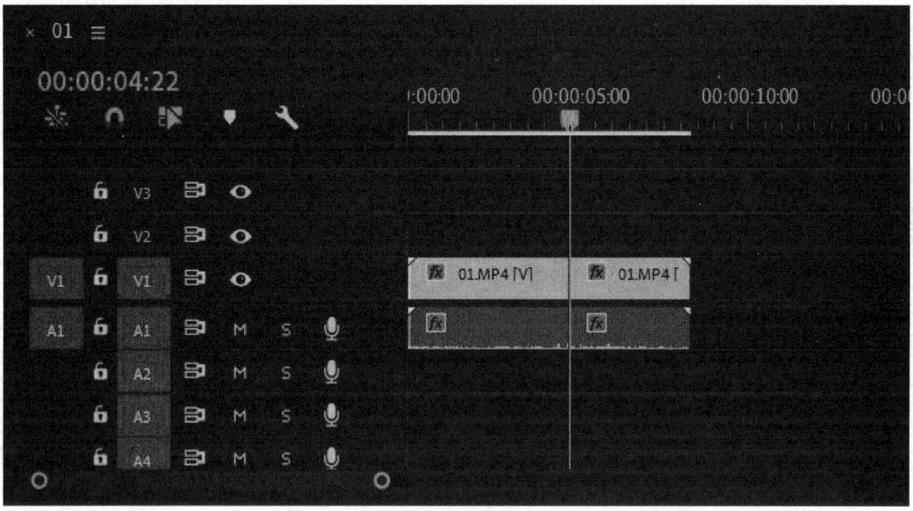

图 3-69 提取素材

七、分离和链接素材

一般来说,在剪辑过程中,对素材的音频处理是必不可少的环节。这就需要用到分离和链接素材命令,将视频和音频进行分离处理,或将单独的视频和音频链接在一起处理。

当我们需要对素材进行分离处理时,可以选中时间轴上的素材执行“剪辑/取消链接”命令;或选中素材,单击鼠标右键,选择“取消链接”命令。这时素材的命名后就少了“[V]”字符,如图 3-70 所示。

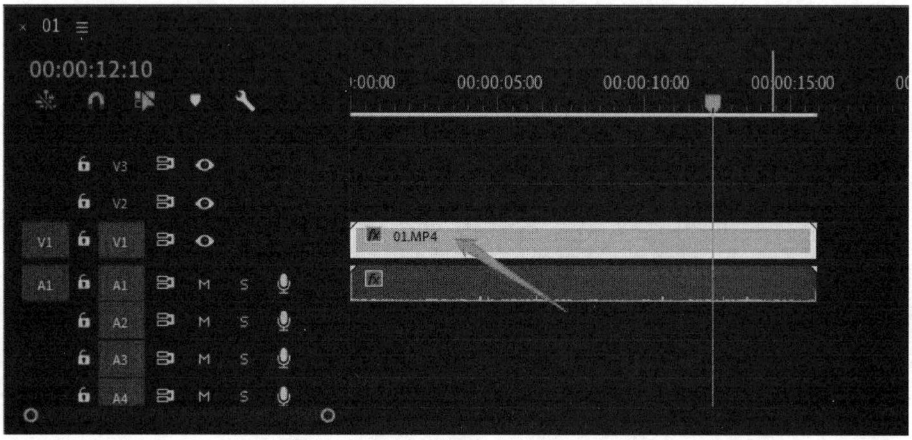

图 3-70 分离素材

当我们需要将单独的视频和音频素材链接起来时，只需要同时选中需要链接的视频和音频素材，执行“剪辑/链接”命令，或单击鼠标右键，选择“链接”命令。此时原来视频素材的命名后就增加了“[V]”字符，如图 3-71 所示。

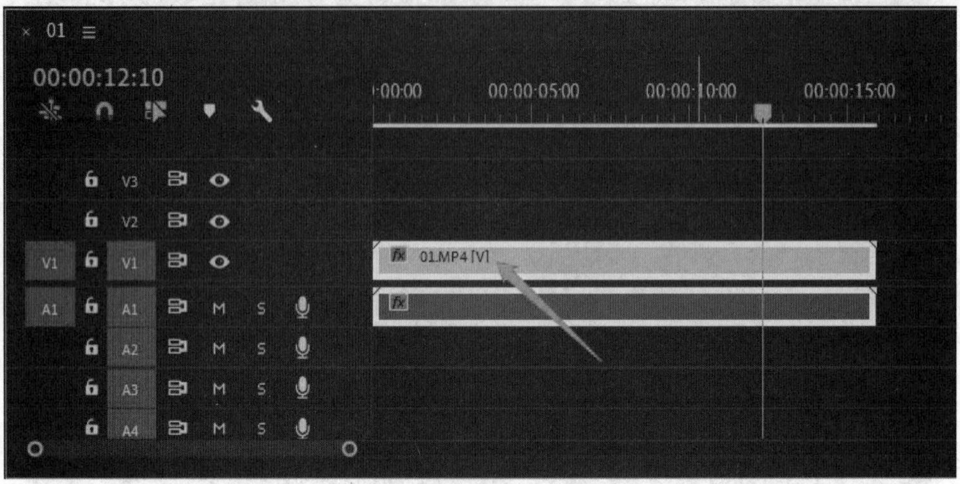

图 3-71 链接素材

第二节 使用 Premiere Pro CC 2019 进行合成操作

当使用 Premiere Pro CC 2019 进行影视剪辑时，我们需要对部分动画进行合成操作——从较为简单的序列帧合成到较为复杂的多图层合成。

一、序列帧合成动画实战

1.启动 Premiere Pro CC 2019，新建项目和序列，如图 3-72 所示。

2.导入视频素材 01。执行“文件/导入”命令，在弹出的对话框中找到“案例>3.2>3.2.1>素材>素材 01.mp4”文件，选中素材 01.mp4，单击“打开”按键，将素材导入工程文件，如图 3-73 所示。

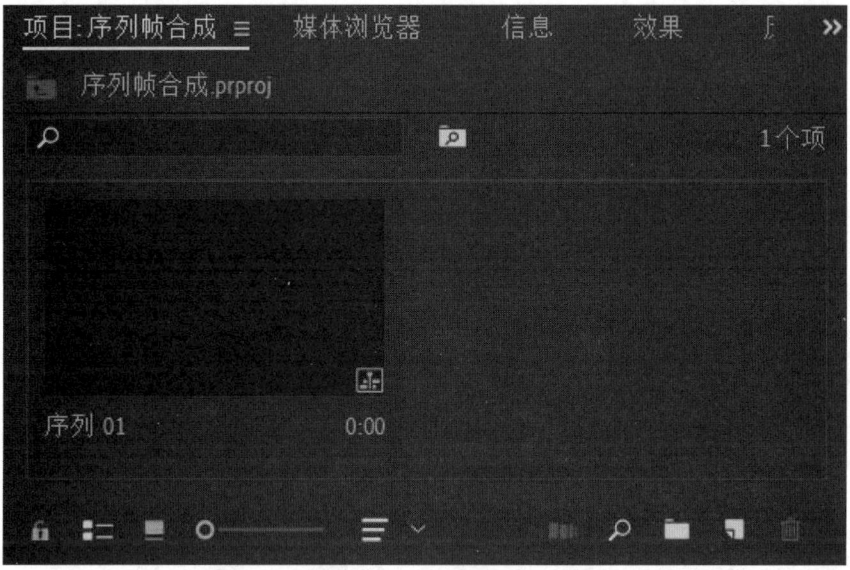

图 3-72　项目窗口

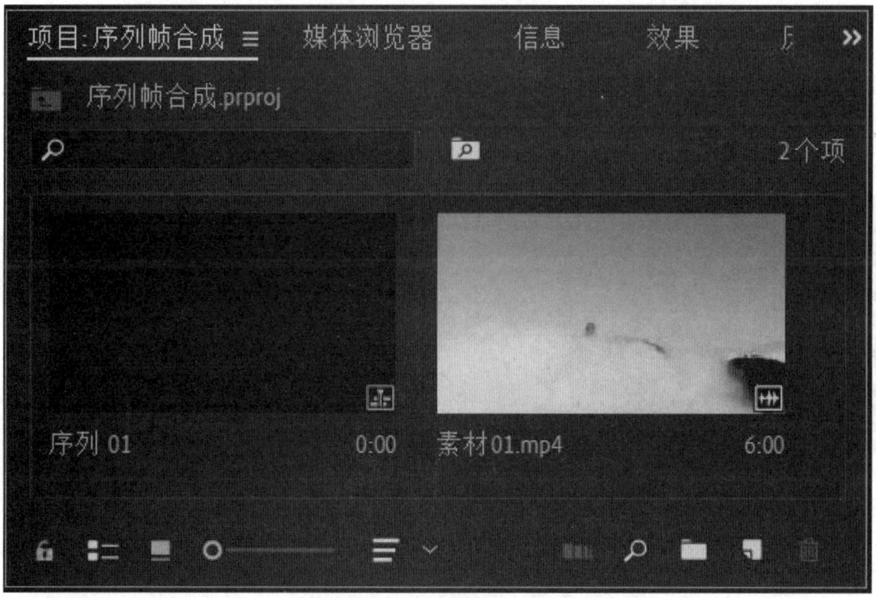

扫码可看图 3-73 彩图

图 3-73　导入素材 01.mp4

3.导入序列帧文件。执行“文件/导入”命令，在弹出的对话框中找到“案例>3.2>3.2.1>素材>序列帧”文件夹，选中“粒子 001000.png”文件，勾选弹窗左下角的“图像序列”选项，如图 3-74 所示，单击“打开”按键，导入序列帧素材。

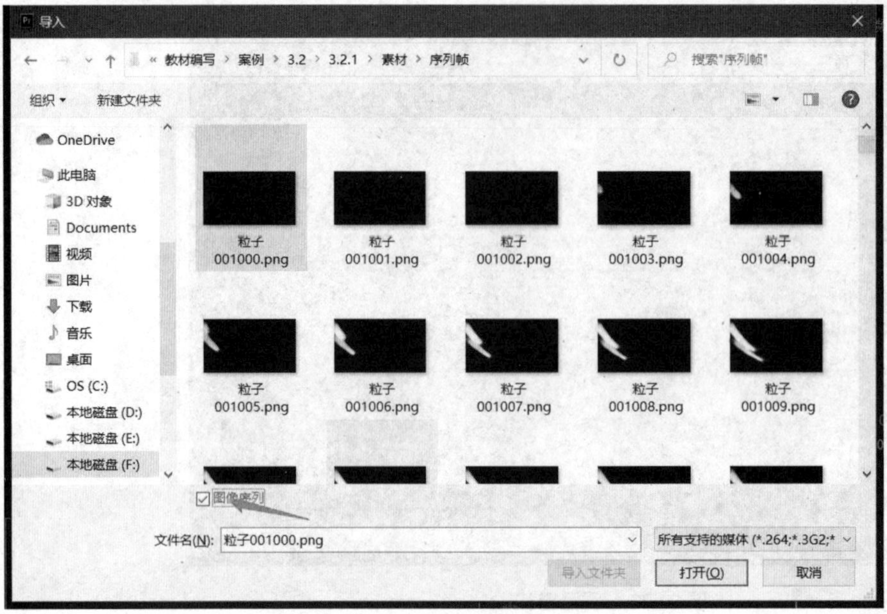

扫码可看图 3-74 彩图

图 3-74　勾选图像序列

4.将素材 01.mp4 拖拽至序列 01 的时间轴，在弹窗中选择“更改序列设置选项”，如图 3-75 所示。该操作以素材 01 的参数作为序列参数进行更改，此时素材参数已经过初步修改，并且可作为最终渲染参数使用。

图 3-75　剪辑不匹配界面

5.用鼠标左键双击“粒子”素材，在“源”监视器窗口中预览素材，我们可以看到“粒子”素材较素材 01 长许多，所以需要对“粒子”素材的入点和出点进行编辑。将“时间指示器”移动至 00:00:10:08 位置，单击“源”监视器窗口下方的“标记出点”按键（快捷键“O”），如图 3-76 所示。

6.用鼠标左键拖拽“源”监视器下方的“仅拖动视频”按键至时间轴的 V2 轨道上，将剪切后的素材加入时间轴，如图 3-77 所示。

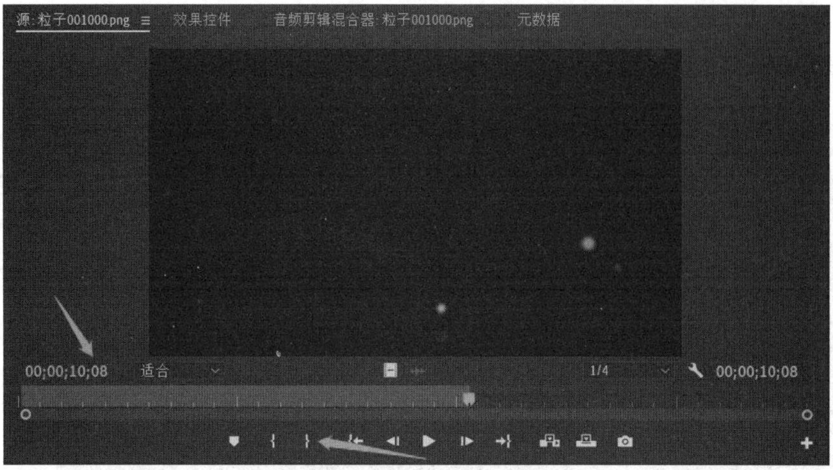

图 3-76 标记出点

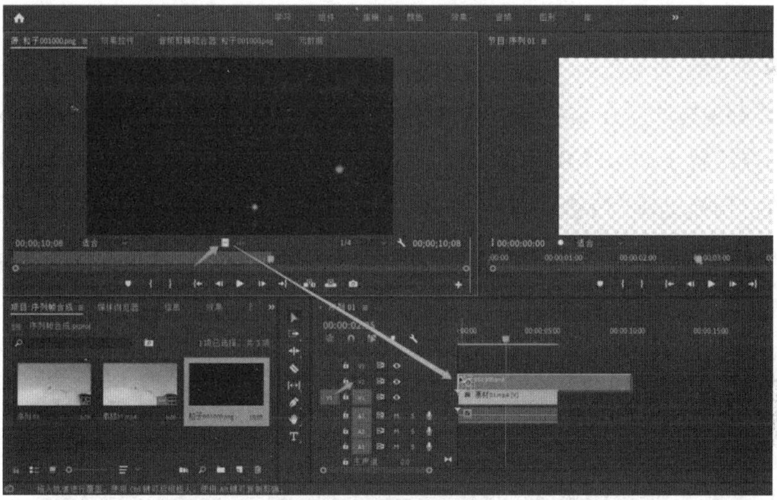

图 3-77 将素材拖入时间轴 V2 轨道

7.将“时间指示器”置于 00:00:04:24 位置,并将素材 01 向后拖拽,使其入点吸附于“时间指示器”,如图 3-78 所示。

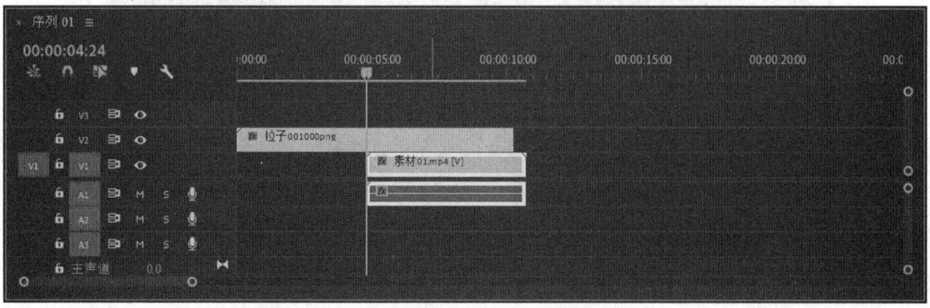

图 3-78 调整素材 01 的位置

8.选中“粒子”素材，并打开左上角的“效果控件”面板，点击“不透明度”前的“>”按键，将“混合模式”下拉菜单打开，选择“滤色”选项，如图 3-79 所示，此时在“节目”窗口中，我们可以看到“粒子”素材与素材 01 的画面叠加。

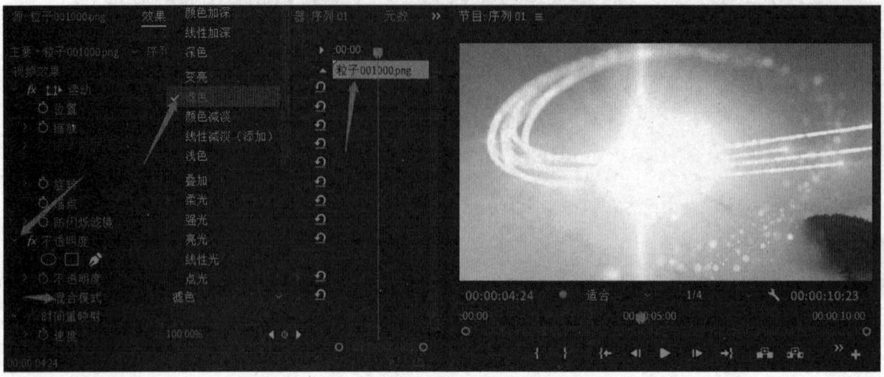

扫码可看图 3-79 彩图

图 3-79 设置“不透明度”混合模式

9.选中素材 01，此时左上角的“效果控件”面板中就会显示出素材 01.mp4 的参数。将“时间指示器”置于 00:00:05:15 位置，点击“不透明度”前的“>”按键，默认状态下“不透明度”前的“切换动画”按键为蓝色打开状态（如果此处“不透明度”前码表为白色，请单击激活“切换动画”效果），单击“不透明度”最右侧的“添加/移除关键帧”按键，记录关键帧，如图 3-80 所示。

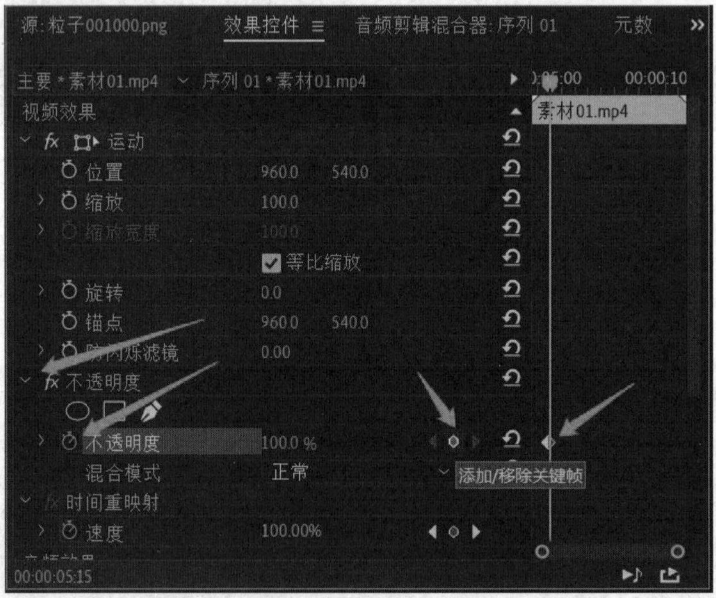

图 3-80 设置“不透明度”关键帧(一)

10.将“时间指示器”置于 00:00:04:24 位置,单击“不透明度”右侧的蓝色数字,修改参数为 0,此时软件将会自动记录关键帧,如图 3-81 所示。

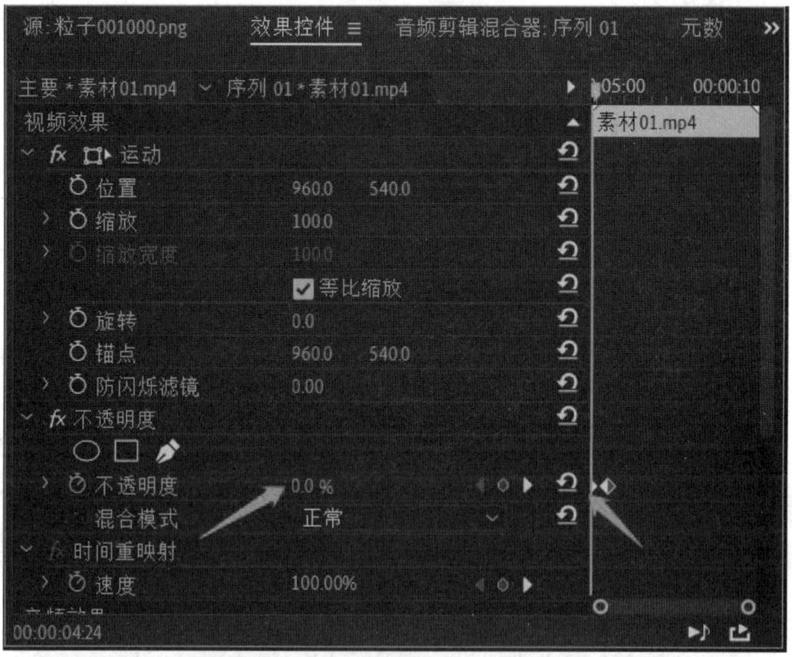

图 3-81　设置“不透明度”关键帧(二)

11.按下快捷键“Ctrl+S”保存项目,完成本案例操作。

二、多图层 PSD 文件动画合成实战

在剪辑过程中,我们经常面临多软件结合使用的情况,常见于 Adobe Photoshop、Adobe Premiere Pro、Adobe After Effects 软件之间的相互切换。下面介绍 PSD 文件在 Premiere Pro CC 2019 中的导入和动画合成。

此案例出自一部关于红军过草地的动画片,讲述的是一位红军回忆在爬雪山、过草地的路途中感动于群众对红军的支持而热泪盈眶。

1.启动 Premiere Pro CC 2019,新建项目,命名为“PSD 文件动画合成”。

2.左下角项目栏双击鼠标左键,在“导入”弹窗中选中素材“人物.PSD”,单击“打开”按键,如图 3-82 所示。

扫码可看图
3-82 彩图

图 3-82　导入素材“人物.PSD”

3.在“导入分层文件”弹窗中将“导入为”下拉菜单选择为“各个图层”，此选项多用于 PSD 文件中未进行时间设置的情况。在弹窗下方的“素材尺寸”下拉菜单中选择“文档大小”选项，单击右侧“确定”按键，完成导入操作，如图 3-83 所示。“导入为”下拉菜单中还有“序列”选项，该选项多用于多图层文件中已提前设置时间轴的情况，否则导入文件会以单个序列存在，需要对多素材再次进行持续时间调整。

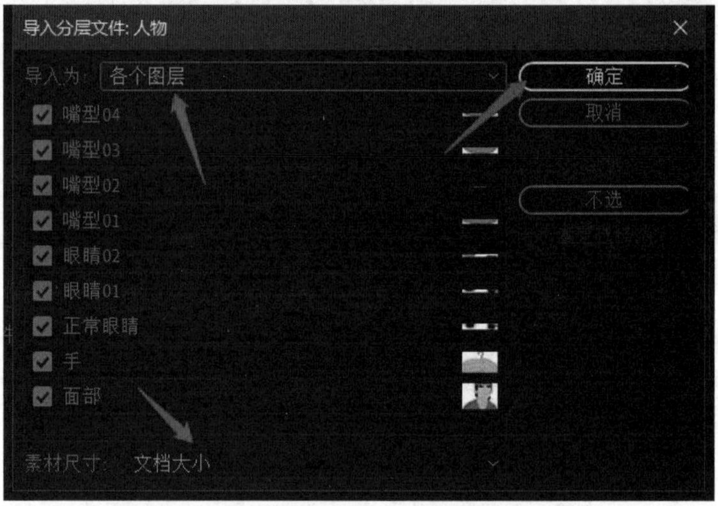

图 3-83　导入分层文件弹窗

4.用鼠标左键双击左下角的“人物”文件夹，我们可以看到 PSD 的所有导入图层，在默认状态下，Premiere Pro CC 2019 中导入的图片持续时间为 5 秒，如图 3-84 所示。在一般情况下，动画中每帧图片的持续时间为 1/24 秒、1/12 秒、1/8 秒，甚至 1/6 秒，所以后续我们需要对部分图片的持续时间进行调整。

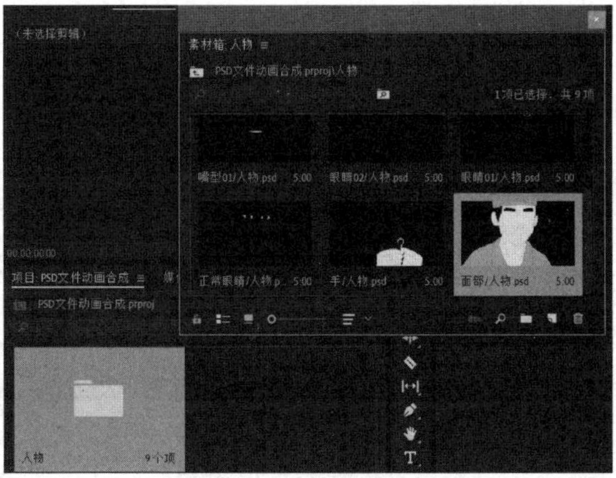

扫码可看图
3-84 彩图

图 3-84　"人物"文件夹

5.新建序列。按下快捷键"Ctrl+N"新建序列,选择上方的"设置"选项卡,"编辑模式"选择"自定义"(在下拉菜单的最上方,可打开下拉菜单,通过鼠标中间的滚轮滑动下拉菜单)。"时基"选择"24.00 帧/秒"(动画大部分情况下为 24 帧/秒);"帧大小"输入参数"1920"水平、"1080"垂直;"像素长宽比"为"方形像素(1.0)";"场"为"无场(逐行扫描)";"显示格式"为"24fps 时间码";最下方"序列名称"命名为"总合成",如图 3-85 所示。

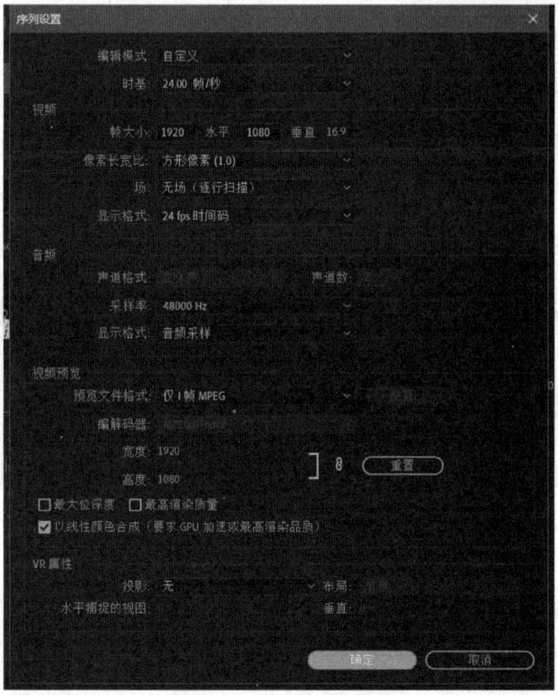

图 3-85　序列设置界面

6.将“素材箱:人物”中的“面部/人物”文件拖入时间轴的 V1 轨道并放置于起始位置,如图 3-86 所示。如果导入时间轴的素材显示很小,则可以将鼠标放在素材上,按下“Alt”键的同时向前推动鼠标中间的滚轮,这样就可以缩小时间轴的显示比例。

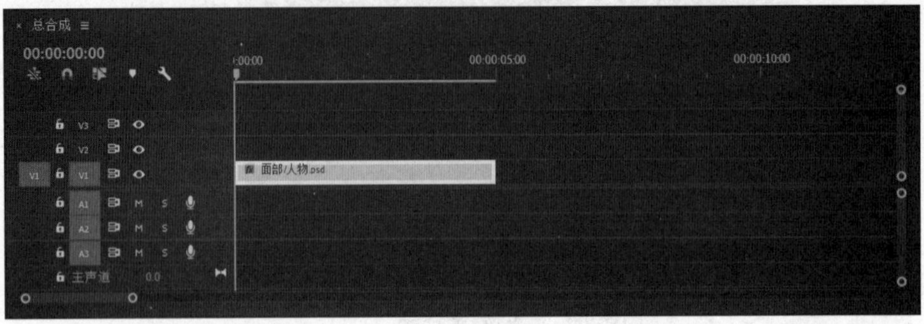

图 3-86 将“面部/人物”文件拖入时间轴

7. 将“素材箱:人物”中的“手/人物”文件拖入时间轴的 V2 轨道并放置于起始位置,与素材“面部/人物”上下对齐,如图 3-87 所示。此时已完成没有动作的动画部分。

扫码可看图 3-87 彩图

图 3-87 将“手/人物”文件拖入时间轴

8.制作嘴部动画。创建与“总合成”序列相同的序列设置,并命名“嘴部”。从“素材箱:人物”中选中“嘴型 01/人物”素材,将素材拖入“嘴部”序列的时间轴 V1 轨道上并放置于起始位置。按顺序依次将素材 02、03、04 拖入“嘴部”序列的时间轴 V1 轨道上并紧挨着上一个素材但不重叠,如图 3-88 所示。

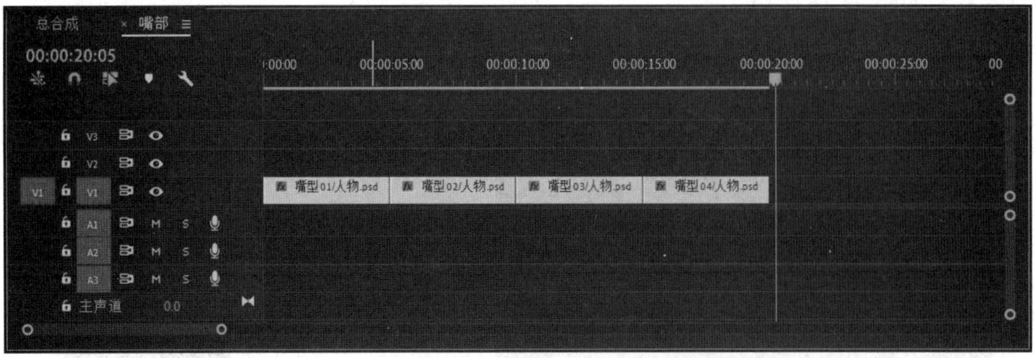

图 3-88　创建新的序列并导入嘴部相关素材

9.此时观察时间轴可发现图片的持续时间很长,而且嘴型变化也很奇怪,并不符合我们的常识,所以我们需要对素材进行持续时间和前后位置的调整。双击“嘴型 02/人物”素材,在“源”监视器窗口显示,将“嘴部”时间轴上的“时间指示器”拖拽至时间轴的最左端,单击“源”监视器下方的“插入”按键,将“嘴型 02”插入序列开始位置;再将“时间指示器”拖拽至时间轴的右侧“嘴型 04”的出点位置,单击“源”监视器下方的“插入”按键,将“嘴型 02”再次插入序列出点位置,此时时间轴上共出现了“嘴型 02”3 次,如图 3-89 所示。本案例中,嘴型变化采用简化版本,所以此时画面的嘴型变化较为符合常识。

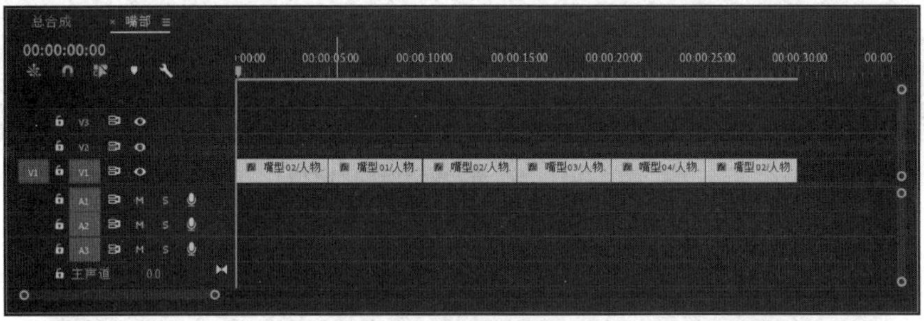

图 3-89　设置嘴型动作

10.但此时嘴部序列依旧存在较大的问题,每张图片的持续时间过长,导致画面内容的变化过于缓慢,所以我们需要对其素材的持续时间进行调整。按下快捷键“Ctrl+A”,全选时间轴上的所有素材,将鼠标放置在任一时间轴的素材上,单击鼠标右键,选择“速度/持续时间”选项,如图 3-90 所示。在弹出的“速度/持续时间”窗口中,用鼠标左键单击“持续时间”旁的数字,输入数值“00:00:00:04”,并勾选下方的“波纹编辑/移动尾部剪辑”选项(勾选此选项后,一旦素材的持续时间有所变化,在它后面的所有素材就会自动跟随其变化而进行位置的移动,以保障与当前素材之间的位置关系),如图 3-91 所示。

最终效果如图 3-92 所示。

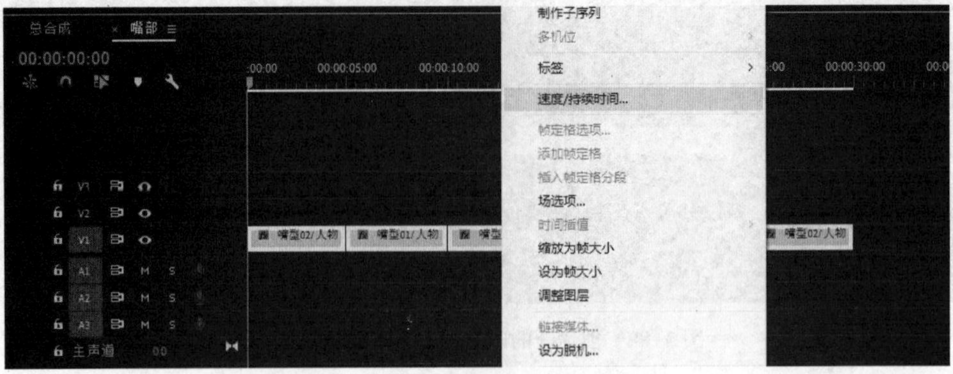

图 3-90 “速度/持续时间”命令位置

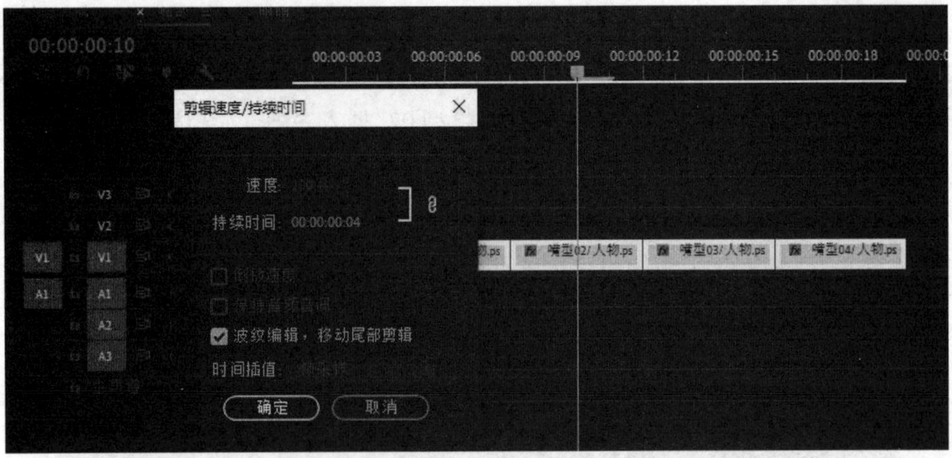

图 3-91 “速度/持续时间”窗口

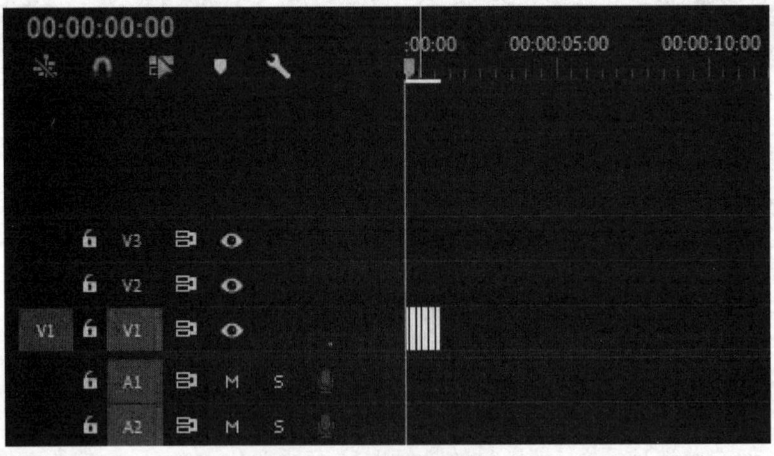

图 3-92 “时间轴”面板

11.我们需要对这些素材进行复制,重新组合,以完成所需要的持续时间。我们可以将当前的素材分为部分内容重复的两组,分别是“嘴型 02、嘴型 01、嘴型 02”(属于小嘴型变化组)和“嘴型 02、嘴型 03、嘴型 04、嘴型 02”(属于大嘴型变化组)。然后根据需求,分别对这两组进行复制和再组合。在这里我们采用的是框选所需素材,按“Alt”键进行拖拽复制的方式,组合了以下内容,如图 3-93 所示,使“嘴部”序列素材持续时间在 5 秒以上。

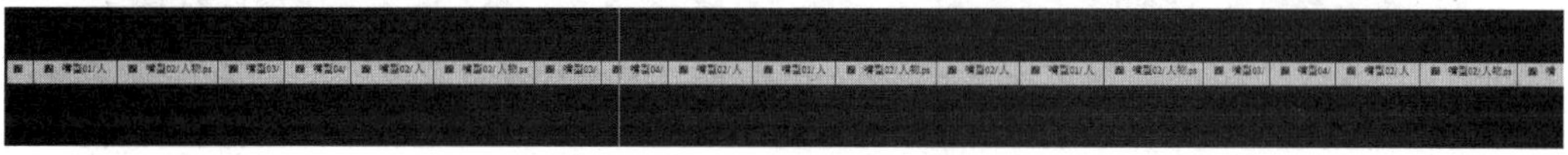

图 3-93 嘴部循环动画

12.将“嘴部”序列拖入“总合成”序列,完成嘴部动画。在时间轴上选中“总合成”序列,切换至总合成时间轴,然后将左侧“项目”栏中的“嘴部”序列拖拽至时间轴上,并与起始位置保持对齐,如图 3-94 所示。

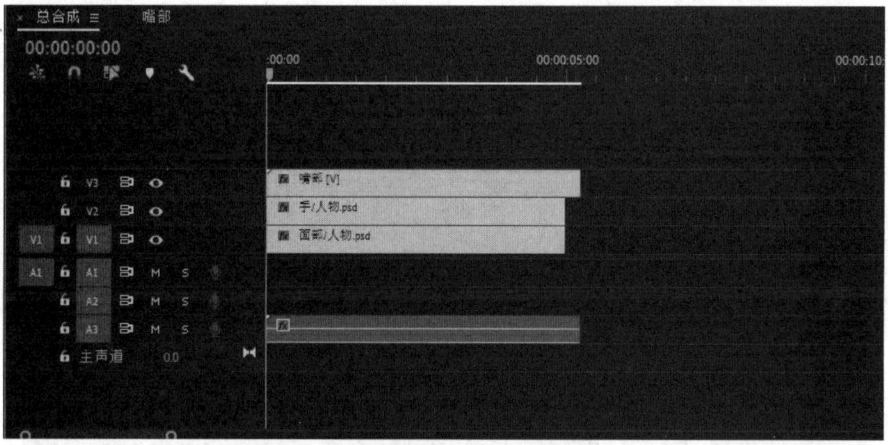

图 3-94 将“嘴部”序列拖入“总合成”序列

13.接下来制作“眼部”的动画内容,其整体制作步骤与“嘴部”基本一致。创建与“总合成”序列相同的序列设置,24 帧/秒、1920 * 1080、方形像素、逐行扫描,并命名为“眼睛”。从“素材箱:人物”中选中“正常眼睛/人物”素材,将素材拖入“眼睛”序列的时间轴 V1 轨道上并放置于起始位置。按顺序依次将素材“眼睛 01”“眼睛 02”拖入“眼睛”序列的时间轴 V1 轨道上,并紧挨着上一个素材但不重叠,如图 3-95 所示。

14.眼部动作调整。虽然人的眼部动作依旧是循环动作,但眼部动作每一部分的持续时间相差较大,所以我们需要对每一部分逐一调整持续时间。正常情况下,人每分钟平

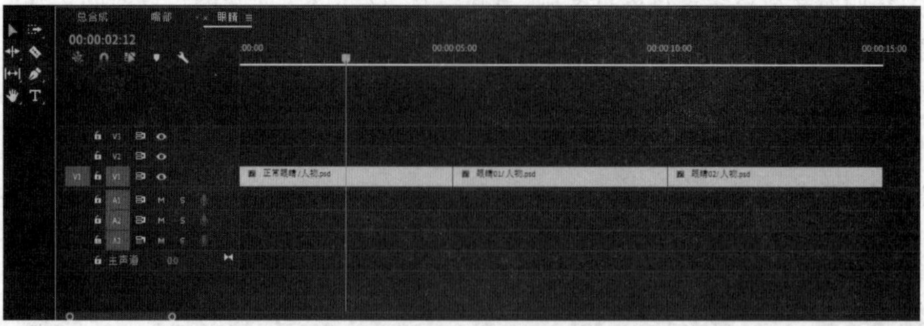

图 3-95 顺序依次将素材拖入“眼睛”序列

均眨眼 15 至 20 次，相当于每次眨眼间隔为 3 至 4 秒，并且眨眼动作持续时间普遍为 0.3 至 0.4 秒。所以，正常眼睛素材每次眨眼持续时间应为 3 秒，“眼睛 01+眼睛 02+眼睛 01”的持续时间应为 0.4 秒(约 10 帧)。我们依次将正常眼睛素材持续时间调整为 3 秒，“眼睛 01”的持续时间调整为 3 帧，“眼睛 02”的持续时间调整为 4 帧，复制“眼睛 01”放在最后，持续时间调整为 3 帧，再将正常眼睛素材复制一次放在末尾，如图 3-96 所示。虽然眨眼的动作相对较慢，但符合人在边回忆边叙述时的眼部状态。

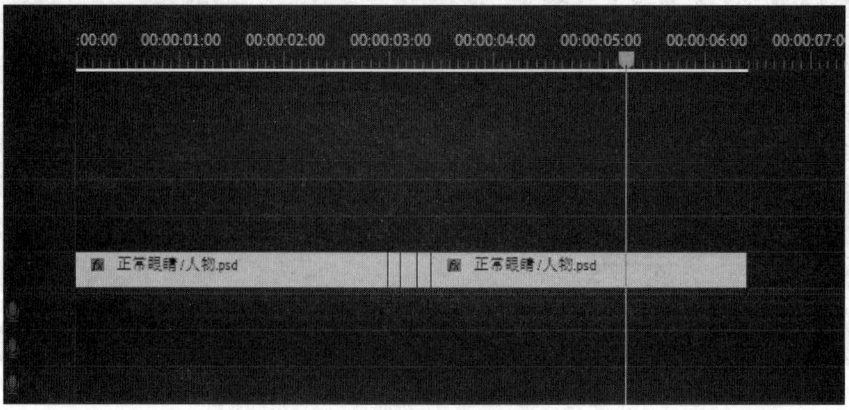

图 3-96 设置眼睛循环帧

15.进行整体合成。将“眼睛”序列也拖入“总合成”序列，并放置在最上层，如图 3-97 所示。但素材之间的持续时间相差较大，我们可以使用“波纹编辑”工具，调整素材结束时间，都与嘴部序列对齐，如图 3-98 所示。

16.至此我们就完成了多图层 PSD 文件动画合成的基本操作，按下快捷键“Ctrl+S”保存工程文件，为后续操作做准备。

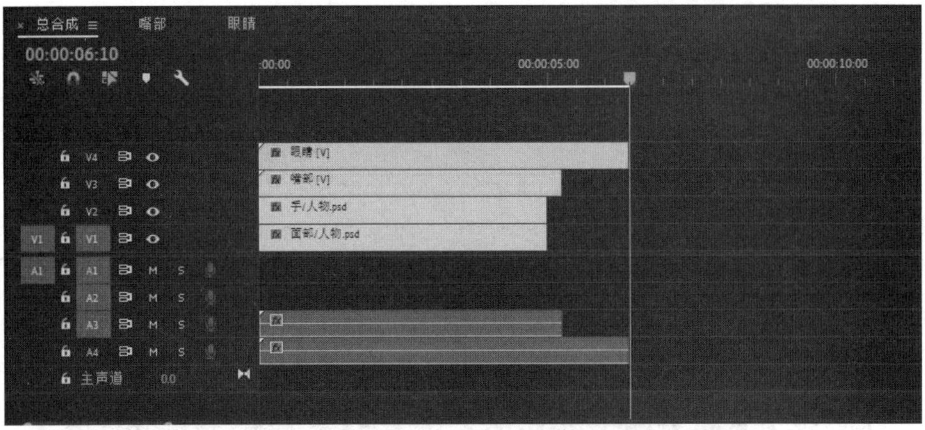

图 3-97　将“眼睛”序列拖入“总合成”序列，并放置在最上层

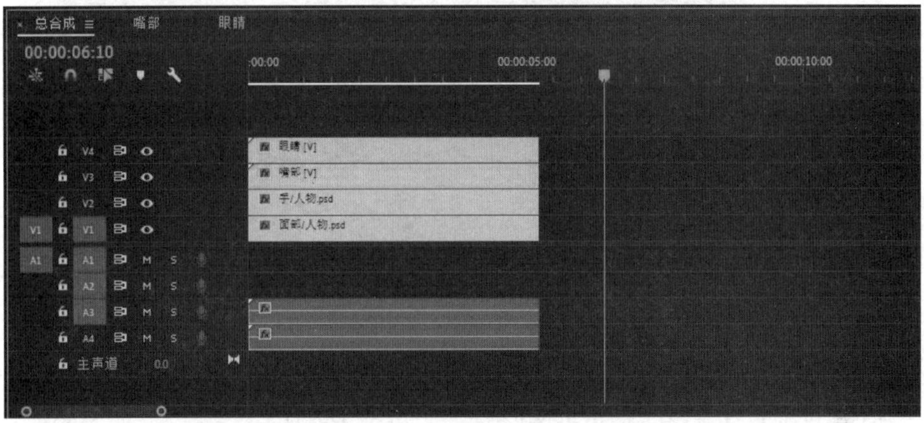

图 3-98　调整“眼睛”序列结束时间，与“嘴部”序列对齐

第三节　渲染输出各种格式的文件

当一部作品制作完成后，我们需要对编辑的效果与素材进行渲染输出，将合成面板中的画面渲染出来，便于影像或音频的保留和传输。渲染是指将原始素材（如视频、音频、图片等）通过计算机程序处理，生成最终的视频或图像的过程。在 Premiere Pro CC 2019 中，渲染是将编辑好的视频导出为最终的视频文件，以便在其他设备中播放。输出通常指的是最终的渲染过程。在 Premiere Pro CC 2019 中，我们可以根据创作需求将作品渲染输出为不同格式的文件，包括常用的视频格式、图片格式、音频格式等。

一、输出视频文件

(一)输出 MP4 格式文件

MP4 格式是许多播放平台都在广泛使用的一种格式,并且通过调节相应参数,能够根据需求输出不同大小的视频文件,可以有效减少视频在中转时所带来的烦琐性。

1.打开项目文件:输出 MP4 格式视频.prproj,如图 3-99 所示。

扫码可看图
3-99 彩图

图 3-99　Premiere Pro CC 2019 界面

2.激活“时间轴”面板,然后执行菜单栏中的“文件”→“导出”→“媒体”命令,或者直接按下快捷键“Ctrl+M”打开“导出设置”窗口,如图 3-100 所示。

扫码可看图
3-100 彩图

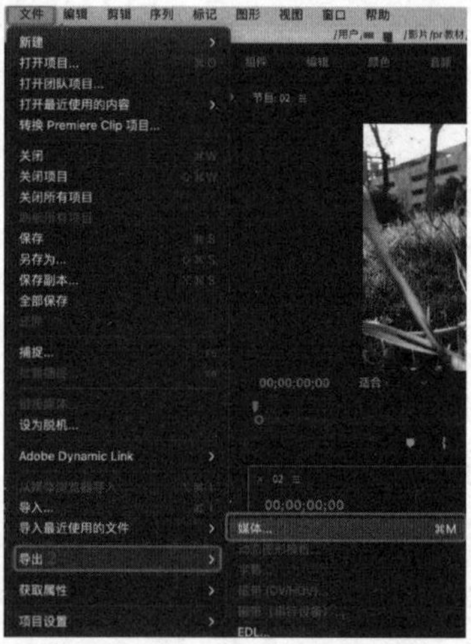

图 3-100　导出媒体位置

3.在弹出的“导出设置”窗口中，设置视频输出格式为“H.264”，然后单击“输出名称”后的“02.mp4”，为该文件设置名称为“mp4 格式文件”，并设置保存路径，如图 3-101 所示。

图 3-101 渲染界面及保存路径

4.紧接着打开“比特率设置”，根据输出需求设置“目标比特率”和“最大比特率”。这两项值越大，输出文件就越大；反之亦然。此案例我们想要输出小文件，就将“目标比特率”和“最大比特率”都设置为较小值，并单击“导出”按钮，如图 3-102 所示。

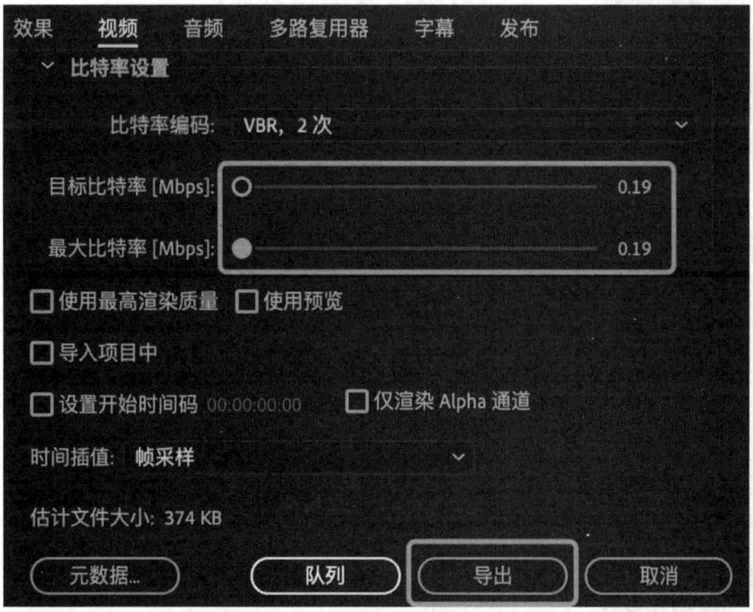

图 3-102 比特率设置及导出

5.此时在弹出的窗口中会显示渲染进度条,如图 3-103 所示,等待进度条完成到 100%以后,在刚才保存的路径下就能看到名称为“mp4 格式文件”的文件,如图 3-104 所示。

图 3-103 渲染进度条

扫码可看图 3-104 彩图

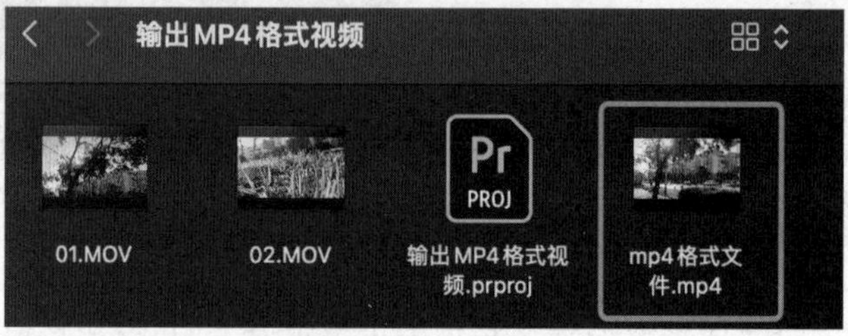

图 3-104 导出视频文件

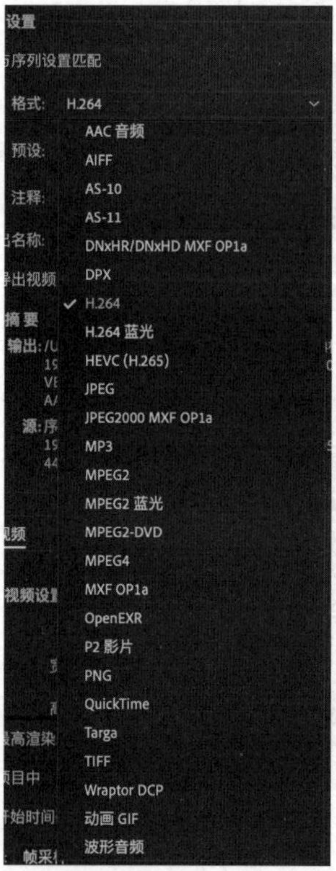

图 3-105 可渲染文件格式

(二)输出其他格式文件

在设置输出格式时,如果需要上传到视频网站,则可以选择 FLV 格式,或者选择 AVI 格式。其优点是画面相对较为清晰,缺点是体积过于庞大,所占内存空间也较大。在 Premiere Pro CC 2019 中,其他视频格式可在“导出设置”中自由进行选择,如图 3-105 所示。

二、输出音频文件

MP3 是一种有损压缩格式，一方面可以压缩文件大小，但另一方面也会牺牲音质。

1.打开项目文件：输出音频格式文件.prproj，如图 3-106 所示。

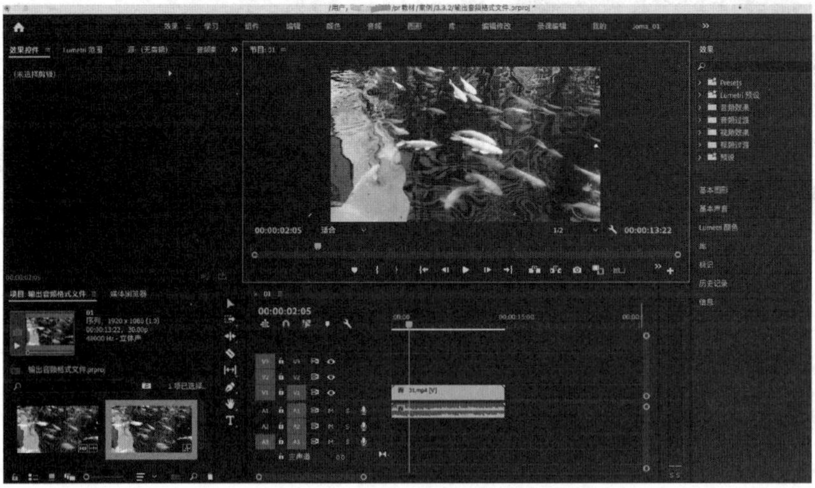

扫码可看图 3-106 彩图

图 3-106 输出音频格式文件.prproj

2.激活“时间轴”面板，然后执行菜单栏中的“文件”→“导出”→“媒体”命令，或者直接按下快捷键“Ctrl+M”打开“导出设置”窗口。

3.在弹出的“导出设置”窗口中设置输出格式为“mp3”，然后单击“输出名称”后面的 01.mp3，此时在弹出的窗口中将文件命名为“输出音频格式”，并设置好文件保存路径，如图 3-107 所示。

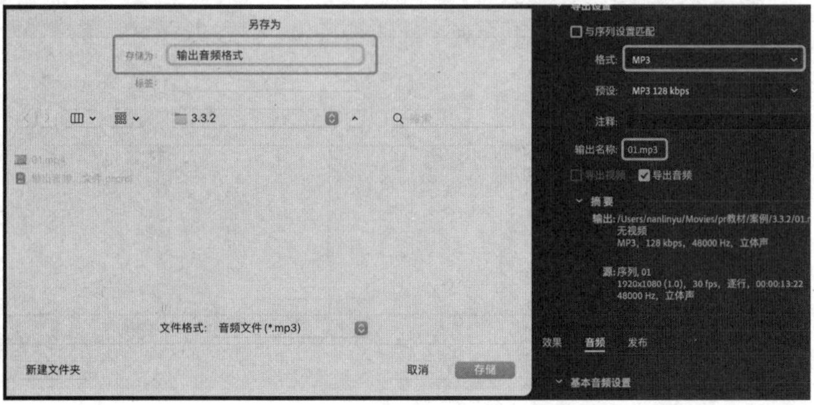

图 3-107 渲染音频格式及路径

4.单击“导出”按钮,如图 3-108 所示。等待输出进度条完成后,在刚才的保存路径中我们就能看到 mp3 格式的音频文件,如图 3-109 所示。

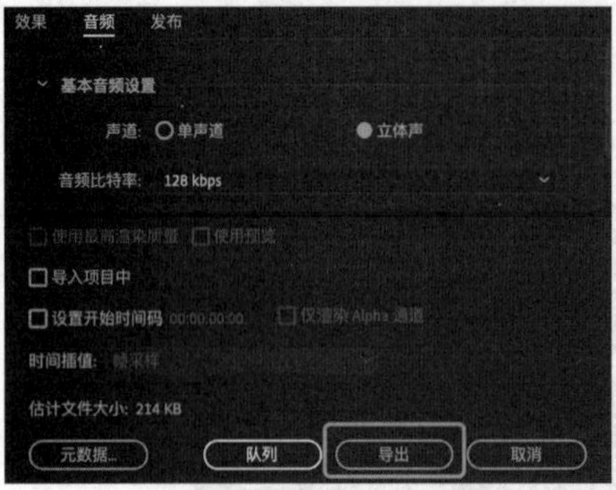

图 3-108 渲染导出按钮

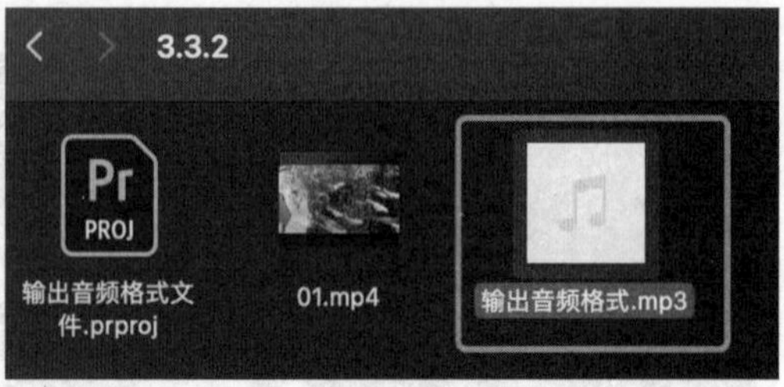

图 3-109 渲染导出音频文件

三、输出单帧图片

在 Premiere Pro CC 2019 中,我们可以将动态的视频输出为静态的图片,即可将视频画面中的任意一帧输出为一张静态图片。导出单帧图片的方法有以下两种:

(一)通过菜单栏中的导出命令导出单帧图片

1.打开项目文件:输出单帧图片.prproj,如图 3-110 所示。

扫码可看图 3-110 彩图

图 3-110 输出单帧图片.prproj 文件

2.在“时间轴”面板中，将“时间指示器”拖曳至想要输出的帧画面上，如图 3-111 所示。

3.激活“时间轴”面板，然后执行菜单栏中的“文件”→“导出”→“媒体”命令，或者直接按下快捷键“Ctrl+M”打开“导出设置”窗口。

扫码可看图 3-111 彩图

图 3-111　将“时间指示器”拖曳至想要输出的帧画面上

4.在弹出的“导出设置”窗口中选择想要输出的图片格式，这里选择“PNG”格式；然后单击“输出名称”后面的“01.png”，输入文件名称和保存路径，如图 3-112 所示。

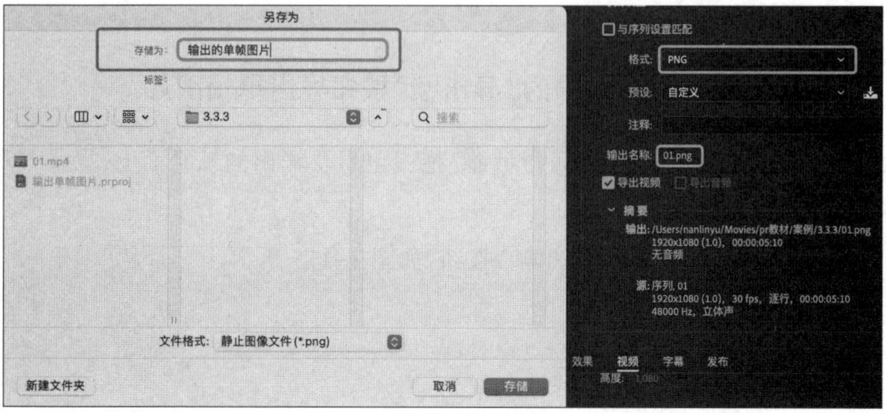

图 3-112　渲染图片格式及路径

5.在“视频”选项卡中选择是否需要“导出为序列”。如果只导出一张图片，则不需要勾选此选项；如果需要导出图片序列，则需要在导出之前设定输出范围，并勾选此复选框，如图 3–113 所示。

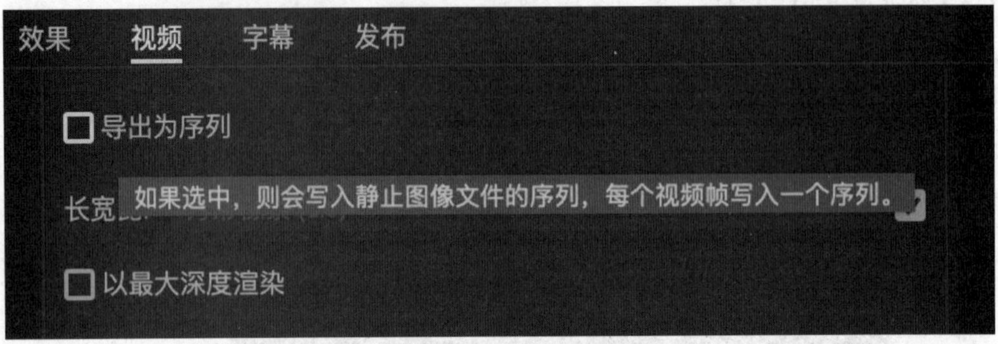

图 3–113 “导出为序列”复选项

6.设置完成后，单击“导出”按钮，就能在刚才保存的路径文件夹中看到“时间指示器”所在帧的静止图片，如图 3–114 所示。

扫码可看图 3–114 彩图

图 3–114 渲染导出图片文件

(二) 通过“节目监视器”中的“导出帧”按钮导出单帧图片

1.在“时间轴”面板中，将“时间指示器”拖曳至想要输出的帧画面上，操作与第一种方式相同。

2.在“节目监视器”中单击“导出帧”按钮，如图 3–115 所示。

扫码可看图
3-115 彩图

图 3-115 在“节目监视器”中单击“导出帧”按钮

3.在弹出的“导出帧”对话框中,设置想要输出的静态图片名称和格式,单击“浏览”按钮,可设置图片保存的位置;如果想要将导出的静态图片直接导入项目中,则可以勾选“导入到项目中”的复选框,设置完成后单击“确定”按钮,即可导出单帧图片,如图 3-116 所示。

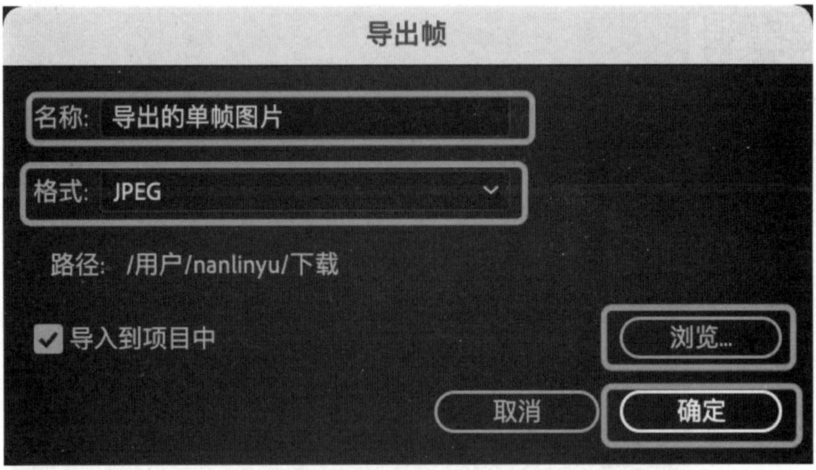

图 3-116 导出帧弹窗

四、输出静帧图片序列

将单帧的静态图片连续播放就形成了动态效果,相反,动态的影像也可以输出为静帧图片序列。

1.打开项目文件:输出静帧图片序列.prproj,如图 3-117 所示。

扫码可看图
3-117 彩图

图 3-117　输出静帧图片序列.prproj 文件

2.在时间轴上选好需要导出片段的入点和出点,如图 3-118 所示。

扫码可看图
3-118 彩图

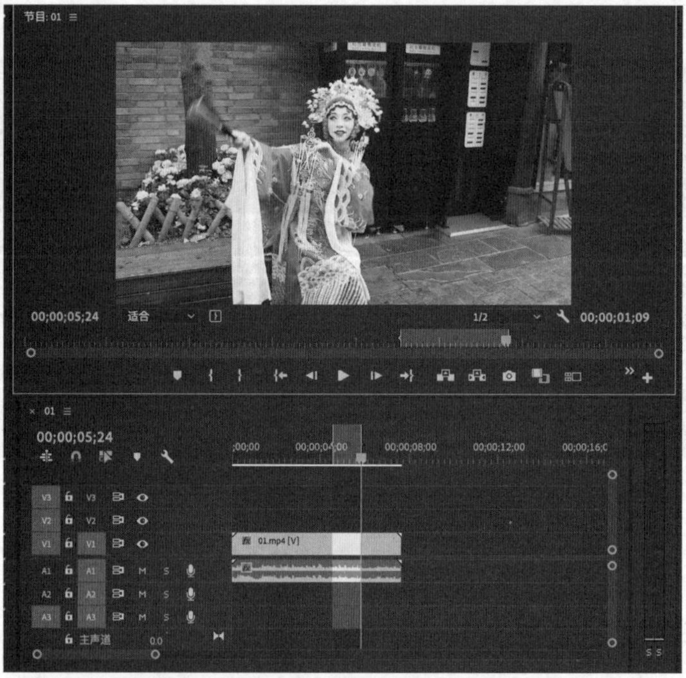

图 3-118　选好需要导出片段的入点和出点

3.激活“时间轴”面板，然后执行菜单栏中的“文件”→“导出”→“媒体”命令，或者直接按下快捷键“Ctrl+M”打开“导出设置”窗口。

4.在弹出的“导出设置”中选择想要输出的图片格式，这里选择“JPEG”格式；“预设”选择为“JPEG 序列（匹配源）”，入点和出点之间的剪辑片段将以图片序列的方式输出，分辨率和帧速率与剪辑序列的设置相同；然后单击“输出名称”后面的“01.jpg”，并输入文件名称和保存路径，如图 3-119 所示。

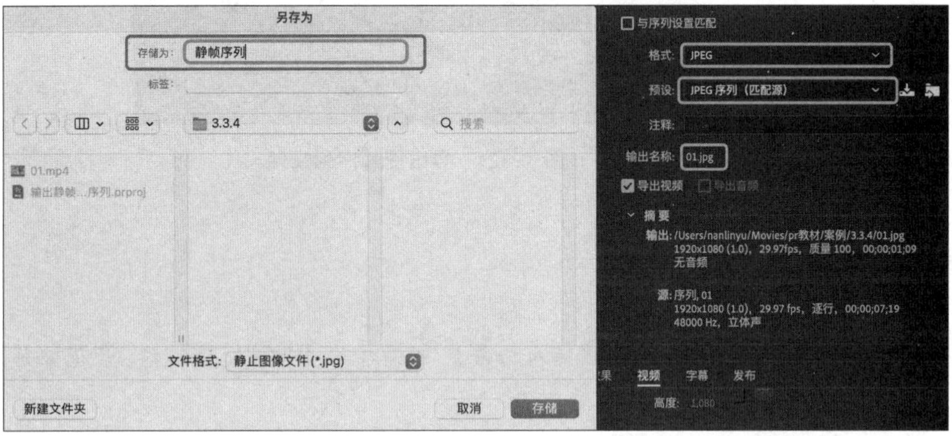

图 3-119　渲染序列图片及路径

5.在“视频”选项卡中查看“导出为序列”复选框是否勾选上；若没有，则需要将其勾选上，如图 3-120 所示。

图 3-120　导出为序列复选框

6.设置完成后，单击“导出”按钮，等待进度条完成后，在刚才的文件夹中就能看到所设置的入点和出点之间的多幅静帧图片序列。文件是以“设定的文件名+有序排列的数字编号”的形式按照顺序排列的，如图 3-121 所示。

扫码可看图
3-121 彩图

图 3-121　导出图片序列文件

课后作业：繁花似锦

- 练习知识要点

使用“素材导入”“切割素材”“插入与覆盖”“渲染输出”等效果制作《繁花似锦》短片，如图 3-122 所示。

- 效果所在位置

案例/3.4/课后练习.prproj。

扫码可看图
3-122 彩图

图 3-122　繁花似锦

第四章　转场特效、高级转场特效及视频特效

本章概述

本章主要讲解的是 Premiere Pro CC 2019 中视频切换特效的创建和具体操作步骤。本章内容对于影视剪辑中的镜头切换及影视特效制作具有非常重要的实用价值，可以让剪辑变得更加丰富多彩。

思政教学目标

培养学生的科学创新精神，激发学生从事影视创作的热情和社会责任感，努力提高学生的综合素质。

教学要求

◆了解转场特技设置。

◆掌握高级转场特效的使用方法和技巧。

◆熟练掌握视频特效与特效操作。

教学重点和难点

重点：如何通过参数调整获得更好的视频效果。

难点：如何让剪辑的画面更加富于变化、更加绚丽多彩。

第一节　转场特技设置

Premiere Pro CC 2019 为用户提供了多种转场方式。在影片的剪辑过程中，转场能为用户带来丰富多彩的视觉感受。同一个转场特技通过调整参数能获得多种效果。

一、课堂案例——美丽极光

• 案例学习目标

学习默认的转场方式，制作图像之间的转场效果。

• 效果所在位置

案例/4.1.1/美丽极光.prproj。

(一) 编辑视频素材

1.启动 Premiere Pro CC 2019 软件，新建项目，在弹出的“新建项目”对话框中设置“位置”选项，选择保存文件路径，在“名称”文本框中输入文件名“美丽极光”，如图 4-1 所示，单击“确定”按钮。按下快捷键“Ctrl+N”，新建序列，在左侧列表中展开“DV-PAL”选项，选择“标准 48Hz”模式，在“序列名称”文本框输入“美丽极光”，如图 4-2 所示，单击“确定”按钮。

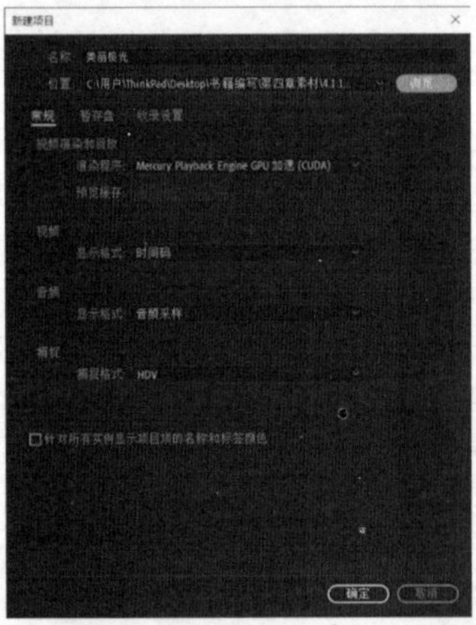

图 4-1　新建项目窗口

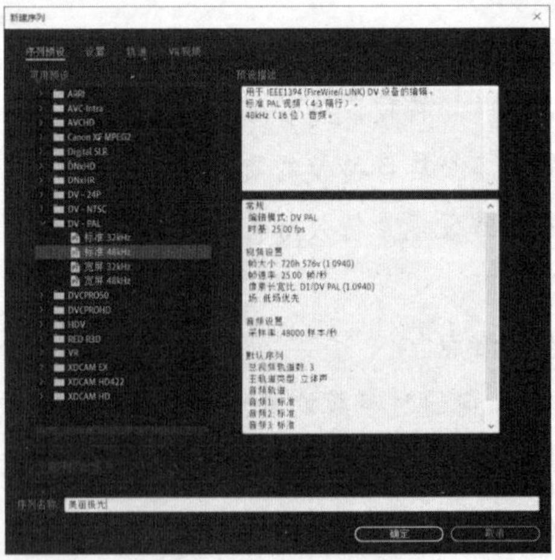

图 4-2　新建序列窗口

2.选择左上角“文件”菜单下的“导入”命令，在弹出的对话框中选择资源包的“案例\4.1.1

\素材\极光 1、极光 2、极光 3、极光 4”文件，单击“打开”按钮，依次导入文件，如图 4-3 所示。将“项目”面板里的四个图片素材依次拖入“时间轴”面板中的 V1 轨道，如图 4-4 所示。

扫码可看图 4-3 彩图

图 4-3　导入图片素材

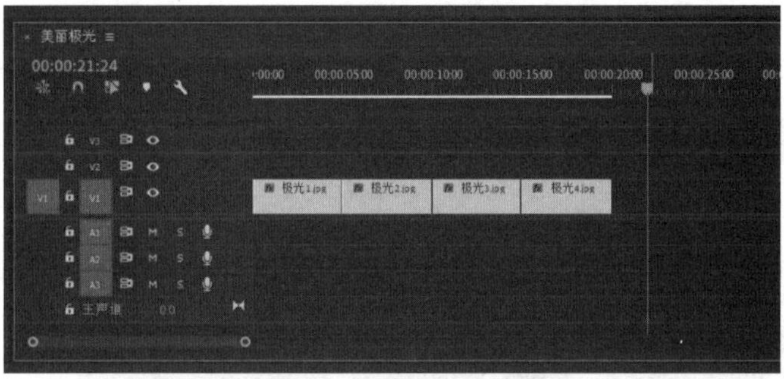

图 4-4　“时间轴”面板

(二)视频转场效果

1.将“时间指示器”置于“极光 1”和“极光 2”素材之间，执行“效果”→“擦除”→“划出”命令，如图 4-5、图 4-6 所示。

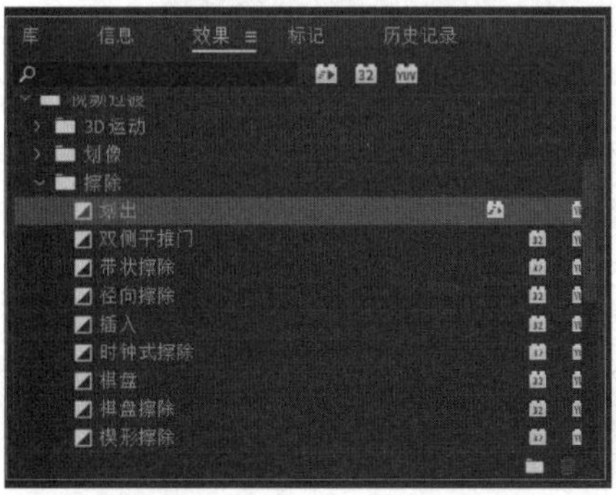

图 4-5　效果窗口

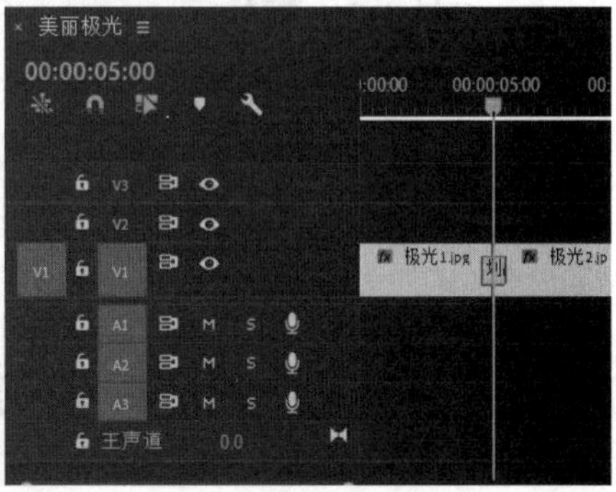

图 4-6　添加划出效果

2.将“时间指示器”置于“极光 3”开始的位置，执行“效果”→“擦除”→“油漆飞溅”命令，如图4-7、图 4-8 所示。

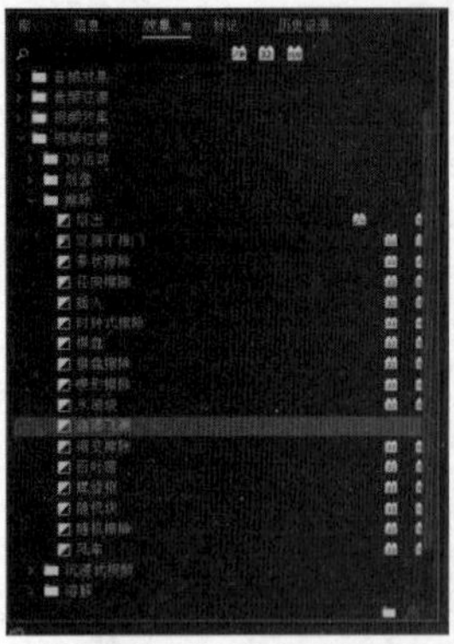

图 4-7 效果窗口

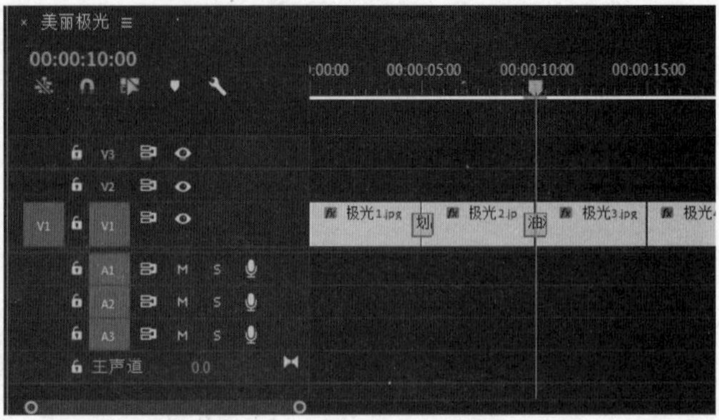

图 4-8 添加油漆飞溅效果

3.将“时间指示器”置于“极光 3”结束的位置，按下快捷键“Ctrl+D”，添加默认转场效果，如图 4-9 所示。我们可以拖动“时间指示器”到“节目”窗口，对已添加效果进行预览，如图 4-10 所示。

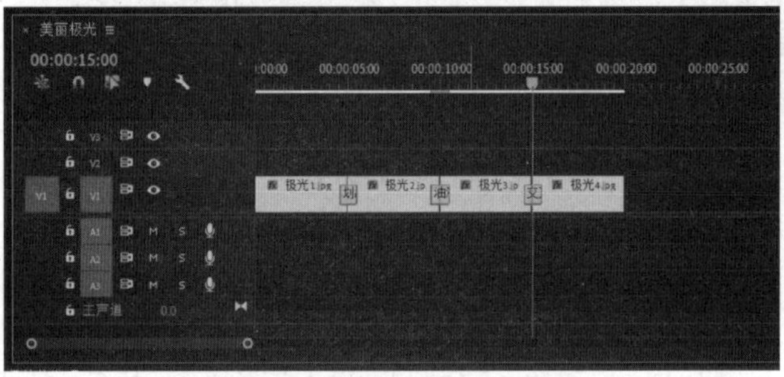

图 4-9 添加默认转场效果

扫码可看图
4-10 彩图

图 4-10 效果预览

4.选中时间轴上“极光 2”与“极光 3”之间的转场效果“油漆飞溅”，将其添加至“效果控件”面板，“对齐”选项选择“起点切入”，如图 4-11 所示。拖动“时间指示器”，可以在“节目”窗口中进行预览，如图 4-12 所示。

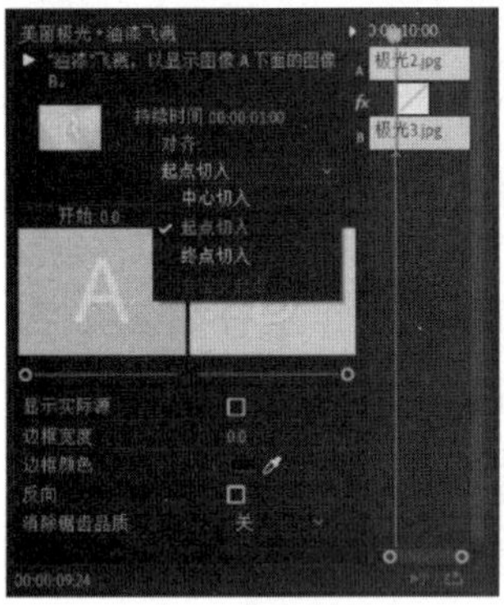

图 4-11　将“油漆飞溅”效果添加至“效果控件”面板

图 4-12　效果预览

扫码可看图 4-12 彩图

5.单击“极光 4”开始位置的“交叉溶解”转场效果，将其添加至“效果控件”面板，将持续时间设置为 2 秒，如图 4-13 所示。

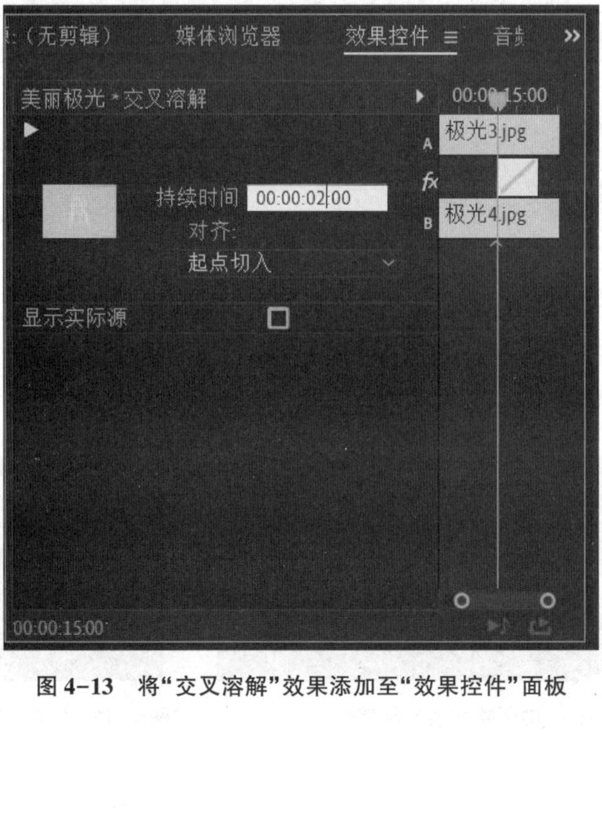

图 4-13　将“交叉溶解”效果添加至“效果控件”面板

二、使用镜头切换及调整切换区域

• 案例学习目标

学习转场特效的区域调整及切换。

• 效果所在位置

案例/4.1.1/美丽极光.prproj。

切换一般用于同一轨道的两个相邻素材之间，在这种情况下，两个素材都会被控制。但有时候，我们也可以单独为一个素材添加切换。如果有两条视频轨道，我们可以将下方的轨道视为背景，为上方的轨道添加切换效果，此时背景的素材就不会被控制了。

当为素材添加切换后，切换的长度是可以改变的。在这里有两种方法可以改变切换的长度。第一种方法是直接在时间轴上进行操作，可以选中转场效果，并拖动其边缘进行调整，如图 4-14 所示。

图 4-14　添加切换的第一种方法

调整切换区域：

在“时间轴”窗口，我们可以调整切换效果的时长以及位置。在两个素材之间添加切换后，时间轴上就会出现一个重叠的区域，这个区域就是切换的范围，如图 4-15 所示。我们可以通过拖动切换的边缘改变其范围大小。除了在时间轴上拖动切换的边缘外，我们还可以选中切换效果，转至“效果控件”，对切换效果进行调整，如图 4-16 所示。

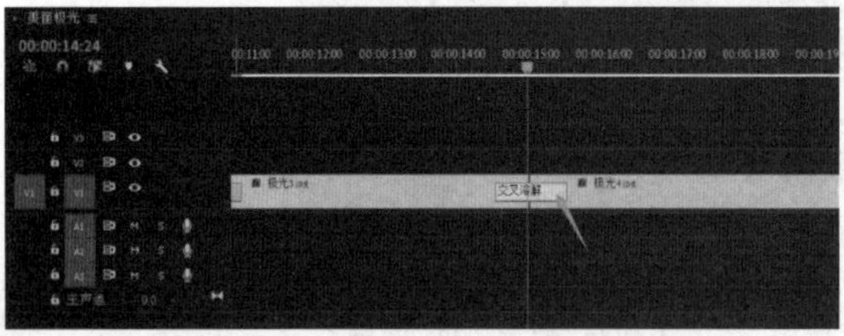

图 4-15　时间轴调整切换效果范围

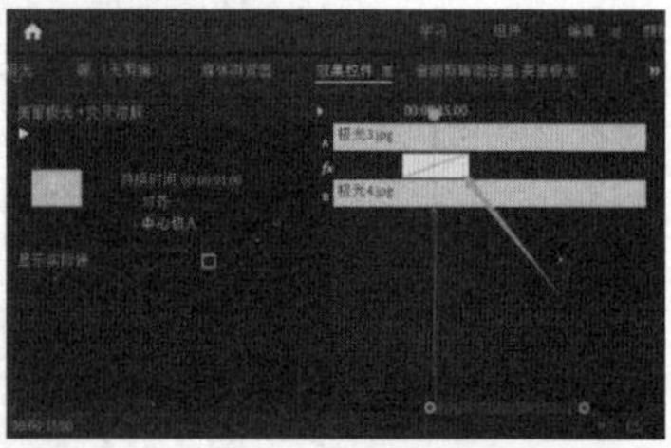

图 4-16　“效果控件”面板调整方式

在“效果控件”面板中，将鼠标指针放在两个素材的中线上，即可以调整切换的位置，如图 4-17 所示。

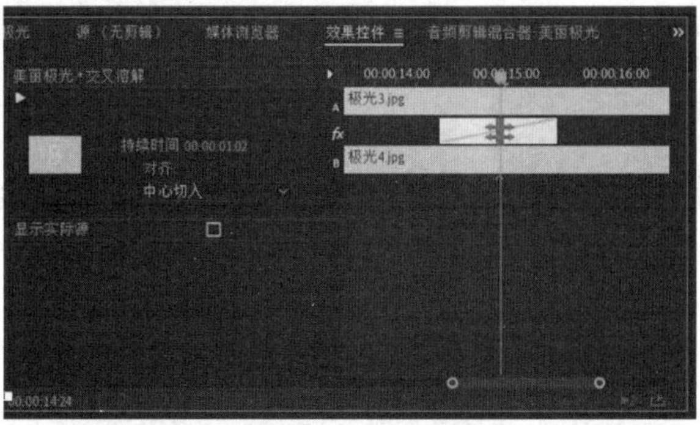

图 4-17　“效果控件”调整切换的位置

在“效果控件”面板中，将鼠标指针放在切换的开始或者结尾处，即可以用鼠标左键调整其范围，如图 4-18 所示。

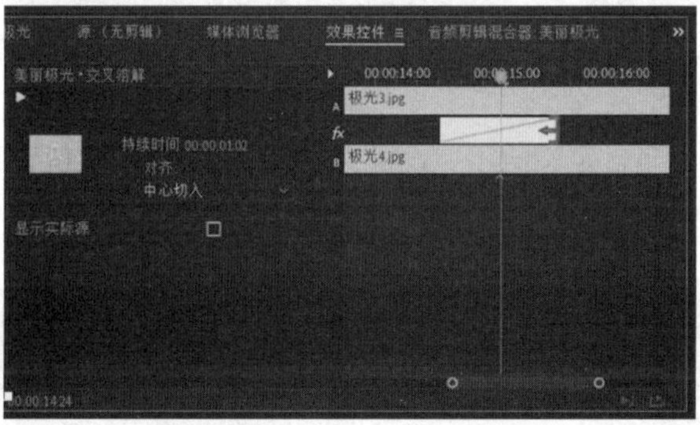

图 4-18　“效果控件”调整出入点

在“效果控件”面板中，有多种“对齐”的切换方式。

(1)“中心切入”：切换从两个素材之间开始，如图 4-19 和图 4-20 所示。

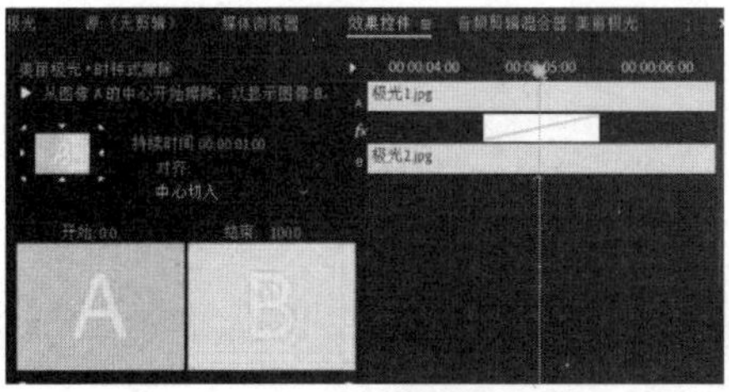

图 4-19　中心切入效果控件

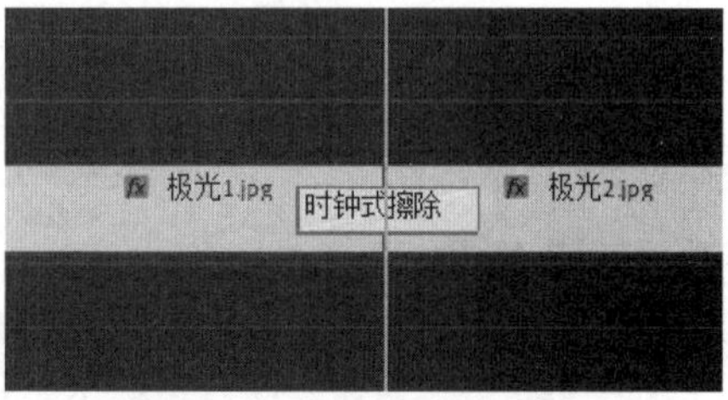

图 4-20　中心切入时间轴效果

（2）“起点切入”：从“B”的起点处开始效果切换，如图 4-21 和图 4-22 所示。

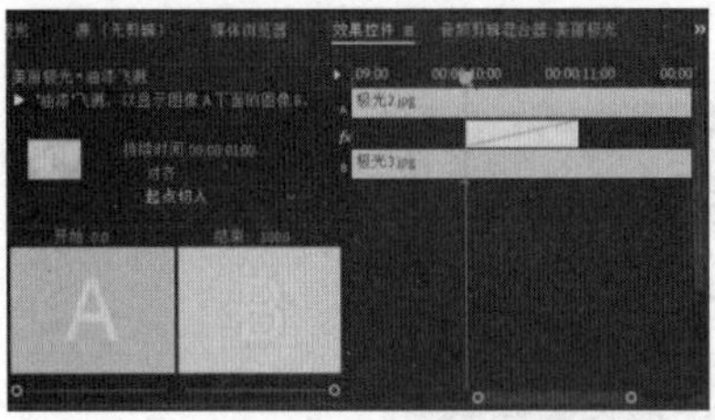

图 4-21　起点切入效果控件

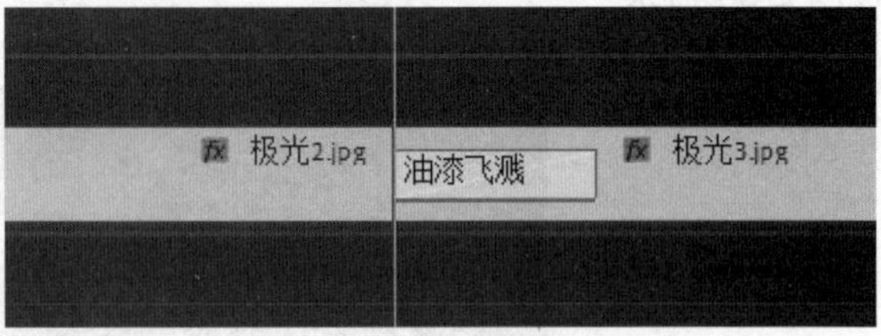

图 4-22　起点切入时间轴效果

（3）“终点切入”：从“A”的终点处开始效果切换，如图 4-23 和图 4-24 所示。

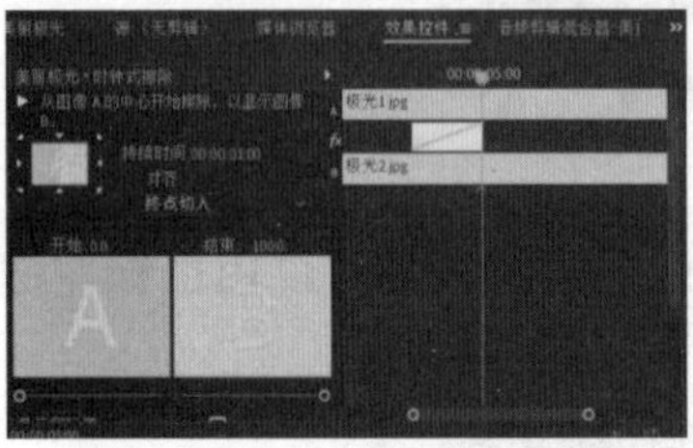

图 4-23　终点切入效果控件

图 4-24　终点切入时间轴效果

（4）“自定义切入”：自定义的添加设置，可用鼠标左键任意拖动切换的区域及位置，如图 4-25 和图 4-26 所示。

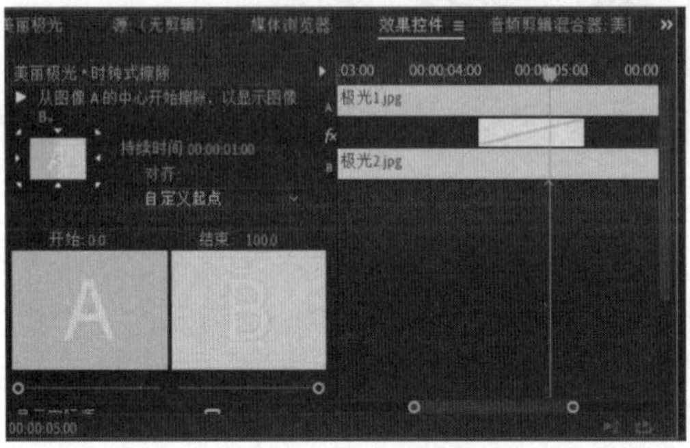

图 4-25　自定义切入效果控件

图 4-26　自定义切入时间轴效果

三、切换设置

• 案例学习目标

学习在“效果控件”中调整切换的设置。

● 效果所在位置

案例/4.1.1/美丽极光.prproj。

在“效果控件”中，我们可以对切换的设置进行更多的调整。系统默认的切换顺序是从 A 到 B。我们可拖动 A 和 B 下方的滑块，改变素材 A 和 B 的切换范围。按住“Shift”键，即可以让 A 和 B 下方的滑块同步调整。

在“效果控件”面板点击▷即可预览效果，如图 4-27 所示。勾选“显示实际源”右边的小方框，即可直接预览切换效果，便于我们更加直观地调整切换的数值，如图4-28所示。

在“效果控件”窗口，我们还可以直接通过“持续时间”调整切换的时长，如图 4-29 所示。

扫码可看图 4-27 彩图

图 4-27　“效果控件”面板点击▷可预览效果

图 4-28　显示实际源

扫码可看图 4-28 彩图

扫码可看图 4-29 彩图

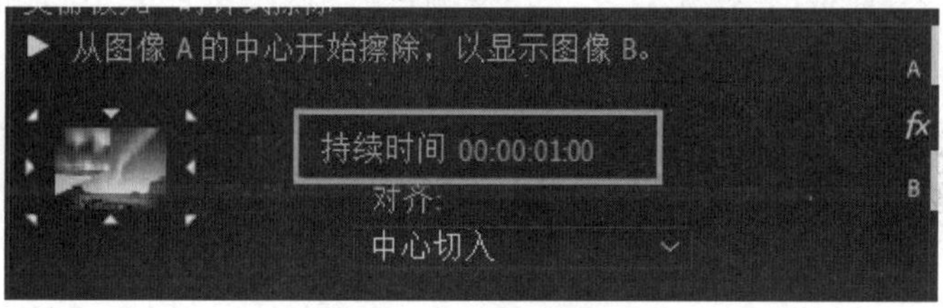

图 4-29　调整切换的时长

四、设置默认切换

● 案例学习目标

掌握设置默认切换的方法。

● 效果所在位置

案例/4.1.1/美丽极光.prproj。

执行“菜单”→“首选项”→“时间轴”命令，在弹出的“时间轴”面板中，我们可以调整视频和音频的默认切换时间。打开“效果”面板，选中所需要的过渡特效后，单击鼠标右键，选择“将所选过渡设置为默认过渡”选项，即可切换默认过渡效果，如图 4-30 所示。

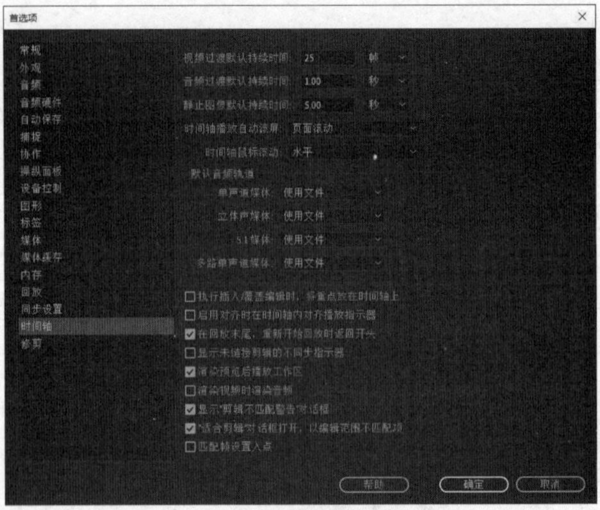

图 4-30　首选项设置默认切换

第二节　高级转场特技

在“效果”面板的“视频效果”和“视频过渡”两个文件夹中，有很多转场特技可供使用，读者可以根据自己的需要快速搜索查找。

一、课堂案例——自然风光

• 案例学习目标

编辑图像的“立方体旋转”与“水波块”制作转场效果。

• 效果所在位置

案例/4.2.1/自然风光.prproj。

（一）编辑视频素材

1.启动 Premiere Pro CC 2019 软件，新建项目，在弹出的对话框中设置“位置”选项，选择保存文件路径，在“名称”文本框中输入文件名“自然风光”，如图 4-31 所示，单击“确定”按钮。按下快捷键“Ctrl+N”，新建序列，在左侧列表中展开“DV-PAL”选项，选择“标准 48kHz”模式，在“序列名称”文本框中输入自然风光，如图 4-32 所示，单击“确定”按钮。

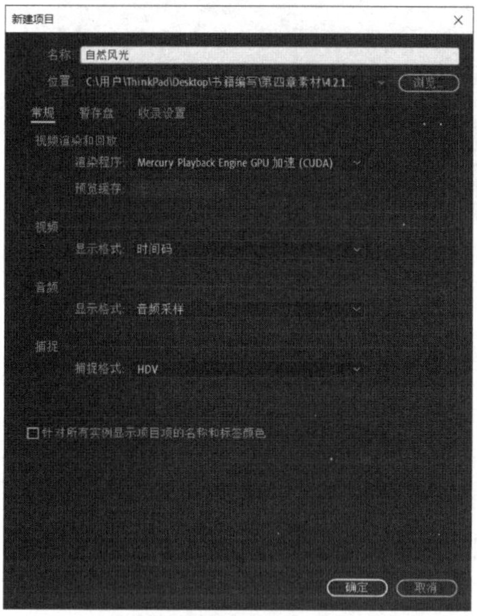

图 4-31　新建项目窗口

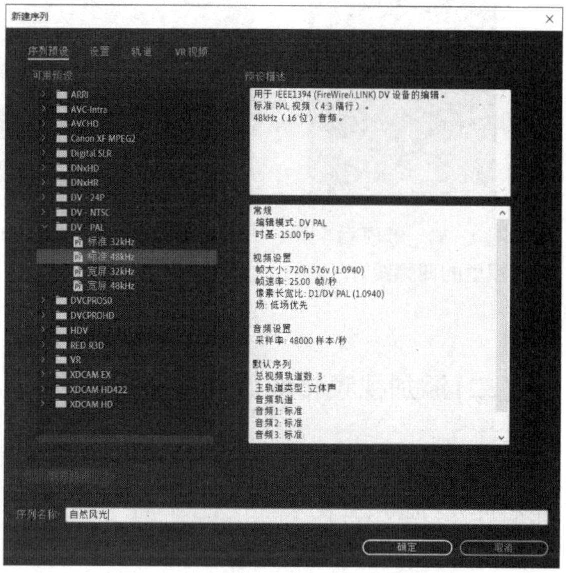

图 4-32　新建序列窗口

2.选择左上角“文件”菜单下的“导入”命令，在弹出的对话框中选择资源包的素材 01.jpg、02.jpg、03.jpg、04.jpg，单击“打开”按钮，导入视频文件，如图 4-33 所示。

扫码可看图 4-33 彩图

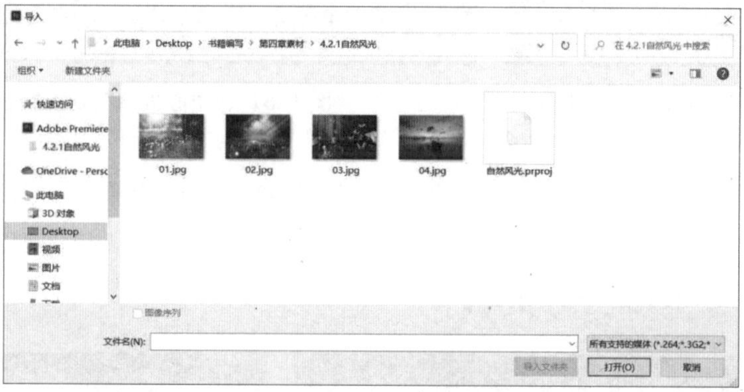

图 4-33　导入窗口

3.此时四张图片已经在项目面板中，如图 4-34 所示。将“项目”面板里的四幅图片全部选中，按住“Ctrl”键拖入“时间轴”的 V1 轨道中，如图 4-35 所示。

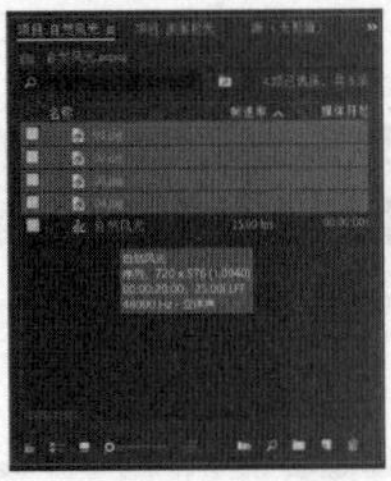

图 4-34 “项目”面板里的四幅图片

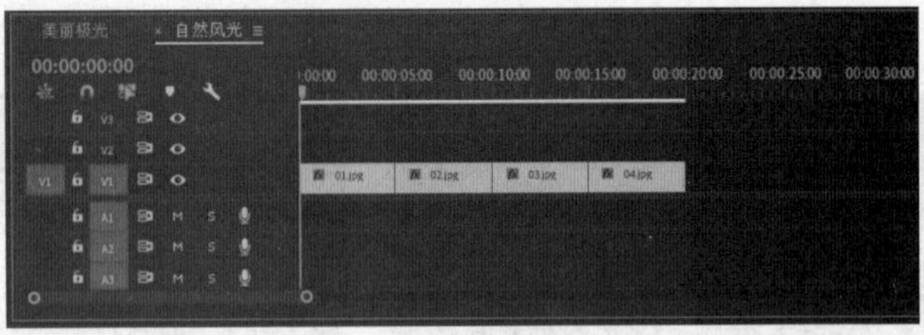

图 4-35 将素材导入时间轴

(二)添加视频转场效果

1. 打开“效果”面板,为素材添加一个切换效果,执行“效果”→“视频过渡”→“滑动”→“中心拆分”命令,如图 4-36 所示。将“中心拆分”拖拽到“时间轴”上素材 1 和素材 2 之间,如图 4-37 所示。

图 4-36 中心拆分

图 4-37 “中心拆分”放置位置

2.接下来为素材 2 和素材 3 添加视频的切换,执行“效果”→“视频过渡”→“3D 运动”→“立方体旋转”命令,如图 4-38 所示。将“立方体旋转”拖拽到“时间轴”上素材 2 和素材 3 之间,如图 4-39 所示。

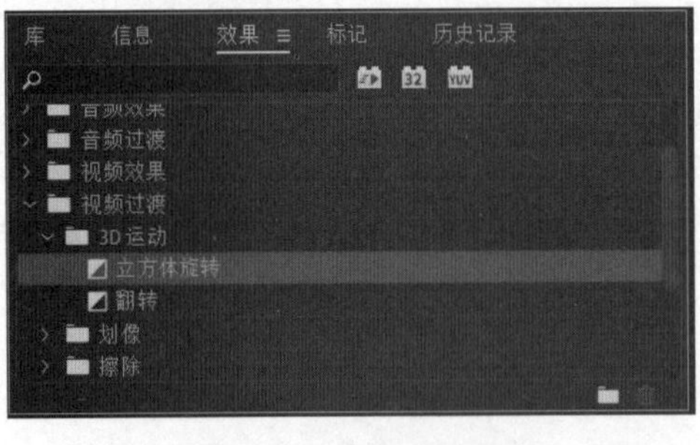

图 4-38 立方体旋转

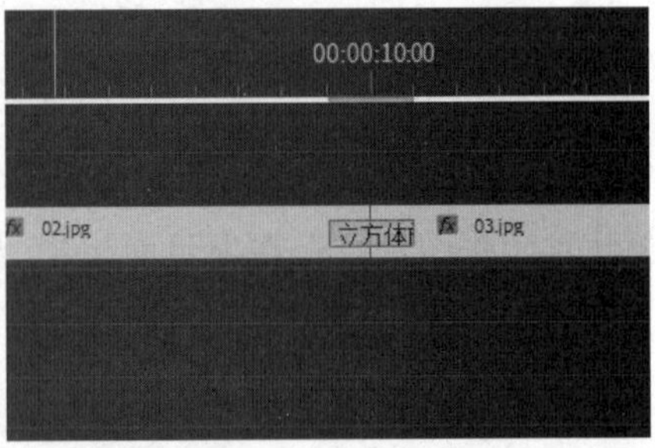

图 4-39 “立方体旋转”放置位置

3.打开“效果”面板,执行“效果”→“视频过渡”→“擦除”→“水波块”命令,如图4-40

所示。将“水波块”拖拽到“时间轴”上素材 3 和素材 4 之间，如图 4-41 所示。

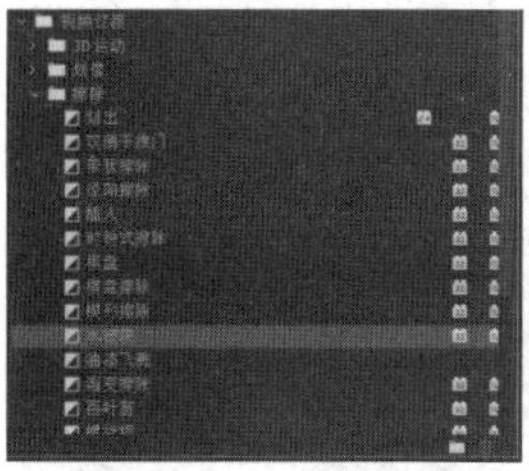

图 4-40　水波块

图 4-41　“水波块”放置位置

4.打开“效果”面板，执行“效果”→“视频效果”→“过时”→“自动对比度”命令，如图 4-42 所示。将“自动对比度”拖拽给“时间轴”上的素材 2。选中素材 2，在“效果”面板调整参数，如图 4-43 所示。我们可以在“节目”窗口预览调整过后的图片效果，如图 4-44 所示。

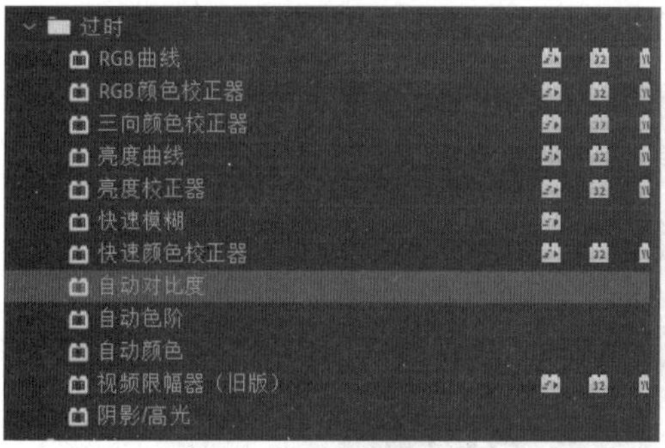

图 4-42　自动对比度

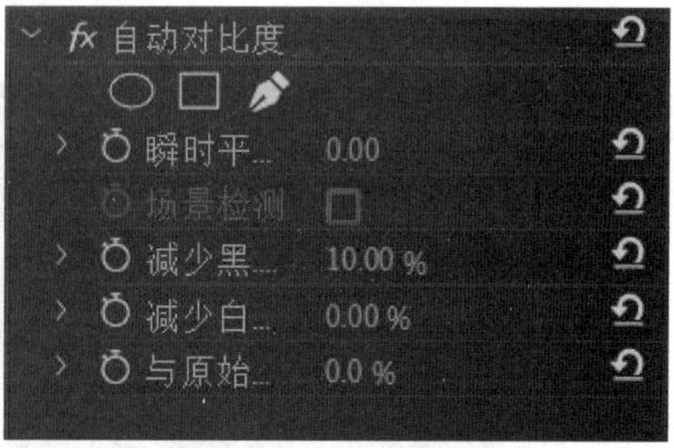

图 4-43　效果控件参数

扫码可看图
4-44 彩图

图 4-44　效果图

5.再次打开“效果”面板，执行“效果”→“视频效果”→“过时”→“自动色阶”命令，如图 4-45 所示。将“自动色阶”拖拽给“时间轴”上的素材 3。选中素材 3，在“效果”面板调整参数，如图 4-46 所示。调整后可在“节目”窗口进行效果预览，如图 4-47 所示。

图 4-45　自动色阶

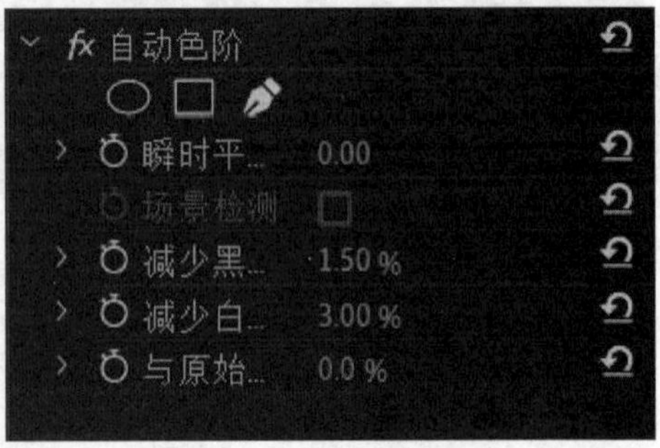

图 4-46　效果控件参数

扫码可看图 4-47 彩图

图 4-47　效果图

二、3D 运动

在效果的“3D 运动”文件夹中有 2 种三维转场效果。

(一) 立方体旋转

“立方体旋转”特效可以使素材 A 与素材 B 如同立方体的两个面一样过渡转换。其在视觉上的压缩透视变化如图 4-48、图 4-49 所示。

图 4-48 效果入点

图 4-49 效果出点

扫码可看图 4-49 彩图

(二)翻转

“翻转”特效可以使素材 A 与素材 B 如同一张纸的正反两面一样过渡转换。我们可以通过“效果”面板中的“自定义”调整翻转的数量，选择“自定义”会弹出翻转设置窗口，把翻转数值调整为 6，如图 4-50 所示，此时图片被分割成了 6 份，如图 4-51 所示。

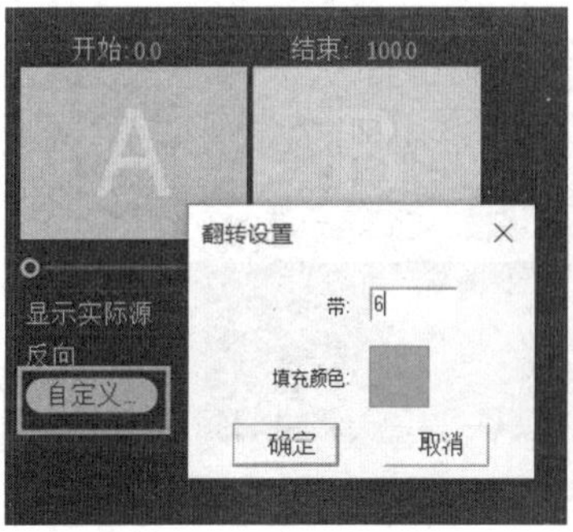

图 4-50 翻转设置窗口

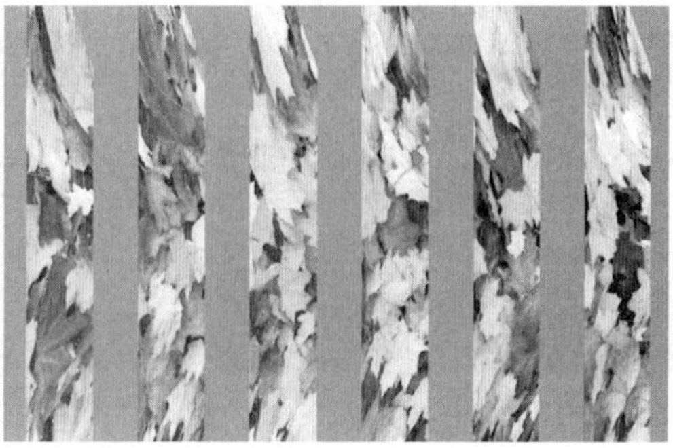

图 4-51 翻转效果

扫码可看图 4-51 彩图

三、缩放

在效果的“缩放”文件夹中有 1 种转场效果。缩放转场效果通过按比例放大或缩小画面的方式实现画面过渡，具有较强的视觉冲击力，如图 4-52、图 4-53 所示。

扫码可看图 4-52 彩图

图 4-52　应用效果前

图 4-53　“缩放”效果

扫码可看图 4-53 彩图

四、划像

在效果的“划像”文件夹中有 4 种转场效果。

(一) 交叉划像

“交叉划像”指的是素材 A 呈十字形从素材 B 中展开，如图 4-54、图 4-55 所示。

扫码可看图 4-54 彩图

图 4-54　效果入点

图 4-55　效果出点

扫码可看图 4-55 彩图

(二) 圆划像

“圆划像”是指素材 B 叠放在素材 A 上，呈圆形逐渐放大直到填满整个画面，如图 4-56、图 4-57 所示。

扫码可看图 4-56 彩图

图 4-56　效果入点

图 4-57　效果出点

扫码可看图 4-57 彩图

（三）矩形划像

“矩形划像”是指素材 B 叠放在素材 A 上，呈矩形逐渐放大直到填满整个画面，如图 4-58、图 4-59 所示。

扫码可看图 4-58 彩图

图 4-58　效果入点

图 4-59　效果出点

扫码可看图 4-59 彩图

（四）菱形划像

“菱形划像”是指素材 B 叠放在素材 A 上，呈菱形逐渐放大直到填满整个画面，如图 4-60、图 4-61 所示。

扫码可看图 4-60 彩图

图 4-60　效果入点

图 4-61　效果出点

扫码可看图 4-61 彩图

五、擦除

在效果的“擦除”文件夹中有 17 种转场效果。

（一）划出

“划出”指的是素材 A 叠放在素材 B 上，素材 A 从左向右逐渐消失，直到完全展现出素材 B，如图 4-62、图 4-63 所示。

扫码可看图 4-62 彩图

图 4-62　效果入点

图 4-63　效果出点

扫码可看图 4-63 彩图

(二)双侧平推门

“双侧平推门”指的是素材 B 从画面中心向左右两边均匀展开,直到完全覆盖素材 A,如图 4-64、图 4-65 所示。

扫码可看图 4-64 彩图

图 4-64　效果入点

图 4-65　效果出点

扫码可看图 4-65 彩图

(三)带状擦除

“带状擦除”指的是素材 B 从画面两侧呈条状进入画面,直到完全覆盖素材 A,如图 4-66、图 4-67 所示。

扫码可看图 4-66 彩图

图 4-66　效果入点

图 4-67　效果出点

扫码可看图 4-67 彩图

(四)径向擦除

“径向擦除”指的是素材 B 从画面右上角扫到画面左下角,直到完全覆盖素材 A,如图 4-68、图 4-69 所示。

扫码可看图 4-68 彩图

图 4-68　效果入点

图 4-69　效果出点

扫码可看图 4-69 彩图

（五）插入

插入指的是素材 B 从画面左上角移动到画面右下角，直到完全覆盖素材 A，如图 4-70、图 4-71 所示。

扫码可看图 4-70 彩图

图 4-70　效果入点

图 4-71　效果出点

扫码可看图 4-71 彩图

（六）时钟式擦除

“时钟式擦除”指的是素材 B 以时钟指针转动的方式将素材 A 按顺时针方向擦除，直到完全展现出素材 B，如图 4-72、图 4-73 所示。

扫码可看图 4-72 彩图

图 4-72　效果入点

图 4-73　效果出点

扫码可看图 4-73 彩图

（七）棋盘

“棋盘”指的是素材 B 以棋盘图样从上到下的方式出现，直到完全覆盖素材 A，如图 4-74、图 4-75 所示。

扫码可看图
4-74 彩图

图 4-74　效果入点

图 4-75　效果出点

扫码可看图
4-75 彩图

(八)棋盘擦除

“棋盘擦除”指的是素材 A 以棋盘图样从左往右消失，直到完全展现出素材 B，如图 4-76、图 4-77 所示。

扫码可看图
4-76 彩图

图 4-76　效果入点

图 4-77　效果出点

扫码可看图
4-77 彩图

(九)楔形擦除

“楔形擦除”指的是以扇形展开的形式擦除素材 A，显示出素材 B，如图 4-78、图4-79 所示。

扫码可看图
4-78 彩图

图 4-78　效果入点

图 4-79　效果出点

扫码可看图
4-79 彩图

(十)水波块

“水波块”指的是素材 A 以锯齿状从上到下逐渐消失，直到完全展现出素材 B，如图 4-80、图 4-81 所示。

扫码可看图
4-80 彩图

图 4-80　效果入点

图 4-81　效果出点

扫码可看图
4-81 彩图

(十一)油漆飞溅

“油漆飞溅”指的是素材 B 以泼墨的方式逐渐显现,直到完全覆盖素材 A,如图4-82、图 4-83 所示。

扫码可看图
4-82 彩图

图 4-82　效果入点

图 4-83　效果出点

扫码可看图
4-83 彩图

(十二)渐变擦除

“渐变擦除”指的是素材 A 从左上角以不规则形式向右下角逐渐消失,直到完全展现出素材 B。在“渐变擦除”设置中,我们可以通过“选择图像”和“柔和度”来改变其具体效果,如图 4-84、图 4-85 和图 4-86 所示。

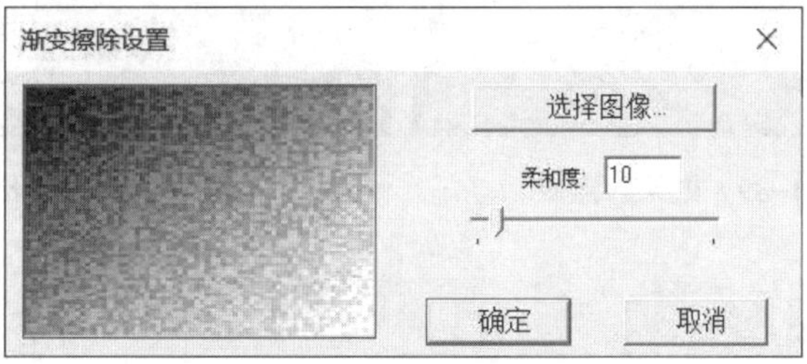

图 4-84　渐变擦除设置

扫码可看图 4-85 彩图

图 4-85　效果入点

图 4-86　效果出点

扫码可看图 4-86 彩图

(十三)百叶窗

“百叶窗”指的是以打开百叶窗的形式从素材 A 逐渐过渡到素材 B,如图 4-87、图 4-88所示。

扫码可看图 4-87 彩图

图 4-87　效果入点

图 4-88　效果出点

扫码可看图 4-88 彩图

(十四)螺旋框

“螺旋框”指的是素材 A 以螺旋状从外向内逐渐消失,直到完全展现出素材 B,如图 4-89、图 4-90 所示。

扫码可看图 4-89 彩图

图 4-89　效果入点

图 4-90　效果出点

扫码可看图 4-90 彩图

(十五)随机块

“随机块”指的是素材 B 以随机出现的方块形式逐渐覆盖素材 A,如图 4-91、图 4-92 所示。

扫码可看图 4-91 彩图

扫码可看图 4-92 彩图

图 4-91　效果入点　　图 4-92　效果出点

(十六)随机擦除

“随机擦除”指的是素材 B 以随机出现的方块形式从上到下逐渐覆盖素材 A,如图 4-93、图 4-94 所示。

扫码可看图 4-93 彩图

扫码可看图 4-94 彩图

图 4-93　效果入点　　图 4-94　效果出点

(十七)风车

“风车”指的是素材 B 以风车旋转的方式逐渐覆盖素材 A,如图 4-95、图 4-96 所示。

扫码可看图 4-95 彩图

扫码可看图 4-96 彩图

图 4-95　效果入点　　图 4-96　效果出点

六、溶解

在效果的“溶解”文件夹中有7种转场效果。

(一)MorphCut

“MorphCut”指的是素材A如同冰激凌融化消失一样过渡到素材B,如图4-97、图4-98所示。

扫码可看图4-97彩图

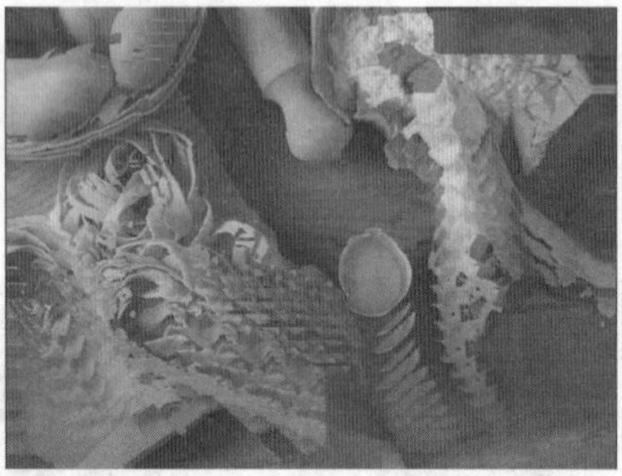

图4-97 效果入点

图4-98 效果出点

扫码可看图4-98彩图

(二)交叉溶解

“交叉溶解”指的是素材A淡出,与此同时素材B淡入,最终素材A慢慢溶解于素材B,如图4-99、图4-100所示。

扫码可看图4-99彩图

图4-99 效果入点

图4-100 效果出点

扫码可看图4-100彩图

(三)叠加溶解

“叠加溶解”指的是素材A在淡出时画面变亮,与此同时素材B淡入,最终素材A慢慢溶解于素材B,如图4-101、图4-102所示。

扫码可看图 4-101 彩图

图 4-101　效果入点

扫码可看图 4-102 彩图

图 4-102　效果出点

(四)白场过渡

“白场过渡”指的是素材 A 渐渐变亮直到全白画面,与此同时素材 B 以淡入的方式从全白画面渐渐变暗直至正常画面进行转场,如图 4-103、图 4-104 所示。

扫码可看图 4-103 彩图

图 4-103　效果入点

扫码可看图 4-104 彩图

图 4-104　效果出点

(五)胶片溶解

“胶片溶解”指的是素材 A 以半透明的胶片模式逐渐出现,直到完全覆盖素材 B,如图 4-105、图 4-106 所示。

扫码可看图 4-105 彩图

图 4-105　效果入点

扫码可看图 4-106 彩图

图 4-106　效果出点

(六)非叠加溶解

“非叠加溶解”指的是素材A最亮的部分叠加出现在素材B中,直到素材A完全显现,如图4-107、图4-108所示。

扫码可看图4-107彩图

图4-107　效果入点

图4-108　效果出点

扫码可看图4-108彩图

(七)黑场过渡

“黑场过渡”指的是素材A渐渐变暗直到全部黑色,素材B以淡入的方式从最暗黑色渐渐变亮直至正常画面进行转场,如图4-109、图4-110所示。

扫码可看图4-109彩图

图4-109　效果入点

图4-110　效果出点

扫码可看图4-110彩图

七、沉浸式视频

在效果的“沉浸式视频”文件夹中有8种转场效果。

(一)VR光圈擦除

“VR光圈擦除”指的是素材A从中心开始呈光圈状向外擦除消失,素材B随之出现,如图4-111、图4-112所示。

扫码可看图 4-111 彩图

图 4-111　效果入点

图 4-112　效果出点

扫码可看图 4-112 彩图

(二) VR 光线

"VR 光线"指的是素材 A 从中心开始呈亮光状向四周发射渐隐,呈现出素材 B,如图 4-113、图 4-114 所示。

扫码可看图 4-113 彩图

图 4-113　效果入点

图 4-114　效果出点

扫码可看图 4-114 彩图

(三) VR 渐变擦除

"VR 渐变擦除"指的是素材 A 以三角形由外向内擦除,呈现出素材 B,如图 4-115、图 4-116 所示。

扫码可看图 4-115 彩图

图 4-115　效果入点

图 4-116　效果出点

扫码可看图 4-116 彩图

(四) VR 漏光

"VR 漏光"指的是素材 A 发出从红到蓝逐渐变亮的光晕,渐隐出素材 B,如图4-117、图 4-118 所示。

扫码可看图
4-117 彩图

扫码可看图
4-118 彩图

图 4-117　效果入点　　图 4-118　效果出点

(五) VR 球形模糊

“VR 球形模糊”指的是素材 A 从中心开始旋转模糊，渐隐出素材 B，如图 4-119、图 4-120所示。

扫码可看图
4-119 彩图

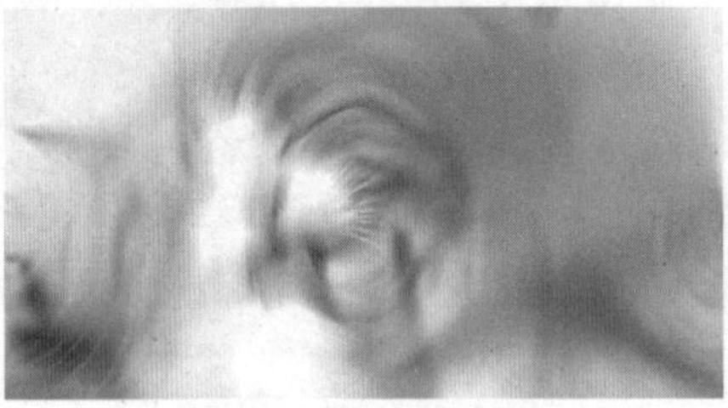

扫码可看图
4-120 彩图

图 4-119　效果入点　　图 4-120　效果出点

(六) VR 色度泄漏

“VR 色度泄漏”指的是素材 A 的饱和度逐渐增加，渐隐出素材 B，如图 4-121、图 4-122所示。

扫码可看图
4-121 彩图

扫码可看图
4-122 彩图

图 4-121　效果入点　　图 4-122　效果出点

(七) VR 随机块

“VR 随机块”指的是素材 A 以随机出现的小方块形式消失，逐渐显现出素材 B，如图 4-123、图 4-124 所示。

扫码可看图 4-123 彩图

图 4-123　效果入点

图 4-124　效果出点

扫码可看图 4-124 彩图

(八) VR 莫比乌斯缩放

“VR 莫比乌斯缩放”,视角向前推进的转场效果,指的是素材 A 呈莫比乌斯的形状进行缩放变形,逐渐显现出素材 B,如图 4-125、图 4-126 所示。

扫码可看图 4-125 彩图

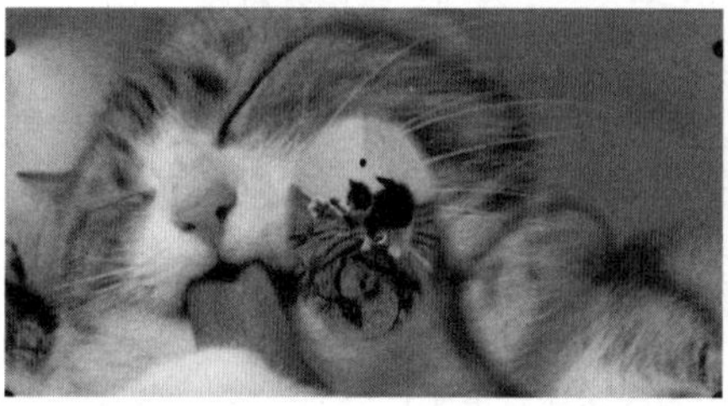

图 4-125　效果入点

图 4-126　效果出点

扫码可看图 4-126 彩图

第三节　课堂练习——中国优秀建筑展示广告

• 练习知识要点

使用“交叉缩放”“油漆飞溅”“立方体旋转”“胶片溶解”“推”等过渡效果制作中国优秀建筑展示广告,如图 4-127 所示。

• 效果所在位置

案例/4.3/中国优秀建筑展示广告.prproj。

扫码可看图
4-127 彩图

图 4-127　中国优秀建筑展示广告

第四节　应用视频特效

在运用 Premiere Pro CC 2019 进行创作的过程中，我们需要采用多样化的手段对素材进行编辑，从而达到影片的最终输出效果。

一、使用关键帧控制效果

• 案例学习目标

编辑素材之间的过渡关键帧动画，创建头像加关注演示动画。

• 案例知识要点

（1）使用蒙版对素材进行初步编辑；（2）使用“旧版标题”制作相关符号；（3）使用“缩

放”关键帧制作加关注动效。

● 效果所在位置

案例/4.4.1/头像加关注动画.prproj。

● 编辑视频素材

1.新建项目:在 Premiere Pro CC 2019 软件界面中,执行“文件”→“新建”→“项目”命令,新建项目。

2.新建序列:执行“文件”→“新建”→“序列”命令,在弹窗中,选择“设置”选项卡,设置“编辑模式”为“自定义”,“时基”为“25.00 帧/秒”,“帧大小”为“720.0”,“水平”为“1280.0”,“像素长宽比”为“方形像素”,“场”为“无场(逐行扫描)”。

3.导入素材:执行“文件”→“导入”命令,在弹窗中将素材 01、素材 02 导入,如图 4-128所示。

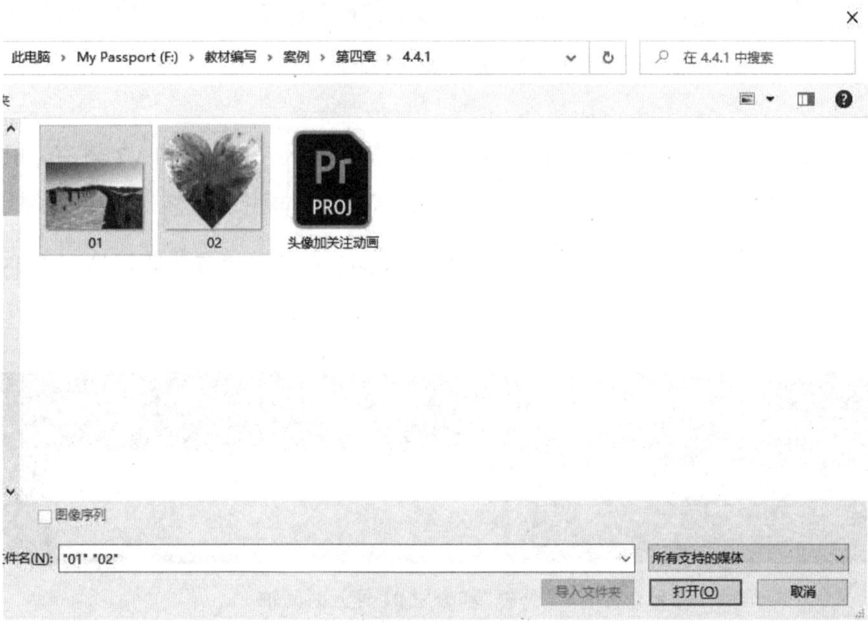

扫码可看图 4-128 彩图

图 4-128　导入窗口

4.创建头像外框:执行“文件”→“新建”→“旧版标题”命令,在弹窗中设置“名称”为头像外框。在旧版标题界面,左侧工具栏中选择(椭圆工具),按住“Shift”键,用鼠标左键在窗口中拖拽,绘制正圆形。然后调整右侧属性面板,执行“属性”→“图形类型”命令,设置为“开放贝塞尔曲线”,“线宽”为 15.0,“颜色”为白色,如图 4-129 所示。关闭“旧版标题”界面。

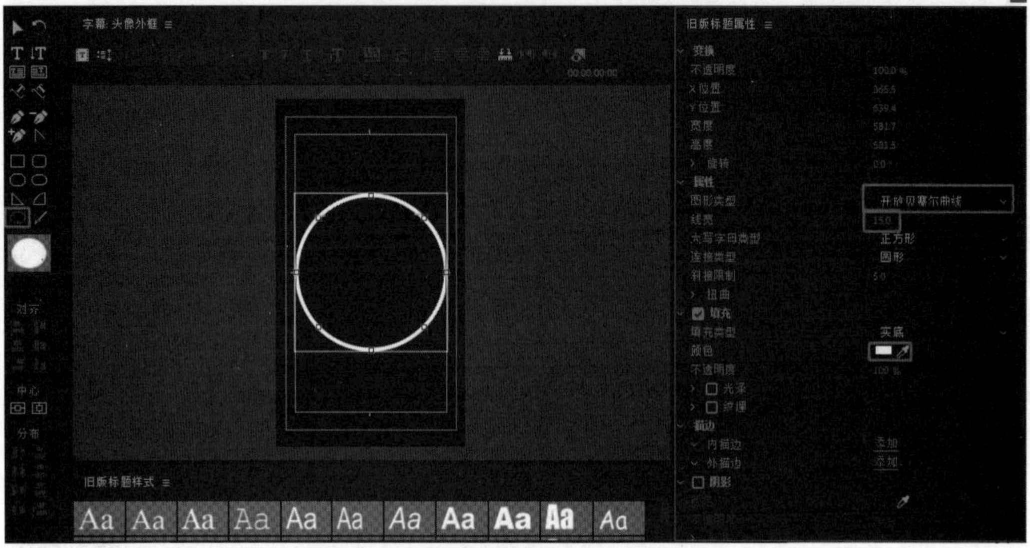

图 4-129 “旧版标题”界面

5.头像外框与头像匹配:将“头像外框”和素材 01 分别拖入 V1 轨道和 V2 轨道,如图 4-130 所示。然后选中时间轴上的素材 01,在“效果控件”面板中,调整“缩放”参数为 44;打开“不透明度”折叠菜单,单击(创建椭圆形蒙版)按钮,在“节目监视器”窗口中将蒙版调整为比头像外框略小的正圆形蒙版,如图 4-131 所示。

图 4-130 将“头像外框”和素材 01 导入时间轴

扫码可看图
4-131 彩图

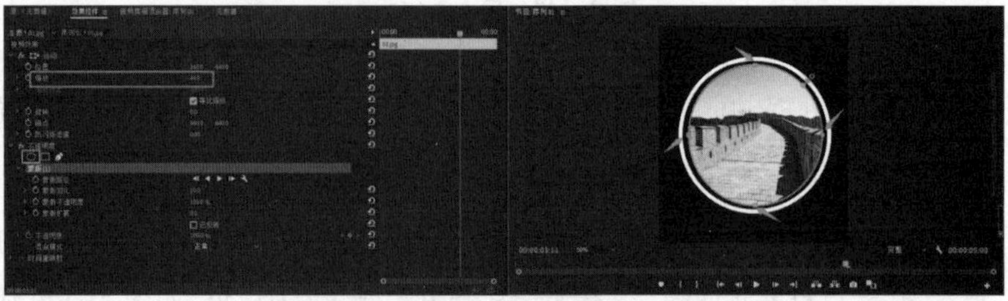

图 4-131 效果控件参数及节目监视器窗口

6.嵌套头像图层：框选时间轴上的“头像外框”和素材 01，将鼠标指针放置在素材上并单击鼠标右键，选择“嵌套”命令，将素材 02 嵌套为一个“合成文件”，方便后期操作，如图 4-132 所示。

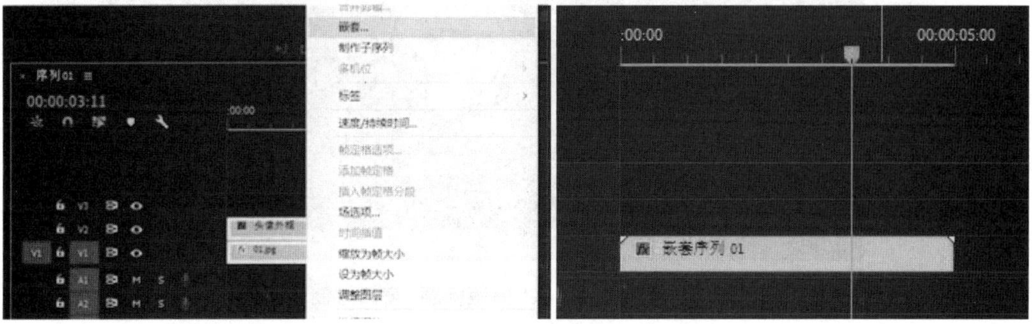

(a)嵌套命令位置　　　　　　(b)时间轴

图 4-132　嵌套操作

7.设置头像缩放动画：将“时间指示器”拖拽至起始帧位置，选择时间轴上的“嵌套序列 01”素材，在“效果控件”面板中打开“缩放”“旋转”关键帧，设置缩放参数为 0、旋转参数为 180°，将“时间指示器”拖拽至 00：00：01：00 的位置，设置缩放参数为 100.0、旋转参数为 0，如图 4-133 所示。

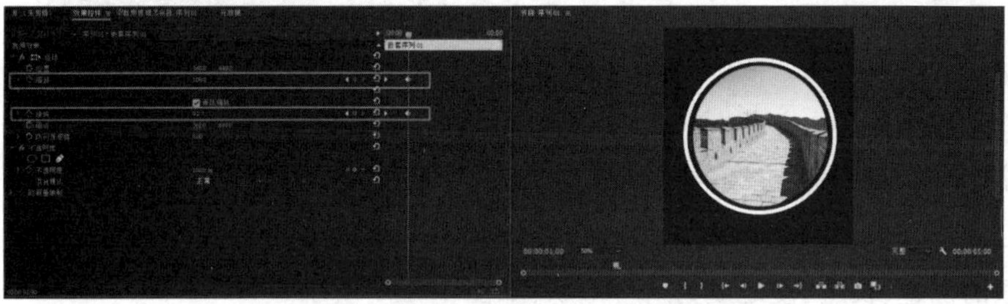

扫码可看图 4-133 彩图

图 4-133　效果控件参数及节目监视器窗口

8.创建关注图标：新建“旧版标题”字幕，命名为“加号”。在“加号”字幕面板中，使用椭圆工具，在头像下方绘制小正圆，设置“填充类型”为“实底”，如图 4-134 所示。选择(直线工具)，在白色小正圆上绘制加号，设置“图形类型”为“开放贝塞尔曲线”，“线宽”为 8.0，“颜色”为红色，如图 4-135 所示。在绘制过程中，可同时按下“Shift”键保证线条的垂直。

扫码可看图 4-134 彩图

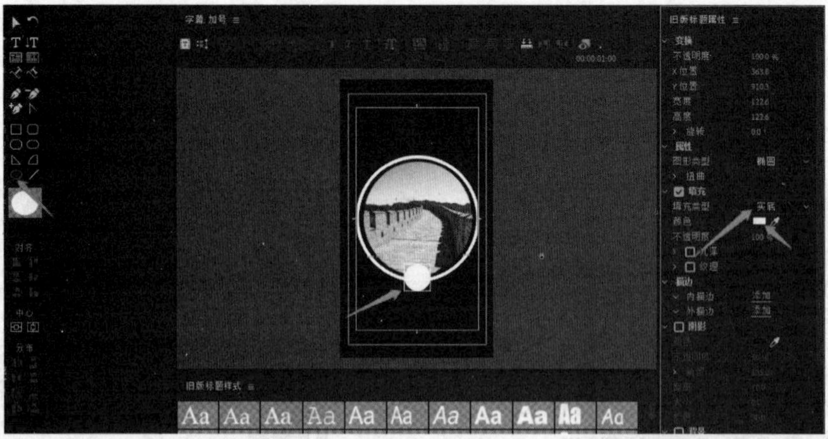

图 4-134　在“旧版标题”窗口绘制小正圆

扫码可看图 4-135 彩图

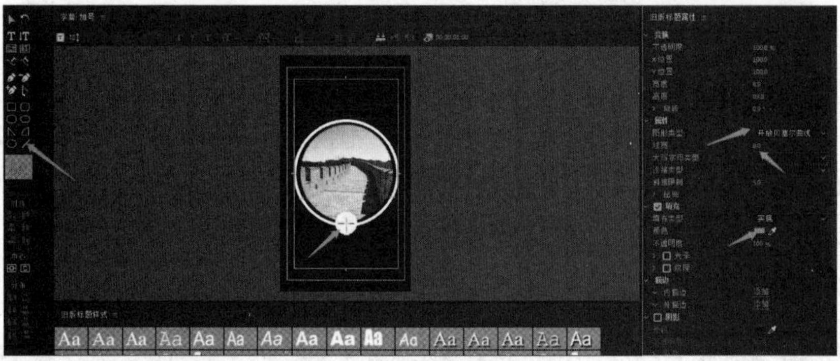

图 4-135　在“旧版标题”窗口绘制加号

9.创建对号图标：在“加号”字幕面板中，单击左上角“基于当前字幕新建字幕”按钮，在“新建字幕”窗口中设置“名称”为对号，如图 4-136 所示。调整“对号”字幕面板中红色线条的位置、长度，使之成为对号形状，如图 4-137 所示。

扫码可看图 4-136 彩图

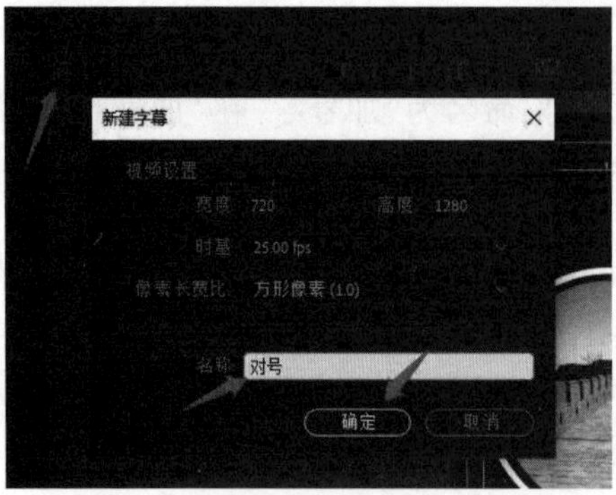

图 4-136　基于当前字幕新建字幕

扫码可看图 4-137 彩图

图 4-137　调整“对号”后效果

10.画面合成:将“素材 02”“对号”“加号”依次拖入轨道 V4、V3、V2,如图 4-138 所示。

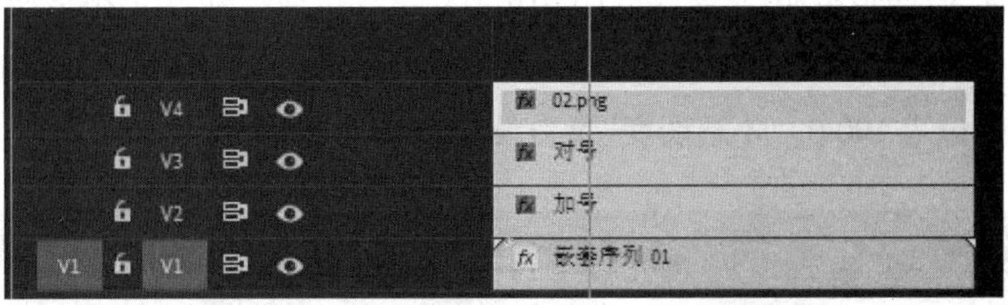

图 4-138　素材在时间轴上的排列顺序

11.调整“素材 02”的参数:选中“素材 02”,将“时间指示器”放置在 00:00:02:00 位置,在“效果控件”面板中打开“位置”“缩放”关键帧,将“位置”参数调整为“362.0,720.0”,“缩放”参数调整为 0;将“时间指示器”放置在 00:00:03:00 位置,将“位置”参数调整为“362.0,280.0”,“缩放”参数调整为 30,设置“不透明度”关键帧为 100;将“时间指示器”放置在 00:00:03:18 位置,设置“缩放”参数为 10.0,不透明度为 0;选中缩放 00:00:03:00 位置的关键帧,单击鼠标右键,选择“贝塞尔曲线”,如图 4-139 所示。

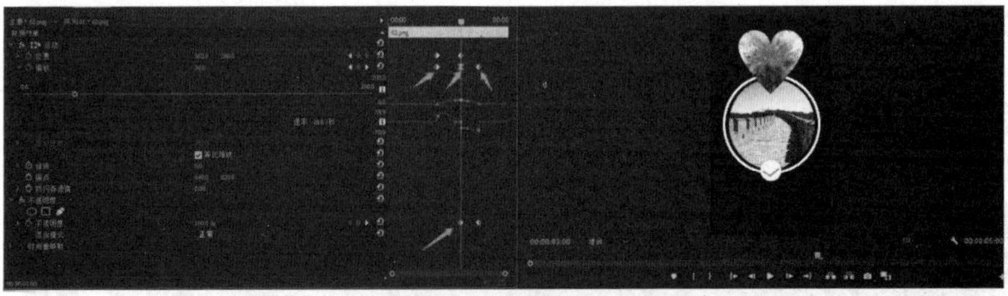

扫码可看图 4-139 彩图

图 4-139　效果控件参数设置及节目监视器效果

12.设置关注动效:选中轨道 V2 上的素材“加号”,单击“效果控件”中的“运动”选项,在“节目”窗口中就会出现素材“加号”的位置框和锚点,如图 4-140 所示;用鼠标点击

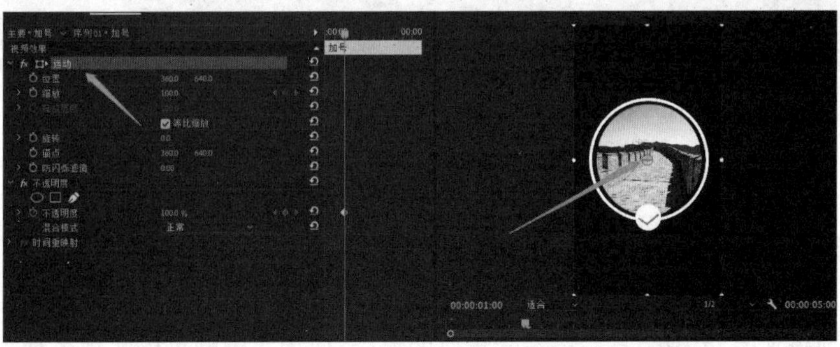

扫码可看图 4-140 彩图

图 4-140　设置加号关注动效

“选择”工具,并将鼠标指针放置于锚点上,鼠标指针将变为锚点工具状态,将锚点拖至白圆圈中心。将“时间指示器”放置于 00:00:01:00 位置,打开“缩放”“不透明度”关键帧,设置“缩放”参数为 0,“不透明度”参数为 0%;将“时间指示器”移至 00:00:01:15 位置,将“缩放”参数设为 100.0,“不透明度”参数设置为 100.0%,如图 4-141 所示。

扫码可看图
4-141 彩图

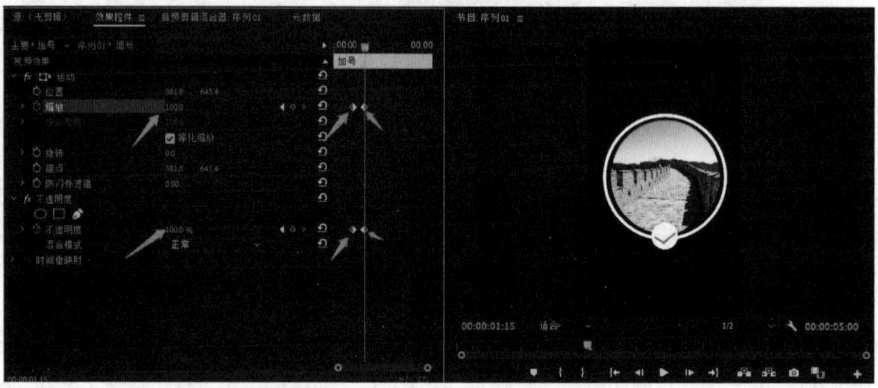

图 4-141 设置“加号”关键帧参数

13.设置关注动效:选中轨道 V3 上的“对号”素材,将“时间指示器”放置于00:00:01:15位置,设置“不透明度”参数为 0%;将“时间指示器”移至 00:00:02:00 位置,设置“不透明度”参数为 100%,如图 4-142 所示。案例效果完成,播放预览效果。

扫码可看图
4-142 彩图

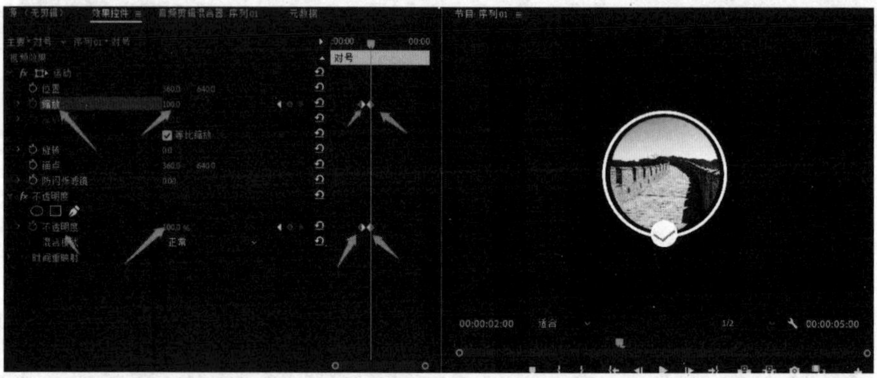

图 4-142 设置“对号”关键帧参数

二、关键帧概述

对于视频剪辑来说,关键帧是一个非常重要的概念,使用关键帧可以实现各种视频效果。首先给大家介绍一下视频中“帧”的概念。我们平时所看到的视频,是由静态的画面组成的，一幅画面即为一帧，这些静态的画面连续播放就形成了视频。一般来说，电影的播放速度是每秒 24 帧，电视的播放速度则是每秒 25 帧或 30 帧，只有达到这个播放速度，我们所看到的视频才是连贯流畅的。而在视频的许多帧中，关键帧的意义重大，当视频中的某些对象运动或发生变化时，常常要用到关键帧。小到控制元素画面放大、缩小，大到调色、剪辑，你都可以找到关键帧的身影。在 Premiere Pro CC 2019 中，关键帧指的是用于调整视频或音频中某个目标的属性（如位置、大小、透明度、旋转等）的点或标记。通常来说，我们所使用的视频特效都需要设置数个关键帧，通过调整视频特效中的关键帧参数来实现控制视频效果的目的。

在 Premiere Pro CC 2019 中，软件会自动在同一特效的两个关键帧之间进行线性变化的参数补帧，从而获得流畅的画面效果。同时我们也可以通过调整补帧方式来获得不同的参数变化曲线。常见的补帧方式有：线性、贝塞尔曲线、自动贝塞尔曲线、连续贝塞尔曲线、定格、缓入、缓出。

第五节　视频特效与操作

在接下来的内容中，我们将讲解如何使用视频特效。在影视作品中，人工制造出来的假象和幻觉，被称为影视特效（也被称为特技效果）。一部影片的成功，在很大程度上取决于它所应用的视频特效。影视创作者在影片中巧妙地使用视频特效，可以使影片具有较强的视觉感染力。

一、变换

我们在 Premiere Pro CC 2019 的“效果”面板中打开“视觉效果”文件夹，通常排在首位的就是“变换”效果，它可以使图像产生空间变化。其中包含 4 种视频特效，如图 4-143 所示。

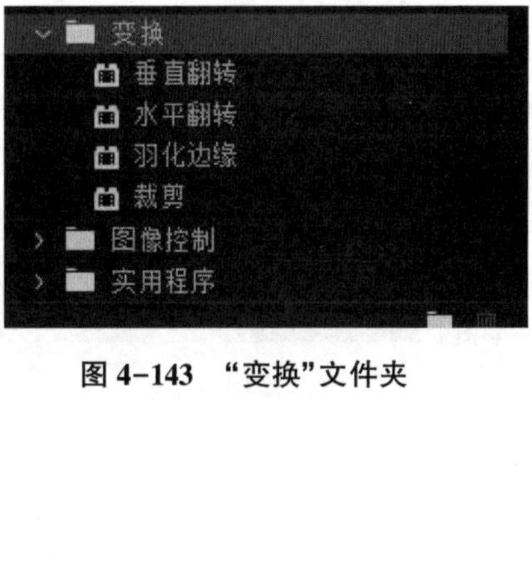

图 4-143　“变换”文件夹

（一）垂直翻转

“垂直翻转”可以使画面沿水平中心轴翻转 180°，如图 4-144 所示。

扫码可看图 4-144 彩图 a

扫码可看图 4-144 彩图 b

(a)应用效果前　　(b)应用效果后

图 4-144　垂直翻转效果

(二)水平翻转

“水平翻转”可以使画面沿垂直中心轴翻转 180°,如图 4-145 所示。

扫码可看图 4-145 彩图 a

扫码可看图 4-145 彩图 b

(a)应用效果前　　(b)应用效果后

图 4-145　水平翻转效果

(三)羽化边缘

在视频剪辑中,羽化边缘是一种常见的特效,它可以使画面边缘逐渐变得模糊,形成柔和的过渡效果,具体可通过设置“数量”参数来控制羽化边缘的程度,如图 4-146 所示。

扫码可看图 4-146 彩图 a

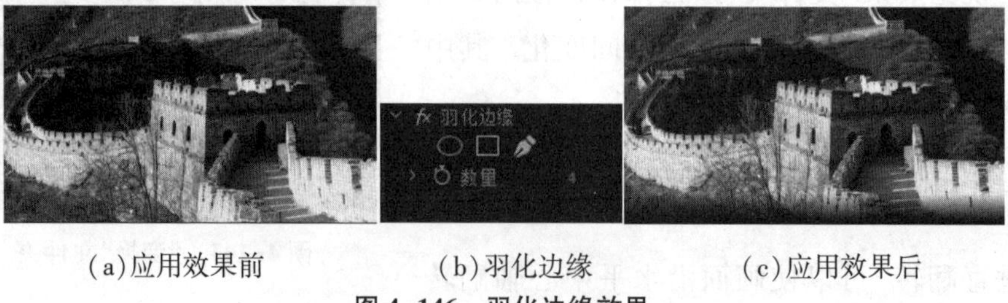

扫码可看图 4-146 彩图 c

(a)应用效果前　　(b)羽化边缘　　(c)应用效果后

图 4-146　羽化边缘效果

(四)裁剪

该特效用于对素材的边缘进行裁剪,从而修改素材的尺寸,如图 4-147 所示。

扫码可看图 4-147 彩图 a

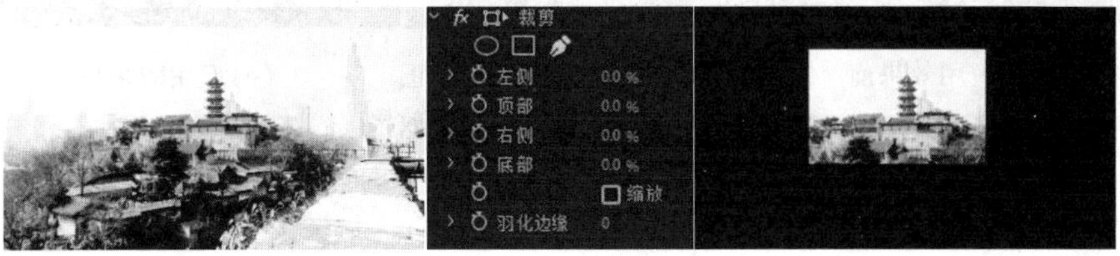

扫码可看图 4-147 彩图 c

(a)应用效果前　　(b)裁剪　　(c)应用效果后

图 4-147　裁剪效果

二、图像控制

在“图像控制”文件夹中包含 5 种视频特效,它们主要用于调整图像的颜色,如图 4-148所示。

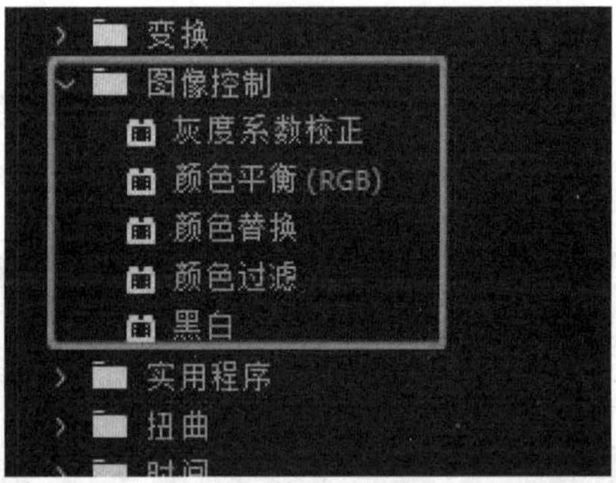

图 4-148　“图像控制”文件夹

(一)灰度系数校正

“灰度系数校正”可以在保持素材高亮区域和暗部区域不变的情况下,使画面变亮或变暗,如图 4-149 所示。

扫码可看图
4-149 彩图 a

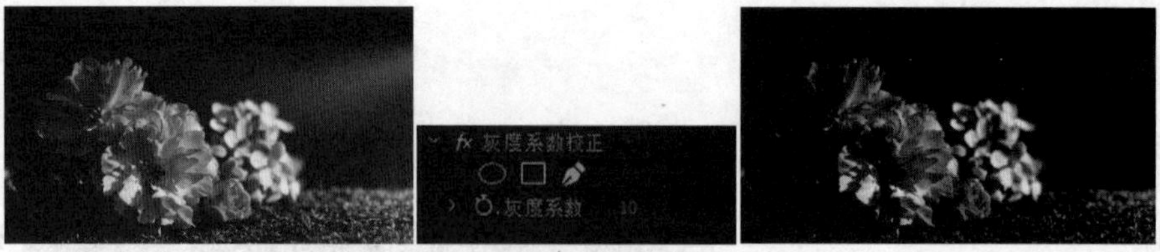

扫码可看图
4-149 彩图 c

（a）应用效果前　（b）灰度系数校正　（c）应用效果后

图 4-149　灰度系数校正效果

（二）颜色平衡（RGB）

“颜色平衡（RGB）”可以通过分别调整 RGB 值来调整画面颜色，如图 4-150 所示。

扫码可看图
4-150 彩图 a

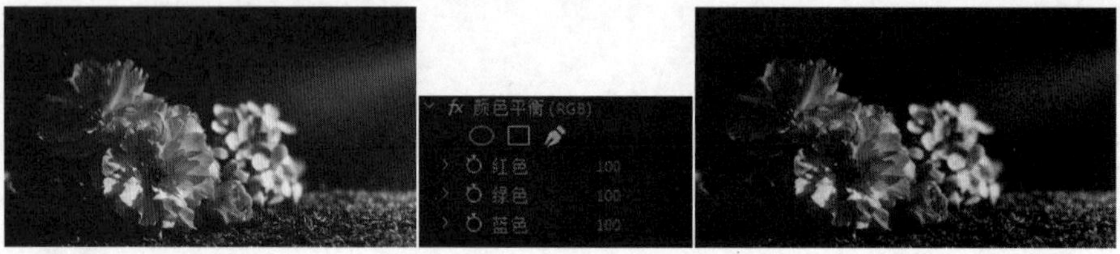

扫码可看图
4-150 彩图 c

（a）应用效果前　（b）颜色平衡（RGB）　（c）应用效果后

图 4-150　颜色平衡（RGB）效果

（三）颜色替换

“颜色替换”可以在不改变素材灰度的情况下，将选中的颜色以及与之相似的颜色替换为一种新的颜色，如图 4-151 所示。

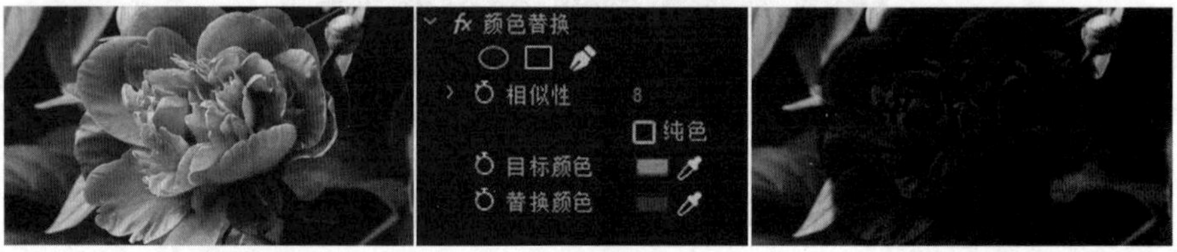

（a）效果前　（b）颜色替换　（c）效果后

扫码可看图
4-151彩图a

扫码可看图
4-151彩图b

扫码可看图
4-151彩图c

图 4-151　颜色替换效果

（四）颜色过滤

“颜色过滤”可以将画面中没有选中的颜色区域变为灰度色，选中的区域颜色保持不变，如图 4-152 所示。

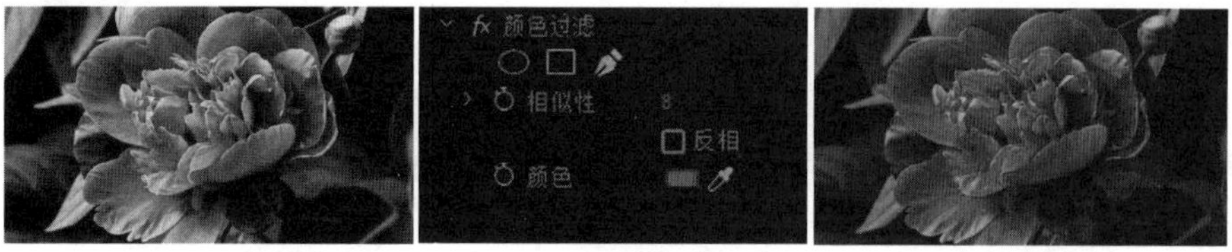

（a）应用效果前　（b）颜色过滤　（c）应用效果后

扫码可看图 4-152彩图a　扫码可看图 4-152彩图b　扫码可看图 4-152彩图c

图 4-152　颜色过滤效果

(五)黑白

“黑白”效果可以将画面直接转变为灰度图像，如图 4-153 所示。

扫码可看图 4-153 彩图 a

扫码可看图 4-153 彩图 c

（a）应用效果前　（b）黑白　（c）应用效果后

图 4-153　黑白效果

三、实用程序

在“实用程序”文件夹中只有“Cineon 转换器”这一种视频特效，它可以快速调整素材的色相、亮度等，如图 4-154 所示。

扫码可看图 4-154 彩图 a

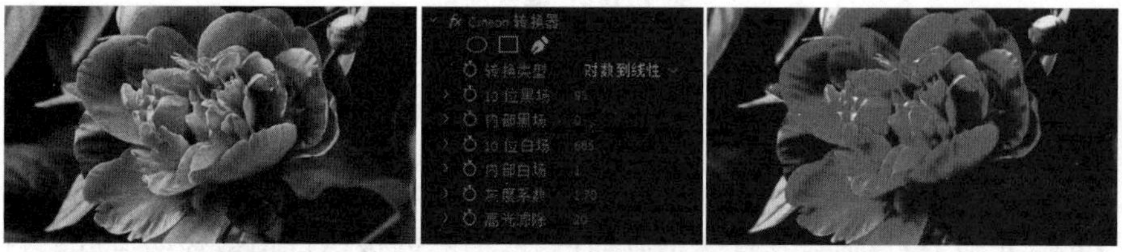

扫码可看图 4-154 彩图 c

（a）应用效果前　（b）Cineon 转换器　（c）应用效果后

图 4-154　Cineon 转换器效果

四、扭曲

在“扭曲”文件夹中包含 12 种视频特效，我们可以通过不同的变形方式对图像进行扭曲变形，如图 4-155 所示。

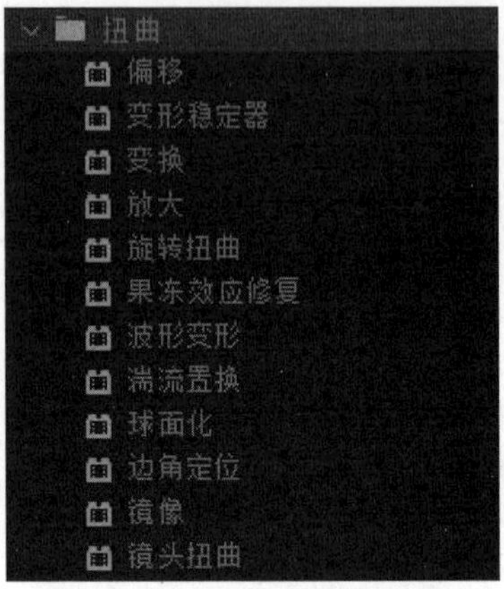

图 4-155 “扭曲”文件夹

（一）偏移

“偏移”可以通过设置图像的位置偏移量，对图像进行水平方向或垂直方向的偏移，且脱离图像一侧的视觉信息会在对面出现，如图 4-156 所示。

扫码可看图 4-156 彩图 a

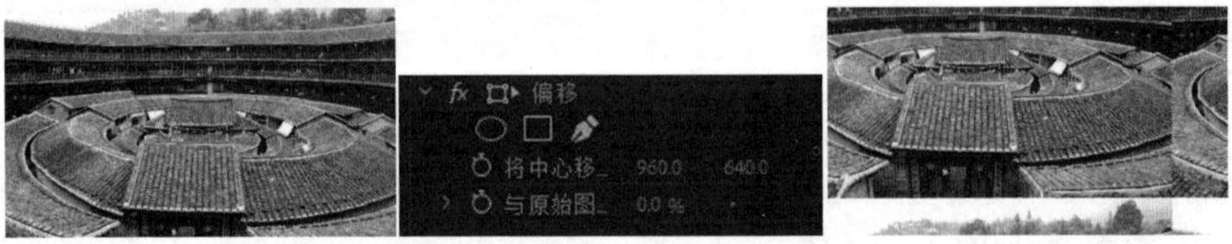

扫码可看图 4-156 彩图 c

（a）应用效果前　（b）偏移　（c）应用效果后

图 4-156 偏移效果

（二）变形稳定器

“变形稳定器”可以通过软件识别画面内容，消除因摄像机拍摄移动造成的抖动，从而获得更为稳定、流畅的画面效果，如图 4-157 所示。

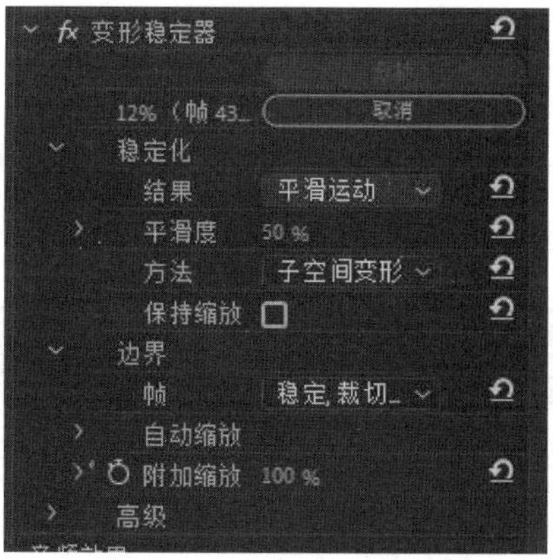

图 4-157 变形稳定器

(三)变换

“变换”可以对图像的定位点、位置、尺寸、透明度、倾斜度和快门角度等进行综合调整,如图 4-158 所示。

扫码可看图 4-158 彩图 a

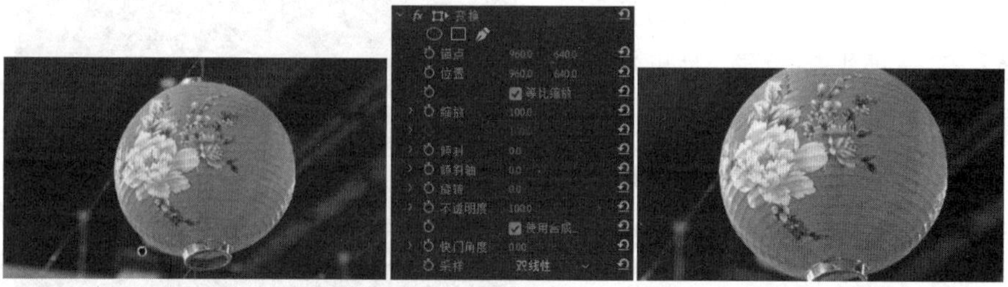

扫码可看图 4-158 彩图 c

(a)应用效果前　(b)变换　(c)应用效果后

图 4-158 变换

(四)放大

“放大”可以放大图像的指定区域,如图 4-159 所示。

扫码可看图 4-159 彩图 a

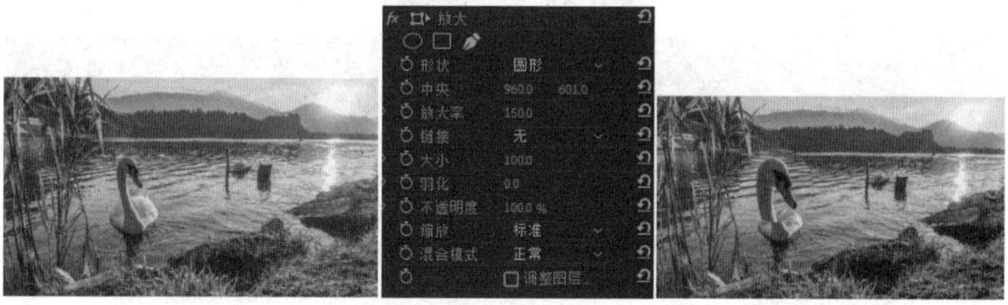

扫码可看图 4-159 彩图 c

(a)应用效果前　(b)放大　(c)应用效果后

图 4-159 放大效果

(五)旋转扭曲

“旋转扭曲”可以使画面围绕它的中心点旋转,且越靠近中心,旋转越剧烈,如图4-160所示。

扫码可看图4-160彩图a

扫码可看图4-160彩图c

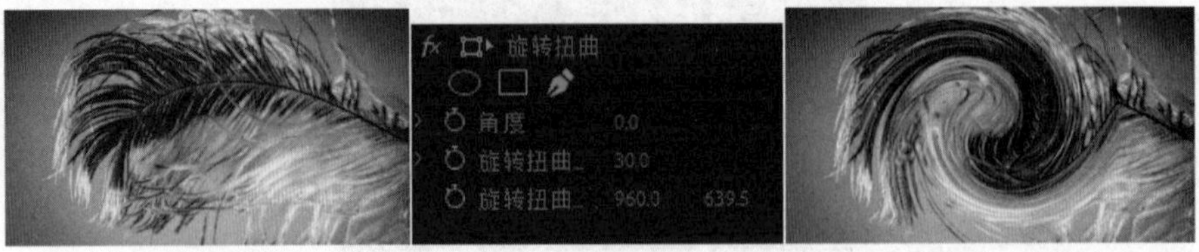

(a)应用效果前　(b)旋转扭曲　(c)应用效果后

图4-160　旋转扭曲效果

(六)果冻效应修复

“果冻效应”指的是摄像机在拍摄高速运动的物体时,所产生的变形、倾斜、部分曝光等效果。“果冻效应修复”可以消除因摄像机不稳定和主体移动而造成的画面扭曲,也可用于解决隔行扫描视频的画面闪烁问题,如图4-161所示。

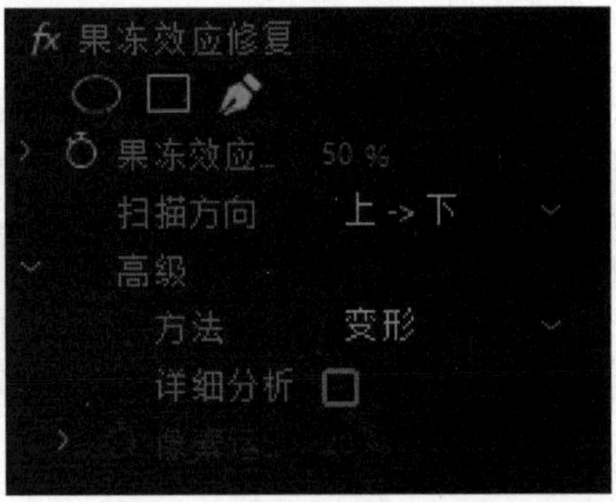

图4-161　果冻效应修复效果

(七)波形变形

“波形变形”可以通过参数设定,使画面形成不同的波纹形状,如图4-162所示。

扫码可看图4-162彩图a

扫码可看图4-162彩图c

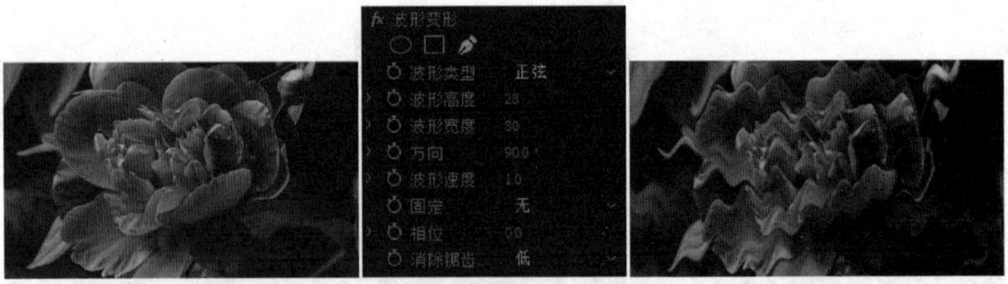

(a)应用效果前　(b)波形变形　(c)应用效果后

图4-162　波形变形效果

（八）湍流置换

“湍流置换”可以使图像产生扭曲、抖动或模糊等视觉变化，常用于电影、广告和音乐视频等类型的创意制作，如图 4-163 所示。

扫码可看图 4-163 彩图 a

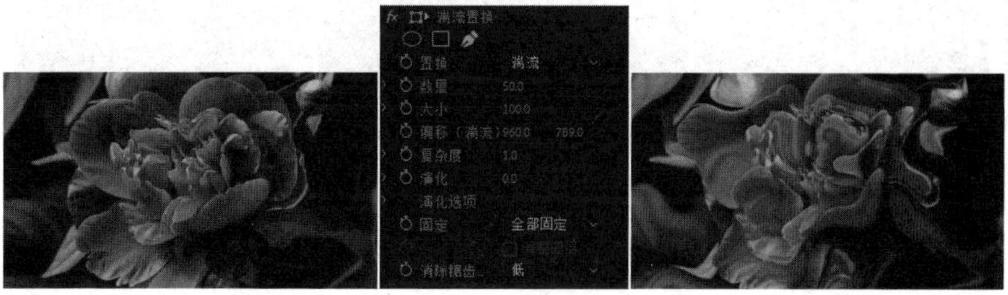

扫码可看图 4-163 彩图 c

（a）应用效果前　（b）湍流置换　（c）应用效果后

图 4-163　湍流置换效果

（九）球面化

“球面化”可以让画面产生球面变形，如图 4-164 所示。

扫码可看图 4-164 彩图 a

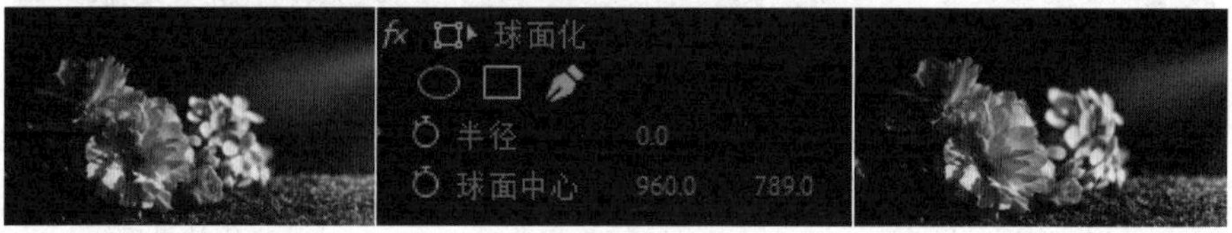

扫码可看图 4-164 彩图 c

（a）应用效果前　（b）球面化　（c）应用效果后

图 4-164　球面化效果

（十）边角定位

“边角定位”可以通过调整参数重新定位图像的 4 个顶点位置，产生画面伸展、收缩、透视、歪斜等效果，如图 4-165 所示。

扫码可看图 4-165 彩图 a

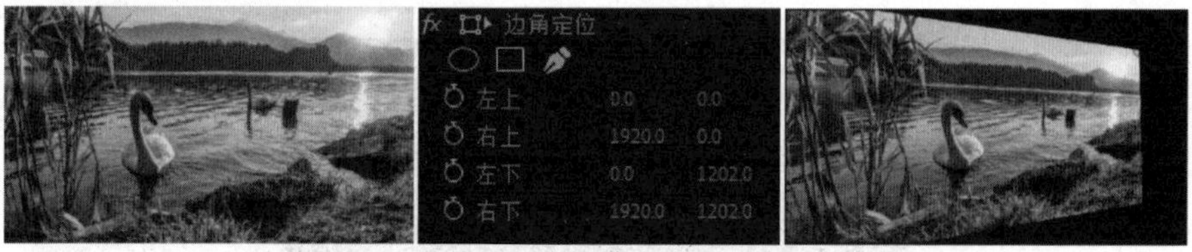

扫码可看图 4-165 彩图 c

（a）应用效果前　（b）边角定位　（c）应用效果后

图 4-165　边角定位效果

(十一)镜像

“镜像”可以使画面沿着指定角度的射线进行反射,形成镜像效果,如图 4-166 所示。

扫码可看图 4-166 彩图 a

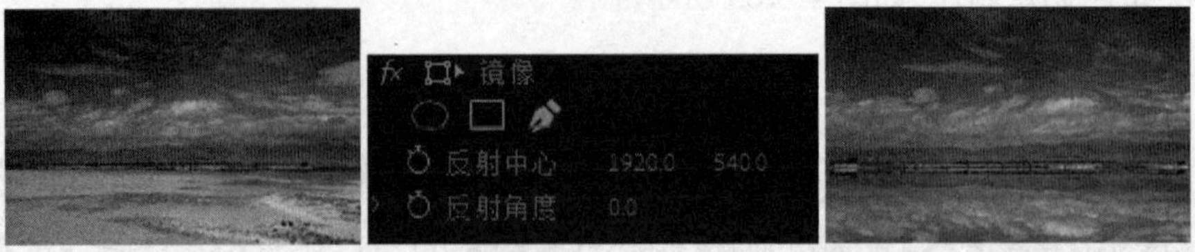

扫码可看图 4-166 彩图 c

(a)应用效果前　(b)镜像　(c)应用效果后

图 4-166　镜像效果

(十二)镜头扭曲

“镜头扭曲”可以将画面的边角向内扭曲,从而呈现出镜头扭曲感,如图 4-167 所示。

扫码可看图 4-167 彩图 a

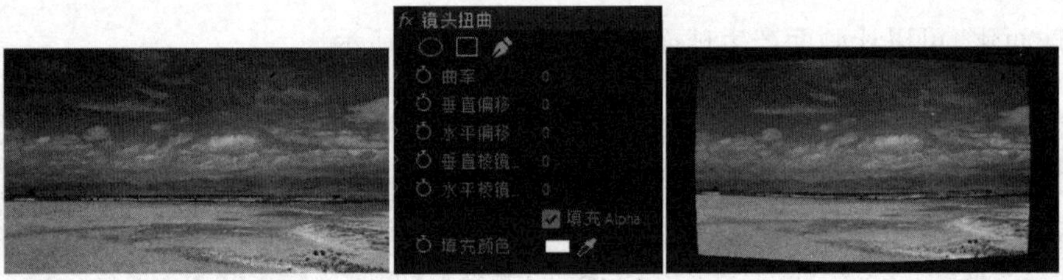

扫码可看图 4-167 彩图 c

(a)应用效果前　(b)镜头扭曲　(c)应用效果后

图 4-167　镜头扭曲效果

五、时间

在“时间”效果文件夹中包含 2 种视频特效,它们可用于对动态素材的时间特性进行控制,如图 4-168 所示。

图 4-168　“时间”文件夹

(一)残影

“残影”可以将动态素材中的多个不同时间帧混合,产生视觉回声或飞奔的动态效果,如图 4-169 所示。

扫码可看图 4-169 彩图 a

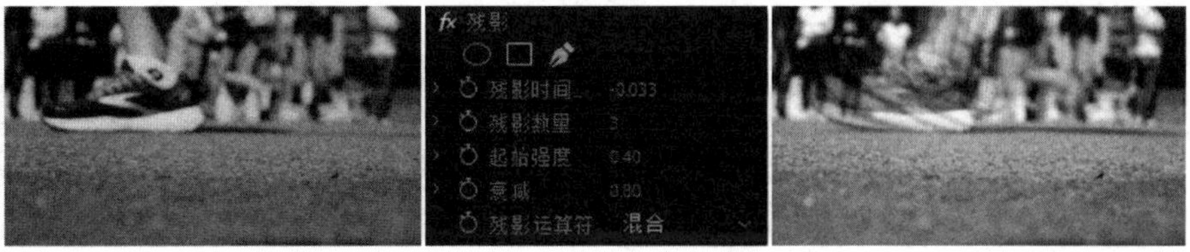

扫码可看图 4-169 彩图 c

(a)应用效果前　　(b)残影　　(c)应用效果后

图 4-169　残影效果

(二)色调分离时间

“色调分离时间”指的是重新采样素材的帧率,调整参数和素材帧速率,从而快速打造情绪短片的抽帧效果,如图 4-170 所示。

图 4-170　色调分离时间效果

六、杂色与颗粒

在“杂色与颗粒”文件夹中包含 6 种视频特效,它们可以使画面变得柔和,或者在画面中添加杂色或去除图像噪点等,如图 4-171 所示。

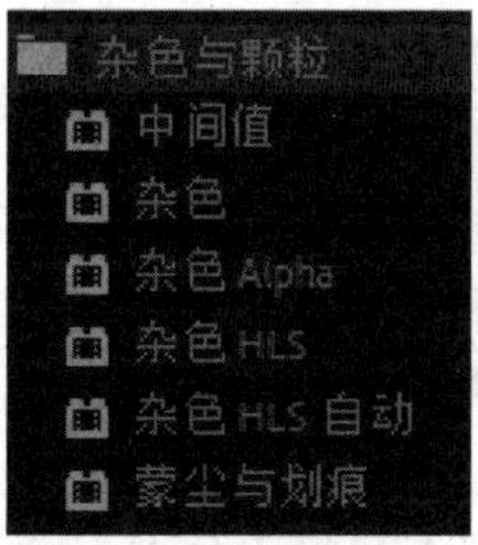

图 4-171　“杂色与颗粒”文件夹

(一)中间值

“中间值”可以将图像的每一个像素都用它周围像素的 RGB 平均值来代替,以减轻画面中的杂色和噪点,如图 4-172 所示。

扫码可看图 4-172 彩图 a

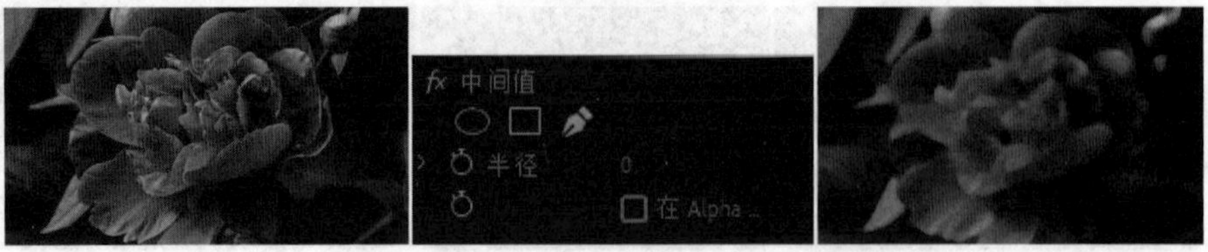

扫码可看图 4-172 彩图 c

(a)应用效果前　(b)中间值　(c)应用效果后

图 4-172　中间值效果

(二)杂色

应用该特效,将在画面中添加模拟的噪点效果,如图 4-173 所示。

扫码可看图 4-173 彩图 a

扫码可看图 4-173 彩图 c

(a)应用效果前　(b)杂色　(c)应用效果后

图 4-173　杂色效果

(三)杂色 Alpha

“杂色 Alpha”可以在图像上生成 Alpha 通道的杂色,可用于上下两个素材间的变换,如图 4-174 所示。

扫码可看图 4-174 彩图 a

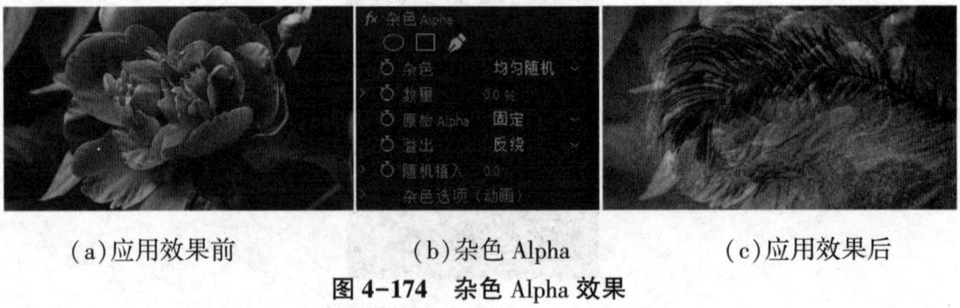

扫码可看图 4-174 彩图 c

(a)应用效果前　(b)杂色 Alpha　(c)应用效果后

图 4-174　杂色 Alpha 效果

（四）杂色 HLS

“杂色 HLS”可以通过调整图像素材的色相（H）、亮度（L）和饱和度（S）来控制噪点的产生，可用于图片素材做旧，如图 4-175 所示。

扫码可看图 4-175 彩图 a

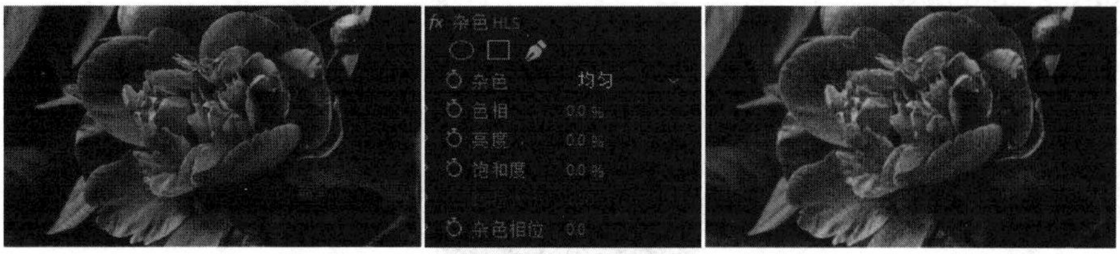

扫码可看图 4-175 彩图 c

（a）应用效果前　（b）杂色 HLS　（c）应用效果后

图 4-175　杂色 HLS 效果

（五）杂色 HLS 自动

“杂色 HLS 自动”效果与“杂色 HLS”的应用方法类似，通过参数的设置，它可以自动生成杂色添加效果，可用于视频素材做旧，如图 4-176 所示。

扫码可看图 4-176 彩图 a

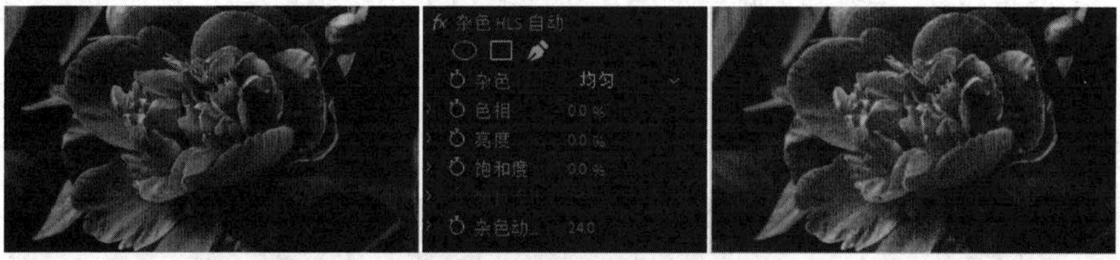

扫码可看图 4-176 彩图 c

（a）应用效果前　（b）杂色 HLS 自动　（c）应用效果后

图 4-176　杂色 HLS 自动效果

（六）蒙尘与划痕

“蒙尘与划痕”可以在素材上生成类似灰尘的噪点效果，用于减少图像的杂色与划痕，如图 4-177 所示。

扫码可看图 4-177 彩图 a

扫码可看图 4-177 彩图 c

（a）应用效果前　（b）蒙尘与划痕　（c）应用效果后

图 4-177　蒙尘与划痕效果

七、模糊与锐化

在“模糊与锐化”文件夹中包含 8 种视频特效，它们主要用于调整素材的模糊和锐化效果，如图 4-178 所示。

图 4-178 “模糊与锐化”文件夹

(一)减少交错闪烁

“减少交错闪烁”是通过牺牲画面质量来减少由于拍摄或帧速率不匹配所导致的画面闪烁效果，如图 4-179 所示。

扫码可看图 4-179 彩图 a

扫码可看图 4-179 彩图 c

(a)应用效果前　(b)减少交错闪烁　(c)应用效果后

图 4-179 减少交错闪烁效果

(二)复合模糊

“复合模糊”可以使素材产生较为柔和的模糊效果，如图 4-180 所示。

扫码可看图 4-180 彩图 a

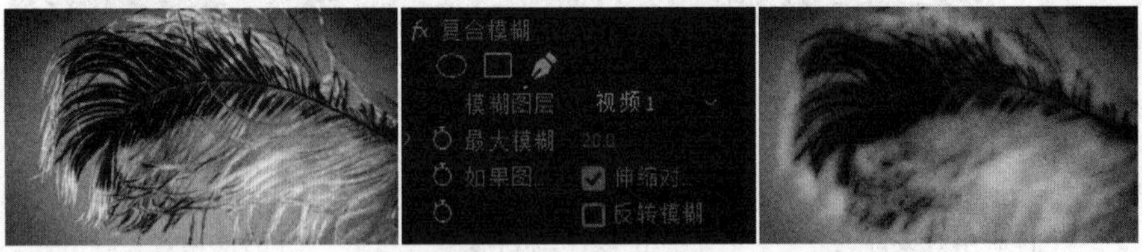

扫码可看图 4-180 彩图 c

图 4-180 复合模糊效果

(三)方向模糊

“方向模糊”可以使画面按照指定方向模糊处理,如图 4-181 所示。

扫码可看图 4-181 彩图 a

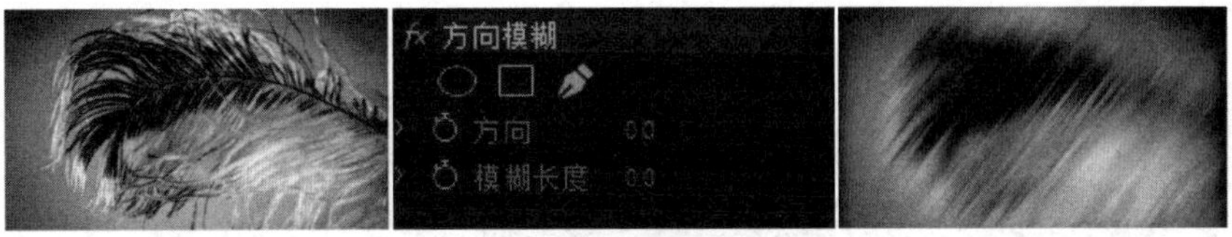

(a)应用效果前　(b)方向模糊　(c)应用效果后

扫码可看图 4-181 彩图 c

图 4-181　方向模糊效果

(四)相机模糊

“相机模糊”可以使画面产生拍摄时未对准焦的模糊效果,如图 4-182 所示。

扫码可看图 4-182 彩图 a

(a)应用效果前　(b)相机模糊　(c)应用效果后

扫码可看图 4-182 彩图 c

图 4-182　相机模糊效果

(五)通道模糊

“通道模糊”可以分别对素材的红、绿、蓝或 Alpha 通道进行模糊处理,如图 4-183 所示。

扫码可看图 4-183 彩图 a

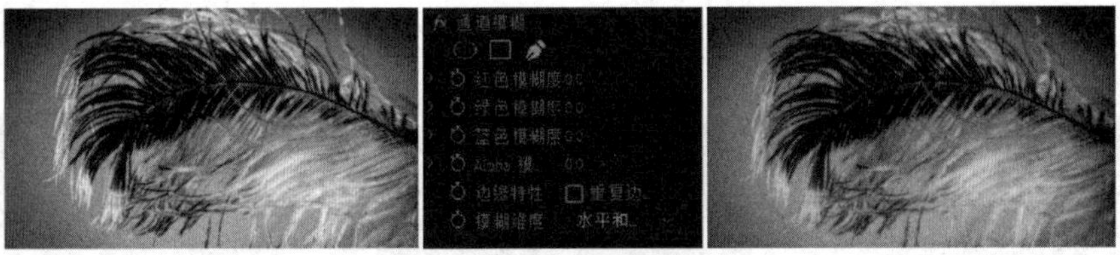

(a)应用效果前　(b)通道模糊　(c)应用效果后

扫码可看图 4-183 彩图 c

图 4-183　通道模糊效果

(六)钝化蒙版

“钝化蒙版”可以通过调整画面像素之间的颜色差值来改善画面效果,如图 4-184 所示。

扫码可看图 4-184 彩图 a

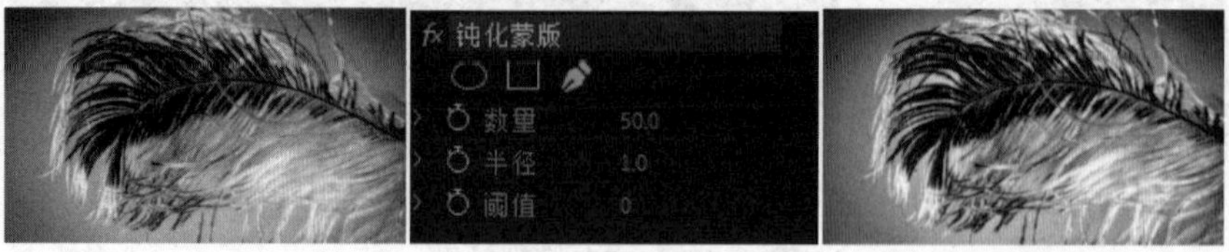

扫码可看图 4-184 彩图 c

(a)应用效果前　(b)钝化蒙版　(c)应用效果后

图 4-184　钝化蒙版效果

(七)锐化

“锐化”可以通过增加画面相邻像素之间的对比度,使图像的细节变得更清晰,如图 4-185 所示。

扫码可看图 4-185 彩图 a

扫码可看图 4-185 彩图 c

(a)应用效果前　(b)锐化　(c)应用效果后

图 4-185　锐化效果

(八)高斯模糊

“高斯模糊”可以通过简单的参数设置,使画面产生不同程度的虚化效果,如图 4-186 所示。

扫码可看图 4-186 彩图 a

扫码可看图 4-186 彩图 c

(a)应用效果前　(b)高斯模糊　(c)应用效果后

图 4-186　高斯模糊效果

八、沉浸式视频

沉浸式视频作为高新视频业态的重要组成部分，指的是一种采用裸眼观看方式获得身临其境感受，呈现画面覆盖人眼至少 120（水平）×70（垂直）视场角的视频系统及具备三维立体声的音频系统。它通过播放器、投影幕或 LED 自显屏、多声道扬声器、播控系统等构建出超大视角、超高沉浸感的视听呈现系统，使观众能够同时获得周围多方位的视听信息，带来单一平面视频所无法展示出的强大沉浸感。在“沉浸式视频”文件夹中包含 11 种视频特效，它们主要用于营造一种沉浸式虚拟视频的体验效果，如图 4-187 所示。

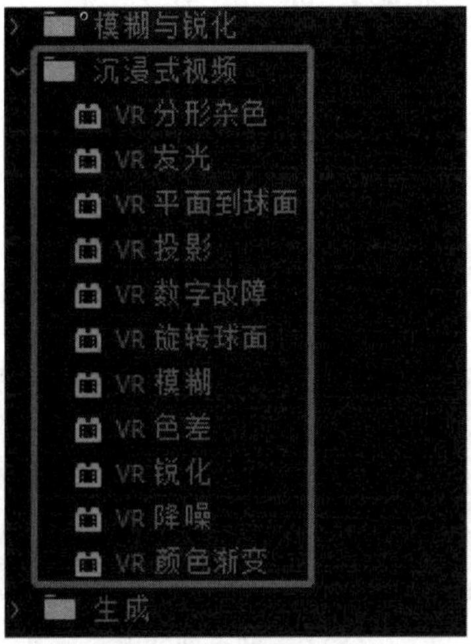

图 4-187　“沉浸式视频”文件夹

（一）VR 分形杂色

“VR 分形杂色”可以使画面呈现出沉浸式视频的杂色效果，如图 4-188 所示。

扫码可看图 4-188 彩图 a

扫码可看图 4-188 彩图 c

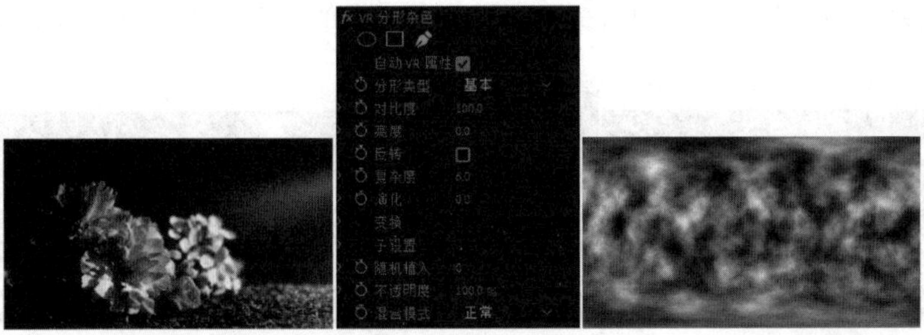

（a）应用效果前　（b）VR 分形杂色　（c）应用效果后

图 4-188　VR 分形杂色效果

（二）VR 发光

“VR 发光”可以使画面呈现出沉浸式视频的发光效果，如图 4-189 所示。

扫码可看图 4-189 彩图 a

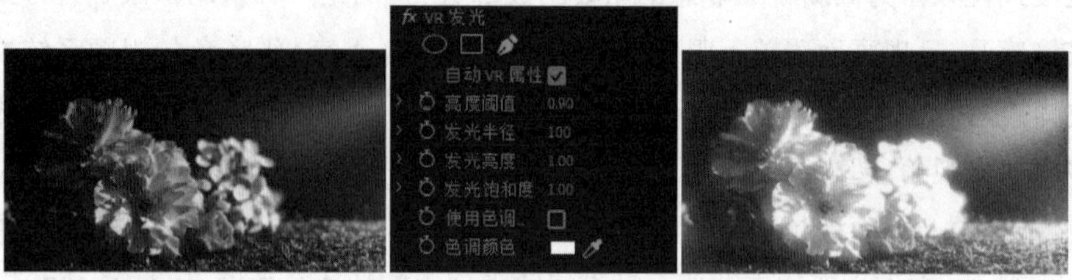

扫码可看图 4-189 彩图 c

（a）应用效果前　（b）VR 发光　（c）应用效果后

图 4-189　VR 发光效果

（三）VR 平面到球面

“VR 平面到球面”可以使画面呈现出沉浸式视频的球化效果，如图 4-190 所示。

扫码可看图 4-190 彩图 a

扫码可看图 4-190 彩图 c

（a）应用效果前　（b）VR 平面到球面　（c）应用效果后

图 4-190　VR 平面到球面效果

（四）VR 投影

“VR 投影”可以使画面呈现出具有立体感的扭曲变形效果，如图 4-191 所示。

扫码可看图 4-191 彩图 a

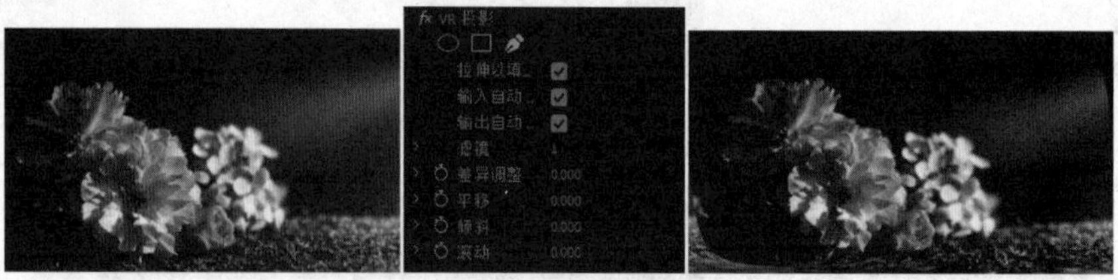

扫码可看图 4-191 彩图 c

（a）应用效果前　（b）VR 投影　（c）应用效果后

图 4-191　VR 投影效果

（五）VR 数字故障

“VR 数字故障”可以使画面呈现出沉浸式视频的数字故障效果，如图 4-192 所示。

扫码可看图 4-192 彩图 a

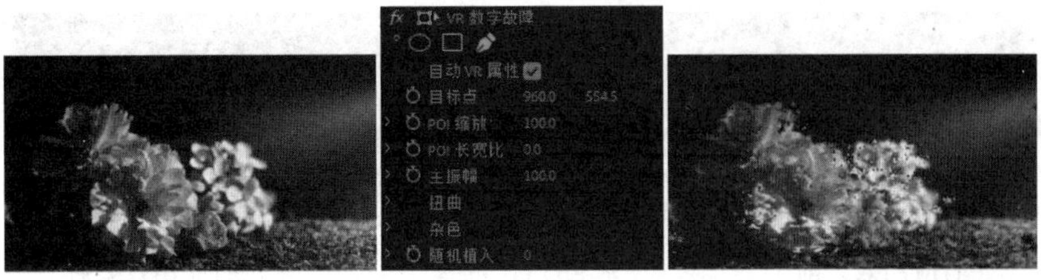

扫码可看图 4-192 彩图 c

（a）应用效果前　（b）VR 数字故障　（c）应用效果后

图 4-192　VR 数字故障效果

（六）VR 旋转球面

“VR 旋转球面”可以使画面呈现出沉浸式视频的球面旋转变形效果，如图 4-193 所示。

扫码可看图 4-193 彩图 a

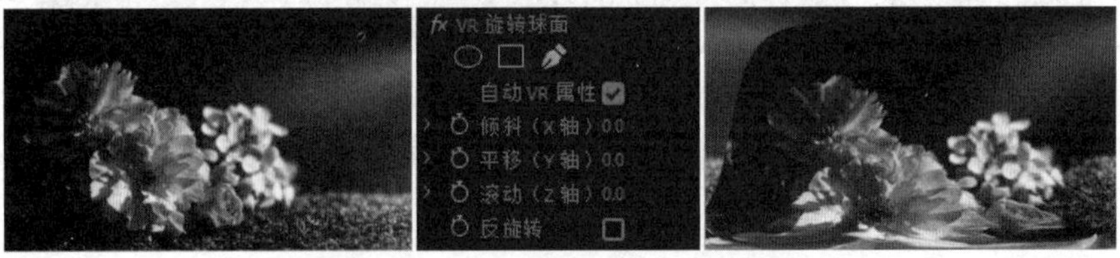

扫码可看图 4-193 彩图 c

（a）应用效果前　（b）VR 旋转球面　（c）应用效果后

图 4-193　VR 旋转球面效果

（七）VR 模糊

“VR 模糊”可以使画面呈现出沉浸式视频的不同程度的模糊效果，如图 4-194 所示。

扫码可看图 4-194 彩图 a

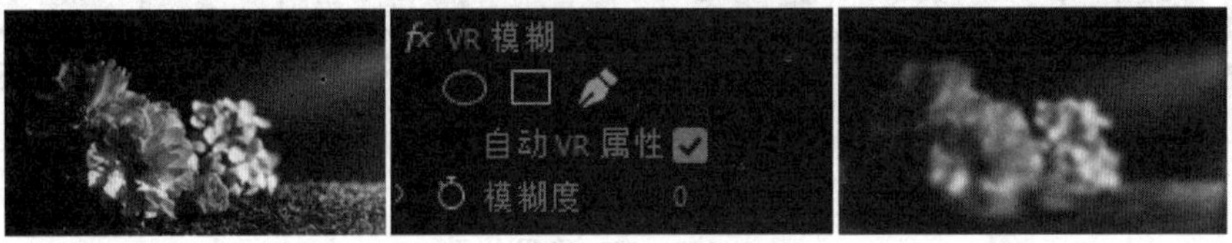

扫码可看图 4-194 彩图 c

（a）应用效果前　（b）VR 模糊　（c）应用效果后

图 4-194　VR 模糊效果

(八)VR 色差

“VR 色差”可以通过调整红、绿、蓝色差来改善沉浸式视频的画面效果,如图 4-195 所示。

扫码可看图 4-195 彩图 a

扫码可看图 4-195 彩图 c

(a)应用效果前　(b)VR 色差　(c)应用效果后

图 4-195　VR 色差效果

(九)VR 锐化

“VR 锐化”可以使画面呈现出的沉浸式视频更加清晰,如图 4-196 所示。

扫码可看图 4-196 彩图 a

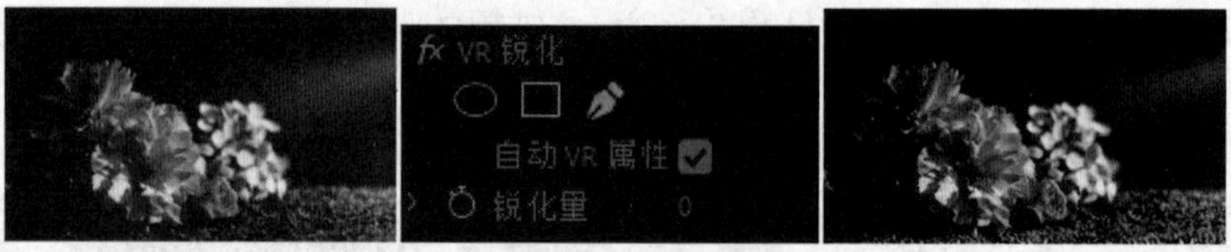

扫码可看图 4-196 彩图 c

(a)应用效果前　(b)VR 锐化　(c)应用效果后

图 4-196　VR 锐化效果

(十)VR 降噪

“VR 降噪”可以使画面呈现出的沉浸式视频噪点更少、画面更柔和,如图 4-197 所示。

扫码可看图 4-197 彩图 a

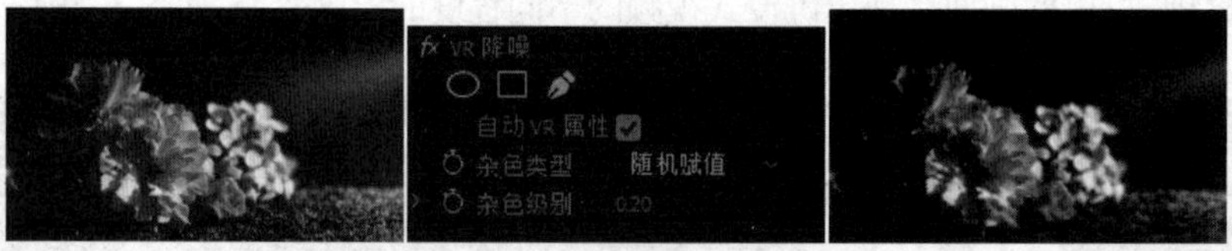

扫码可看图 4-197 彩图 c

(a)应用效果前　(b)VR 降噪　(c)应用效果后

图 4-197　VR 降噪效果

(十一)VR 颜色渐变

“VR 颜色渐变”可以混合画面颜色,从而使画面呈现的沉浸式视频出现颜色渐变效果,如图 4-198 所示。

扫码可看图
4-198 彩图 a

扫码可看图
4-198 彩图 c

(a)应用效果前　　(b)VR 颜色渐变效果　　(c)应用效果后

图 4-198　VR 颜色渐变效果

九、生成

在“生成”文件夹中包含 12 种视频特效，它们主要用于对光和填充颜色的处理，使画面具有光感和动感，如图 4-199 所示。

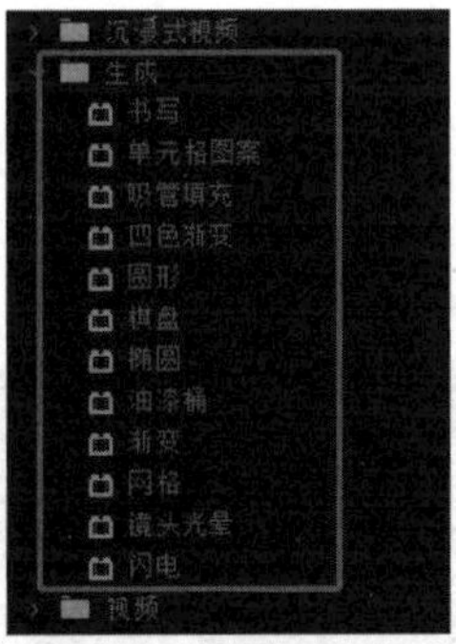

图 4-199　“生成”文件夹

(一)书写

“书写”可用于在画面中创建出类似画笔书写的关键帧动画，如图 4-200 所示。

扫码可看图
4-200 彩图 a

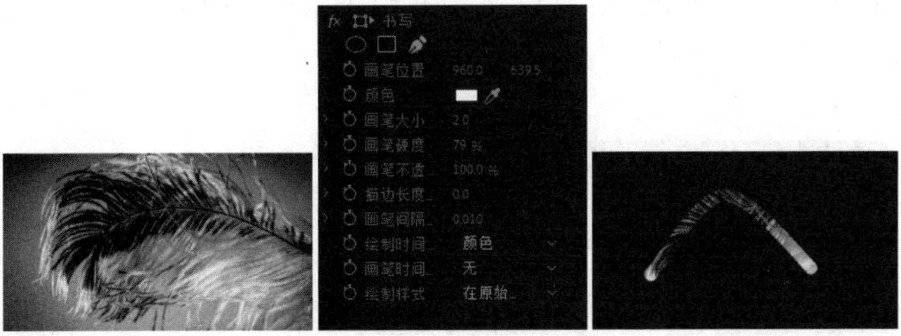

扫码可看图
4-200 彩图 c

(a)应用效果前　　(b)书写　　(c)应用效果后

图 4-200　书写效果

(二)单元格图案

“单元格图案”可以在画面中模拟出不规则的单元格效果,如图 4-201 所示。

扫码可看图 4-201 彩图 a

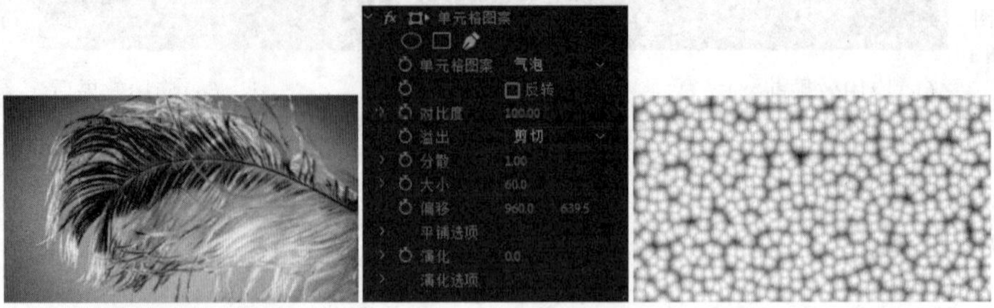

扫码可看图 4-201 彩图 c

(a)应用效果前　　(b)单元格图案　　(c)应用效果后

图 4-201　单元格图案效果

(三)吸管填充

“吸管填充”可以提取采样点的颜色来填充整个画面,使画面呈现出偏色感,如图 4-202所示。

扫码可看图 4-202 彩图 a

扫码可看图 4-202 彩图 c

(a)应用效果前　　(b)吸管填充　　(c)应用效果后

图 4-202　吸管填充效果

(四)四色渐变

“四色渐变”可以为画面增添四色渐变的颜色效果,如图 4-203 所示。

扫码可看图 4-203 彩图 a

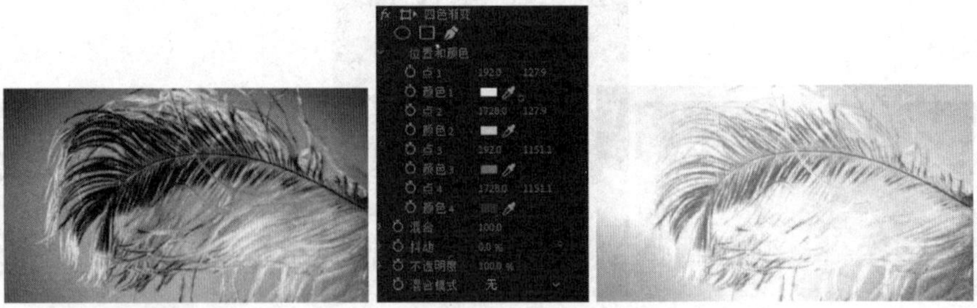

扫码可看图 4-203彩图b

(a)应用效果前　　(b)四色渐变　　(c)应用效果后

图 4-203　四色渐变效果

扫码可看图 4-203彩图c

(五)圆形

“圆形”可用于在画面中创建出一个自定义的圆形或环形图案,如图 4-204 所示。

扫码可看图 4-204 彩图 a

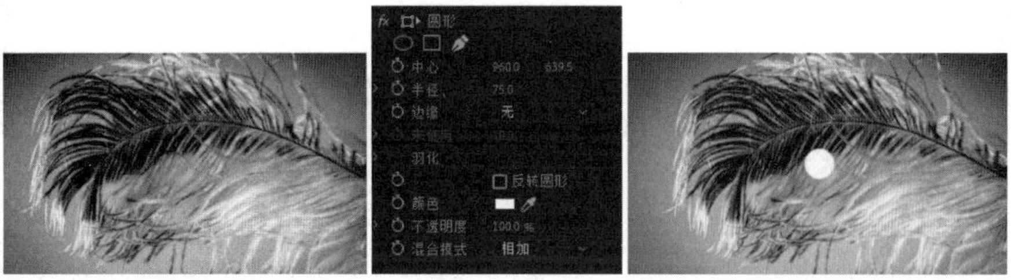

扫码可看图 4-204 彩图 c

(a)应用效果前　(b)圆形　(c)应用效果后

图 4-204　圆形效果

(六)棋盘

“棋盘”可用于在画面中创建出一种棋盘格的图案,如图 4-205 所示。

扫码可看图 4-205 彩图 a

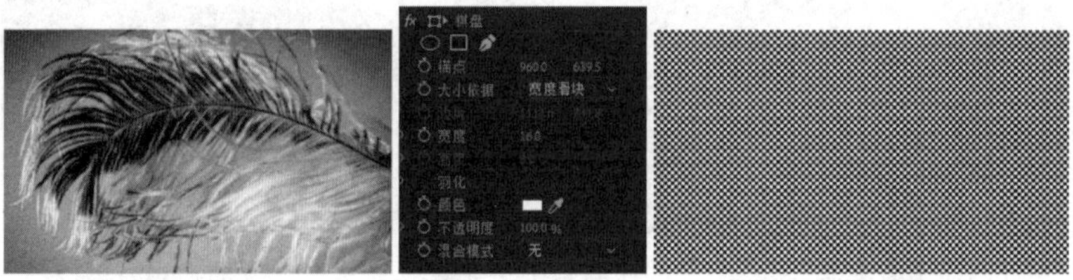

扫码可看图 4-205 彩图 c

(a)应用效果前　(b)棋盘　(c)应用效果后

图 4-205　棋盘效果

(七)椭圆

“椭圆”可用于在画面中创建出一个椭圆形的图案,如图 4-206 所示。

扫码可看图 4-206 彩图 a

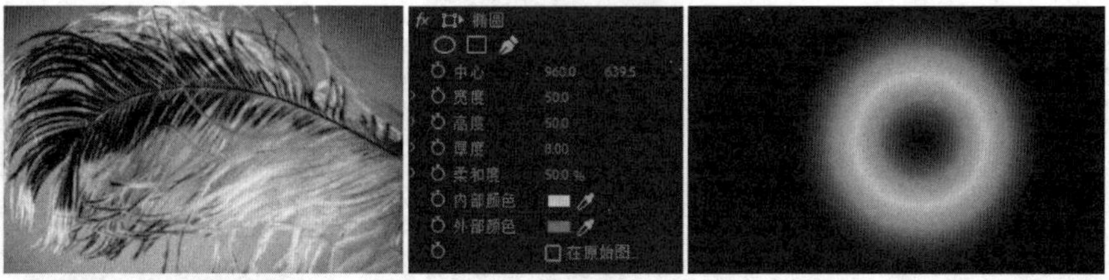

扫码可看图 4-206 彩图 b

扫码可看图 4-206 彩图 c

(a)应用效果前　(b)椭圆　(c)应用效果后

图 4-206　椭圆效果

(八)油漆桶

“油漆桶”可以将画面中指定区域的颜色替换为另一种颜色,如图 4-207 所示。

扫码可看图 4-207 彩图 a

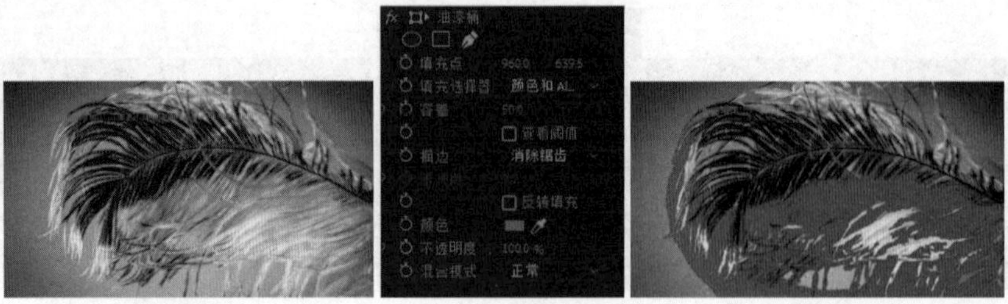

扫码可看图 4-207 彩图 b

扫码可看图 4-207 彩图 c

(a)应用效果前　(b)油漆桶　(c)应用效果后

图 4-207　油漆桶效果

(九)渐变

“渐变”可以在画面上叠加一个双色渐变的蒙版效果,如图 4-208 所示。

扫码可看图 4-208 彩图 a

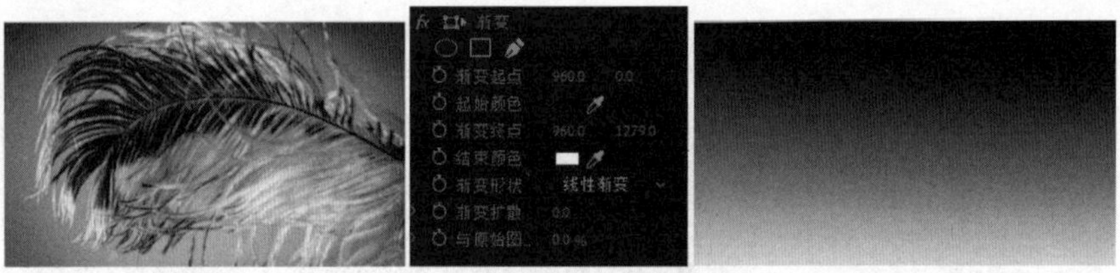

扫码可看图 4-208 彩图 c

(a)应用效果前　(b)蒙尘与划痕　(c)应用效果后

图 4-208　蒙尘与划痕效果

(十)网格

“网格”可用于在画面中创建出一个自定义的网格,如图 4-209 所示。

扫码可看图 4-209 彩图 a

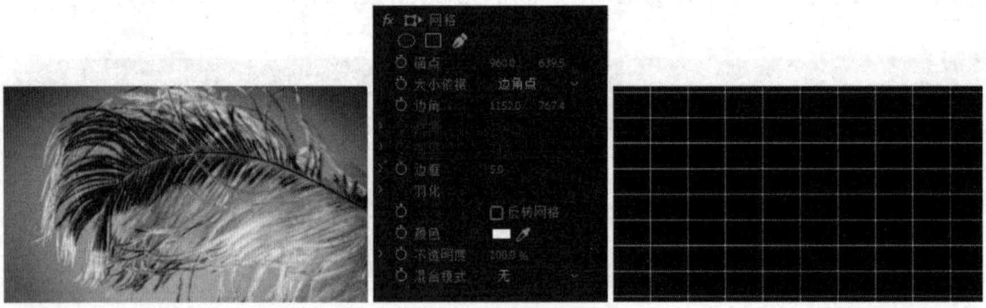

扫码可看图 4-209 彩图 c

(a)应用效果前　(b)网格　(c)应用效果后

图 4-209　网格效果

(十一)镜头光晕

“镜头光晕”可用于在画面中模拟出相机镜头拍摄所产生的强光折射效果，如图4-210所示。

扫码可看图 4-210 彩图 a

扫码可看图 4-210 彩图 c

(a)应用效果前　(b)镜头光晕　(c)应用效果后

图 4-210　镜头光晕效果

(十二)闪电

“闪电”可用于在画面中模拟出闪电或火花的效果，如图 4-211 所示。

扫码可看图 4-211彩图a

扫码可看图 4-211彩图b

扫码可看图 4-211彩图c

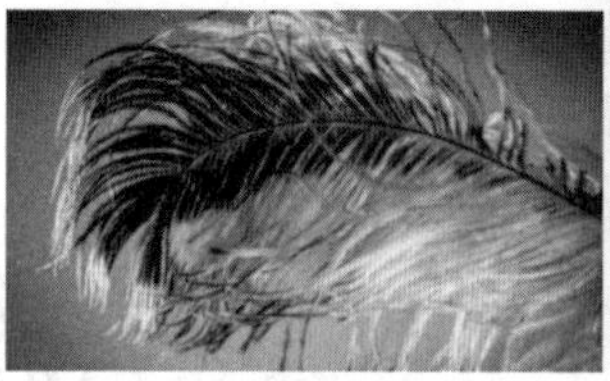

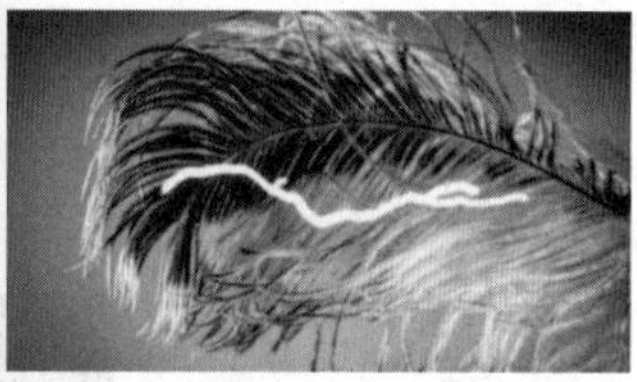

(a)应用效果前　(b)闪电　(c)应用效果后

图 4-211　闪电效果

十、视频

在“视频”文件夹中包含 4 种视频特效，它们主要用于模拟视频信号的电子变动，如图 4-212 所示。

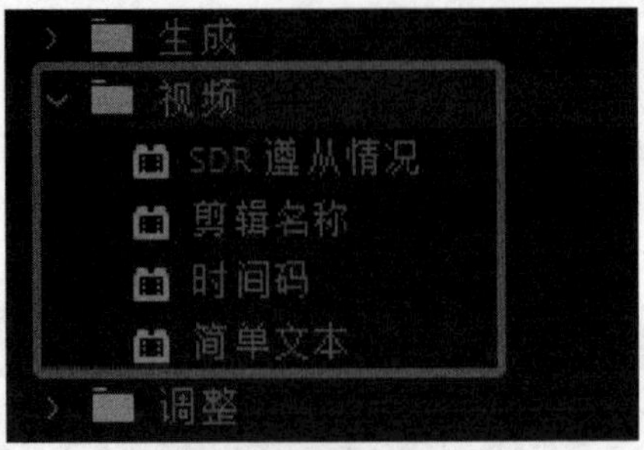

图 4-212 “视频”文件夹

(一) SDR 遵从情况

“SDR 遵从情况”可用于提高画面的清晰度和明亮度,如图 4-213 所示。

扫码可看图 4-213 彩图 a

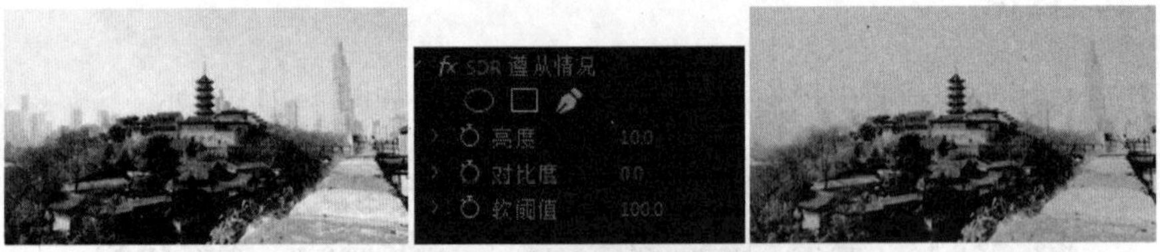

扫码可看图 4-213 彩图 c

(a)应用效果前　(b)SDR 遵从情况　(c)应用效果后

图 4-213 SDR 遵从情况效果

(二) 剪辑名称

在“节目监视器”中播放素材时,“剪辑名称”可以显示所播放素材的名称,如图 4-214所示。

扫码可看图 4-214 彩图 a

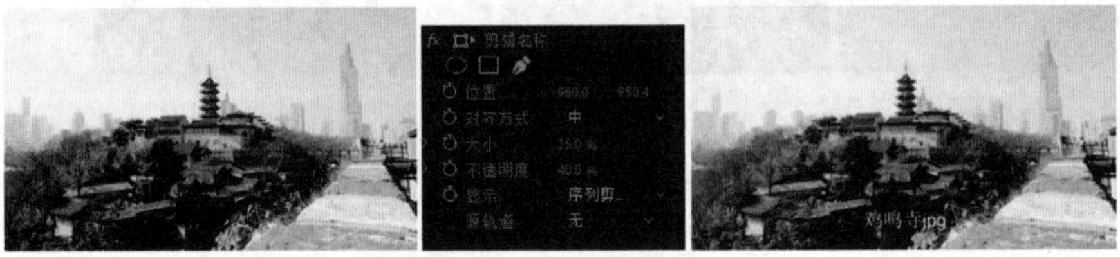

扫码可看图 4-214 彩图 c

(a)应用效果前　(b)剪辑名称　(c)应用效果后

图 4-214 剪辑名称效果

(三) 时间码

“时间码”可用于为在“节目监视器”中播放的素材添加时间码,如图 4-215 所示。

扫码可看图 4-215 彩图 a

扫码可看图 4-215 彩图 c

(a)应用效果前　　(b)时间码　　(c)应用效果后

图 4-215　时间码效果

(四)简单文本

在 Premiere Pro CC 2019 中,我们可以通过“简单文本”来实现字幕的添加,并通过“效果控件”面板调整文字内容和文字格式,如图 4-216 所示。

扫码可看图 4-216 彩图 a

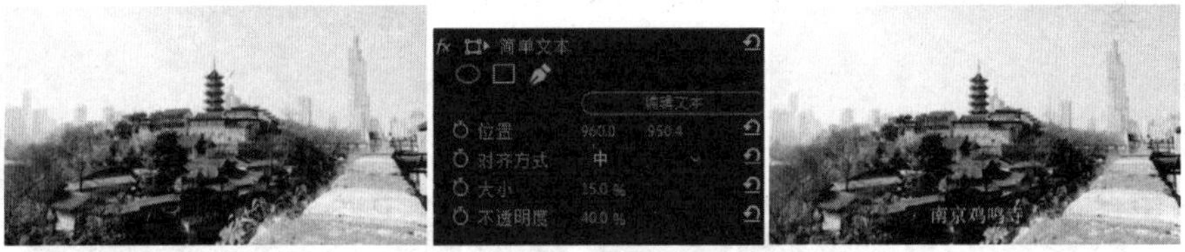

扫码可看图 4-216 彩图 c

(a)应用效果前　　(b)简单文本　　(c)应用效果后

图 4-216　简单文本效果

十一、调整

在“调整”文件夹中包含 5 种视频特效,它们主要用于调整素材的颜色,如图 4-217 所示。

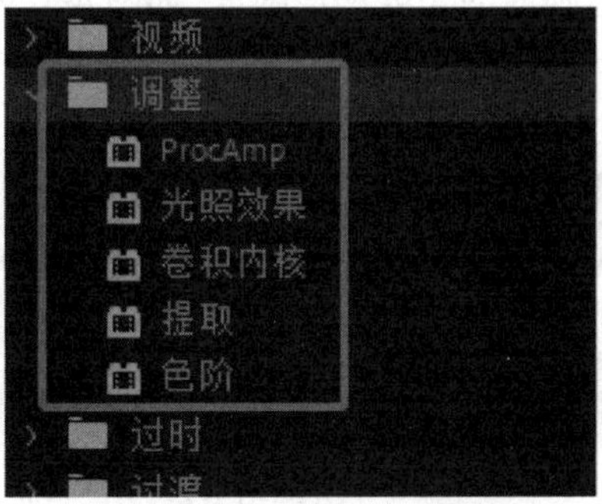

图 4-217　“调整”文件夹

（一）ProcAmp

“ProcAmp”主要通过调整素材的亮度、对比度、色相、饱和度以及拆分百分比等来调整画面的视觉效果，如图 4-218 所示。

扫码可看图 4-218 彩图 a

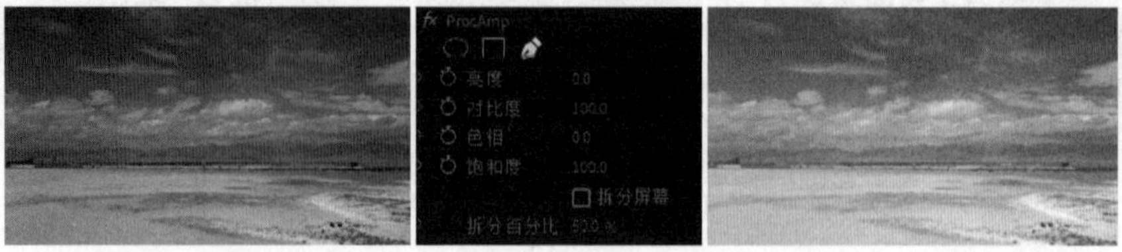

扫码可看图 4-218 彩图 c

（a）应用效果前　（b）ProcAmp　（c）应用效果后

图 4-218　ProcAmp 效果

（二）光照效果

“光照效果”主要用于为画面添加照明效果，如图 4-219 所示。

扫码可看图 4-219 彩图 a

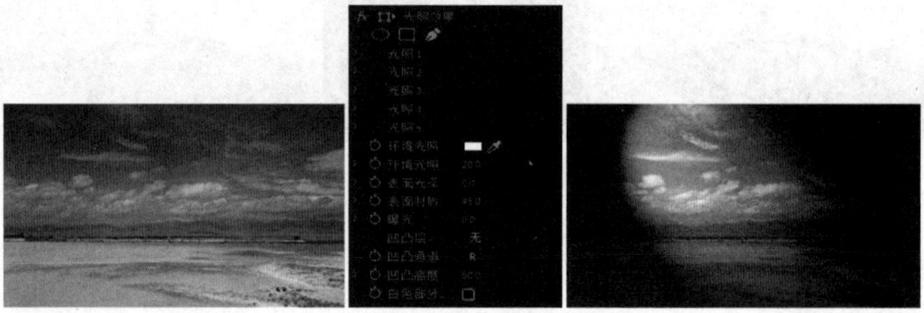

扫码可看图 4-219 彩图 c

（a）应用效果前　（b）光照效果　（c）应用效果后

图 4-219　光照效果

（三）卷积内核

“卷积内核”可用于调整画面的亮度和清晰度，如图 4-220 所示。

扫码可看图 4-220 彩图 a

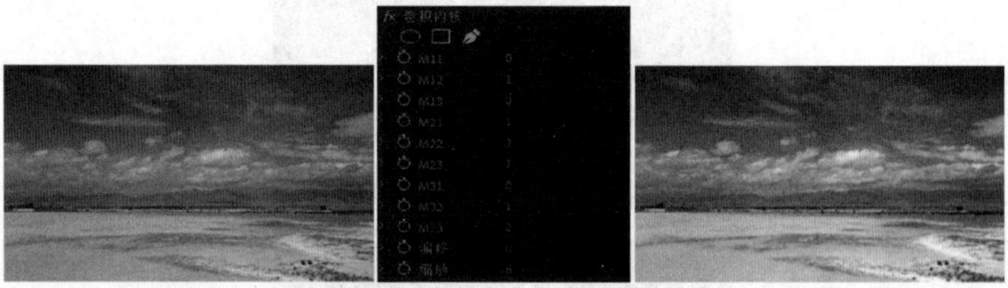

扫码可看图 4-220 彩图 c

（a）应用效果前　（b）卷积内核　（c）应用效果后

图 4-220　卷积内核效果

(四)提取

“提取”可以将彩色画面转化为黑白画面,如图 4-221 所示。

扫码可看图 4-221 彩图 a

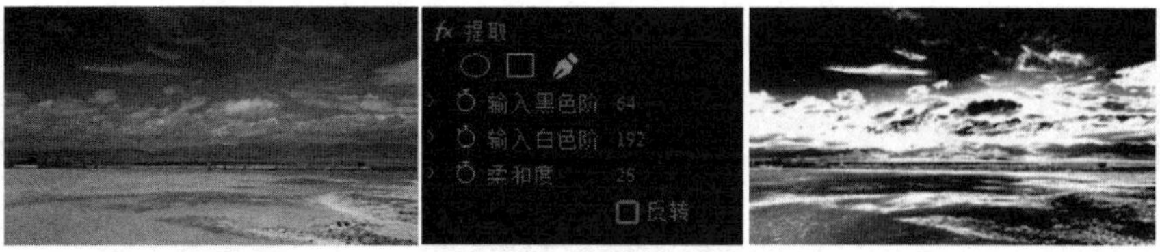

扫码可看图 4-221 彩图 c

(a)应用效果前　　(b)提取　　(c)应用效果后

图 4-221　提取效果

(五)色阶

“色阶”可用于调整视频画面的明暗对比,如图 4-222 所示。

扫码可看图 4-222 彩图 a

扫码可看图 4-222 彩图 c

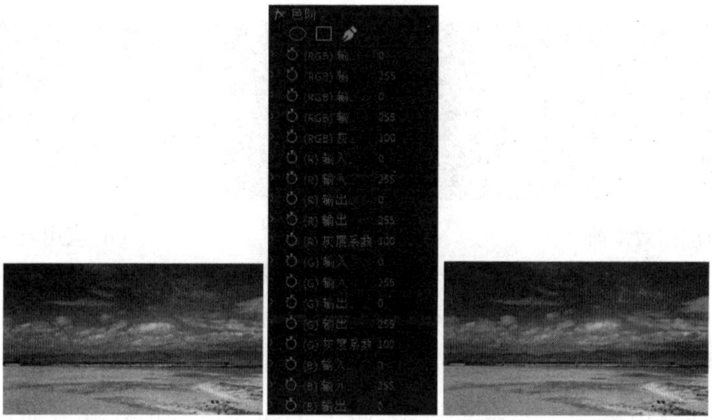

(a)应用效果前　　(b)色阶　　(c)应用效果后

图 4-222　色阶效果

十二、过渡

在“过渡”文件夹中包含 5 种视频特效,如图 4-223 所示。“视频效果”中的“过渡”效果与“视频过渡”中对应的过渡效果在效果表现上相似,所不同的是,前者在自身图像上进行溶解过渡,后者在前后两个素材间进行溶解过渡。

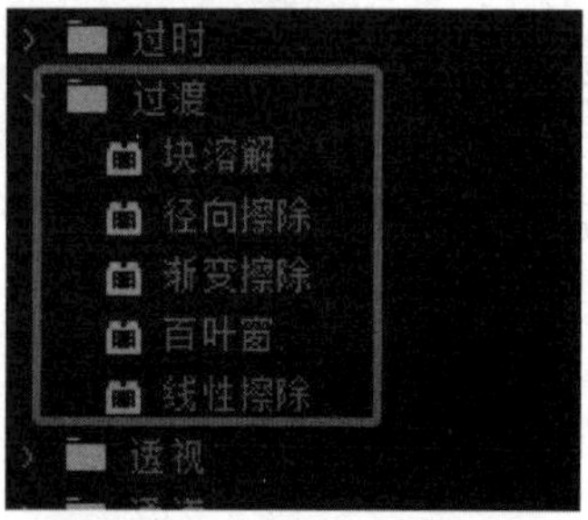

图 4-223　“过渡”文件夹

(一)块溶解

“块溶解”可以在画面中生成随机块,并且使素材消失于随机块中,如图 4-224 所示。

扫码可看图 4-224 彩图 a

扫码可看图 4-224 彩图 c

(a)应用效果前　(b)块溶解　(c)应用效果后

图 4-224　块溶解效果

(二)径向擦除

“径向擦除”可以在以指定点为中心的情况下,以旋转的方式逐渐将图像擦除,如图 4-225 所示。

扫码可看图 4-225 彩图 a

扫码可看图 4-225 彩图 c

(a)应用效果前　(b)径向擦除　(c)应用效果后

图 4-225　径向擦除效果

(三)渐变擦除

“渐变擦除”可以基于一定的亮度值,将上下两个素材进行渐变切换,如图 4-226 所示。

扫码可看图 4-226 彩图 a

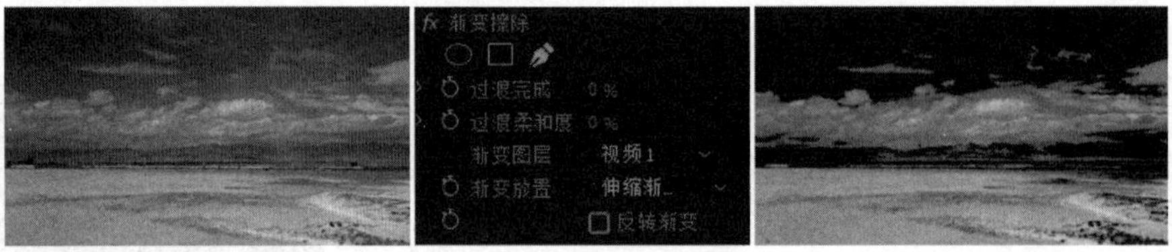

扫码可看图 4-226 彩图 c

(a)应用效果前　(b)渐变擦除　(c)应用效果后

图 4-226　渐变擦除效果

(四)百叶窗

“百叶窗”可用于在画面中生成类似百叶窗的条纹蒙版,逐渐遮挡现有素材,并显示出新素材,如图 4-227 所示。

扫码可看图 4-227 彩图 a

扫码可看图 4-227 彩图 c

(a)应用效果前　(b)百叶窗　(c)应用效果后

图 4-227　百叶窗效果

(五)线性擦除

“线性擦除”可以通过线条滑动的方式,将原有素材擦除,显示出下方的新素材,如图 4-228 所示。

扫码可看图 4-228 彩图 a

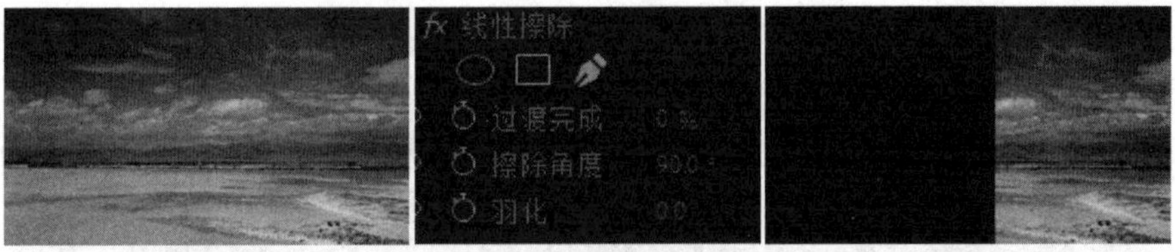

扫码可看图 4-228 彩图 c

(a)应用效果前　(b)线性擦除　(c)应用效果后

图 4-228　线性擦除效果

十三、透视

在“透视”文件夹中包含 5 种视频特效,它们可以为画面添加视觉深度,使画面更具有立体感,如图 4-229 所示。

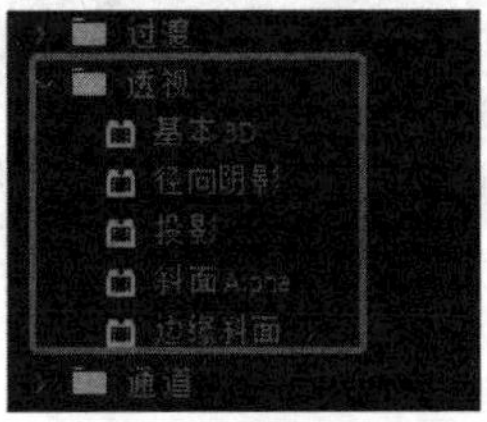

图 4-229　“透视”文件夹

(一)基本 3D

“基本 3D”是将素材模拟放置在三维空间中进行旋转和倾斜的三维变化效果，如图 4-230所示。

扫码可看图 4-230 彩图 a

扫码可看图 4-230 彩图 c

(a)应用效果前　　(b)基本 3D　　(c)应用效果后

图 4-230　基本 3D 效果

(二)径向阴影

“径向阴影”可以为素材整体创建一个阴影效果，如图 4-231 所示。

扫码可看图 4-231 彩图 a

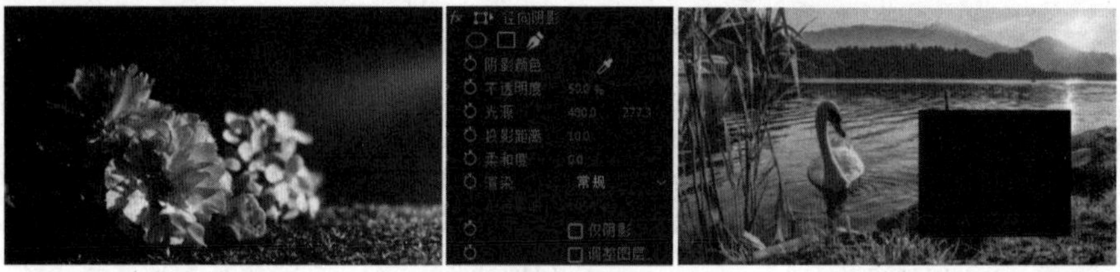

扫码可看图 4-231 彩图 c

(a)应用效果前　　(b)径向阴影　　(c)应用效果后

图 4-231　径向阴影效果

(三)投影

“投影”可以为素材创建一个投影到下层图像的效果，如图 4-232 所示。

扫码可看图 4-232 彩图 a

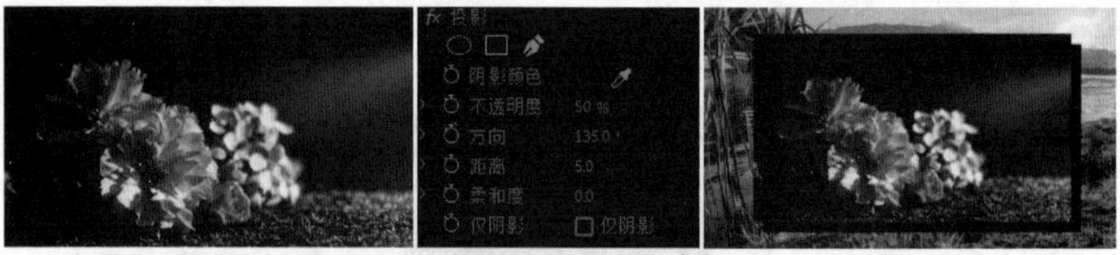

扫码可看图 4-232 彩图 c

(a)应用效果前　　(b)投影　　(c)应用效果后

图 4-232　投影效果

(四)斜面 Alpha

“斜面 Alpha”可以为素材的 Alpha 通道添加“倾斜”,从而使二维图像更具有三维立体化效果,如图 4-233 所示。

扫码可看图 4-233 彩图 a

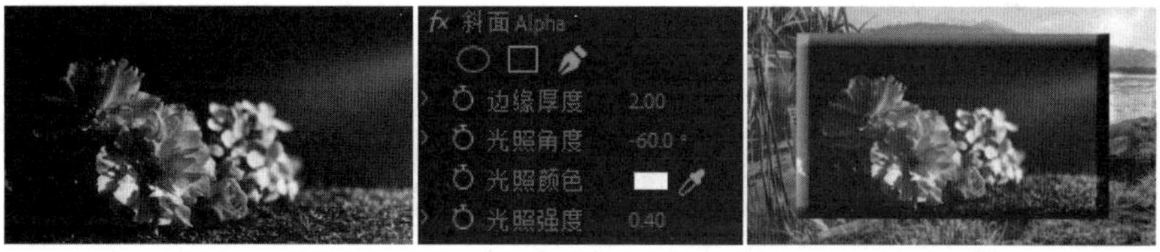

扫码可看图 4-233 彩图 c

(a)应用效果前　(b)斜面 Alpha　(c)应用效果后

图 4-233　斜面 Alpha 效果

(五)边缘斜面

“边缘斜面”可以在画面的边缘产生立体斜边效果,如图 4-234 所示。

扫码可看图 4-234 彩图

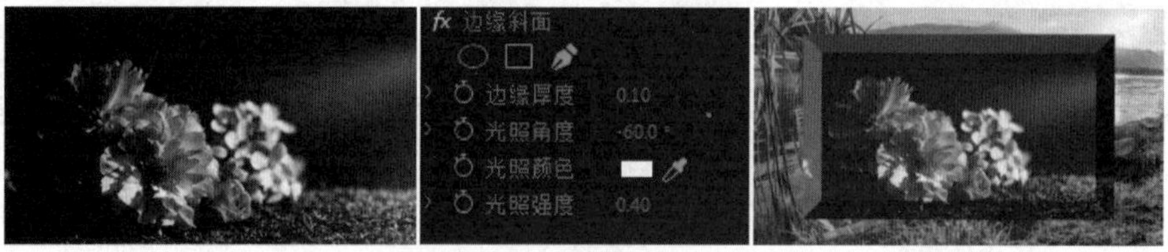

扫码可看图 4-234 彩图 c

(a)应用效果前　(b)边缘斜面　(c)应用效果后

图 4-234　边缘斜面效果

十四、通道

在“通道”文件夹中包含 7 种视频特效,它们可用于对画面的颜色、色阶等颜色属性进行调整,如图 4-235 所示。

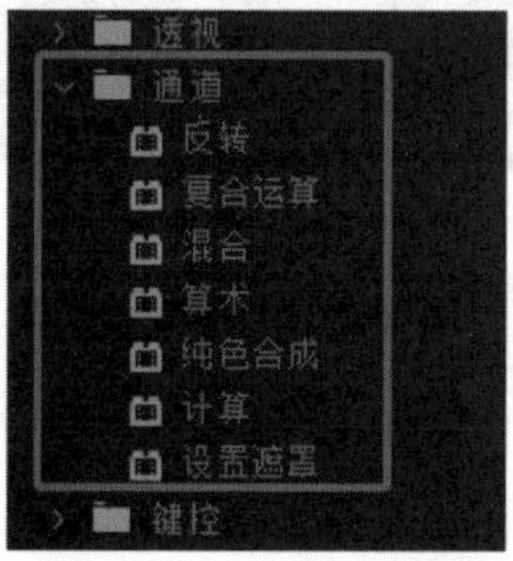

图 4-235　“通道”文件夹

(一)反转

“反转”可以将画面中的颜色反转成相应的互补色,类似于胶片底片的效果,如图4-236所示。

扫码可看图4-236彩图a

扫码可看图4-236彩图c

(a)应用效果前　(b)反转　(c)应用效果后

图 4-236　翻转效果

(二)复合运算

“复合运算”是通过数学运算的方式创建图层的组合效果,如图 4-237 所示。

扫码可看图4-237彩图a

扫码可看图4-237彩图c

(a)应用效果前　(b)复合运算　(c)应用效果后

图 4-237　复合运算效果

(三)混合

该特效是将两个视频轨道中的图像按指定方式进行混合,以产生混合后的效果,如图 4-238 所示。

扫码可看图4-238彩图a

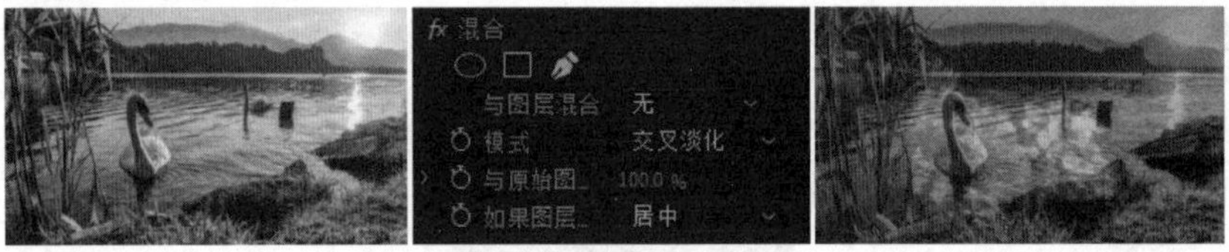

扫码可看图4-238彩图c

(a)应用效果前　(b)混合　(c)应用效果后

图 4-238　混合效果

(四)算术

该特效可以对画面的色彩通道进行算术运算,以获得新的视觉效果,如图 4-239 所示。

扫码可看图 4-239 彩图 a

扫码可看图 4-239 彩图 c

(a)应用效果前　(b)算术　(c)应用效果后

图 4-239　算术效果

(五)纯色合成

"纯色合成"可以快速地为视频素材添加一种纯色的色调,它将一种颜色完全覆盖到素材上,然后将两个素材以不同的方式进行混合,如图 4-240 所示。

扫码可看图 4-240 彩图 a

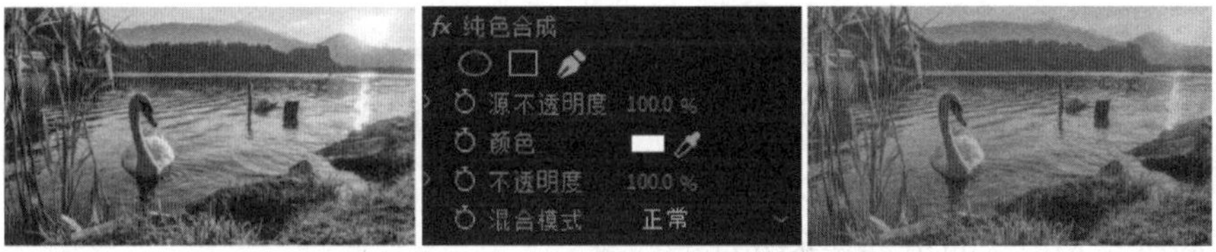

扫码可看图 4-240 彩图 c

(a)应用效果前　(b)纯色合成　(c)应用效果后

图 4-240　纯色合成效果

(六)计算

"计算"可以通过混合指定的通道和混合模式来调整画面颜色,如图 4-241 所示。

扫码可看图 4-241 彩图 a

扫码可看图 4-241 彩图 c

(a)应用效果前　(b)计算　(c)应用效果后

图 4-241　计算效果

(七)设置遮罩

"设置遮罩"可以将当前视频轨道的 Alpha 通道提取给指定视频轨道的 Alpha 通道,从而创建出移动蒙版的效果,如图 4-242 所示。

扫码可看图
4-242 彩图 a

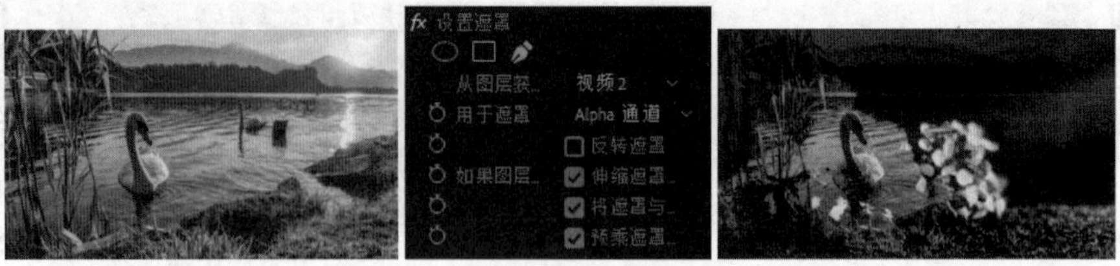

扫码可看图
4-242 彩图 c

(a)应用效果前　(b)设置遮罩　(c)应用效果后

图 4-242　设置遮罩效果

第六节　课堂练习——视频分屏效果

• 练习知识要点

使用“线性擦除”“曲线 RGB”“旧版标题”等效果制作故宫建筑分屏展示。

• 效果所在位置

案例/4.6/故宫建筑分屏展示.prproj。

1.新建项目“故宫建筑分屏展示”，导入素材 01、02、03、04 和配乐，如图 4-243 所示。

图 4-243　导入窗口

2.新建序列,执行“文件”→“新建”→“序列”命令,选择“设置”选项卡,编辑模式选择“自定义”,时基选择“25.00 帧/秒”,帧大小为“1920”水平、“1080”垂直,像素长宽比选择“方形像素(1.0)”,场选择“无场(逐行扫描)”,显示格式为“25fps 时间码”,序列名称为“故宫建筑分屏展示”,单击确认,完成序列新建,如图 4-244 所示。

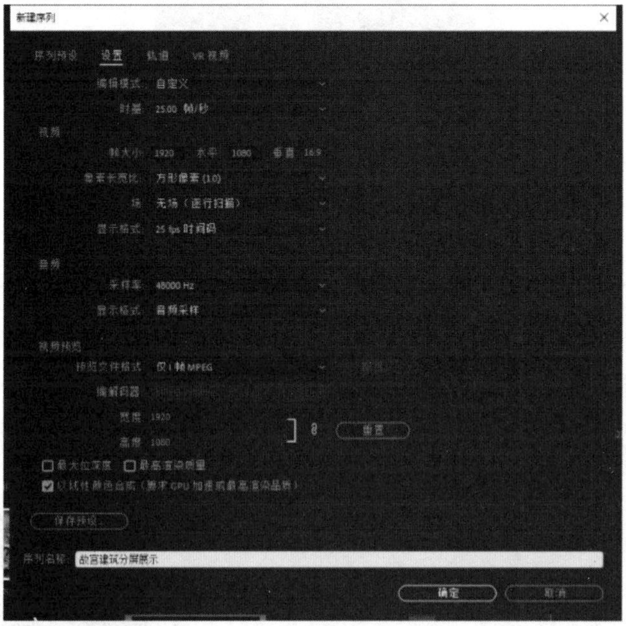

图 4-244　新建序列窗口

3.将“配乐”素材导入时间轴 A1 轨道,素材 01、03 导入时间轴 V1 轨道,素材 02、04 导入时间轴 V2 轨道,如图 4-245 所示。

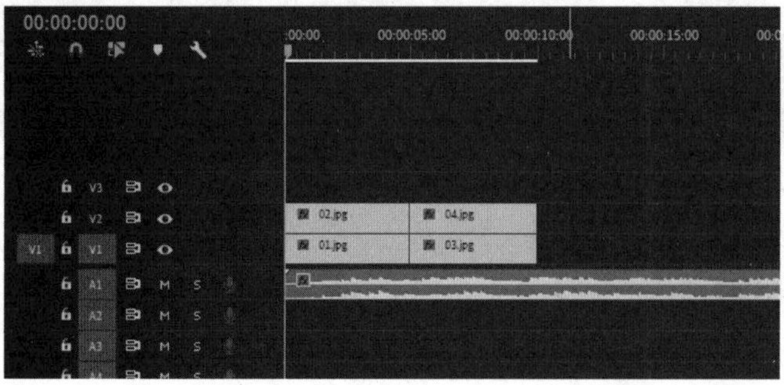

图 4-245　将素材导入时间轴

4.框选素材 01、02、03、04,按下鼠标右键选择剪辑“速度/持续时间”,将素材持续时间调整为 00:00:05:00,并勾选“波纹编辑/移动尾部剪辑”,如图 4-246 所示。

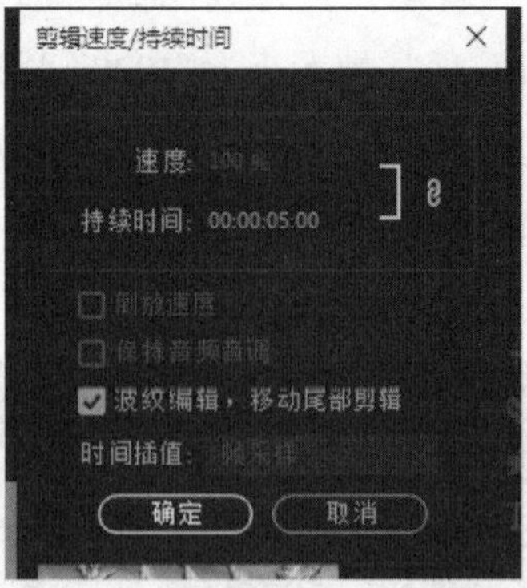

图 4-246 剪辑速度/持续时间窗口

5.打开“效果”面板,执行“视频效果”→“过渡”→“线性擦除”命令,将“线性擦除”拖拽至 V2 轨道的素材 02 上,如图 4-247 所示。

6.选中时间轴上的素材 02,在“效果控件”面板中展开“线性擦除”效果,设置“过渡完成”参数为 30%,擦除角度为 62.0°,“位置”参数为“1493.0,540.0”,如图 4-248 所示。

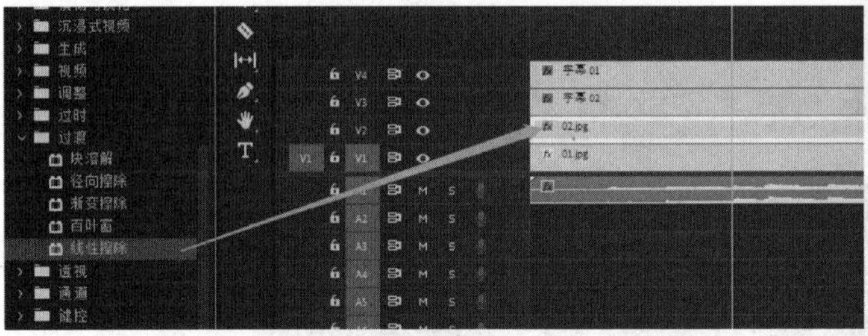

图 4-247 将“线性擦除”拖入时间轴

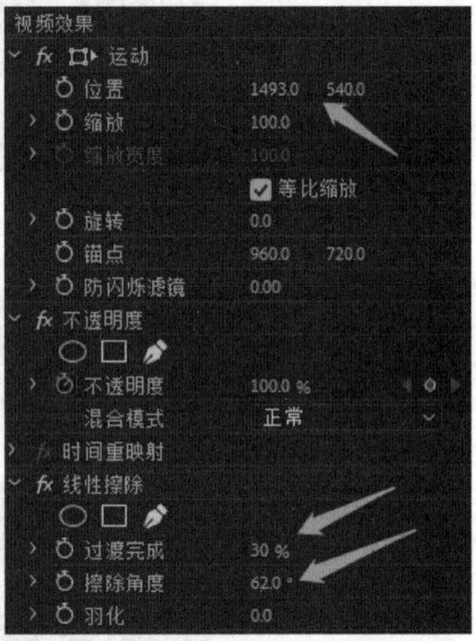

图 4-248 “线性擦除”参数设置

7.设置白色外框和斜线。执行“文件”→“新建”→“旧版标题”命令,在“新建字幕”弹窗中输入名称“外框”,如图 4-249 所示。

8.在字幕弹窗中,选择左侧“矩形”工具,在工作区域中按住鼠标左键绘制与画面相同大小的矩形,并在右侧“属性”栏设置“图形类型”为开放贝塞尔曲线,“线宽”为 70,“填充类型”为实底,“颜色”为白色,如图 4-250 所示。

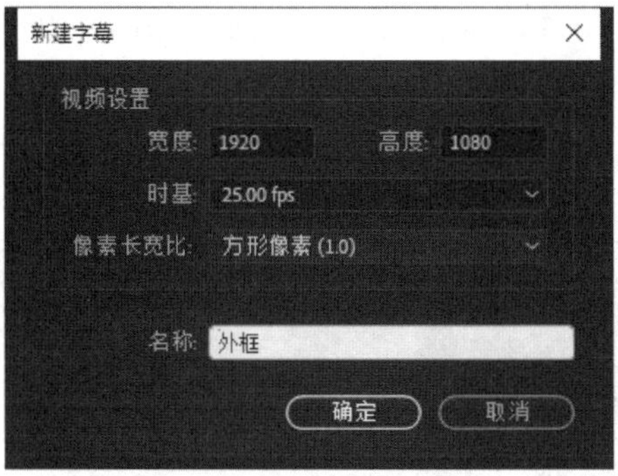

图 4-249 新建字幕窗口

扫码可看图 4-250 彩图

图 4-250 外框制作

9.在字幕左上角单击“当前字幕新建字幕”按键，新建字幕，命名为“斜线”，在新标题界面的左侧选择“直线工具”，在工作区域按住鼠标左键根据画面分割绘制斜线，并在右侧“属性”栏设置“线宽”为 50.0，如图 4-251 所示。

扫码可看图 4-251 彩图

图 4-251 斜线制作

10.将“外框”拖拽至时间轴 V4 轨道，将鼠标指针放至时间轴尾部，拖拽结束时间与素材 04 相同；将素材“斜线”拖拽至时间轴 V3 轨道，拖拽结束时间与素材 02 相同；按住“Alt”键，向后拖拽素材“斜线”，复制“斜线”素材，如图 4-252 所示。

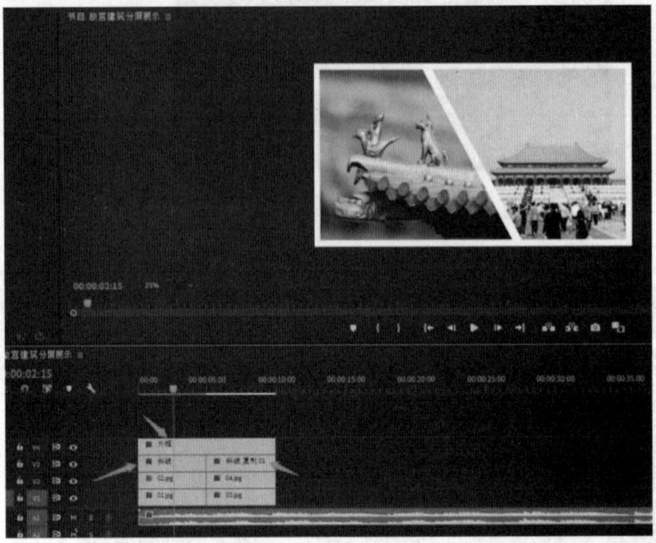

扫码可看图 4-252 彩图

图 4-252　将“外框”“斜线”拖入时间轴

11.制作时间轴上素材 04 的效果。选中时间轴上的素材 02，在“效果控件”面板中选择“线性擦除”，单击鼠标右键，在弹窗中选择“复制”；选中时间轴上的素材 04，在“效果控件”面板中的空白处单击鼠标左键，完成“粘贴”操作；调整“位置”参数为“1485.0，540.0”，如图 4-253 所示。

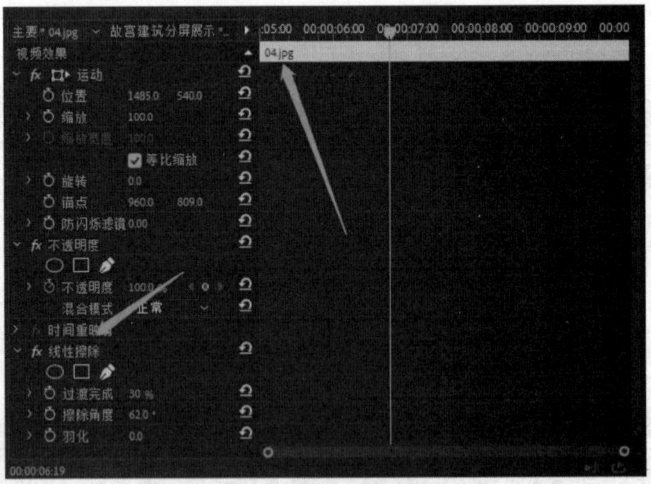

图 4-253　素材 04 参数设置

12.打开“效果”面板,执行“视频过渡”→“滑动”→“推”命令,并将该效果拖拽至素材 01、和素材 03、素材 02 和素材 04、“斜线”和“斜线复制 01”之间,如图 4-254 所示。

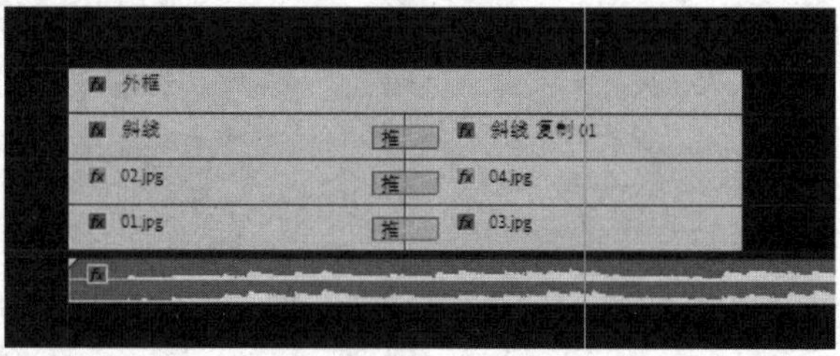

图 4-254　添加“推”过渡效果

13.选中时间轴上的素材 01,将“时间指示器”滑至起始位置,在“效果控件”面板中单击“缩放”前的记录关键帧按钮,记录缩放参数为 100 的关键帧;将“时间指示器”滑至 00:00:05:13 位置,修改缩放参数为 115.0,如图 4-255 所示。

14.选中时间轴上的素材 02,设置与素材 01 同样的关键帧参数;然后设置“线性擦除”效果的“过渡完成”参数,在起始位置记录关键帧参数为 30%,在 00:00:05:13 位置记录关键帧参数为 32%,如图 4-256 所示。

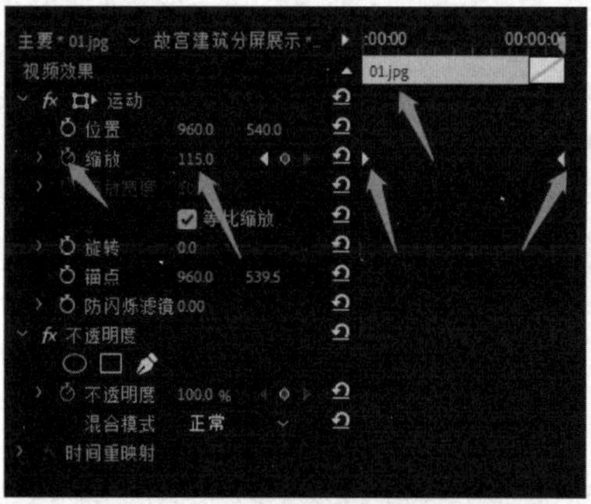

图 4-255　素材 01 关键帧设置

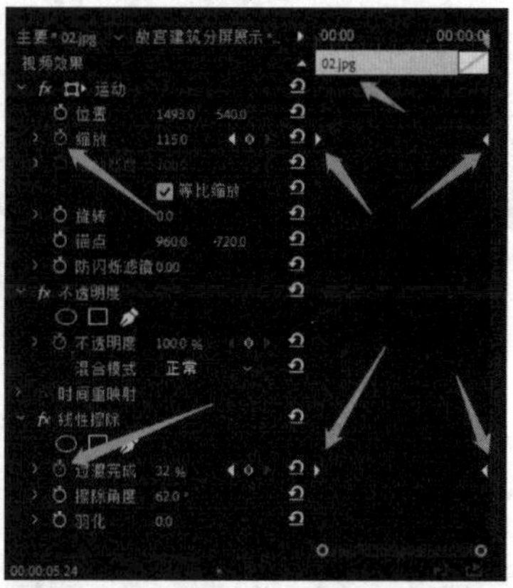

图 4-256　素材 02 关键帧设置

15.用相同的方式选中素材 03 和素材 04,分别在 00:00:04:13 和 00:00:10:00 位置设置关键帧,如图 4-257 所示。

16.用同样的方式设置素材 05、06、07、08 的关键帧,如图 4-258 所示。请注意,这一阶段我们需要对“线性擦除”中的“过渡完成”关键帧参数进行微调,以保证最终画面效果的完成度。

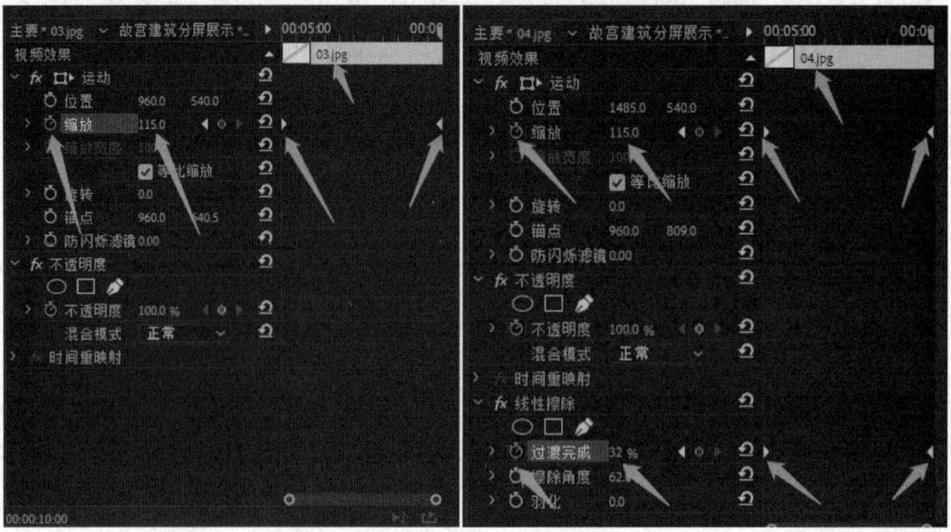

（a）素材 03 关键帧设置　　（b）素材 04 关键帧设置

图 4-257　素材 03、04 关键帧设置

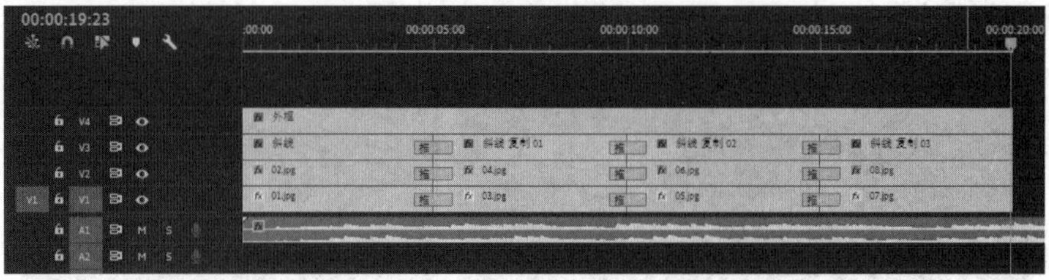

图 4-258　素材 05、06、07、08 的时间轴设置

17.使用“剃刀工具”，在 00:00:20:00 位置裁剪音频持续时间，使音频长度与画面时长匹配，如图 4-259 所示。

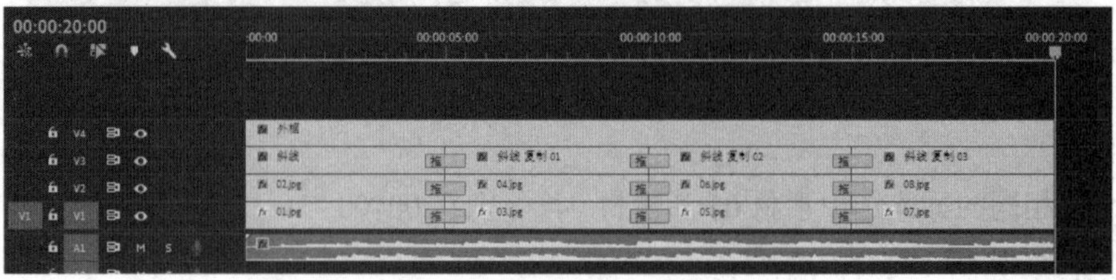

图 4-259　调整音频持续时间

18.将“时间指示器”滑至 00:00:15:00 位置，选中时间轴上的“配乐”素材，在“效果控件”面板中打开“音量”前的小三角，找到“级别”参数，打开“记录关键帧”开关，记录关键帧参数 0.0dB;将“时间指示器”滑至 00:00:20:00 位置,将“级别”参数调整为-32.0dB,制作音乐渐出效果,如图 4-260 所示。

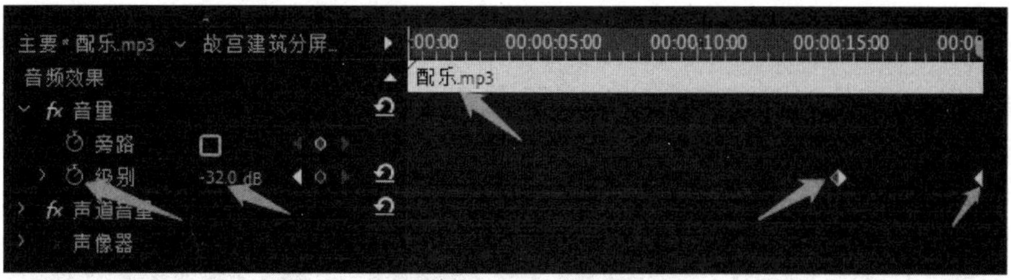

图 4-260　设置音频渐出效果

19.一切调整完成后,播放视频预览效果。

第七节　抠像及常用技巧

在 Premiere Pro CC 2019 中,我们经常使用的抠像方式有两种。一种是打开“效果控件”面板,在“不透明度”参数下使用蒙版工具来进行抠像(这种方式多用于静态图像抠图);另一种为打开“效果”面板,在“视频效果”下的“键控”文件夹中找到该效果(这种方式多用于动态素材抠像)。

抠像操作较为复杂,因此,为了便于后期抠像操作,我们在拍摄时应尽量选择与物体颜色区别较大的纯色背景。一般常用的拍摄背景有蓝屏背景和绿屏背景。

在“键控”文件夹中包含 9 种视频特效,如图 4-261 所示。

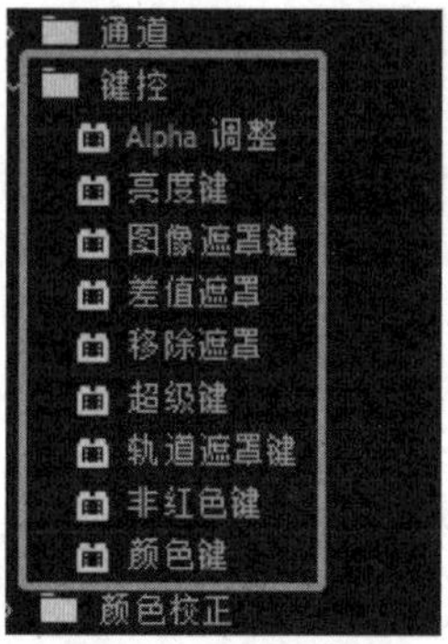

图 4-261　“键控”文件夹

一、Alpha 调整

“Alpha 调整”主要应用于包含 Alpha 通道的导入素材，可以为包含 Alpha 通道的导入图像创建透明效果，如图 4-262 所示。

扫码可看图 4-262 彩图 a

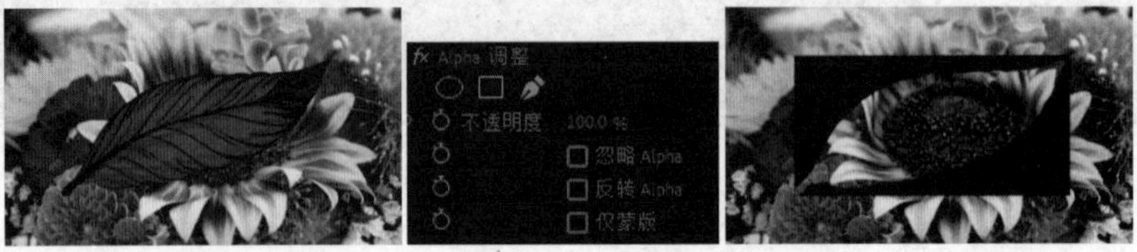

扫码可看图 4-262 彩图 c

(a)应用效果前　(b)Alpha 调整　(c)应用效果后

图 4-262　Alpha 调整效果

主要属性参数说明：

- 不透明度：控制图像显示，数值越小，图像越透明。
- 忽略 Alpha：选中该复选框时，会忽略素材的 Alpha 通道。
- 反转 Alpha：选中该复选框时，会将素材的 Alpha 通道反转。
- 仅蒙版：选中该复选框时，将只表现 Alpha 通道的蒙版，而不显示图像画面。

二、亮度键

“亮度键”可通过去除素材中较暗的图像区域，完成抠像效果，如图 4-263 所示。

扫码可看图 4-263 彩图 a

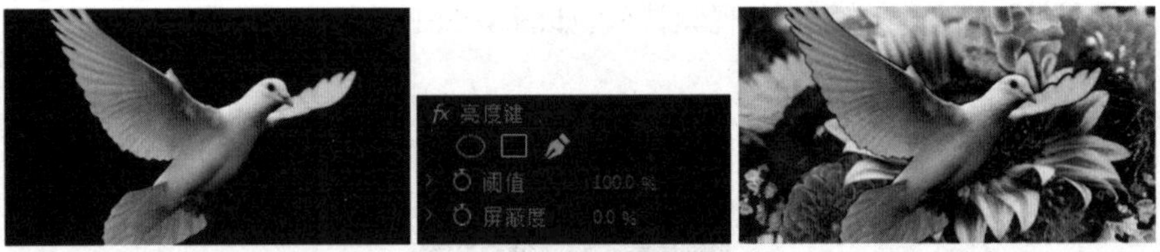

扫码可看图 4-263 彩图 c

(a)应用效果前　(b)亮度键　(c)应用效果后

图 4-263　亮度键效果

- 阈值：数值越小，素材越不透明。
- 屏蔽度：用于设置图像的最终透明程度。

三、图像遮罩键

该特效常用于静态图像，尤其是图像中有透明 Alpha 通道的情况。其中，遮罩黑色部分对应透明区域，白色部分对应图像不透明区域，灰色部分为混合效果区域，如图 4-264 所示。

图 4-264　图像遮罩键效果

- ：需要先单击该按钮，为其指定一幅遮罩图片，这幅图片将决定最后的显示效果。
- 合成使用：指定创建复合效果的遮罩方法，其下拉菜单中有 Alpha 遮罩和亮度遮罩两个选项。
- 反向：选中该选项可以使遮罩反向。

四、差值遮罩键

该特效可以去除两个素材中相匹配的图像区域。当用静态素材匹配动态素材时，它可以将动态图像区域从静态素材中去掉，如图 4-265 所示。

扫码可看图 4-265彩图a

（a）应用效果前

扫码可看图 4-265彩图b

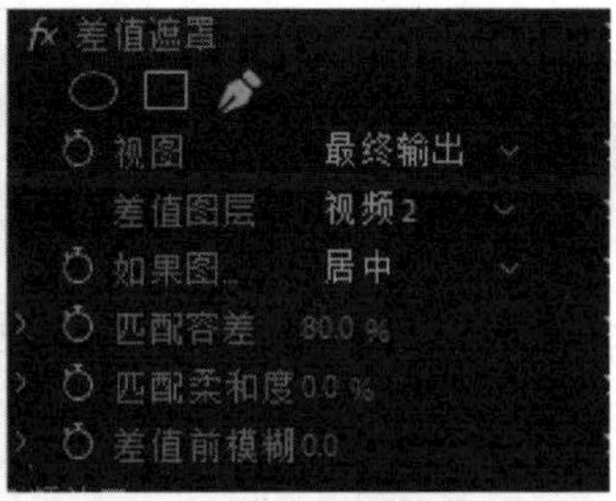

（b）差值遮罩键

扫码可看图 4-265彩图c

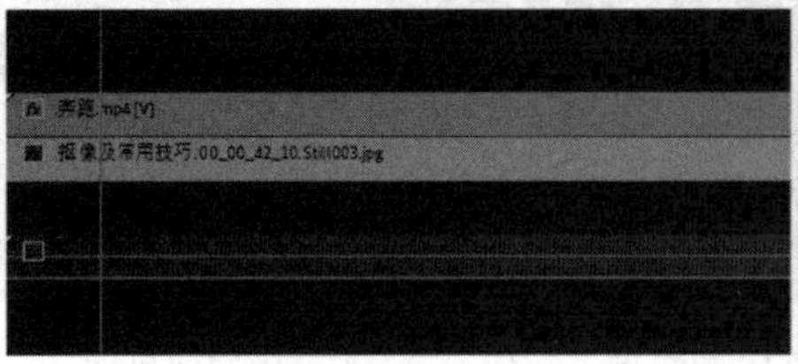

（c）时间轴设置

扫码可看图 4-265彩图d

（d）应用效果后

图 4-265　差值遮罩键效果

- 视图：用于设置视图显示的模式，其下拉菜单中有最终输出、仅限源和仅限遮罩三种模式。

- 差值图层：用于指定以哪个视频轨道中的素材作为差值图层。
- 如果图层：用于设置图层是否居中或伸缩以匹配大小。
- 匹配容差：用于设置素材图层的容差值，以使其与另一素材相匹配。
- 差值前模糊：用于设置素材的模糊程度，值越大，素材越模糊。

五、移除遮罩

“移除遮罩”常用于已由“亮度键”创建了遮罩后的图像，可以将已抠像素材的彩色边缘移除，如图 4-266 所示。

扫码可看图 4-266 彩图 a

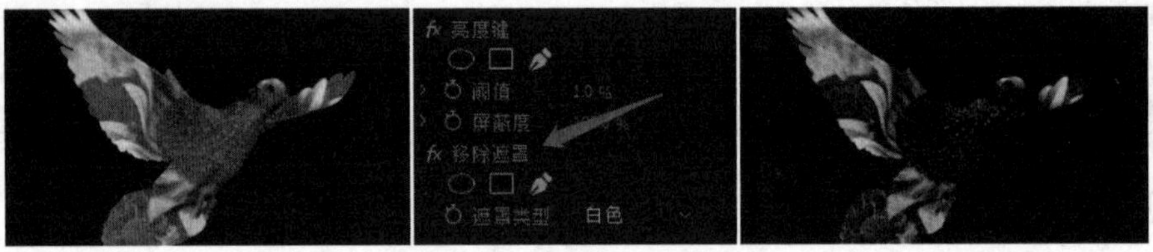

扫码可看图 4-266 彩图 c

(a)应用效果前　　(b)移除遮罩　　(c)应用效果后

图 4-266　移除遮罩效果

- 遮罩类型：用于指定遮罩的类型，其下拉菜单中有黑色、白色两个选项。

六、超级键

“超级键”使用指定颜色或相似颜色通过控制图像的容差值来调整抠像素材的透明度，从而产生抠像效果，如图 4-267 所示。

扫码可看图 4-267 彩图 a

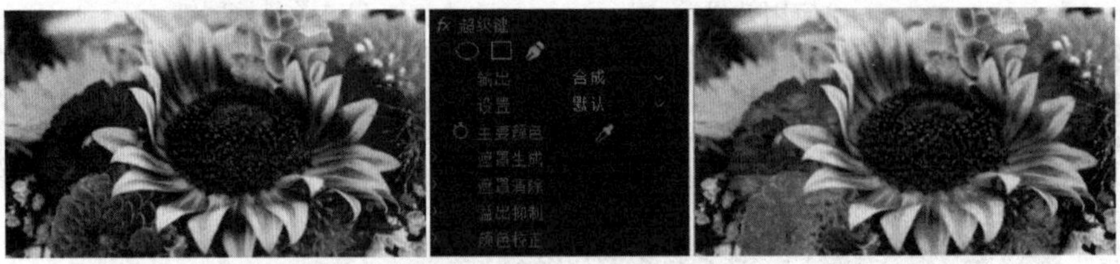

扫码可看图 4-267 彩图 c

(a)应用效果前　　(b)超级键　　(c)应用效果后

图 4-267　超级键效果

- 输出：设置素材输出类型，其下拉菜单中包含合成、Alpha 通道、颜色通道。
- 设置：设置抠像类型，其下拉菜单中包含默认、弱效、强效和自定义。

- 主要颜色：使用吸管工具吸取画面中需设置透明颜色的对象。
- 遮罩生成：调整遮罩的生成方式，包括透明度、高光、阴影、容差和基值。
- 遮罩清除：设置调整遮罩的属性类型，包括抑制、柔化、对比度和中间点。
- 溢出抑制：用于抑制色彩的溢出，包括降低饱和度、范围、溢出和亮度。
- 颜色校正：对素材的整体颜色进行校正，包括饱和度、色相和明亮度。

七、轨道遮罩键

"轨道遮罩键"常用于创建移动或滑动蒙版效果。通常来说，蒙版是一个黑白图像，能在屏幕上移动。蒙版上与黑色相对应的图像区域为透明状态，与白色相对应的图像区域为不透明状态，灰色部分为半透明区域，如图 4-268 所示。

- 遮罩：选择用来跟踪抠像的视频轨道。
- 合成方式：用于指定轨道遮罩的合成方式，其下拉菜单中有 Alpha 遮罩和亮度遮罩两个选项。
- 反向：勾选该选项后可以使遮罩反向。

扫码可看图 4-268 彩图 a

扫码可看图 4-268 彩图 c

（a）应用效果前　（b）轨道遮罩键　（c）应用效果后

图 4-268　轨道遮罩键效果

八、非红色键

"非红色键"可以将带有蓝色背景或绿色背景素材的蓝色或绿色部分变为透明效果，如图 4-269 所示。

扫码可看图 4-269 彩图 a

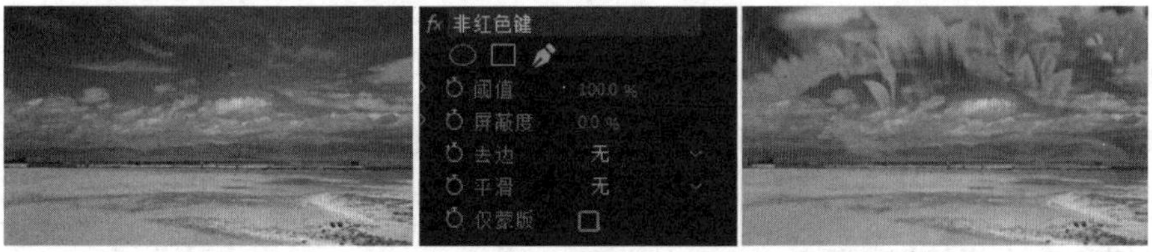

扫码可看图 4-269 彩图 c

（a）应用效果前　（b）非红色键　（c）应用效果后

图 4-269　非红色键效果

- 阈值:调整画面的透明度。
- 屏蔽度:微调画面的透明度。
- 去边:选择去除素材中不容易去除的绿色或蓝色边缘。
- 平滑:平滑透明部分的边缘。
- 仅蒙版:设置画面仅显示 Alpha 通道。

九、颜色键

“颜色键”是抠像中一种较为常用的效果,它可以去除画面中指定颜色的像素,如图 4-270 所示。

扫码可看图 4-270 彩图 a

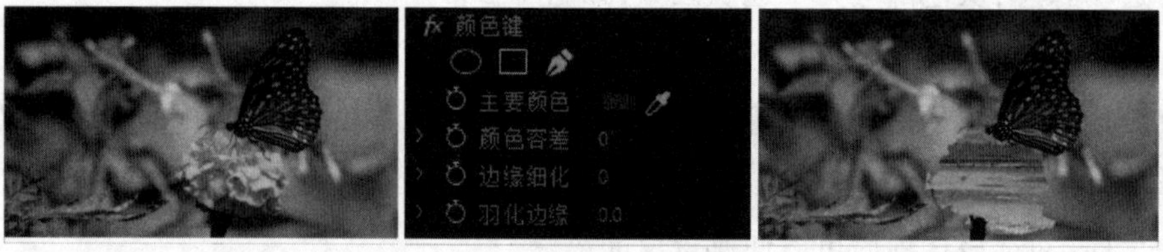

扫码可看图 4-270 彩图 c

(a)应用效果前　　(b)颜色键　　(c)应用效果后

图 4-270　颜色键效果

- 主要颜色:吸取需要被抠除的主要颜色。
- 颜色容差:画面被抠除部分与主要颜色之间的容差值,数值越大,颜色区域越大。
- 边缘细化:细化被抠除部分的边缘细化程度,数值越大,边缘越细化,该参数可为负值。
- 羽化边缘:使被抠除部分的边缘羽化,数值越大,边缘越柔和。

第八节　课堂练习——电视机视频播放

- 练习知识要点

使用“超级键”等视频特效创建视频在电视机中播放的效果,如图 4-271 所示。

- 效果所在位置

案例/4.8/电视机视频播放.prproj。

扫码可看图4-271彩图a

扫码可看图4-271彩图b

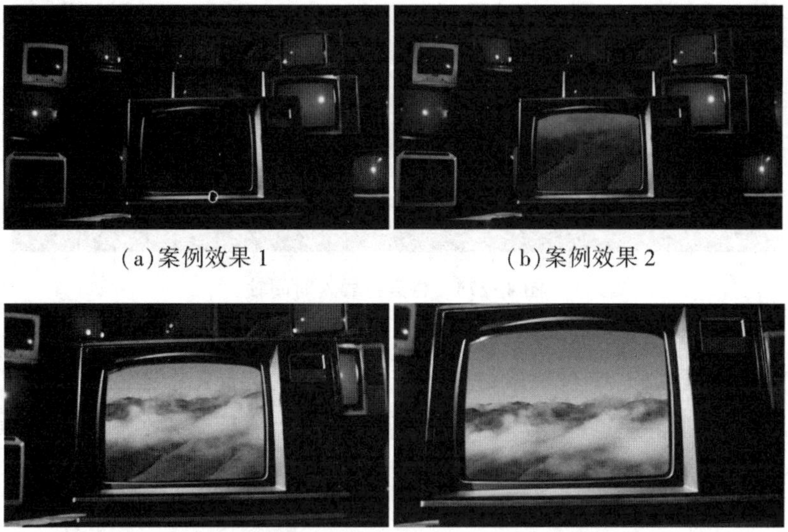

(a)案例效果 1　　(b)案例效果 2

扫码可看图4-271彩图c

扫码可看图4-271彩图d

(c)案例效果 3　　(d)案例效果 4

图 4-271　电视机视频播放效果

1.创建序列。将预设大小设置为 1080P,25 帧/秒,合成命名“电视机视频播放”,如图 4-272 所示。

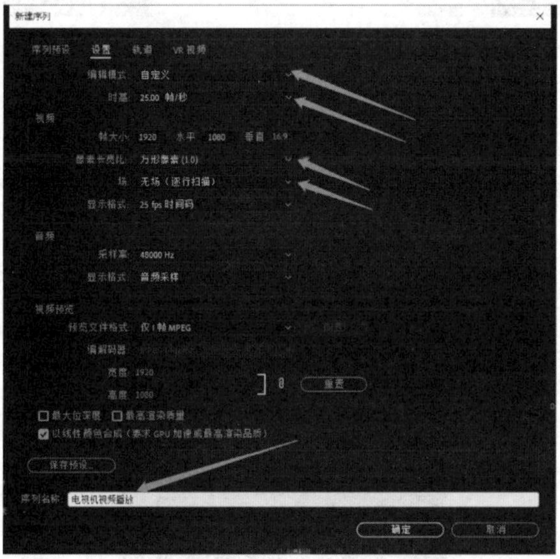

图 4-272　新建序列窗口

2.导入素材。将“航拍青藏高原”“电视机素材”导入时间轴,并将“电视机素材”拖入 V2 轨道,“航拍青藏高原”拖入 V1 轨道,如图 4-273 所示。

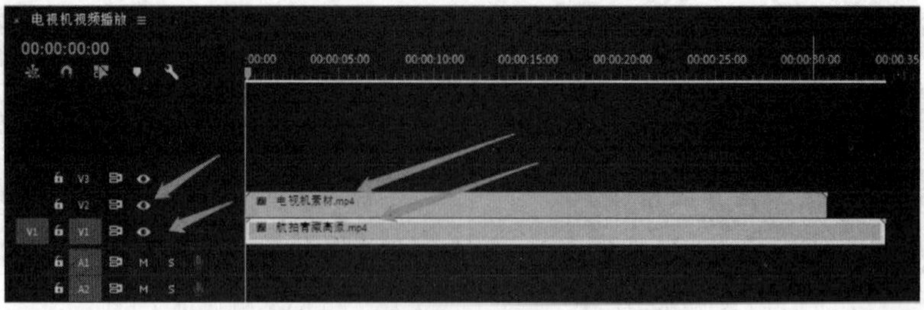

图 4-273　将素材导入时间轴

3.选中 V2 轨道上的“电视机素材”,单击鼠标右键,选择“速度/持续时间”选项,如图 4-274 所示。在“剪辑速度/持续时间”对话框中,将“速度”参数设置为 200%,并单击“确认”按键,如图 4-275 所示。

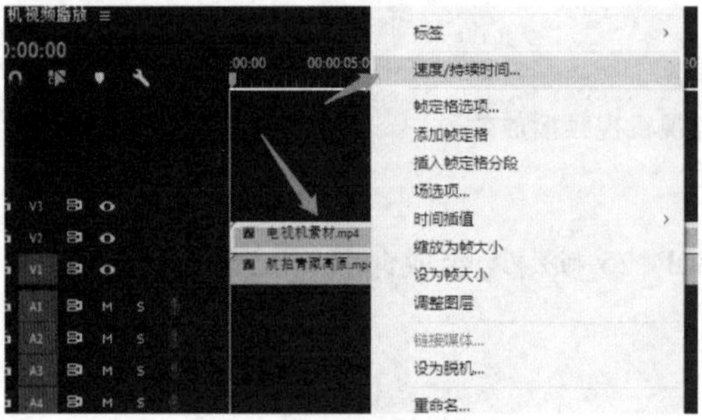

图 4-274　鼠标右键弹窗

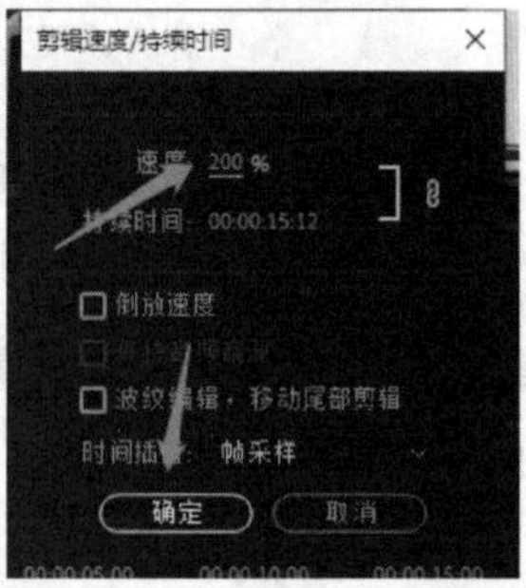

图 4-275　“剪辑速度/持续时间”窗口参数设置(一)

4.选中 V1 轨道上的“航拍青藏高原”素材,单击鼠标右键,选择“速度/持续时间”选项;在“剪辑速度/持续时间”对话框中,将“速度”参数设置为 140%,并单击“确认”按键,如图 4-276 所示。

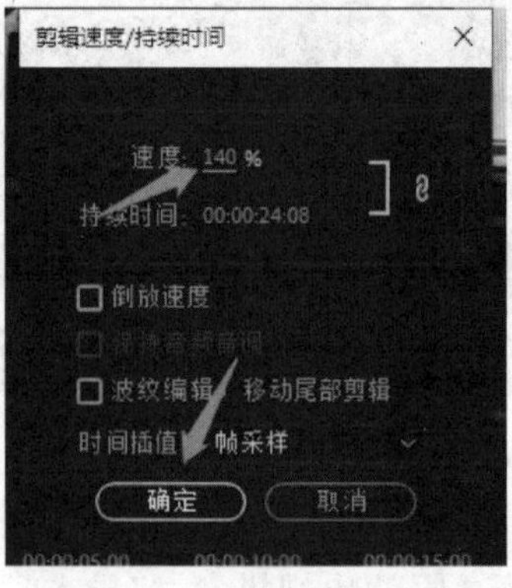

图 4-276　“剪辑速度/持续时间”窗口参数设置(二)

5.单击 V2 轨道前的“ ”切换轨道输出按键，隐藏 V2 轨道；选中 V1 轨道上的“航拍青藏高原”素材，单击鼠标右键，选择“缩放为帧大小”选项，如图 4-277 所示。

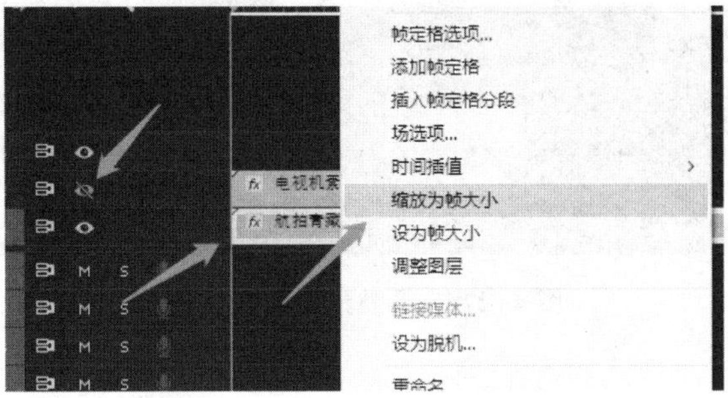

图 4-277　“缩放为帧大小”命令位置

6.选中时间轴上的“航拍青藏高原”素材，滑动“时间指示器”至 00：00：08：05 位置，按下快捷键“Ctrl+K”对该素材进行裁剪。选中前半段素材，单击鼠标右键，选择“波纹删除”选项，如图 4-278 所示。将鼠标指针放置于“航拍青藏高原”素材末尾，呈现“ ”向左侧拖拽，使上下素材结尾处对齐，如图 4-279 所示。

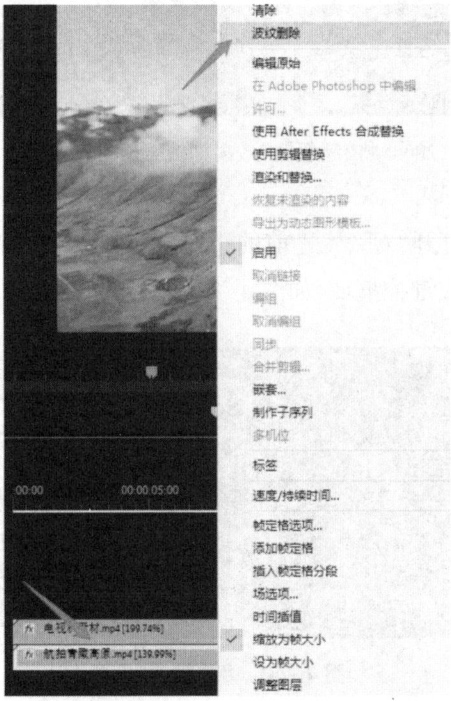

扫码可看图
4-278 彩图

图 4-278　“波纹删除”命令位置

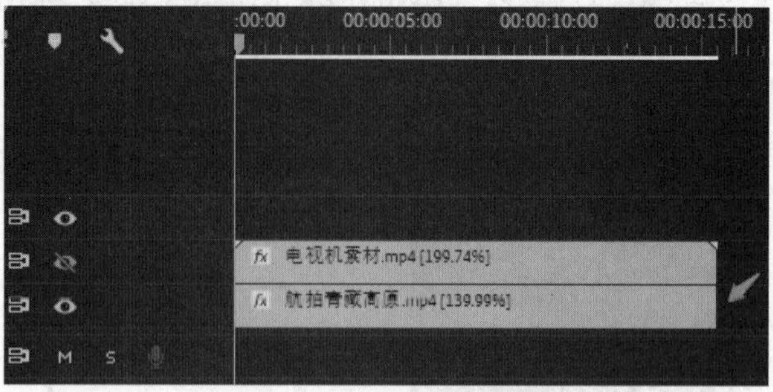

图 4-279　调整素材结束位置

7.单击 V2 轨道前的“眼睛”按键，恢复轨道输出，选中时间轴上的“电视机素材”，打开“效果”面板，执行“视频效果”→“键控”→“超级键”命令，将“超级键”效果拖拽至素材上，如图 4-280 所示。

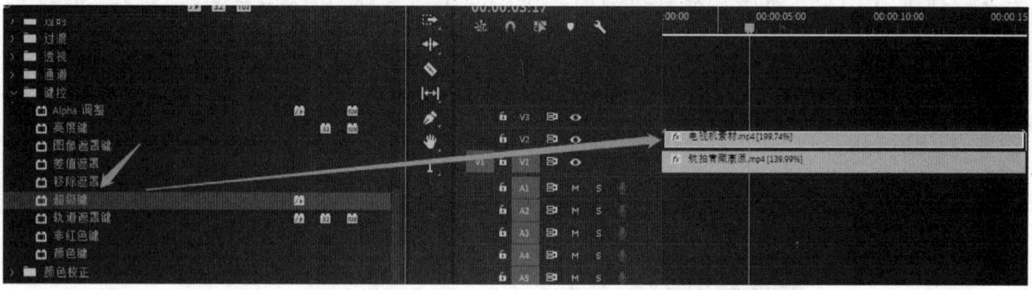

图 4-280　将“超级键”效果拖拽至素材

8.在“效果控件”面板中，打开“超级键”前的小三角，单击“主要颜色”，用吸管吸取“节目”面板中的绿色部分，完成键控抠像，如图 4-281 所示。

扫码可看图
4-281 彩图

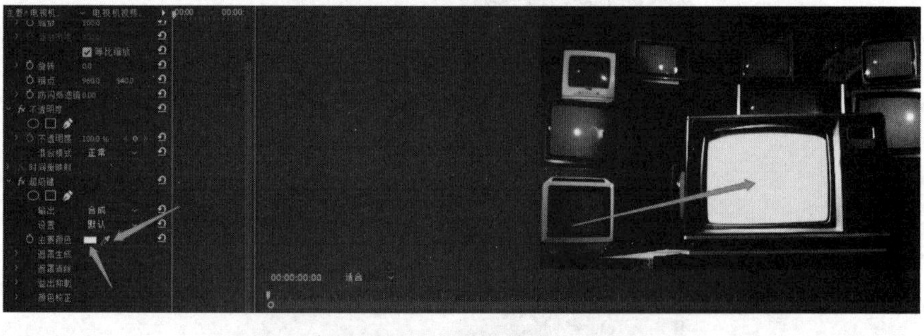

图 4-281　“超级键”设置

9.选中时间轴上的“航拍青藏高原”素材，执行“效果”→“视频效果”→“沉浸式视频”→“VR 数字故障”命令，将后者拖拽至该素材上。

10.在“效果控件”面板中，滑动“时间指示器”至起始位置，执行“VR 数字故障”→“POI 缩放”→“主振幅”→“随机植入”命令，单击“切换动画”按钮，并将“随机植入”参数设置为 38，如图 4-282 所示。单击“不透明度”前的“关键帧”按钮，记录关键帧，并将参数修改为 0%，如图 4-283 所示。

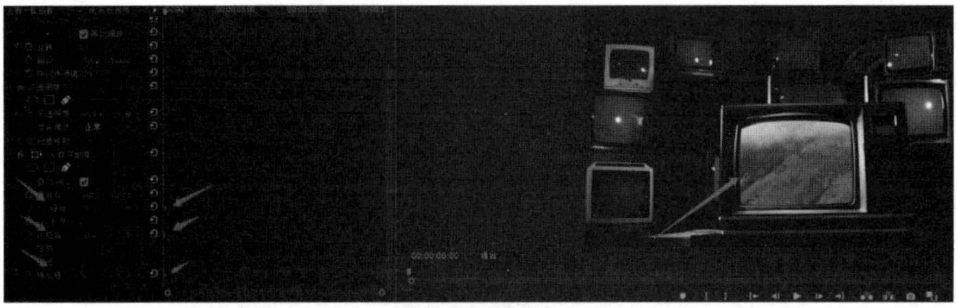

扫码可看图 4-282 彩图

图 4-282　“VR 数字故障”效果参数设置

图 4-283　“不透明度”关键帧设置

11.滑动“时间指示器”至 00:00:00:18 位置，将“不透明度”参数调整为 100.0%，“POI 缩放”参数、“主振幅”参数、“随机植入”参数调整为 0.0，如图 4-284 所示。

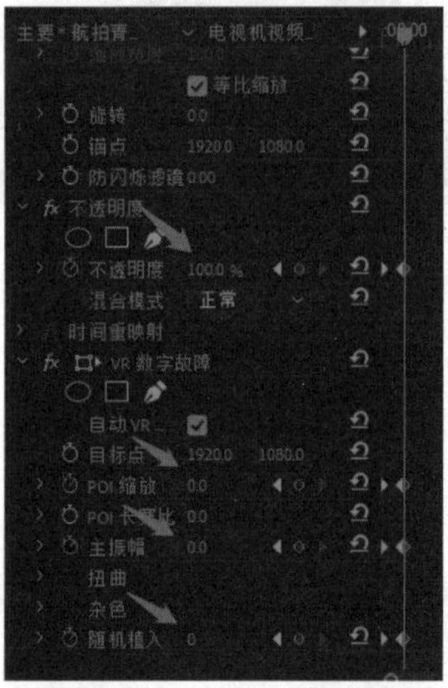

图 4-284　第二个关键帧位置设置

12.导入“音乐”素材，将其拖拽至 A1 轨道上，滑动“时间指示器”至 00：00：15：12 位置，选中时间轴上的“音乐”素材，按下快捷键“Ctrl+K”对其进行剪切，并给“音乐”素材添加“音频过渡”中的“指数淡化”效果，如图 4-285 所示。完成后播放预览视频效果，如图 4-286 所示。

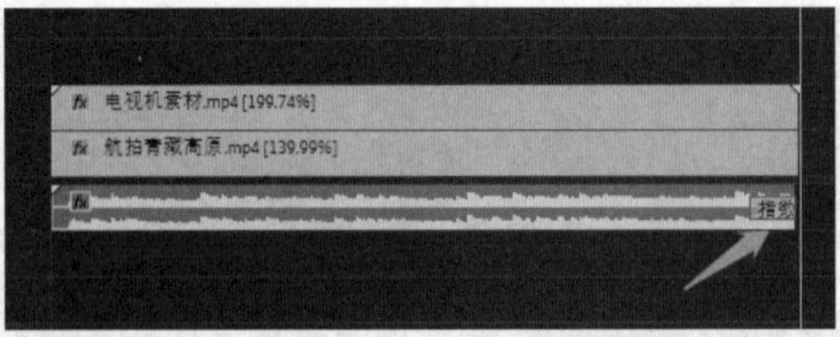

图 4-285　设置音乐素材的结尾位置和过渡效果

扫码可看图 4-286彩图a

(a)案例效果 1

扫码可看图 4-286彩图b

(b)案例效果 2

扫码可看图 4-286彩图c

(c)案例效果 3

扫码可看图 4-286彩图d

(d)案例效果 4

图 4-286　案例效果

第九节　视频调色

在 Premiere Pro CC 2019 中，调色是一项较为重要的操作，它可以让作品具有完美的视觉效果，使画面呈现出不同的情感感受，因此，调色在后期剪辑处理中十分重要。

Premiere Pro CC 2019 预设的调色插件文件夹有“过时”“颜色校正”等。

一、过时

在“过时”文件夹中包含 12 种特效，用于调整素材的颜色，如图 4-287 所示。

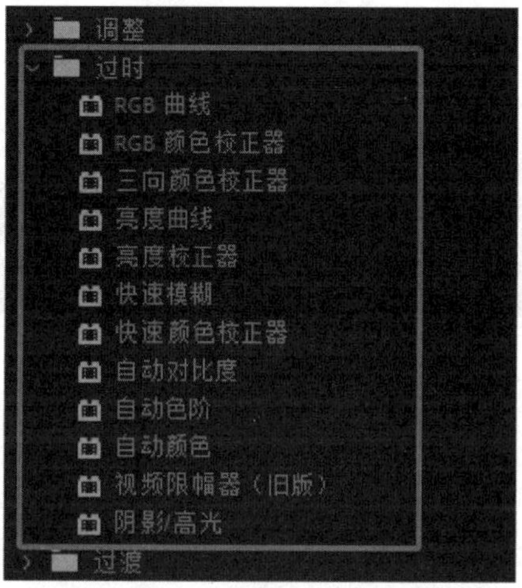

图 4-287　“过时”文件夹

（一）RGB 曲线

“RGB 曲线”可以通过调整红、绿、蓝通道和主通道的曲线，对画面的红、绿、蓝色彩进行调整，如图 4-288 所示。

扫码可看图 4-288 彩图 a

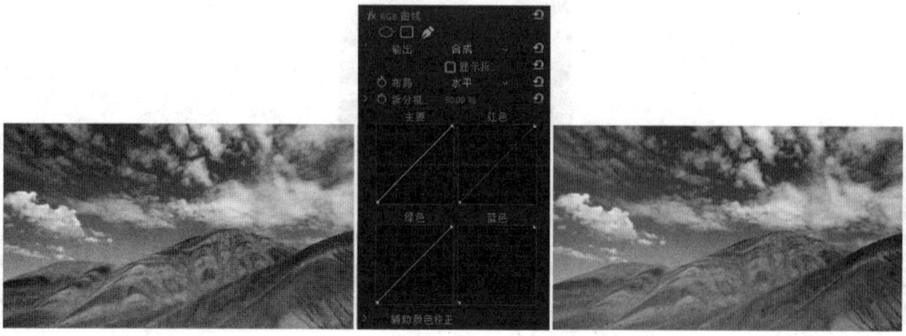

扫码可看图 4-288 彩图 c

(a)应用效果前　　(b)RGB 曲线　　(c)应用效果后

图 4-288　RGB 曲线效果

(二)RGB 颜色校正器

“RGB 颜色校正器”可以通过修改 RGB 参数来校正画面的颜色和亮度,如图 4-289 所示。

扫码可看图 4-289 彩图 a

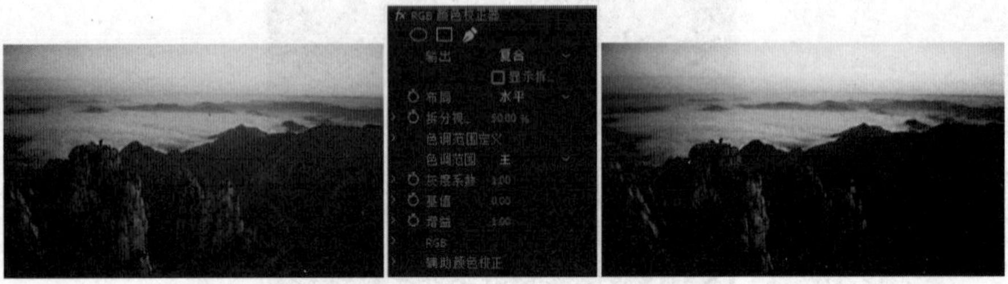

扫码可看图 4-289 彩图 c

(a)应用效果前　(b)RGB 颜色校正器　(c)应用效果后

图 4-289　RGB 颜色校正器效果

(三)三向颜色校正器

“三向颜色校正器”可以对素材的高光、阴影和中间调进行调整,如图 4-290 所示。

扫码可看图 4-290彩图a

扫码可看图 4-290彩图b

扫码可看图 4-290彩图c

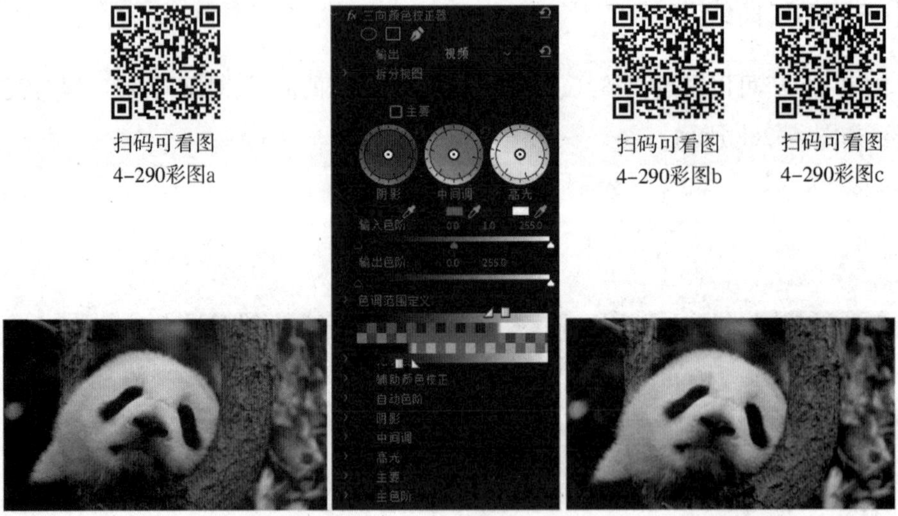

(a)应用效果前　(b)三向颜色校正器　(c)应用效果后

图 4-290　三向颜色校正器效果

(四)亮度曲线

"亮度曲线"通过调整画面的亮度曲线来调整画面的亮度值,如图 4-291 所示。

扫码可看图 4-291 彩图 a

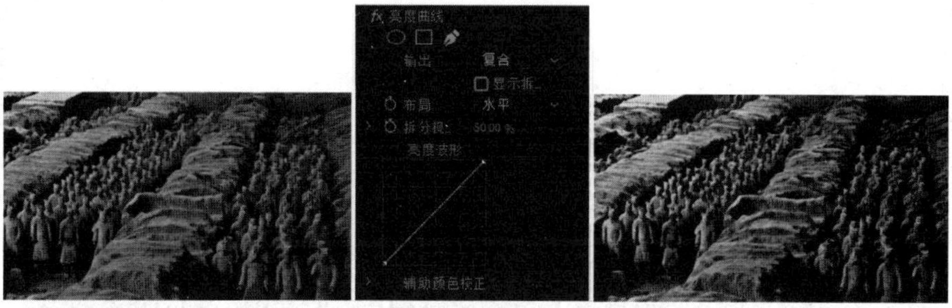

扫码可看图 4-291 彩图 c

(a)应用效果前　(b)亮度曲线　(c)应用效果后

图 4-291　亮度曲线效果

(五)亮度校正器

"亮度校正器"可以使用数值来调整画面的亮度,如图 4-292 所示。

扫码可看图 4-292 彩图 a

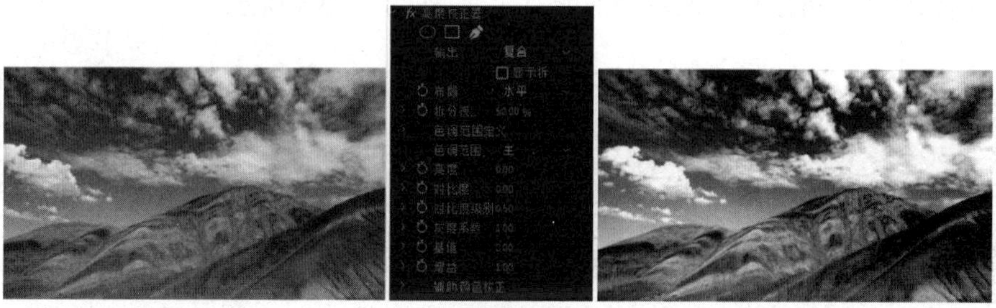

扫码可看图 4-292 彩图 c

(a)应用效果前　(b)亮度校正器　(c)应用效果后

图 4-292　亮度校正器效果

(六)快速模糊

"快速模糊"可以使用模糊数值来控制画面的模糊程度,如图 4-293 所示。

扫码可看图 4-293 彩图 a

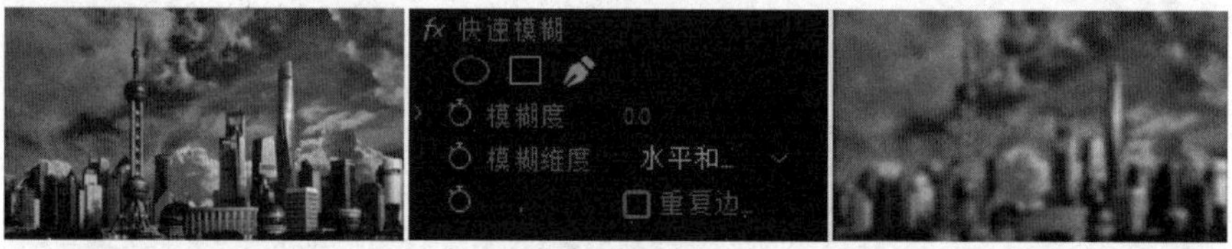

扫码可看图 4-293 彩图 c

(a)应用效果前　(b)快速模糊　(c)应用效果后

图 4-293　快速模糊效果

(七)快速颜色校正器

“快速颜色校正器”可以通过色盘快速调整画面的颜色，如图 4-294 所示。

扫码可看图 4-294 彩图 a

扫码可看图 4-294 彩图 b

扫码可看图 4-294 彩图 c

(a)应用效果前　(b)快速颜色校正器　(c)应用效果后

图 4-294　快速颜色校正器效果

(八)自动对比度

“自动对比度”可以快速调整画面的对比度，如图 4-295 所示。

扫码可看图 4-295 彩图 a

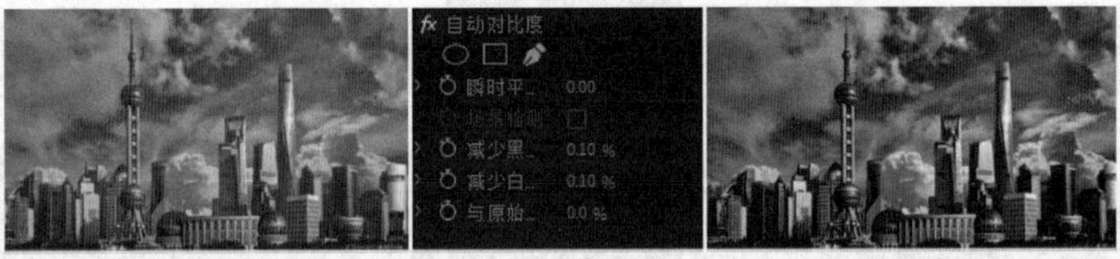

扫码可看图 4-295 彩图 c

(a)应用效果前　(b)自动对比度　(c)应用效果后

图 4-295　自动对比度效果

(九)自动色阶

“自动色阶”可以快速调整画面的色阶参数，如图 4-296 所示。

扫码可看图 4-296 彩图 a

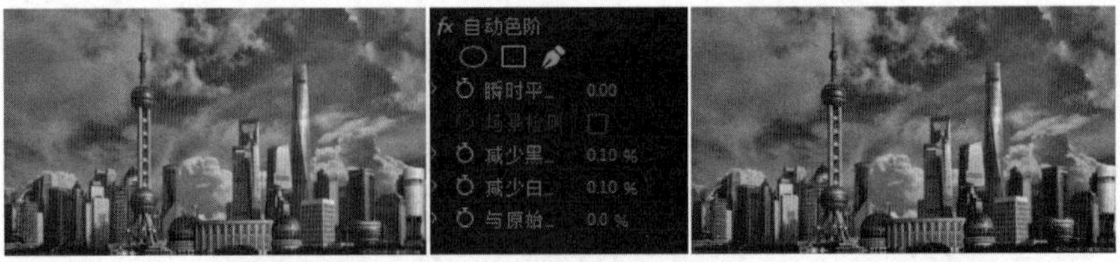

扫码可看图 4-296 彩图 c

(a)应用效果前　(b)自动色阶　(c)应用效果后

图 4-296　自动色阶效果

(十)自动颜色

“自动颜色”可以快速校正画面的颜色，如图 4-297 所示。

扫码可看图 4-297 彩图 a

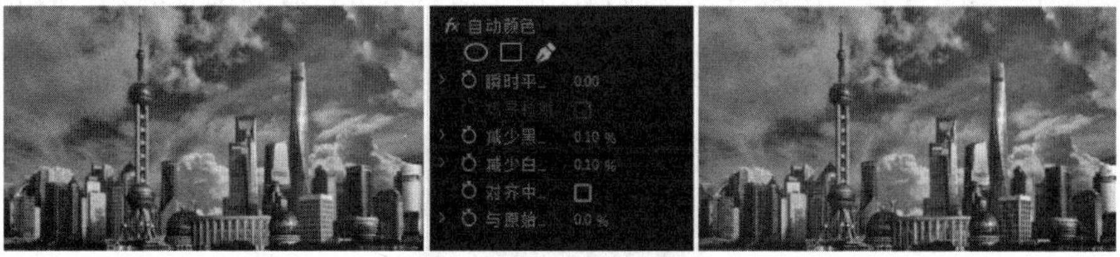

扫码可看图 4-297 彩图 c

(a)应用效果前　　(b)自动颜色　　(c)应用效果后

图 4-297　自动颜色效果

(十一)视频限幅器(旧版)

“视频限幅器(旧版)”常用于限制画面的亮度和颜色，使输出的视频可以在广播级范围内播放，如图 4-298 所示。

扫码可看图 4-298 彩图 a

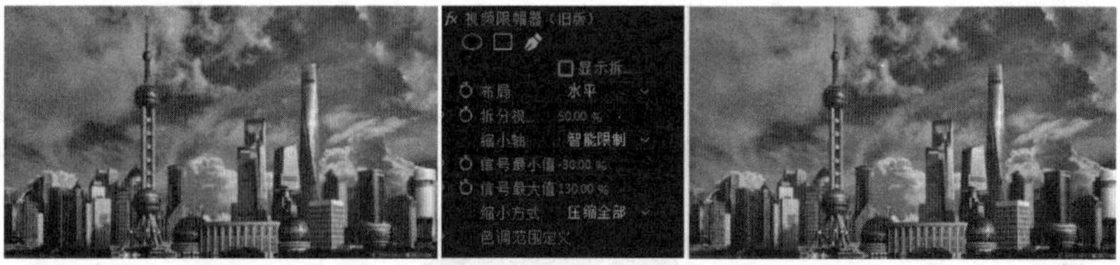

扫码可看图 4-298 彩图 c

(a)应用效果前　　(b)视频限幅器(旧版)　　(c)应用效果后

图 4-298　视频限幅器(旧版)效果

(十二)阴影/高光

“阴影/高光”可以调整素材的阴影和高光部分，如图 4-299 所示。

扫码可看图 4-299 彩图 a

扫码可看图 4-299 彩图 c

(a)应用效果前　　(b)阴影/高光　　(c)应用效果后

图 4-299　阴影/高光效果

二、颜色校正

在“颜色校正”文件夹中包含 12 种特效，用于对素材进行较为细致的颜色校正，如图 4-300 所示。

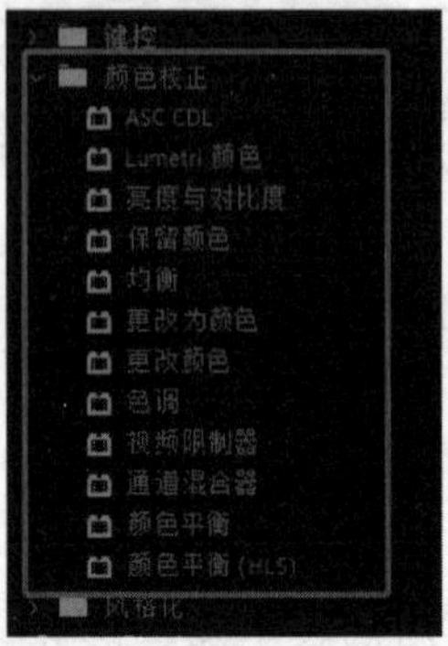

图 4-300 “颜色校正”文件夹

（一）ASC CDL

“ASC CDL”可以对素材的红、绿、蓝三色相及饱和度进行调整，如图 4-301 所示。

扫码可看图 4-301 彩图

扫码可看图 4-301 彩图 c

（a）应用效果前　（b）ASC CDL　（c）应用效果后

图 4-301 ASC CDL 效果

（二）Lumetri 颜色

“Lumetri 颜色”可以在颜色通道中进行颜色调整，并且可以使用外部 Lumetri Looks 颜色分级引擎，如图 4-302 所示。

扫码可看图 4-302 彩图 a

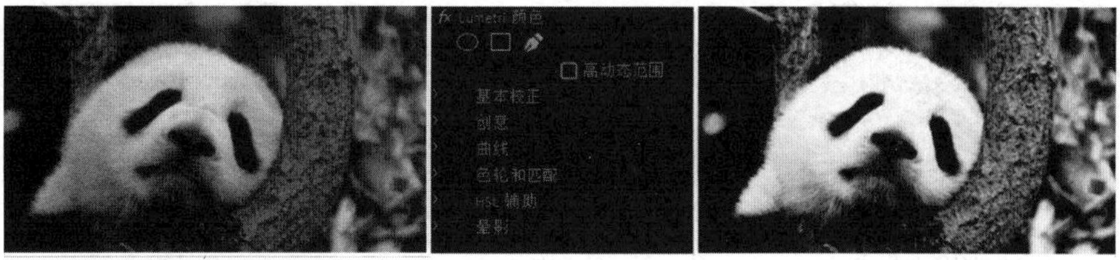

扫码可看图 4-302 彩图 c

(a)应用效果前　(b)Lumetri 颜色　(c)应用效果后

图 4-302　Lumetri 颜色效果

(三)亮度与对比度

“亮度与对比度”可以通过调整画面的亮度与对比度来校正画面,如图 4-303 所示。

扫码可看图 4-303 彩图 a

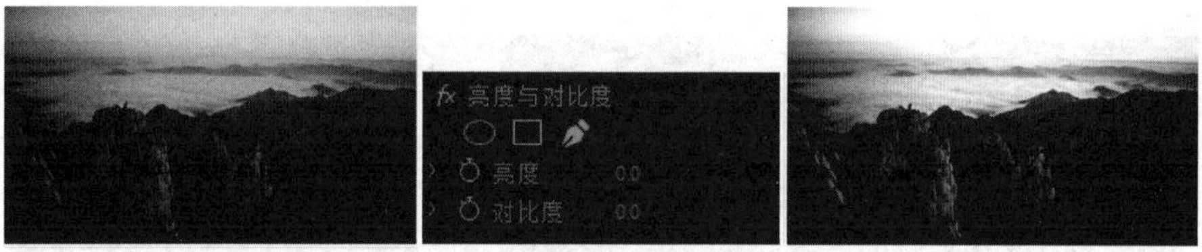

扫码可看图 4-303 彩图 c

(a)应用效果前　(b)亮度与对比度　(c)应用效果后

图 4-303　亮度与对比度效果

(四)保留颜色

“保留颜色”可以将画面中的某一个颜色保留,其他颜色的饱和度降低,如图 4-304 所示。

扫码可看图 4-304 彩图 a

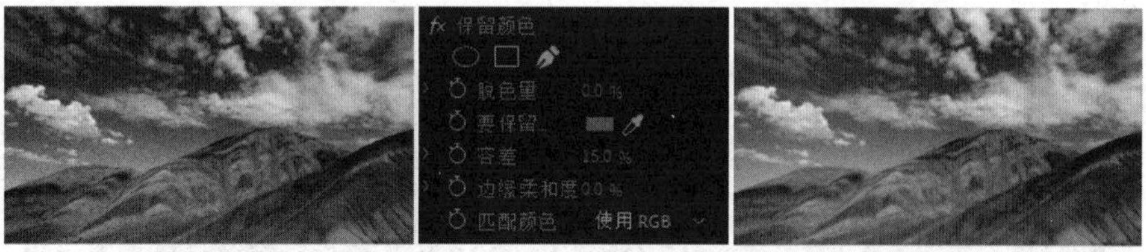

扫码可看图 4-304 彩图 c

(a)应用效果前　(b)保留颜色　(c)应用效果后

图 4-304　保留颜色

(五)均衡

“均衡”可以对画面中的颜色值和亮度进行平均化处理,如图 4-305 所示。

扫码可看图 4-305 彩图 a

扫码可看图 4-305 彩图 c

(a)应用效果前　(b)均衡　(c)应用效果后

图 4-305　均衡效果

(六)更改为颜色

“更改为颜色”可以将画面中的一种颜色更改为另一种颜色,多用于调整颜色较为复杂的画面,如图 4-306 所示。

扫码可看图 4-306 彩图 a

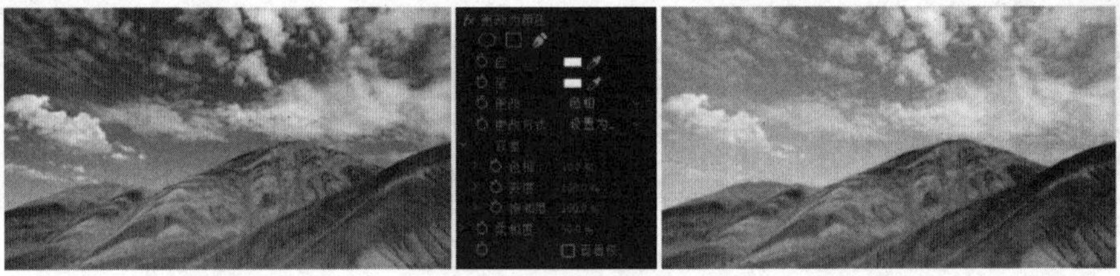

扫码可看图 4-306 彩图 c

(a)应用效果前　(b)更改为颜色　(c)应用效果后

图 4-306　更改为颜色效果

(七)更改颜色

“更改颜色”与“更改为颜色”相似,但前者多用于调整颜色较为简单的画面,如图 4-307所示。

扫码可看图 4-307 彩图 a

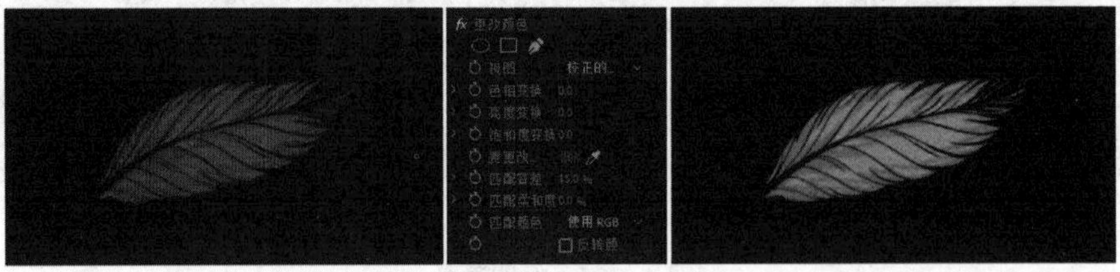

扫码可看图 4-307 彩图 c

(a)应用效果前　(b)更改颜色　(c)应用效果后

图 4-307　更改颜色效果

(八)色调

“色调”可以通过更改指定的颜色,赋予其白色或黑色效果,如图 4-308 所示。

扫码可看图 4-308 彩图 a

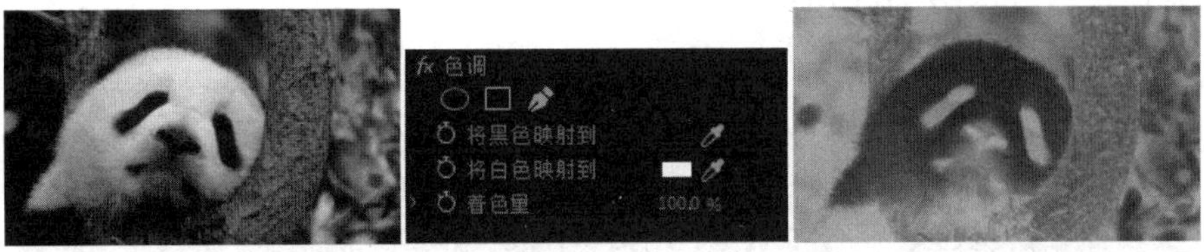

扫码可看图 4-308 彩图 c

(a)应用效果前　　(b)色调　　(c)应用效果后

图 4-308　色调效果

(九)视频限幅器

"视频限幅器"可以对画面中的颜色值进行限制,使之可以在广播渠道播放,如图 4-309所示。

扫码可看图 4-309 彩图 a

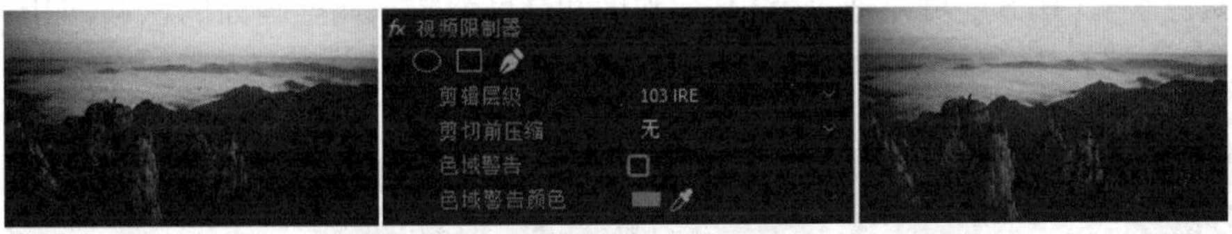

扫码可看图 4-309 彩图 c

(a)应用效果前　　(b)视频限幅器　　(c)应用效果后

图 4-309　视频限幅器效果

(十)通道混合器

"通道混合器"可用于调整某一个通道中的颜色,如图 4-310 所示。

扫码可看图 4-310 彩图 a

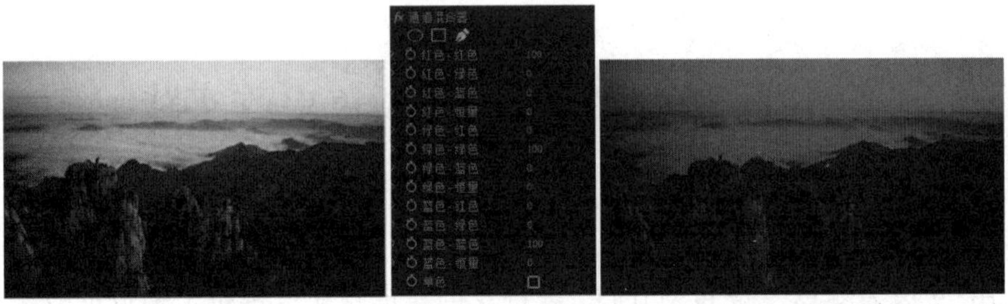

扫码可看图 4-310 彩图 c

(a)应用效果前　　(b)通道混合器　　(c)应用效果后

图 4-310　通道混合器效果

(十一)颜色平衡

"颜色平衡"可以通过调整画面的阴影、中间调和高光部分的红绿蓝所占比例来改变画面的整体色调,如图 4-311 所示。

扫码可看图
4-311 彩图 a

扫码可看图
4-311 彩图 c

(a)应用效果前　(b)颜色平衡　(c)应用效果后

图 4-311　颜色平衡效果

(十二)颜色平衡(HLS)

“颜色平衡(HLS)”可以通过色相、饱和度和亮度参数来调整画面的色调,如图4-312所示。

扫码可看图
4-312 彩图 a

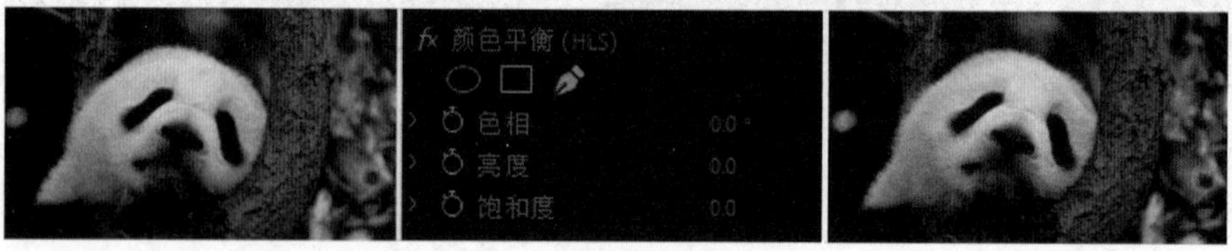

扫码可看图
4-312 彩图 c

(a)应用效果前　(b)颜色平衡(HLS)　(c)应用效果后

图 4-312　颜色平衡(HLS)

第十节　课堂练习——颜色更改实践

• 练习知识要点

使用“更改为颜色”“亮度对比度”等特效创建视频在电视机上播放的效果,如图4-313所示。

• 效果所在位置

案例/4.10/颜色更改实践.prproj。

1.新建项目。将预设大小设置为 1080P,导入素材“蜂鸟”,并将其拖入时间轴,如图4-314 所示。

扫码可看图
4-313 彩图

图 4-313　颜色更改实践案例效果

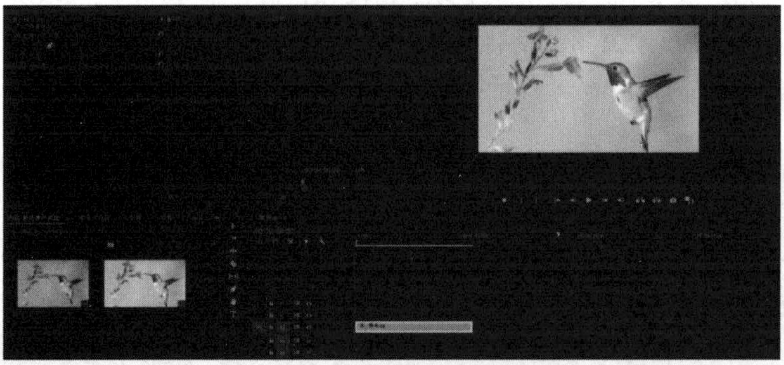

扫码可看图
4-314 彩图

图 4-314　导入素材并拖入时间轴

2.执行“效果”→“视频效果”→“颜色校正”→“亮度与对比度”命令，将后者拖拽至时间轴的素材“蜂鸟”上。选中该素材，打开“效果控件”面板，调整“亮度与对比度”中的“亮度”参数为 15.0，“对比度”参数为 4.0，如图 4-315 所示。

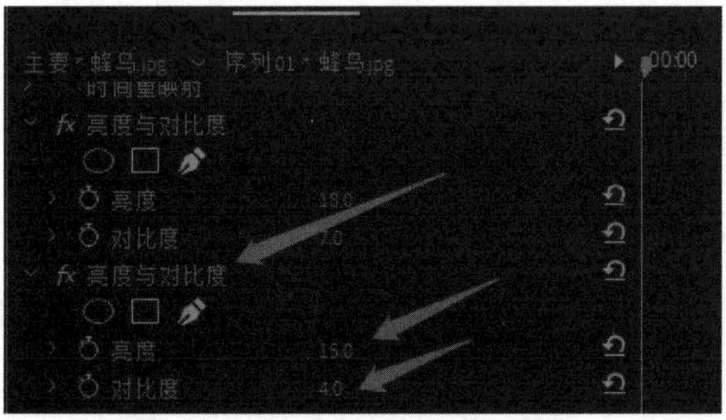

图 4-315　亮度与对比度参数设置

3.将“颜色校正”文件夹中的“更改为颜色”效果拖拽至“蜂鸟”素材上。选择“效果控件”面板中“更改为颜色”效果下的“自”后方吸管工具,吸取“蜂鸟”身上的主色调,如图 4-316 所示。

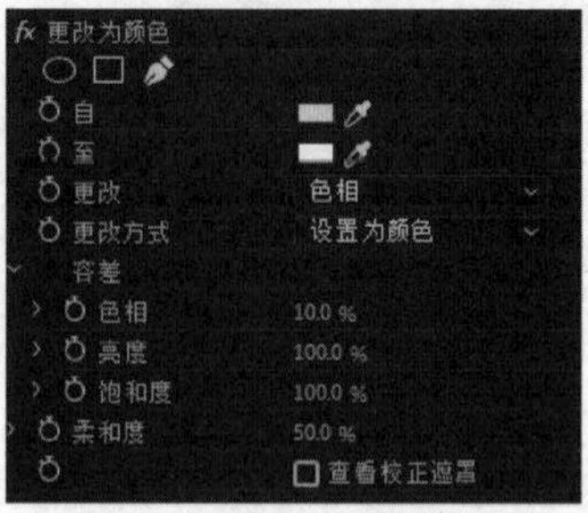

图 4-316　更改为颜色效果

4.单击“更改为颜色”效果下的“至”后方色块,在弹出的“拾色器”窗口中,吸取所需要的颜色,此处使用颜色值 R:81,G:221,B:219,将“更改”设置为“色相和饱和度”,“更改方式”改为“变换为颜色”,“色相”设置为 15.0%,“柔和度”设置为 40.0%,如图 4-317 所示。

扫码可看图
4-317 彩图

图 4-317　更改为颜色参数设置

5.虽然我们已经通过参数设置对画面进行了调整,但是画面中的花瓣部分,依旧有一小部分也改变为蓝色,在此我们可以使用蒙版工具对其进行调整:选中“更改为颜色”下方的“自由绘制贝塞尔曲线”工具,在“节目”面板中,逐一单击鼠标左键,绘制一个包含蜂鸟的蒙版区域,如图 4-318 所示。

扫码可看图
4-318 彩图

图 4-318　蒙版选中区域

6.至此我们就完成了对静态图片的颜色调整。但在日常实际操作中,我们还经常要对动态视频更改颜色,此时我们就需要用到“更改为颜色”下方“蒙版(1)”中的“蒙版路径”前的“切换动画”工具,来每隔数帧调整一次蒙版路径,以保证画面的视觉效果,如图 4-319 所示。

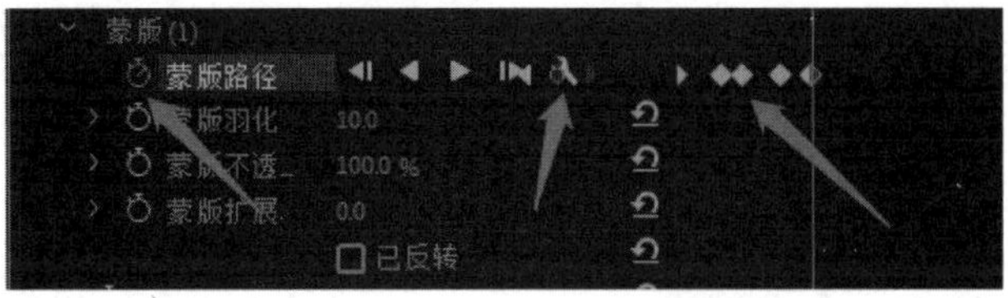

图 4-319　设置蒙版路径

第十一节　风格化

在“风格化”文件夹中包含 13 种特效,主要用于对画面进行艺术化处理,如图 4-320 所示。

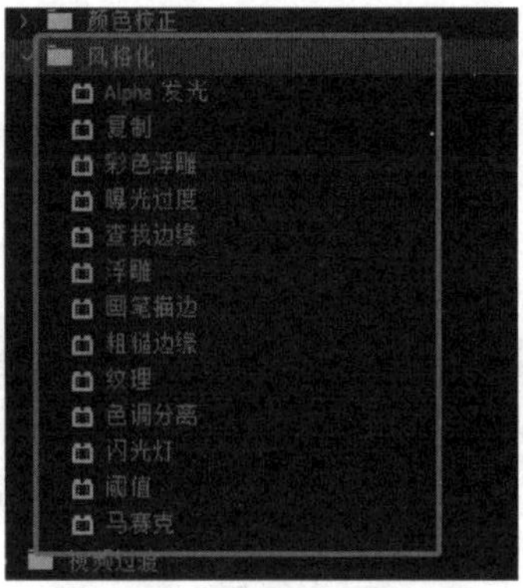

图 4-320　“风格化”文件夹

(一) Alpha 发光

“Alpha 发光”对含有 Alpha 通道的素材起作用,它可以在图像的 Alpha 通道的边缘部分产生一圈渐变的发光效果,也可以在单独的图像上应用,制作发光效果。如图 4-321 所示。

扫码可看图 4-321 彩图 a

扫码可看图 4-321 彩图 c

(a)应用效果前　(b)Alpha 发光　(c)应用效果后

图 4-321　Alpha 发光效果

(二)复制

应用该特效可以在画面中对图像进行复制,如图 4-322 所示。

扫码可看图 4-322 彩图 a

扫码可看图 4-322 彩图 c

(a)应用效果前　(b)复制　(c)应用效果后

图 4-322　复制效果

(三)彩色浮雕

“彩色浮雕”可以将图像处理成浮雕效果,并保留颜色,如图 4-323 所示。

扫码可看图 4-323 彩图 a

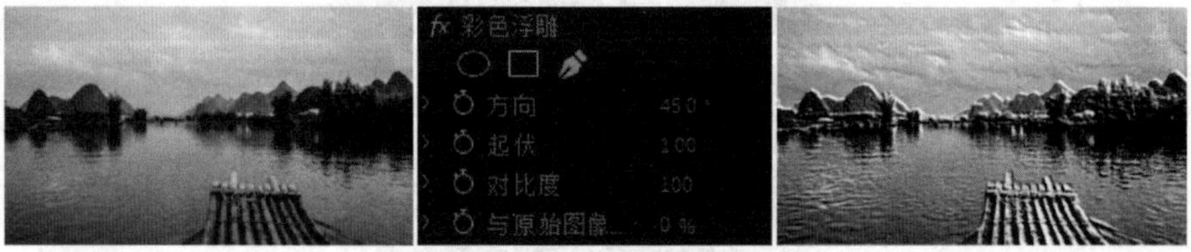

扫码可看图 4-323 彩图 c

(a)应用效果前　(b)彩色浮雕　(c)应用效果后

图 4-323　彩色浮雕效果

(四)曝光过度

“曝光过度”可以将画面调整为相机曝光过度的效果,如图 4-324 所示。

扫码可看图
4-324 彩图 a

扫码可看图
4-324 彩图 c

(a)应用效果前　(b)曝光过度　(c)应用效果后

图 4-324　曝光过度效果

(五)查找边缘

“查找边缘”可以查找画面中对比度较高的区域,并给查找到的边缘轮廓描边,使图像的轮廓看起来就像用笔刷勾勒的一样,如图 4-325 所示。

扫码可看图
4-325 彩图 a

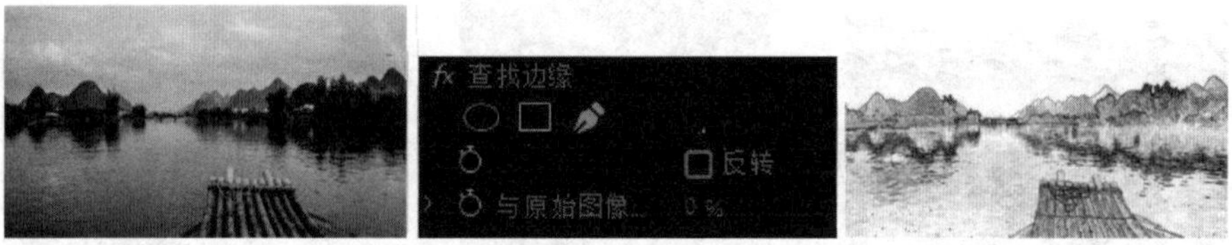

扫码可看图
4-325 彩图 c

(a)应用效果前　(b)查找边缘　(c)应用效果后

图 4-325　查找边缘效果

(六)浮雕

该特效可以让画面产生浮雕效果,并能够去除颜色,如图 4-326 所示。

扫码可看图
4-326 彩图 a

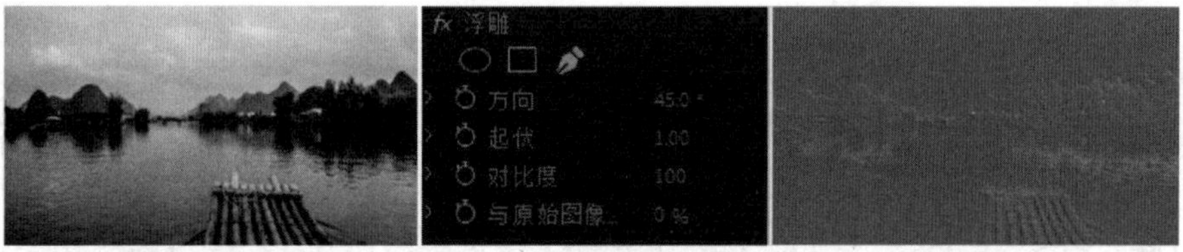

扫码可看图
4-326 彩图 c

(a)应用效果前　(b)浮雕　(c)应用效果后

图 4-326　浮雕效果

(七)画笔描边

该特效可以模仿出画笔绘画的效果,如图 4-327 所示。

扫码可看图 4-327 彩图 a

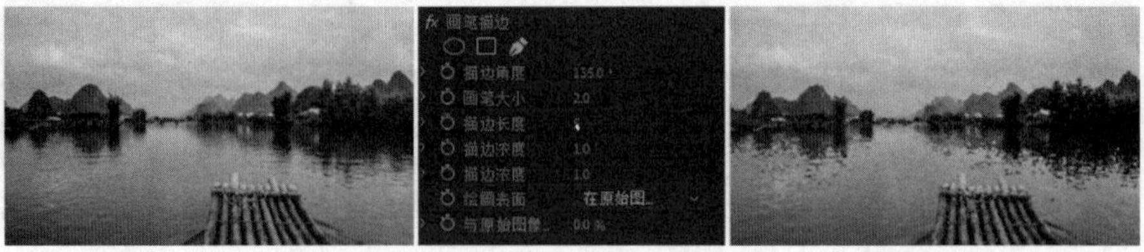

扫码可看图 4-327 彩图 c

（a）应用效果前　（b）画笔描边　（c）应用效果后

图 4-327　画笔描边效果

（八）粗糙边缘

该特效可以给画面添加粗糙边缘效果，如图 4-328 所示。

扫码可看图 4-328 彩图 a

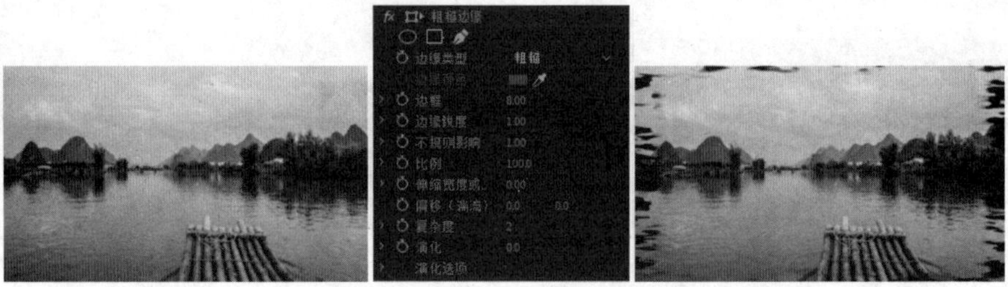

扫码可看图 4-328 彩图 c

（a）应用效果前　（b）粗糙边缘　（c）应用效果后

图 4-328　粗糙边缘效果

（九）纹理

该特效可以在当前图层中添加指定图层的浮雕效果，如图 4-329 所示。

扫码可看图 4-329 彩图 a

扫码可看图 4-329 彩图 c

（a）应用效果前　（b）纹理　（c）应用效果后

图 4-329　纹理效果

（十）色调分离

“色调分离”可以将画面调整为渐变色阶效果，如图 4-330 所示。

扫码可看图 4-330 彩图 a

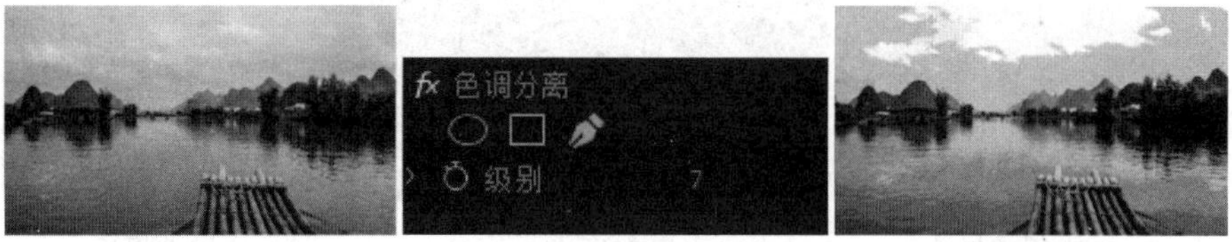

扫码可看图 4-330 彩图 c

（a）应用效果前　（b）色调分离　（c）应用效果后

图 4-330　色调分离效果

（十一）闪光灯

该特效可以为视频添加真实的闪光灯闪烁的效果，如图 4-331 所示。

扫码可看图 4-331 彩图 a

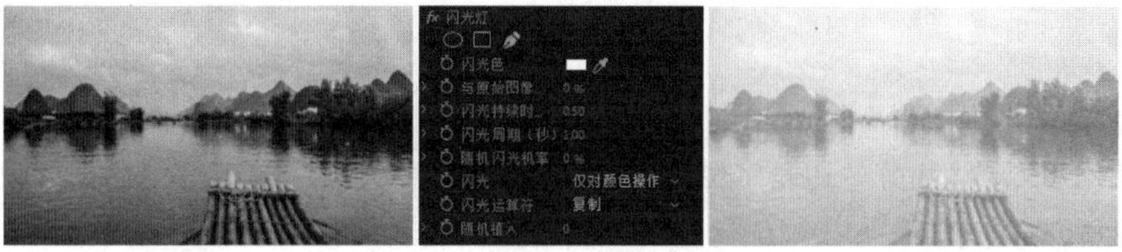

扫码可看图 4-331 彩图 c

（a）应用效果前　（b）闪光灯　（c）应用效果后

图 4-331　闪光灯效果

（十二）阈值

“阈值”可以将画面转化为黑白图像，如图 4-332 所示。

扫码可看图 4-332 彩图 a

扫码可看图 4-332 彩图 c

（a）应用效果前　（b）阈值　（c）应用效果后

图 4-332　阈值效果

（十三）马赛克

该特效可以将画面转化为由像素单位块拼凑而成的画面，如图 4-333 所示。

扫码可看图
4-333 彩图 a

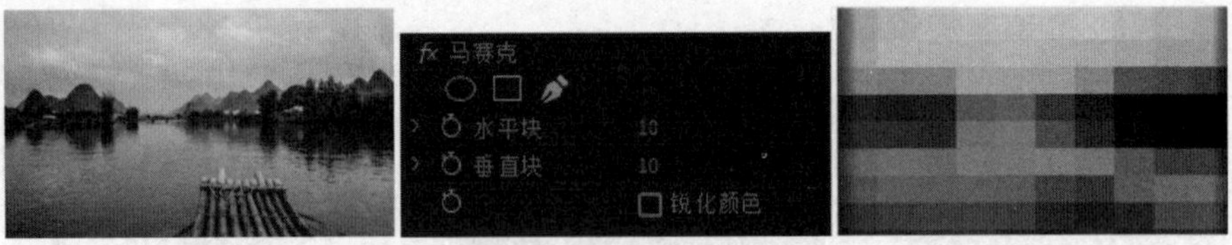

(a)应用效果前　(b)马赛克　(c)应用效果后

扫码可看图
4-333 彩图 c

图 4-333　马赛克效果

第十二节　课堂练习——变形画面

• 练习知识要点

使用“缩放”“裁剪”“边角定位”“ASC CDL”“亮度对比度”等特效创建变形画面，如图 4-334 所示。

• 效果所在位置

案例/4.12/变形画面.prproj。

扫码可看图
4-334 彩图

图 4-334　变形画面效果

1.新建项目。将序列设置为 1080P、25 帧/秒，命名为“变形画面”，如图 4-335 所示。

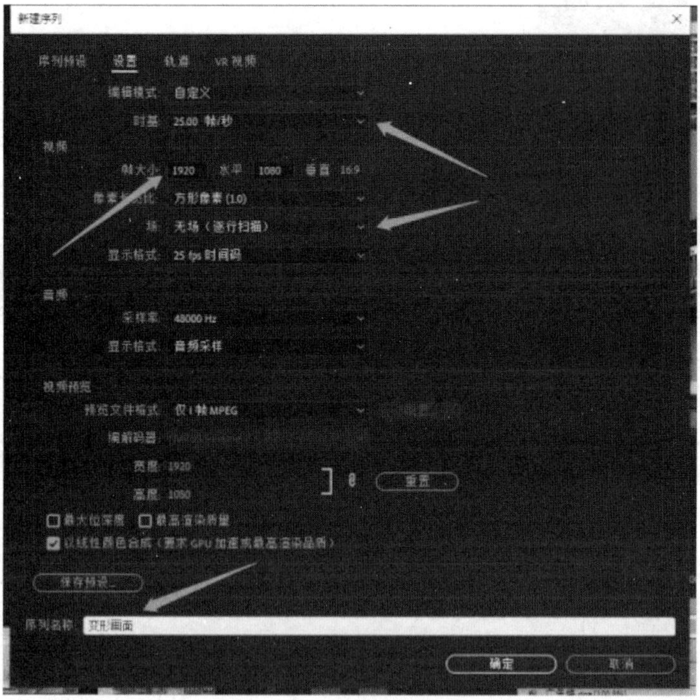

图 4-335　新建序列窗口

2.导入“广告牌”和素材 01、02、03,并将“广告牌”拖入时间轴上的 V1 轨道,如图 4-336所示。

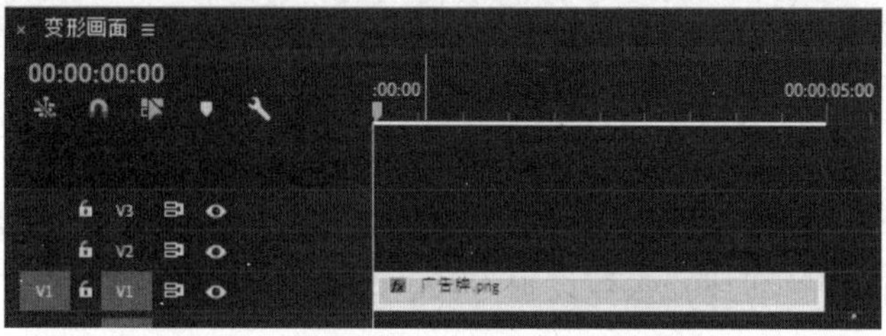

图 4-336　将素材“广告牌”拖入时间轴

3.选中时间轴上的“广告牌”素材,执行“效果”→“视频效果”→“颜色校正”→“亮度对比度”命令,调整“亮度”参数为 4.0,“对比度”参数为 9.0。打开“过时”文件夹中的“RGB 曲线”效果,将“主要”曲线调高亮部、压低暗部,“红色”曲线轻微压低暗部,“绿色”曲线轻微调高亮部,如图 4-337、图 4-338 所示。

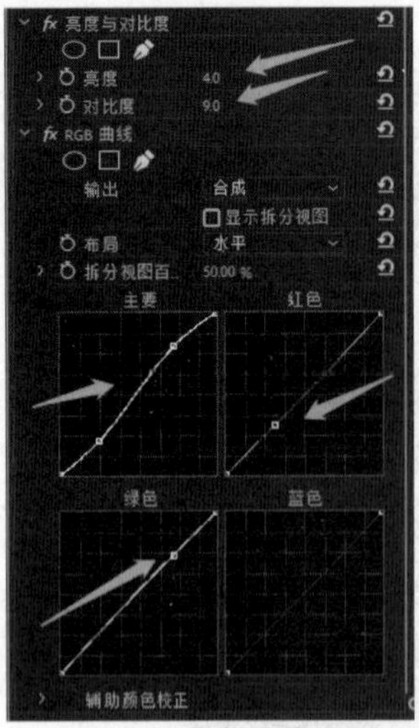

图 4-337　颜色校正参数设置

扫码可看图 4-338 彩图

图 4-338　颜色校正效果

4.滑动“时间指示器”至00:00:10:00的位置,并拖动素材“广告牌”的末端,使“广告牌”素材持续时间为10秒,如图4-339所示。

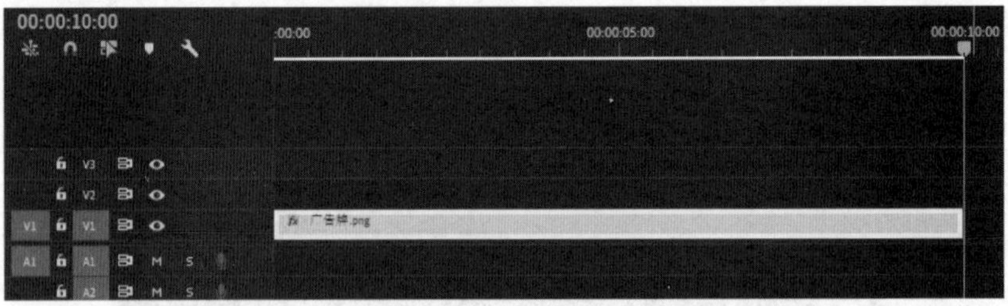

图 4-339　设置广告牌持续时间

5.将素材01拖入时间轴上的V2轨道,选中该素材,单击鼠标右键,选择“剪辑速度/持续时间”选项,将“持续时间”参数设置为“00:00:10:00”,单击“确定”按钮,如图4-340所示。选中素材01并单击鼠标右键,选择“缩放为帧大小”选项,如图4-341所示。

图 4-340　剪辑速度/持续时间

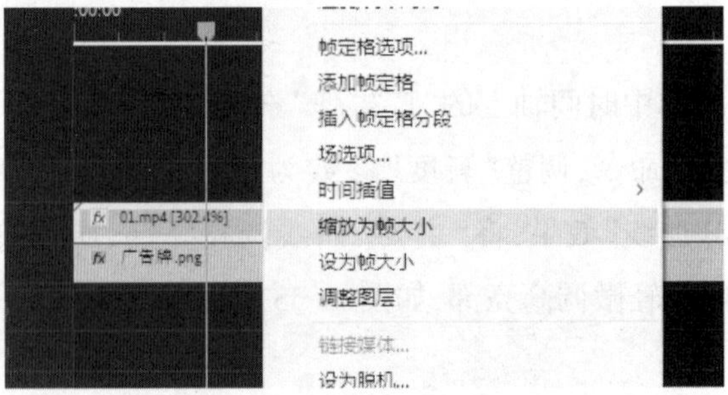

图 4-341　缩放为帧大小命令位置

6.选中时间轴上的素材 01，打开“效果控件”面板，在“位置”参数后输入“549.0，491.0”，调整素材位置。打开“效果”面板，在“视频效果”→“变换”文件夹中找到“裁剪”效果，将其拖拽至素材上，并在“效果控件”面板中调整“顶部”参数为 10.0%，“底部”为 6.9%，如图 4-342 所示。

扫码可看图 4-342 彩图 a

扫码可看图 4-342 彩图 b

(a)效果控件参数设置　　(b)效果控件参数设置效果

图 4-342　设置素材 01 的参数

7.执行“效果”→“视频效果”→“扭曲”→“边角定位”命令并将其赋予素材 01，单击“效果控件”面板中的“边角定位”四个字，选中该效果，此时在节目监视器中就会出现 4 个边角定位控制点，依次拖动这 4 个控制点，对图像进行变形，模拟透视效果，如图 4-343所示。如未出现控制点，我们也可以将鼠标指针放置于参数上，长按并左右滑动调整参数。

扫码可看图 4-343 彩图 a

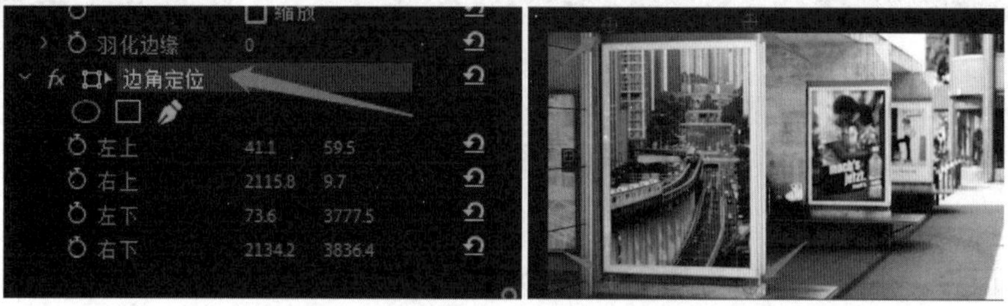

扫码可看图 4-343 彩图 b

(a)边角定位设置　　(b)边角定位效果

图 4-343　素材 01 的位置调整

8.执行“效果”→“视频效果”→“透视”→“边缘斜面”命令并将其赋予素材 01，调整“边缘厚度”为 0.02，“光照角度”为-60.0°，“光照颜色”为“R200，G200，B200”，“光照强度”为 0.00。执行“效果”→“视频效果”→“图像控制”→“颜色平衡 RGB”命令并将其赋予素材 01，设置参数“红”为 84，“绿”为 98，“蓝”为 100，如图 4-344 所示。

扫码可看图
4-344 彩图 a

扫码可看图
4-344 彩图 c

(a)边缘斜面及颜色平衡(RGB)参数　　(b)设置效果

图 4-344　素材 01 微调

9.用同样的方式将素材 02 拖入 V2 轨道,调整“速度/持续时间”和“缩放为帧大小”,然后分别设置“缩放”参数、“位置”参数、“裁剪”参数、“边角定位”参数、“边缘斜面”参数,如图 4-345 所示。

扫码可看图
4-345 彩图 a

扫码可看图
4-345 彩图 c

(a)素材 02 缩放、裁剪设置　　(b)素材 02 初步调整　　(c)边角定位、边缘斜面设置

图 4-345　素材 02 初步调整效果

10.因为素材 02 距离视觉点有一定的距离,所以我们需要给予其一定的模糊感并降低其饱和度。将“模糊与锐化”文件夹中的“相机模糊”效果和“颜色校正”文件夹中的“颜色平衡(HLS)”效果分别赋予素材 02。在“相机模糊”效果下调整“百分比模糊”参数为 2,然后在“颜色平衡(HLS)”效果下调整“亮度”参数为-6.0,“饱和度”参数为-20.0,如图 4-346 所示。

扫码可看图 4-346 彩图 a

扫码可看图 4-346 彩图 b

(a)相机模糊、颜色平衡(HLS)设置　　(b)设置效果

图 4-346　素材 02 微调

11.用同样的方式将素材 03 拖入 V2 轨道，调整“速度/持续时间”和“缩放为帧大小”，然后分别设置“缩放”参数、“位置”参数、“裁剪”参数、“边角定位”参数、“边缘斜面”参数，如图 4-347 所示。

扫码可看图 4-347 彩图 a

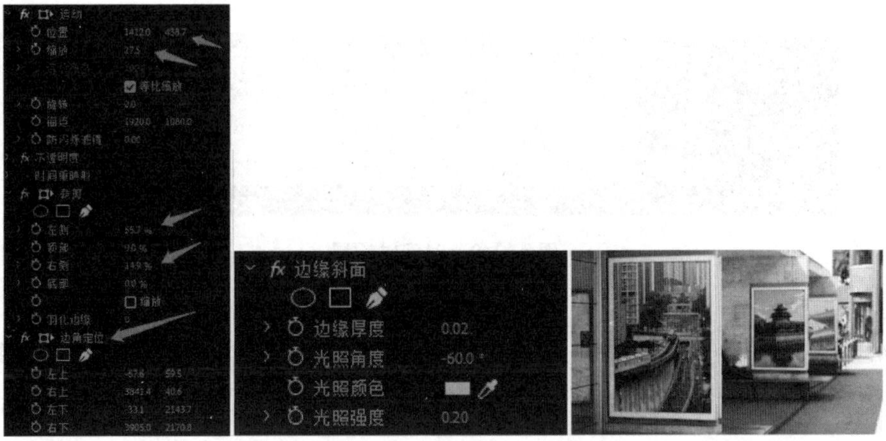

扫码可看图 4-347 彩图 c

(a)相关参数设置　　(b)边缘斜面　　(c)设置效果

图 4-347　素材 03 初步设置

12.因为素材 03 距离视觉点更远，所以我们需要给予其更多的模糊感并进一步降低其饱和度。将“模糊与锐化”文件夹中的“相机模糊”效果和“颜色校正”文件夹中的“颜色平衡(HLS)”效果分别赋予素材 03。在“相机模糊”效果下设置“百分比模糊”参数为 4，然后在“颜色平衡(HLS)”效果下设置“亮度”参数-10.0，“饱和度”参数为-30.0，如图 4-348 所示。

扫码可看图
4-348 彩图 a

扫码可看图
4-348 彩图 b

(a)相机模糊与颜色平衡(HLS)　　(b)设置效果

图 4-348　素材 03 细节调整

13.由于在最前方左侧有类似镜子的效果对画面进行了反光,因此我们也需要为素材 01 制作一个倒影效果。选中时间轴上的素材 02 和 03,向上移动一个视频轨道,按住"Alt"键同时向上拖拽素材 01,为其创建一个复制文件,如图 4-349 所示。

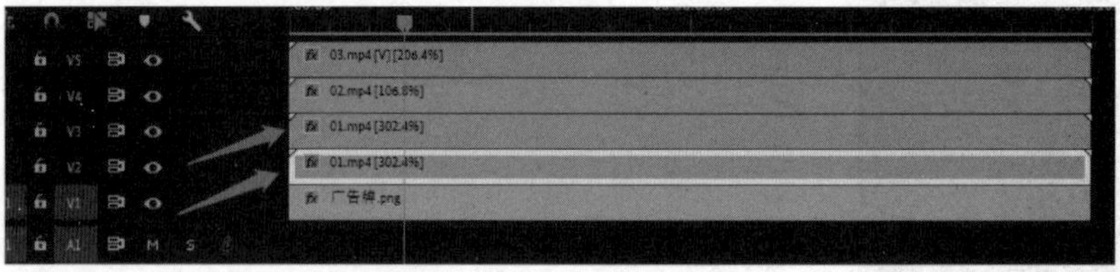

图 4-349　时间轴设置

14.选中 V3 轨道上的素材 01,为其赋予"扭曲"文件夹中的"镜像"效果,将反射角度调整为 179.5°,单击"效果控件"面板中的"镜像"两个字,选中"镜像"效果,在节目监视器中就会出现镜像中心控制点,将其拖拽至左侧墙面与广告牌交界的中心位置,也可设置参数为"-207.2,2005.5",如图 4-350 所示。

扫码可看图
4-350 彩图 a

扫码可看图
4-350 彩图 b

(a)镜像设置　　(b)设置效果

图 4-350　镜像设置

15.删除 V3 轨道中素材 01 的"边缘斜面"效果,将"不透明度"参数设置为 90.0%,调整"裁剪"效果的"顶部""右侧""底部"参数,使素材 01 的画面面积减小,如图 4-351 所示。

扫码可看图
4-351 彩图 a

扫码可看图
4-351 彩图 b

(a)各项参数设置　　　　　　　　(b)设置效果

图 4-351　镜面其他效果设置

16.选中 V5 轨道上的素材 03,单击鼠标右键选择“取消链接”,如图 4-352 所示。选中 A1 轨道上的音频素材,按下“Delete”键删除。

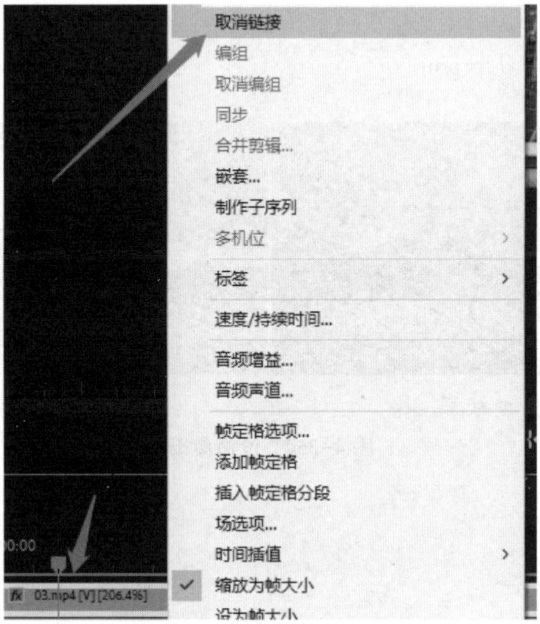

图 4-352　取消链接命令位置

17.项目效果完成,按下快捷键“Ctrl+S”保存项目,如图 4-353 所示。

扫码可看图
4-353 彩图

图 4-353　案例效果图

课后作业:沧海桑田

● 练习知识要点

使用"缩放""镜像""亮度对比度""光照效果""波形变形"等特效创建沧海桑田效果,如图 4-354 所示。

● 效果所在位置

案例/4.13/课后练习.prproj。

扫码可看图
4-354 彩图 a

扫码可看图
4-354 彩图 b

(a)原素材　(b)目标效果

图 4-354　沧海桑田

第五章　当下流行的影片剪辑方式

本章概述

本章主要介绍了应用 Premiere Pro CC 2019 软件创建的影片创作剪辑案例。通过本章的学习，读者可以更熟练地掌握 Premiere Pro CC 2019 软件的各项操作流程，并创造出丰富多彩的视觉效果。

思政教学目标

用国内优秀影视作品加强对当代大学生的爱国主义教育、素质教育，激发大学生积极投身于影视剪辑创作的热情，增强大学生的责任感和使命感。

教学要求

◆了解“时间重映射效果”。

◆掌握如何制作蒙版转场动画。

◆熟练运用多视频特效组合方法。

教学重点和难点

重点：如何利用多特效组合创造出更好的视觉效果。

难点：掌握多特效组合的参数设置方法。

视频剪辑是指对加入的图片、背景音乐、特效、场景等素材与视频进行重新组合，对视频源进行切割、合并，通过二次编码，生成具有不同表现力的新视频的过程。按照汉语的字面意思理解，剪辑实际上包含了两个方面的含义，即“剪断”和“编辑”，将原来连续的画面断开就是“剪断”，再将剪断的画面按照创作者的需求重新拼接到一起就是“编辑”。在 Premiere Pro CC 2019 中，我们可以将前期采集的视频、图片或音频等素材打乱，重新建立链接，组合成为一个与之前完全不同的作品。本章主要介绍的是当下比较流行的一些剪辑手法，以提升读者在实际项目中的操作能力。

第一节　剪辑的基本流程

在 Premiere Pro CC 2019 中，素材整理、粗剪、精剪和修改完善是剪辑的基本流程。

一、素材整理

素材整理是剪辑流程中的第一个步骤。在这个环节中，创作者首先要对前期拍摄的所有素材进行浏览，删除多余素材，留下可用素材，并根据镜头景别、类型、角色和脚本对保留下的素材进行分类排序。其目的是保证编辑人员后期对素材进行剪辑，能够快速高效地找到想要的素材，使镜头连贯流畅，如图 5-1 所示。

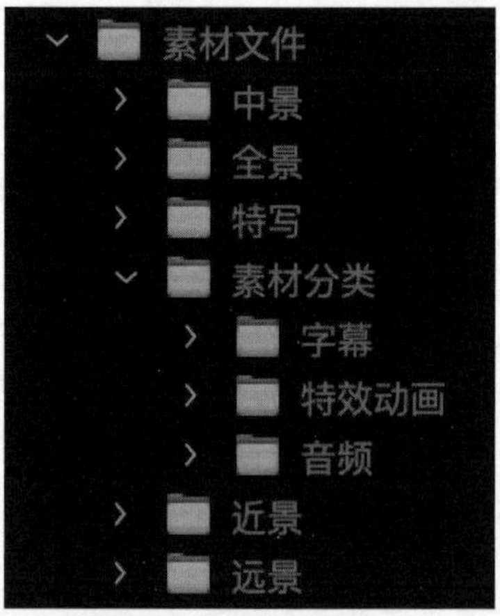

图 5-1　素材整理类型

二、粗剪

按照字面意思理解，粗剪就是粗糙剪辑，指的是将前期整理的素材，按照一开始的主题思想进行简单拼接排序。粗剪的意义在于搭建框架，为后续的精剪做准备。在这一环节中，编辑人员可以先不考虑旁白、配乐、字幕、特效等因素，只将素材拼接成具有一定叙事逻辑的雏形，使观众能够明白作品的基本意思即可。

三、精剪

精剪是在粗剪的基础上所进行的更加深入的剪辑，从镜头的组接、声音的大小远近、字幕的添加、画面的调色到特效的合成制作等各个环节，针对其中的每一个细节全方位进行调整，使镜头组接更加流畅、画面更加精致。因此，精剪也是整个剪辑过程中最重要的一个环节。

四、修改完善

修改完善是整个剪辑过程中的最后一个环节，这一步骤是在精剪的基础上所进行的最后修改完善，因此更强调影片的情感表达、观众的审美需求和叙事的张力，从而使作品更具有情绪感染力。

第二节　视频的变速剪辑

在本案例中，我们将使用“方向模糊”和“时间重映射”制作视频由快到慢，再由清晰到模糊的转化效果，具体操作如下：

1.打开 Premiere Pro CC 2019 软件，用鼠标左键依次点击菜单栏中的“文件”→“新建”→“项目”命令，此时在弹出的窗口中新建一个项目并命名为“变速剪辑”，接着单击鼠标左键执行“文件”→“导入”命令，将事先准备好的全部素材导入软件中，如图 5-2 所示。

扫码可看图
5-2 彩图

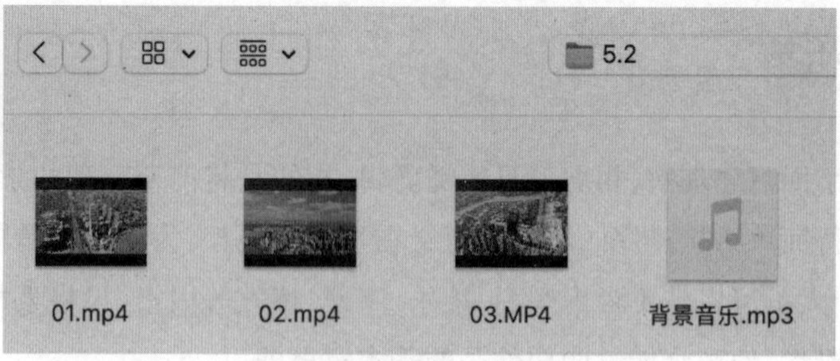

图 5-2 将素材导入窗口

2.在“项目”面板中，将素材 01、02、03 分别拖曳至时间轴的 V1 轨道上，并按照顺序排列好，如图 5-3 所示。

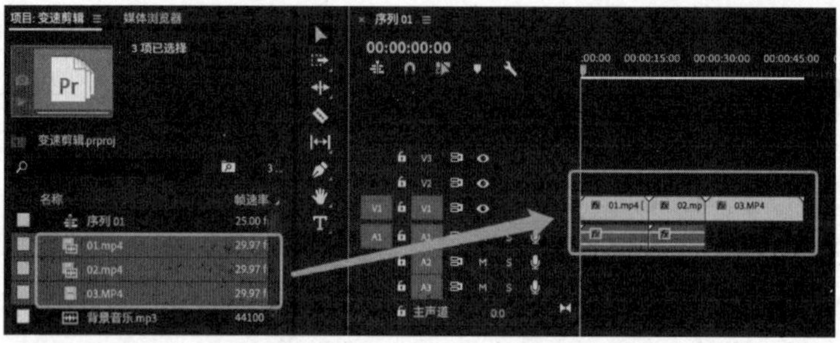

图 5-3 将素材拖曳至时间轴上

3.选中 V1 轨道上的素材 01、02，单击鼠标右键，在弹出的菜单中选择“取消链接”命令，然后将 A1 轨道上的音频文件删除，只保留视频文件，如图 5-4 所示。

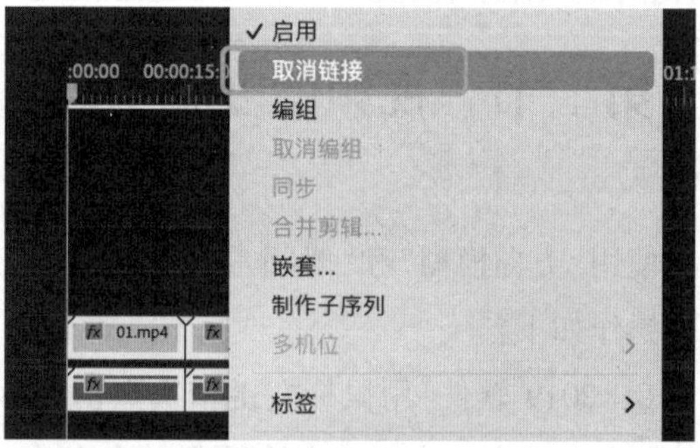

图 5-4 “取消链接”命令位置

4.删除素材本身的音频后，我们就可以将事先准备好的“背景音乐.mp3”素材拖曳到 A1 轨道上，如图 5-5 所示。

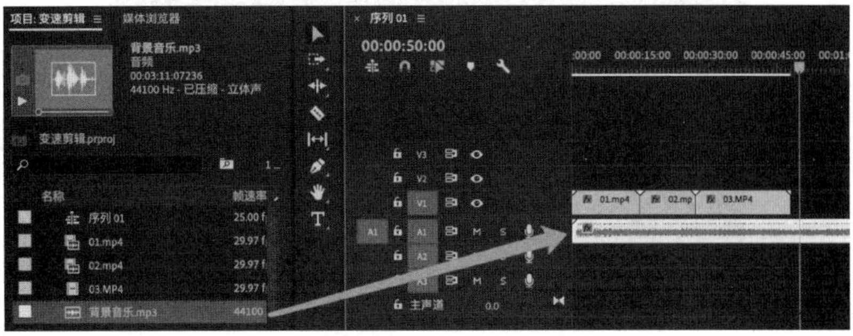

图 5-5　将背景音乐导入时间轴

5.制作变速效果。选中 V1 轨道上的素材 01，然后单击鼠标右键，在弹出的菜单中执行“显示剪辑关键帧”→“时间重映射”→“速度”命令，如图 5-6 所示。

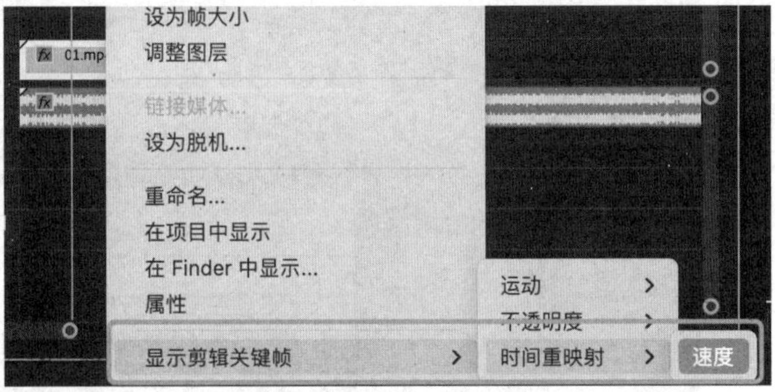

图 5-6　“速度”命令位置

6.以上设置完成后，“时间轴”面板如图 5-7 所示。

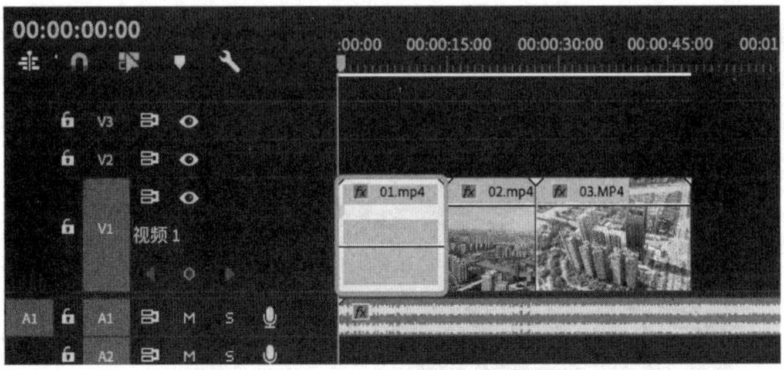

扫码可看图 5-7 彩图

图 5-7　“时间轴”面板

7.滑动“时间指示器”至 00:00:07:00 位置，并在此位置上用“剃刀工具”对素材 01 进行剪辑，如图 5-8 所示。

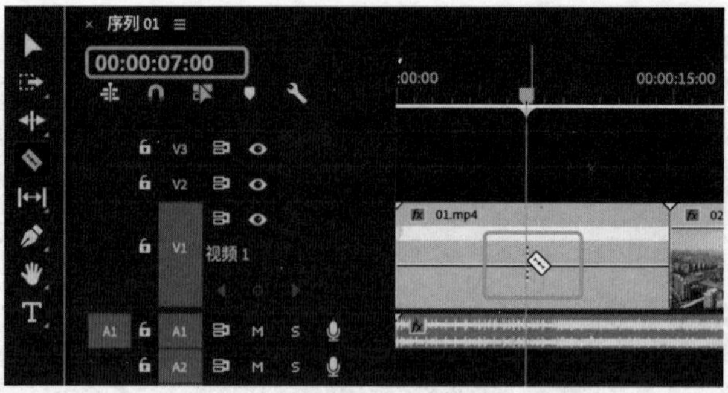

图 5-8　对素材文件 01 进行剪辑

8.接下来我们为素材 01 添加关键帧。将“时间指示器”定位到素材 01 的起始帧位置，同时按住“Ctrl”键并单击鼠标左键，在该位置上为素材 01 添加速度关键帧滑块，如图 5-9 所示。

扫码可看图 5-9 彩图

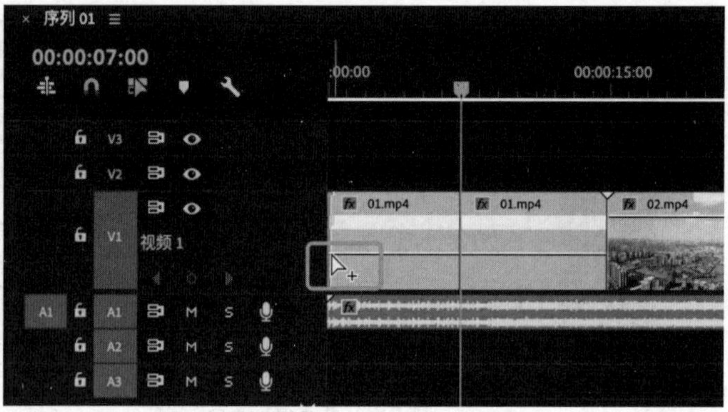

图 5-9　为素材 01 添加关键帧

9.滑动“时间指示器”至 00:00:03:00 的位置，以同样的方式再次添加速度关键帧，并上下拖拽滑块右侧线段以适当调整其高度。线段位置越高，表示速度越快；线段位置越低，表示速度越慢，如图 5-10 所示。

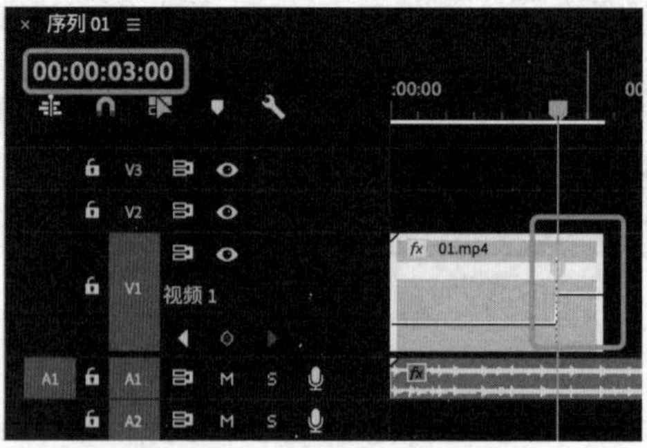

图 5-10　添加第二个关键帧

10.将“时间轴”面板上素材 01 后面的部分向前拖动并跟进前半部分，然后选中素材 01 的后半部分，分别在 00:00:06:00 和 00:00:09:00 的位置添加速度关键帧滑块，并适当调整线段高度，从而调整素材的播放速度。调整完成后，继续在 00:00:08:00 的位置添加速度关键帧，并适当调整其线段高度，如图 5-11 所示。

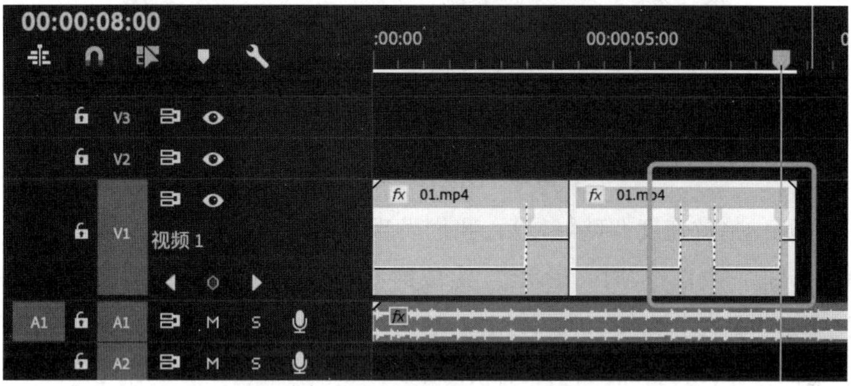

图 5-11　设置素材 01 后半段关键帧

11.继续将素材 02 向前移动跟进，同样单击鼠标右键执行“显示剪辑关键帧”→“时间重映射”→“速度”命令，将素材 02 的速度关键帧显示出来。分别在 00:00:11:00 和 00:00:18:00 的位置添加速度关键帧滑块，向上拖动速度时间轴，使时间轴升高的这部分素材的播放速度也随之加快，如图 5-12 所示。

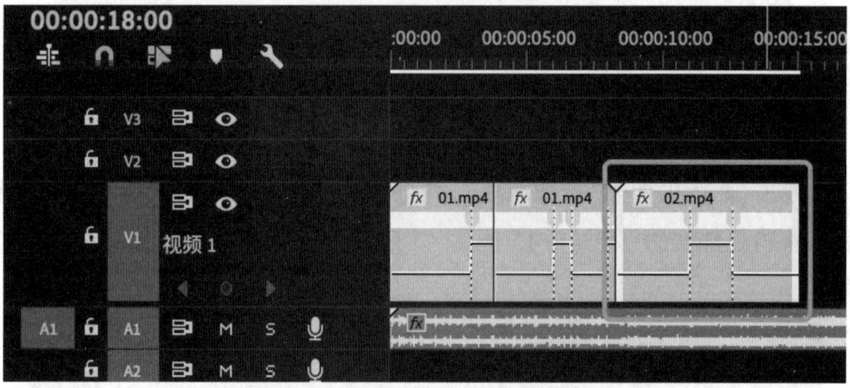

图 5-12　设置素材 02 的关键帧

12.用同样的方式将素材 03 向前移动跟进，并显示出速度关键帧，分别在 00:00:18:00 和 00:00:32:00 的位置添加速度关键帧滑块，并调整线段的高度，从而调整素材的播放速度，如图 5-13 所示。

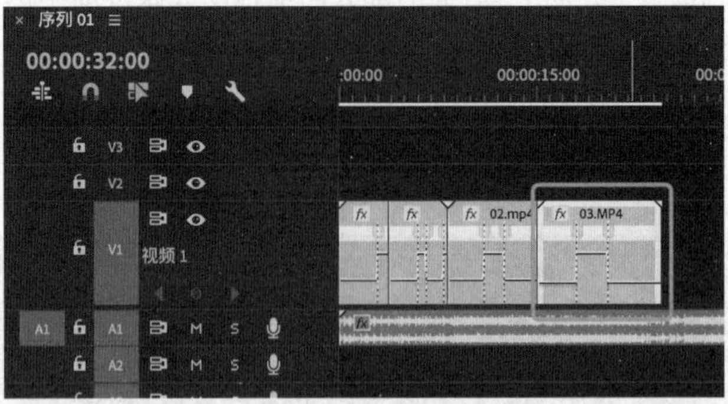

图 5-13　设置素材 03 的关键帧

13.在画面的播放速度调整好以后，我们发现 A1 轨道上的音频素材多出了一部分，需要将其剪辑掉。我们将“时间指示器”定位到 V1 轨道视频素材的结束位置，在这个位置上，用“剃刀工具”对音频素材进行切割，然后使用“选择”工具选中刚刚切割完的音频素材的后半部分并将其删除，如图 5-14 所示。

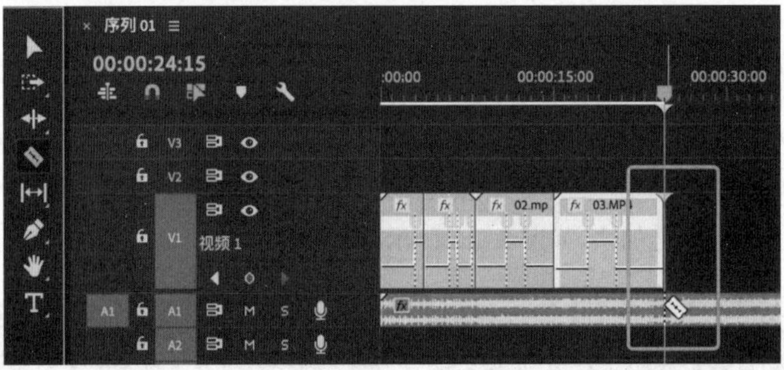

图 5-14　调整音频结束位置

14.在“效果”面板中搜索“指数淡化”，并将该效果拖曳至音频素材的结束位置上，使背景音乐结束得更加自然，如图 5-15 所示。

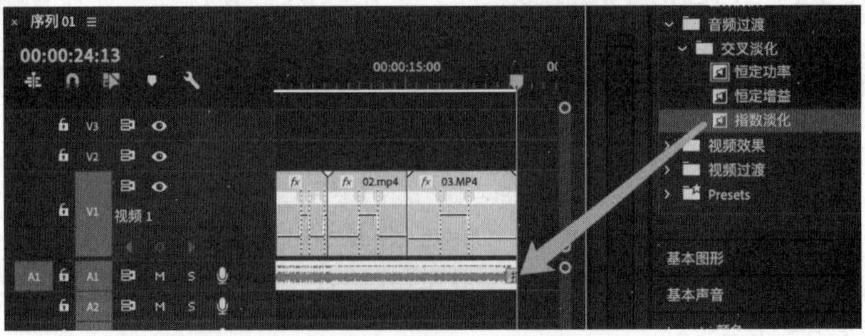

图 5-15　给音频添加“指数淡化”效果

15.在“项目”面板中单击鼠标右键,在弹出的菜单中执行“新建项目”→“调整图层”命令,如图 5-16 所示。

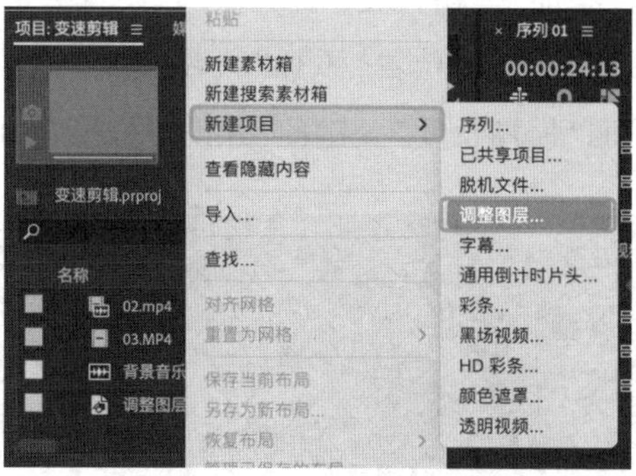

图 5-16　新建调整图层

16.将“项目”面板中刚刚新建的调整图层拖曳至调整好速度的素材文件上方的轨道上(即 V2 轨道),修改其起始时间为 00:00:07:22,持续时间为 1 秒,如图 5-17 所示。

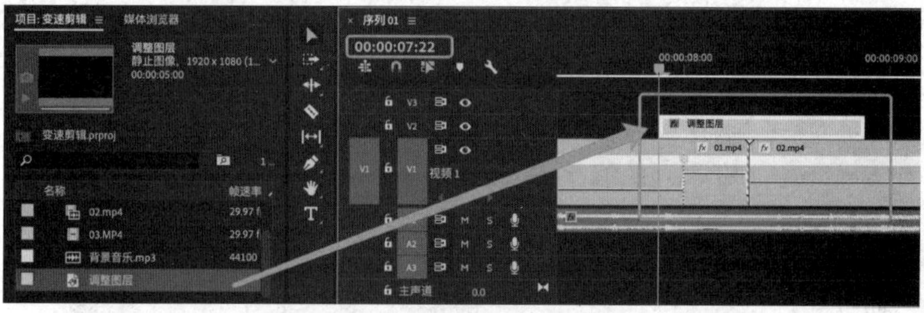

图 5-17　将调整图层拖入时间轴

17.展开“效果”面板,执行“视频效果”→“模糊与锐化”→“方向模糊”命令,选中该效果后,将其拖曳至调整图层上,如图 5-18 所示。

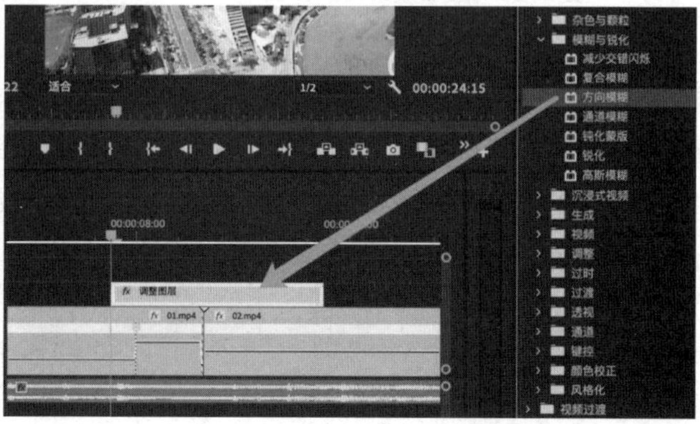

图 5-18　给调整图层添加“方向模糊”效果

18.选中 V2 轨道上的调整图层，然后在“效果控件”面板中设置“方向模糊”的相关参数，将“方向”的参数值调整为 90.0°；接着在不同的关键帧位置设置不同的“模糊长度”数值，在 00:00:07:22 的位置添加“模糊长度”关键帧，并设置数值为 0；在 00:00:08:08 的位置（即素材 01 与素材 02 相交接的位置）添加“模糊长度”关键帧，并设置数值为 50.0；在 00:00:08:22 的位置添加“模糊长度”关键帧，并设置数值为 0，如图 5-19 所示。

图 5-19　设置方向模糊关键帧

19.点击播放键查看添加效果后的画面，如图 5-20 所示。

扫码可看图 5-20 彩图

图 5-20　添加效果后的画面

20.接下来我们只需要将设置好参数的调整图层复制到视频的衔接处即可。选择已完成参数设置的调整图层，按住“Alt”键的同时点击鼠标左键拖动调整图层，在 00:00:14:16 的位置（即素材 02 与素材 03 相交接的位置）松开鼠标左键，这样就完成了调整图层的复制，如图 5-21 所示。

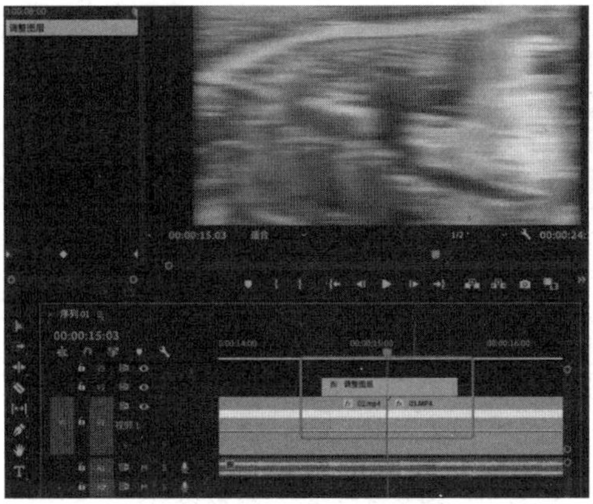

扫码可看图
5-21 彩图

图 5-21　复制调整图层

21.点击播放键查看画面效果，对细节不足之处进行修改完善，如图 5-22 所示。

扫码可看图
5-22 彩图

图 5-22　最终效果

第三节　抖动卡点效果的制作

在当下流行的短视频软件中，抖动卡点效果深受用户的喜爱。抖动卡点视频是一种特殊的视频制作方式，它能够通过音乐的节奏变化和画面的切换来呈现出视觉和听觉上的冲击力，节奏感强且画面具有弹性。在本案例中，我们将采用“效果”面板中的“变换”特效制作由上至下的抖动卡点效果，具体操作如下：

1.打开 Premiere Pro CC 2019 软件，点击鼠标左键执行“文件”→“新建”→“项目”命令，这时在弹出的窗口中新建一个项目并命名为“抖动卡点”，接着点击鼠标左键执行“文件”→“导入”命令，将事先准备好的全部素材导入软件中，如图 5-23 所示。

扫码可看图
5-23 彩图

图 5-23 导入素材窗口

2.在“项目”面板中依次将 01.jpg 至 08.jpg 素材文件拖曳至时间轴的 V1 轨道上，并按顺序排列好，再将“背景音乐.mp3”拖曳至 A1 轨道上，如图 5-24 所示。

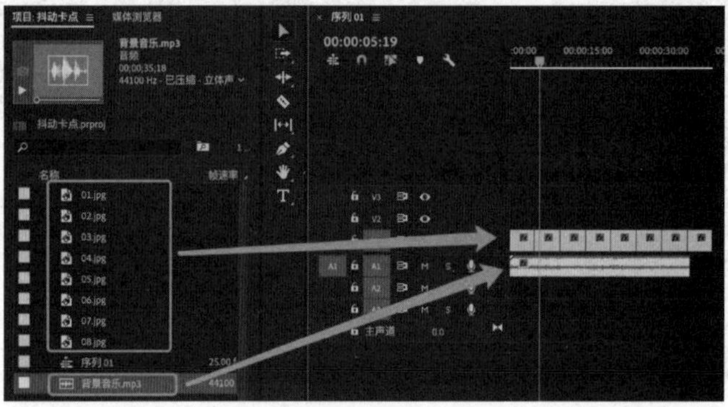

图 5-24 将素材导入时间轴

3.设置 A1 轨道上的音频素材结束时间为 00:00:09:13，根据音乐节奏更改每幅图片的持续时间，并同样保持结束时间为 00:00:09:13，如图 5-25 所示。

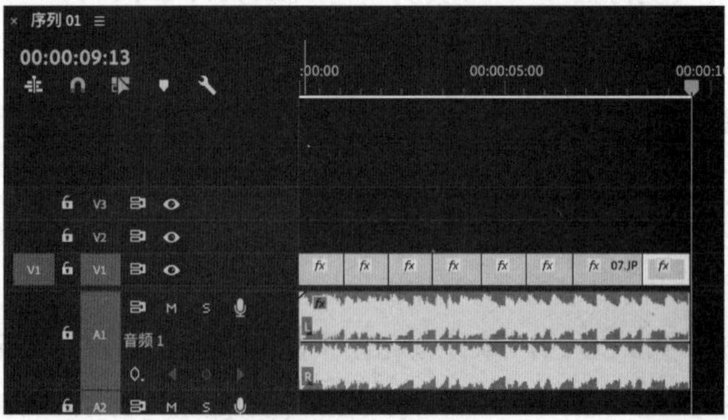

图 5-25 调整音频持续时间

4.制作抖动效果。在“项目”面板下方的空白处单击鼠标右键，在弹出的菜单中执行“新建项目”→“调整图层”命令，并在“调整图层”窗口中单击“确定”按钮，如图 5-26 所示。

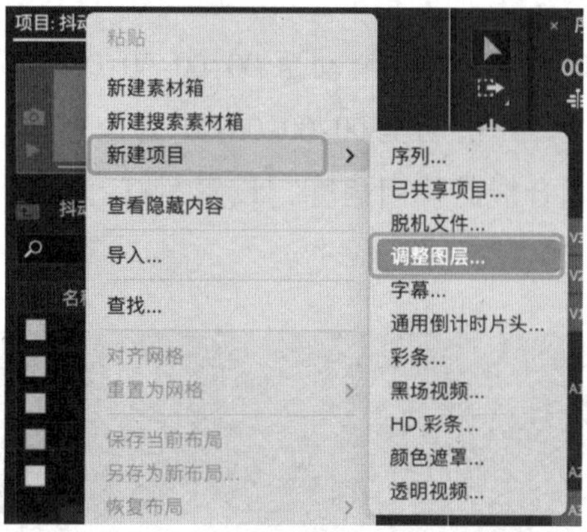

图 5-26　新建调整图层命令位置

5.将刚刚新建好的“调整图层”拖曳至时间轴的 V2 轨道上，起始时间和结束时间与下方的 01.jpg 素材文件对齐，如图 5-27 所示。

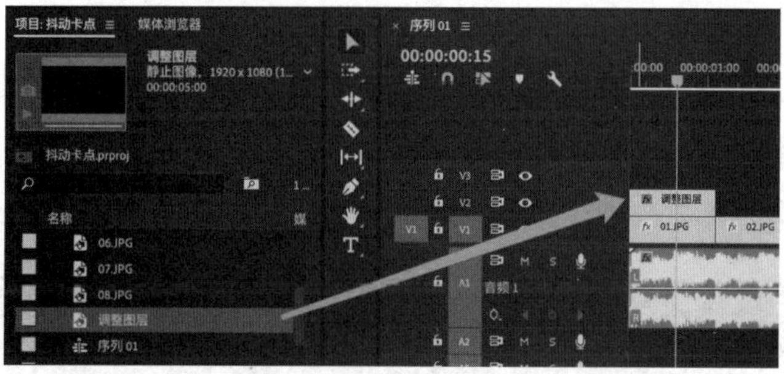

图 5-27　将调整图层导入时间轴

6.展开“效果”面板，执行“视频效果”→“扭曲”→“变换”命令，选中该效果后将其拖曳至调整图层上，如图 5-28 所示。

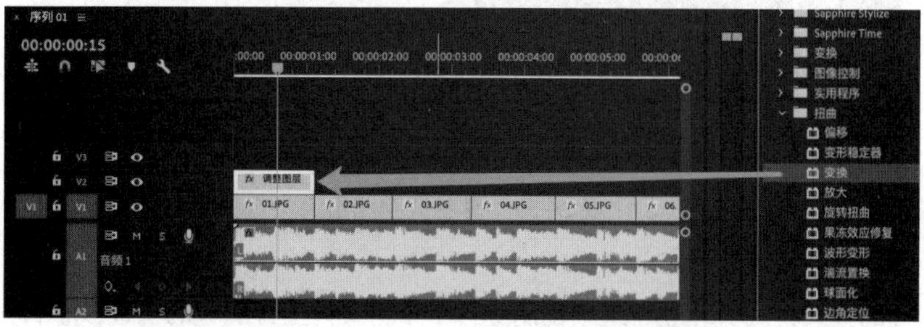

图 5-28　将“变换”效果添加至调整图层

7.选择 V2 轨道上的“调整图层”，在“效果控件”面板中展开“变换”效果，将“时间指示器”滑动至起始帧的位置，单击“位置”前方的“切换动画”按钮，开启自动关键帧，调整“位置”参数为“960.0，100.0”；将“时间指示器”滑动至 00：00：00：03 的位置，调整“位置”参数为“960.0，1050.0”；将“时间指示器”滑动至 00：00：00：07 的位置，调整“位置”参数为“960.0，650.0”；将“时间指示器”滑动至 00：00：00：11 的位置，调整“位置”参数为“960.0，540.0”；然后取消勾选“使用合成的快门角度”，设置“快门角度”为 360.0，滑动“时间指示器”查看画面效果，如图 5-29 所示。

扫码可看图
5-29 彩图

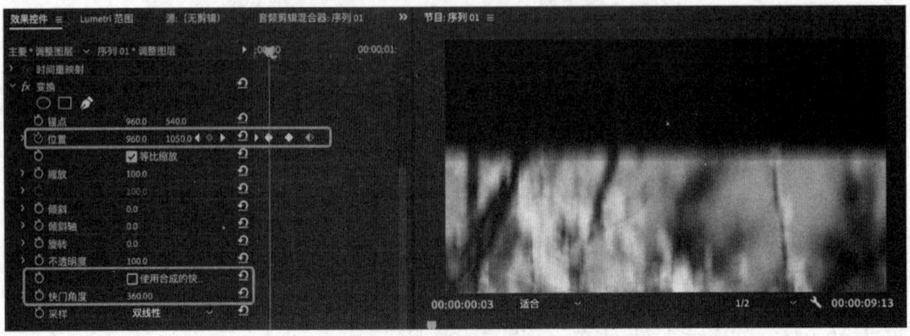

图 5-29　设置调整图层的关键帧

8.选中 V2 轨道上的“调整图层”，按住“Alt”键的同时点击鼠标左键进行拖动，从而复制出一个“调整图层”，然后设置新的“调整图层”的持续时间与下方 V1 轨道上的 02.jpg 素材文件一致，按播放键即可查看当前的画面效果，如图 5-30 所示。

图 5-30　复制调整图层

9.用同样的方式将“调整图层”继续复制到各个素材文件上方对应的位置，如图 5-31 所示。

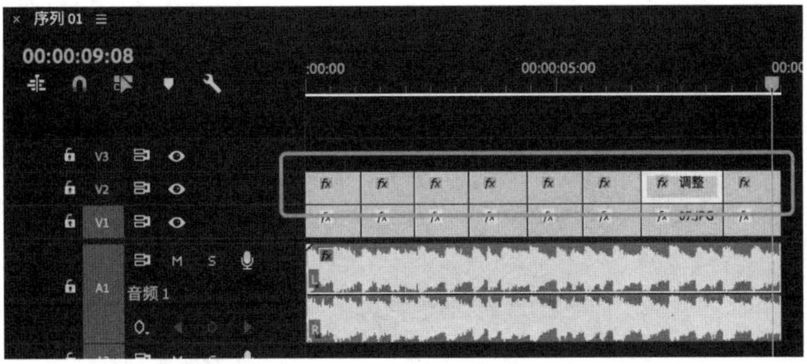

图 5-31　逐一复制调整图层

10.点击播放键查看画面效果，对细节不足之处进行修改完善，如图 5-32 所示。

扫码可看图 5-32 彩图

图 5-32　案例最终效果

第四节　图片拆分滑动效果的制作

在一些特效大片中，我们经常会看到在转场时，前一个画面被拆分为多部分碎片，然后衔接到下一个画面中的效果。在本案例中，我们将主要使用“偏移”和“蒙版”制作出图片拆分滑动的转场效果，具体操作如下：

1.打开 Premiere Pro CC 2019 软件，点击鼠标左键执行菜单栏中的“文件”→“新建”→“项目”命令，这时在弹出的窗口中新建一个项目并命名为“拆分滑动效果”，接着点击鼠标左键执行“文件”→“导入”命令，将事先准备好的全部素材导入软件中，如图 5-33 所示。

扫码可看图
5-33 彩图

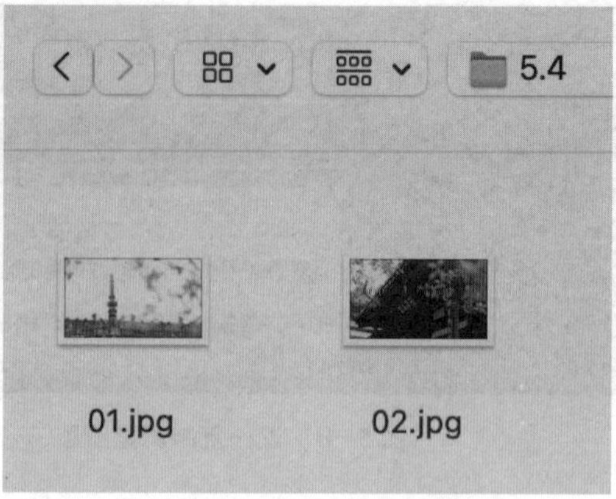

图 5-33　导入素材窗口

2.在“项目”面板中依次将 01.jpg、02.jpg 素材文件拖曳至时间轴的 V1 轨道上，并按顺序排列好，如图 5-34 所示。

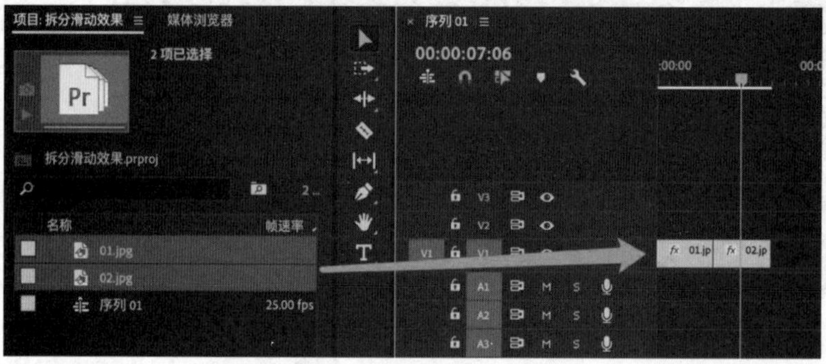

图 5-34　将素材拖曳至时间轴

3.接下来我们给画面添加动画效果。展开“效果”面板，执行“视频效果”→“扭曲”→“偏移”命令，选中该效果后将其拖曳至 01.jpg 素材文件上，如图 5-35 所示。

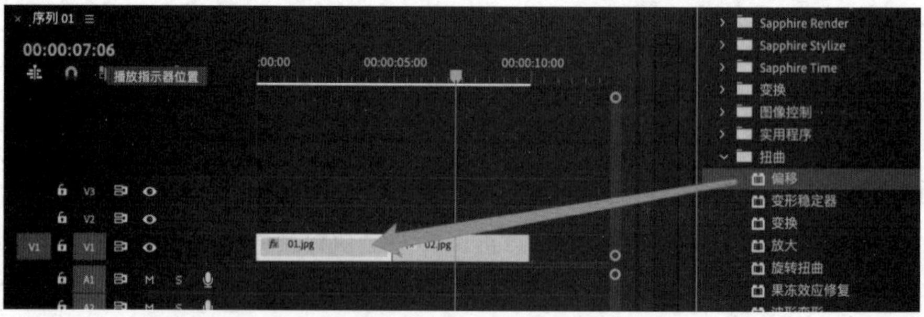

图 5-35　添加“偏移”效果至素材 01

4.选中 V1 轨道上的 01.jpg 素材文件，然后展开刚刚添加的“偏移”效果参数，单击“自由贝塞尔曲线”按钮，如图 5-36 所示。

图 5-36　偏移参数

5.将光标移动至“节目监视器”中，点击鼠标左键在画面上建立锚点，按照图 5-37 所示，在监视器中绘制一个不规则的四边形。

扫码可看图
5-37 彩图

图 5-37　绘制蒙版路径

6.将“时间指示器”滑动至起始帧的位置，单击“将中心移位至”前的“切换动画”按钮，开启自动关键帧，设置“将中心移位至”的参数为“960.0，540.0”；继续将“时间指示器”滑动至 00:00:01:00 的位置，设置“将中心移位至”的参数为“960.0，1620.0”，如图 5-38所示，点击播放键即可查看画面效果。

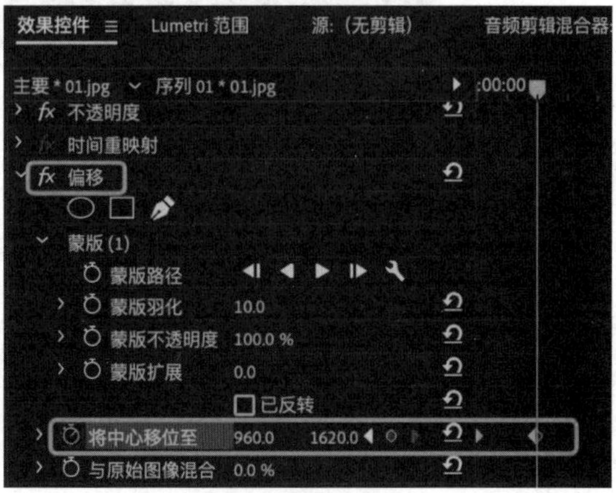

图 5-38　设置偏移关键帧参数

7.用鼠标左键选中“效果控件”面板中刚刚设置好参数值的“偏移”效果,按下快捷键“Ctrl+C”和“Ctrl+V”进行复制粘贴,注意粘贴时需要在“效果控件”面板的空白处进行复制操作,如图 5-39 所示。

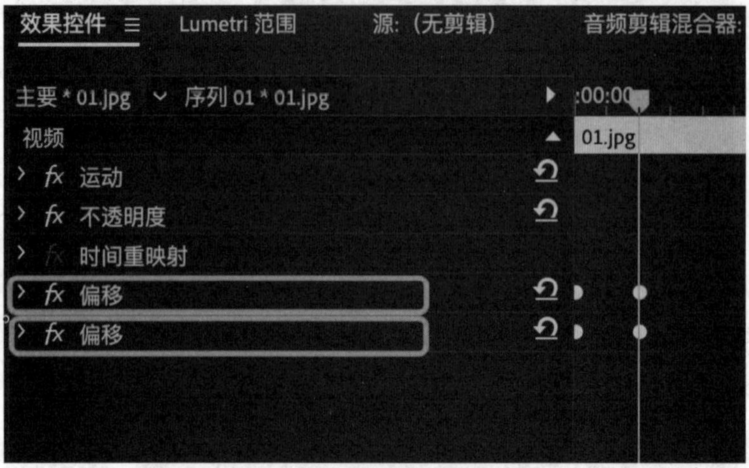

图 5-39 复制偏移效果

8.展开刚刚拷贝的“偏移”效果,单击“蒙版(1)”,此时在节目监视器中就会出现绘制的蒙版路径,通过鼠标拖动锚点的位置改变蒙版的形状,如图 5-40 所示。

扫码可看图
5-40 彩图

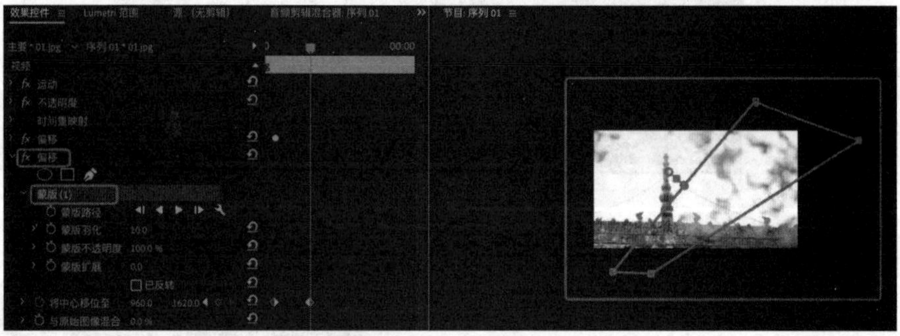

图 5-40 调整偏移蒙版位置

9.将“时间指示器”停留在 00:00:01:00 的位置,同时选中“将中心移位至”后面的两个关键帧,然后按住鼠标左键将这两个关键帧向右拖动,使第一个关键帧的位置与“时间指示器”的位置重合,也就是第一个关键帧处于 00:00:01:00 的位置,如图 5-41 所示。

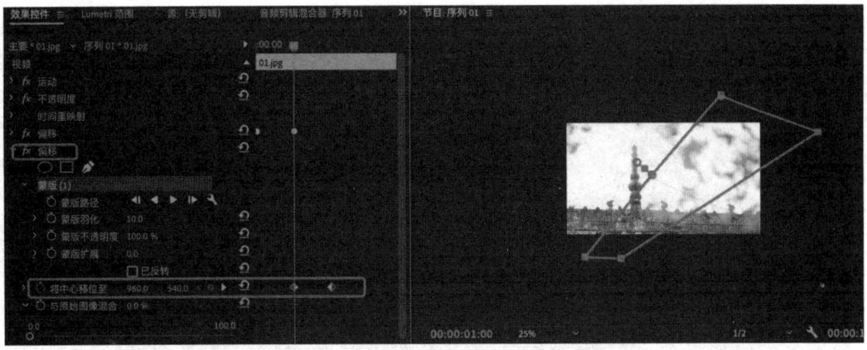

扫码可看图
5-41 彩图

图 5-41　设置第一个“将中心移位至”关键帧

10.用同样的方式再次复制一个“偏移”效果，随后展开新拷贝的“偏移”效果，单击“蒙版(1)”，此时在节目监视器中出现蒙版路径，再次通过鼠标拖动锚点的位置来改变蒙版的形状，如图 5-42 所示。

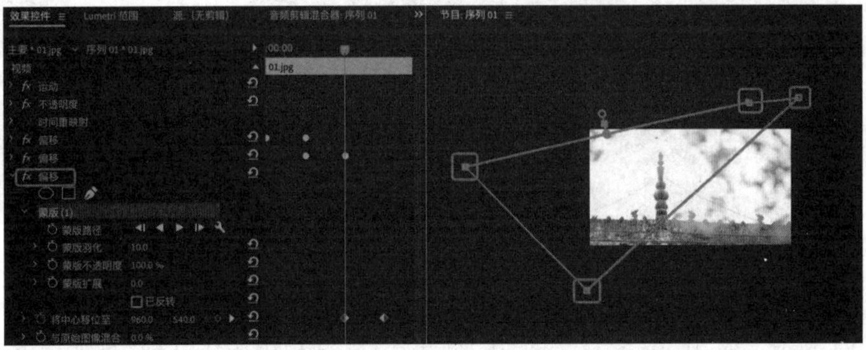

扫码可看图
5-42 彩图

图 5-42　调整偏移蒙版位置

11.将“时间指示器”停留在 00:00:02:00 的位置，同时选中“将中心移位至”后面的两个关键帧，然后按住鼠标左键将这两个关键帧向右拖动，使第一个关键帧的位置与“时间指示器”的位置重合，如图 5-43 所示。

12.用同样的方式继续复制两个“偏移”效果，并修改蒙版形状和关键帧的位置，修改完成后，点击播放键即可查看整体效果，如图 5-44 和图 5-45 所示。

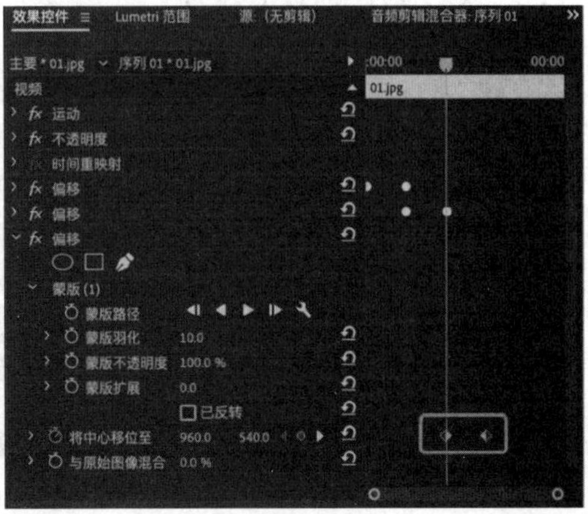

图 5-43　设置第二个和第三个“将中心移位至”关键帧

扫码可看图
5-44 彩图

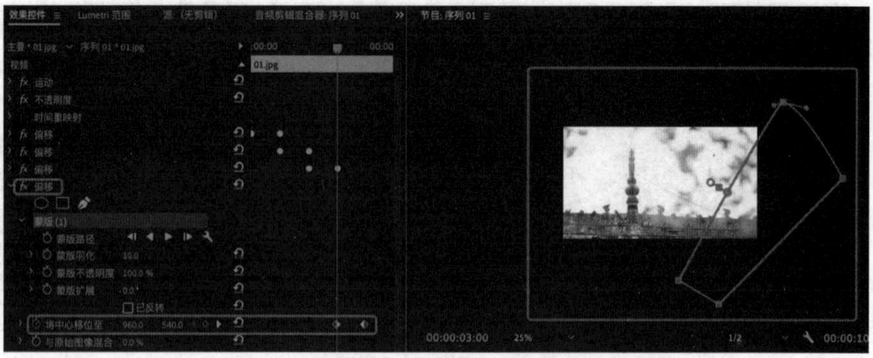

图 5-44 设置第四个“将中心移位至”关键帧

扫码可看图
5-45 彩图

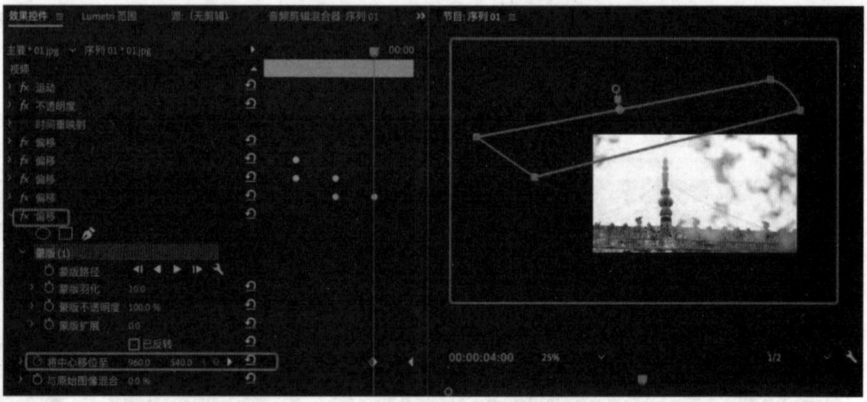

图 5-45 设置第五个“将中心移位至”关键帧

13.选中 V1 轨道上的 01.jpg 素材文件,在“效果控件”面板中按住“Ctrl”键加选下方的五个“偏移”效果,按下快捷键“Ctrl+C”进行复制,接着选中 V1 轨道上的 02.jpg 素材文件,在“效果控件”面板下方的空白处,按下快捷键“Ctrl+V”进行粘贴,如图 5-46 所示。

扫码可看图
5-46 彩图

图 5-46 复制五个“偏移”效果

14.此时 02.jpg 素材文件与 01.jpg 素材文件被应用了相同的特效,滑动“时间指示器”即可查看 02.jpg 素材文件的动态效果。整个画面效果制作完成,如图 5-47 所示。

扫码可看图
5-47 彩图

图 5-47　案例最终效果

第五节　残影效果的制作

残影可以理解为当眼睛捕捉移动事物的速度不及事物本身的移动速度时,眼睛无法看清事物在运动中的每一个轨迹停留,但同时由于受到视觉暂留的影响,眼睛又能看见事物运动轨迹每一处停留之前位置的影像。在本案例中,我们将使用“颜色平衡(RGB)”和“滤色”特效制作残影画面效果,具体操作如下:

1.打开 Premiere Pro CC 2019 软件,新建一个项目,点击鼠标左键依次执行“文件”→“导入”命令,将事先准备好的全部素材导入软件中,如图 5-48 所示。

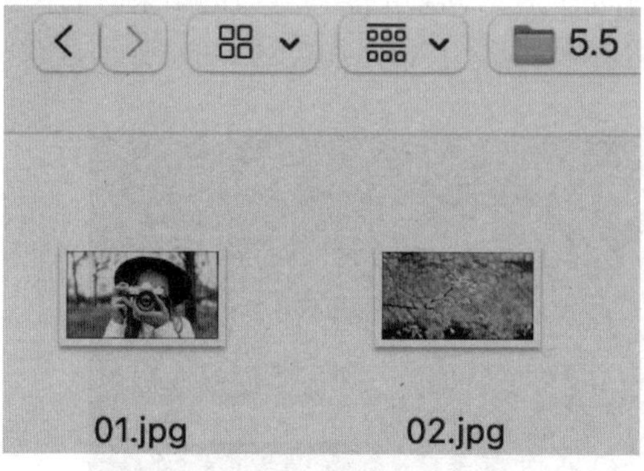

扫码可看图
5-48 彩图

图 5-48　导入素材窗口

2.在“项目”面板中依次将 01.jpg、02.jpg 素材文件拖曳至时间轴的 V1 轨道上,并按顺序排列好,如图 5-49 所示。

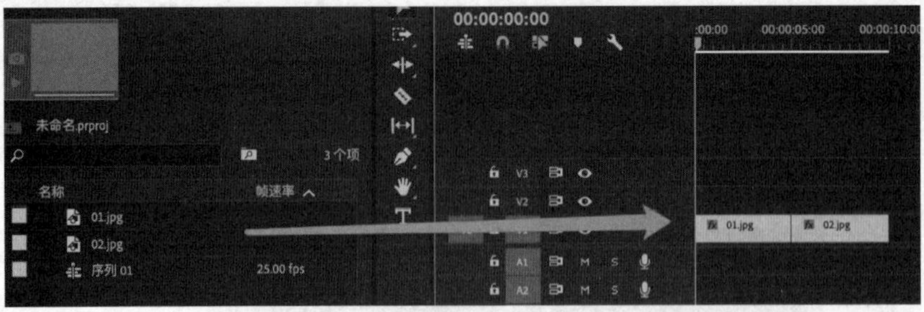

图 5-49　将素材导入时间轴

3.在“时间轴”面板中框选 01.jpg 和 02.jpg,点击鼠标右键,在弹出的菜单中选择“剪辑速度/持续时间”选项,然后设置“持续时间”为 00:00:03:00,并勾选“波纹编辑,移动尾部剪辑”选项,如图 5-50 所示。

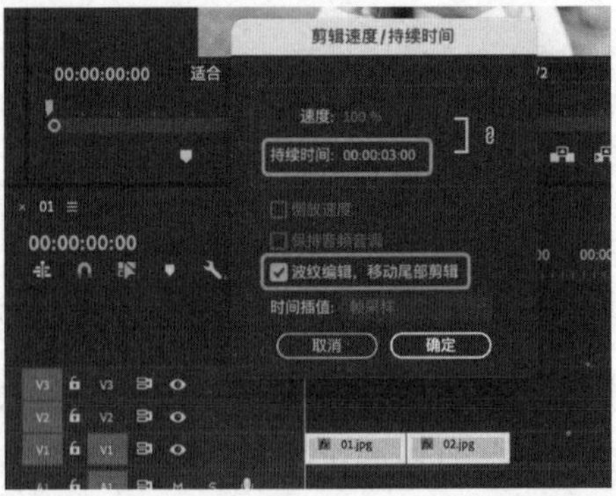

图 5-50　剪辑速度/持续时间窗口

4.在设置好素材的持续时间后,将时间轴上整体素材的结束时间调整至 00:00:06:00,如图 5-51 所示。

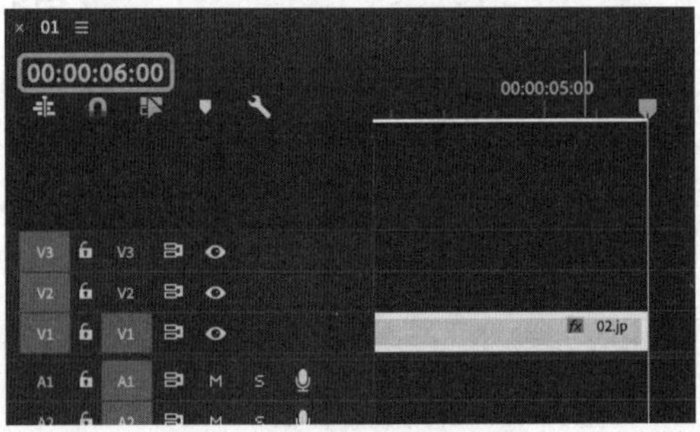

图 5-51　设置素材结束时间

5.选中 V1 轨道上的 01.jpg 素材文件，展开其“运动”属性面板，用鼠标单击“缩放”属性前的“切换动画”按钮，开启自动关键帧，在起始帧的位置设置“缩放”参数为 230.0，在 00:00:01:15 的位置设置“缩放”参数为 100.0，如图 5-52 所示。

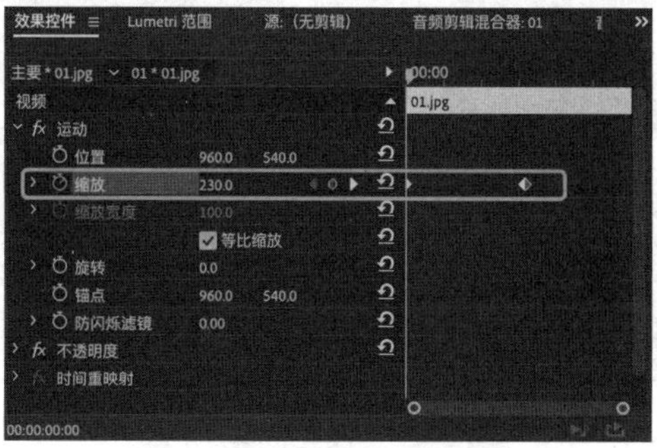

图 5-52　设置缩放关键帧

6.展开“效果”面板，执行“视频过渡”→“划像”→“圆划像”命令，选中“圆划像”效果后将其拖曳至 01.jpg 和 02.jpg 素材文件中间，如图 5-53 所示。

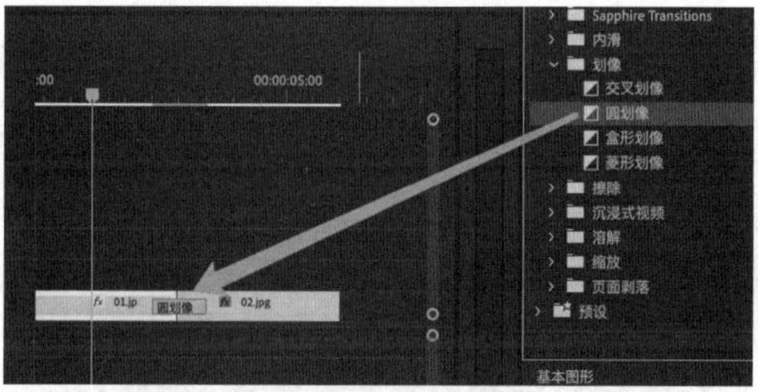

图 5-53　将“圆划像”效果添加至素材间

7.选中刚刚添加的“圆划像”效果，在“效果控件”面板中设置其“持续时间”为 00:00:02:00，如图 5-54 所示。

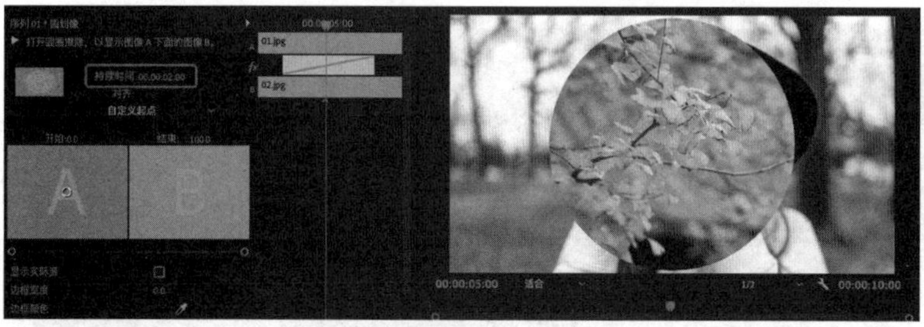

扫码可看图 5-54 彩图

图 5-54　设置过渡持续时间

8.框选“时间轴”面板上的全部内容，在素材上方单击鼠标右键，在弹出的菜单中选择“嵌套”命令，设置“嵌套序列名称”为“嵌套序列 01”，如图 5-55 所示。

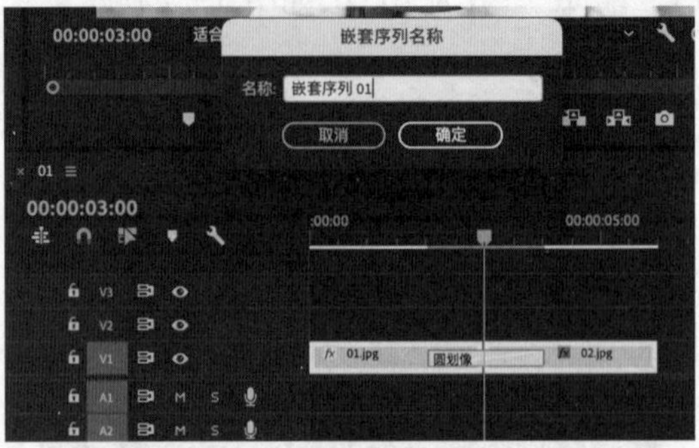

图 5-55　设置嵌套序列

9.复制刚刚建立好的嵌套序列。用鼠标选中“嵌套序列 01”，一边按住“Alt”键一边通过鼠标左键将“嵌套序列 01”向 V2 轨道拖动，松开鼠标按键后即可完成复制；然后以同样的方式将其复制到 V3 轨道上，如图 5-56 所示。

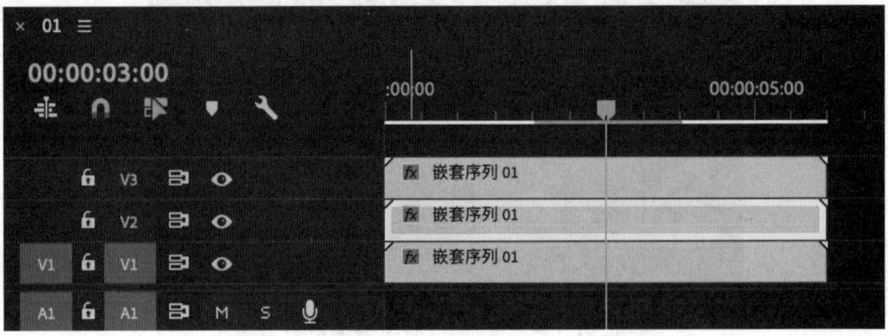

图 5-56　复制嵌套序列 01

10.展开“效果”面板，执行“视频效果”→“图像控制”→“剪辑速度/持续时间”命令，选中该效果后将其拖曳至 V1、V2、V3 轨道的嵌套序列上，如图 5-57 所示。

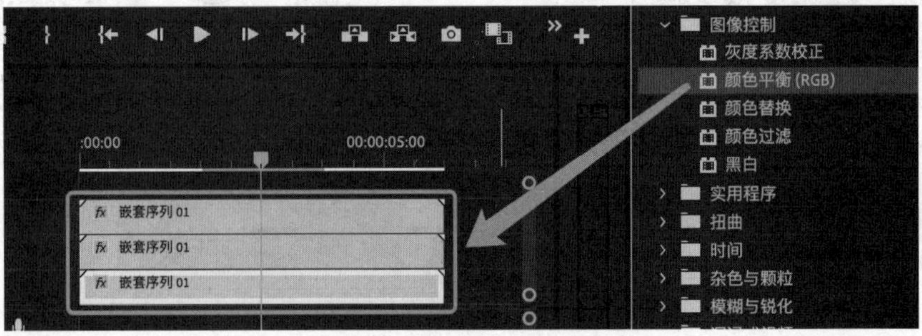

图 5-57　添加“剪辑速度/持续时间”

11.选择 V1 轨道上的“嵌套序列 01”，在“效果控件”面板中展开“颜色平衡(RGB)”，设置“绿色”和“蓝色”为 0；然后继续选择 V2 轨道上的“嵌套序列 01”，在“效果控件”面板中展开“颜色平衡(RGB)”，设置“红色”和“蓝色”为 0；最后选择 V3 轨道上的“嵌套序列 01”，在“效果控件”面板中展开“颜色平衡(RGB)”，设置“红色”和“绿色”为 0，如图 5-58所示。

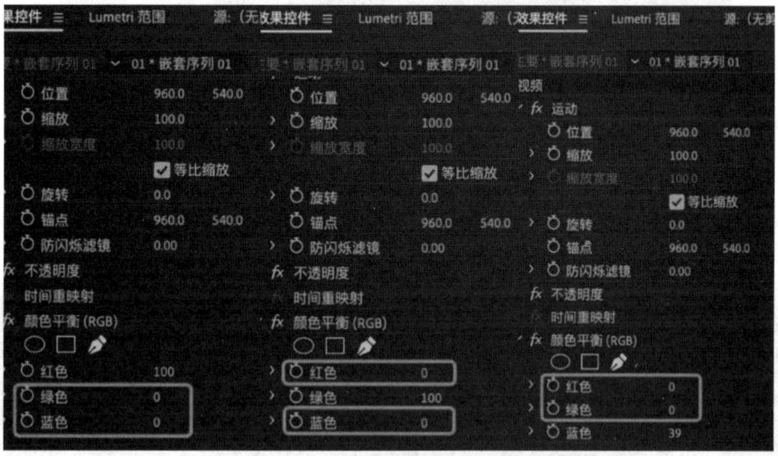

图 5-58　调整不同轨道参数

12.选中 V2 轨道上的嵌套序列，然后设置其“不透明度”下方的“混合模式”属性为“滤色”，以同样的方式设置 V3 轨道上的嵌套序列，如图 5-59 所示。

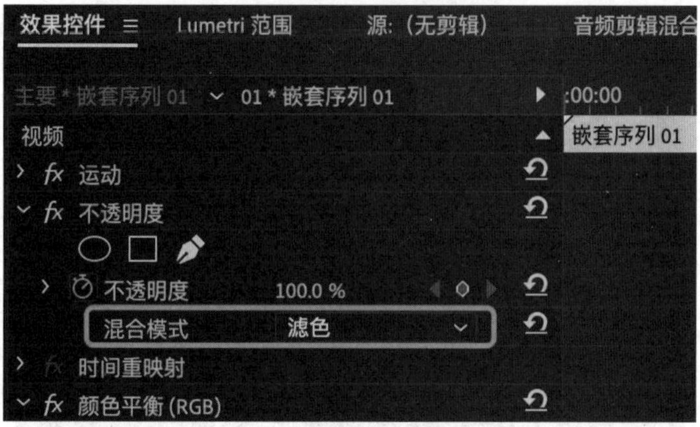

图 5-59　设置不透明度混合模式

13.在“时间轴”面板中将 V1、V2 轨道上的“嵌套序列 01”向右侧拖动，设置 V2 轨道上的“嵌套序列 01”的起始时间为 00：00：00：03，V1 轨道上的“嵌套序列 01”的起始时间为 00：00：00：06，如图 5-60 所示。

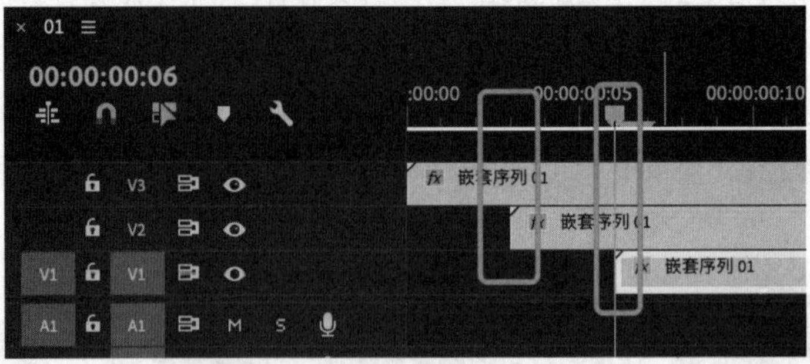

图 5-60　调整不同轨道的入点时间

14.在“时间轴”上 00:00:00:06 的位置使用“剃刀工具”对 V2、V3 轨道上的“嵌套序列 01”进行剪切,如图 5-61 所示。

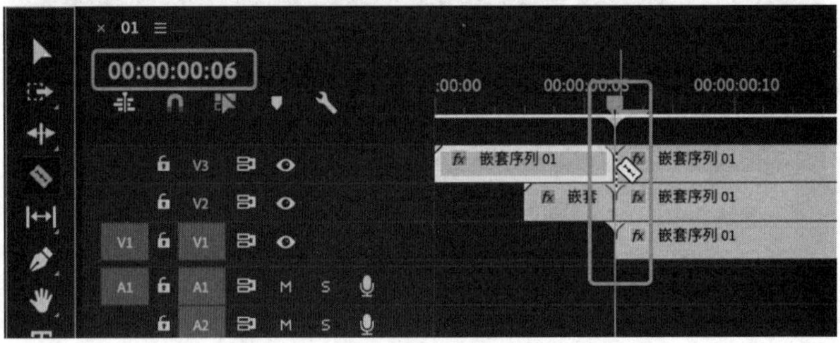

图 5-61　使用“剃刀工具”进行剪切

15.将 V2、V3 轨道上刚刚剪切下来的“嵌套序列 01”的前半部分删除,如图 5-62 所示。

图 5-62　删除多余部分

16.在“时间轴”上 00:00:06:00 的位置使用“剃刀工具”对 V1、V2 轨道上的“嵌套序列 01”进行剪切,如图 5-63 所示。

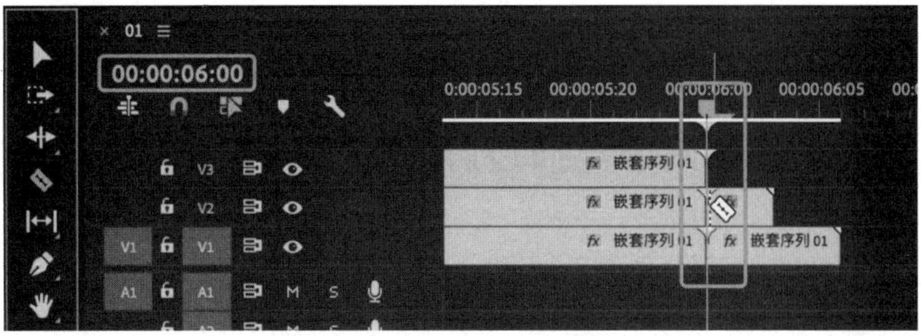

图 5-63　剪切素材出点

17.将 V1、V2 轨道上刚刚剪切下来的“嵌套序列 01”的后半部分素材删除，如图 5-64 所示。

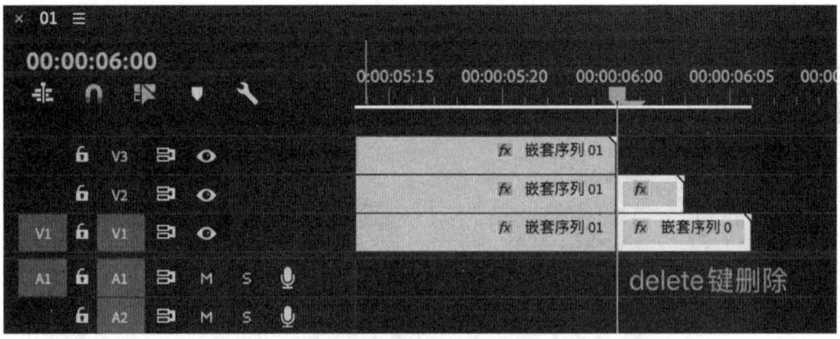

图 5-64　删除多余部分

18.选择 V1、V2、V3 轨道上的全部素材内容，按住鼠标左键向左侧拖动，将起始时间调整为 00:00:00:00，点击播放键即可查看画面效果，如图 5-65 所示。

扫码可看图 5-65 彩图

图 5-65　案例最终效果

第六节　描边影片效果的制作

在当下流行的短视频播放平台，我们经常会看到在一段视频的播放过程中，其中的某一个画面被突然暂停，画面中的主体被单独圈出来，得到突出强调。在本案例中，我们首先对需要定格的画面执行帧定格操作，然后使用“油漆桶”特效调整描边参数，达到描边影片的效果，具体操作如下：

1.打开 Premiere Pro CC 2019 软件，新建一个项目，点击鼠标左键依次执行“文件”→“导入”命令，将事先准备好的全部素材导入软件中，如图 5-66 所示。

扫码可看图
5-66 彩图

图 5-66　导入素材窗口

2.将“项目”面板中的 01.mov 视频素材拖曳至 V1 轨道上，如图 5-67 所示。

扫码可看图
5-67 彩图

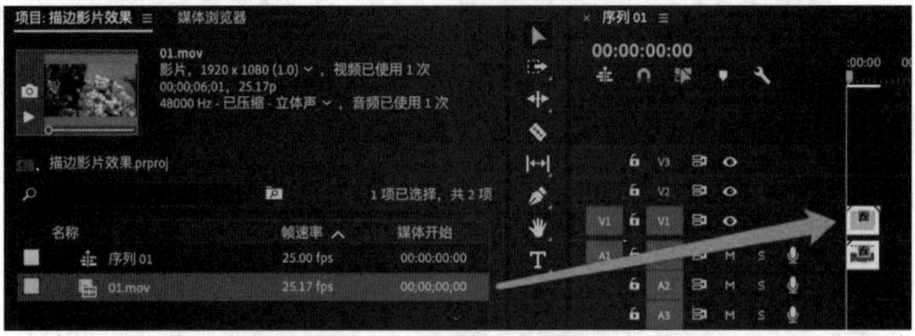

图 5-67　将素材拖入时间轴

3.将素材画面调整到我们需要呈现的大小，这时可以看出画面有些偏暗，需要适当调亮。展开“效果”面板，执行“视频效果”→“过时”→“RGB 曲线”命令，将“RGB 曲线”效果拖曳至“时间轴”面板中的素材上，如图 5-68 所示。

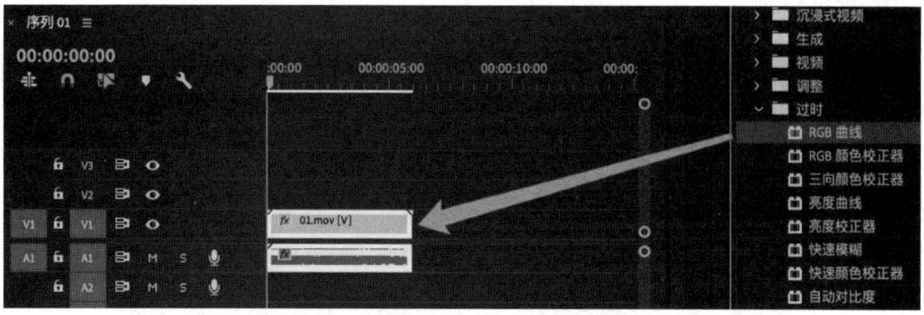

图 5-68　将“RGB 曲线”拖曳至素材

4.用鼠标点击素材文件，在选中的情况下，展开“效果控件”面板中的“RGB 曲线”属性，找到“主要”参数面板，在默认情况下，它是一条从左下角到右上角走向的对角线。在这条线上，单击鼠标左键添加控制点，调整画面亮度。将控制点向左上方拖动时，画面变亮；反之，将控制点向右下方拖动时，画面变暗。我们可以在节目监视器中查看画面变化效果，如图 5-69 所示。

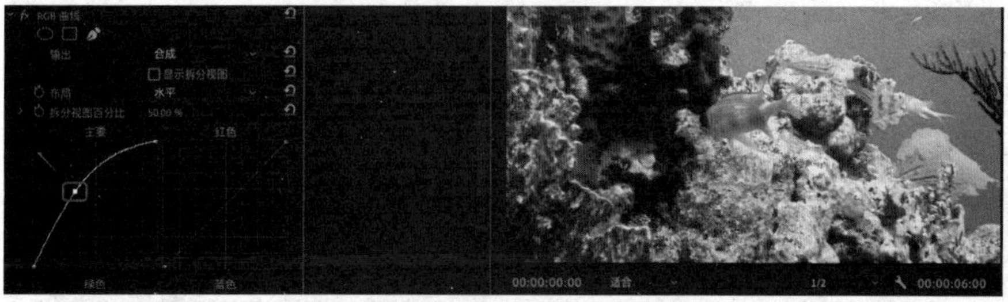

扫码可看图
5-69 彩图

图 5-69　RGB 曲线参数调整

5.按键盘上的“C”键将光标切换为“剃刀工具”，在 00:00:01:10 的位置剪辑素材文件，然后选择 V1 轨道剪辑后的后半部分素材，单击鼠标右键，在弹出的菜单中选择“添加帧定格”命令，如图 5-70 所示，这时刚刚剪辑之后的后半部分素材为静止状态。

图 5-70　添加“帧定格”命令

6.选择 V1 轨道上刚刚添加了“帧定格”的素材，一边按住键盘上的“Alt”键，一边通过鼠标左键将素材拖曳至 V2 轨道上，如图 5-71 所示。

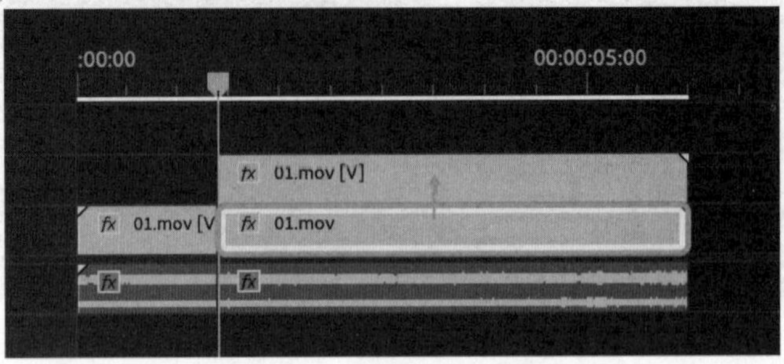

图 5-71　复制 V1 轨道素材

7.选中 V2 轨道上刚刚复制的素材，展开“效果”面板中的“不透明度”属性，选择下方的“自由绘制贝塞尔曲线”，然后将光标移动到画面中，沿着画面中的鱼儿轮廓绘制蒙版路径，如图 5-72 所示。

扫码可看图
5-72 彩图

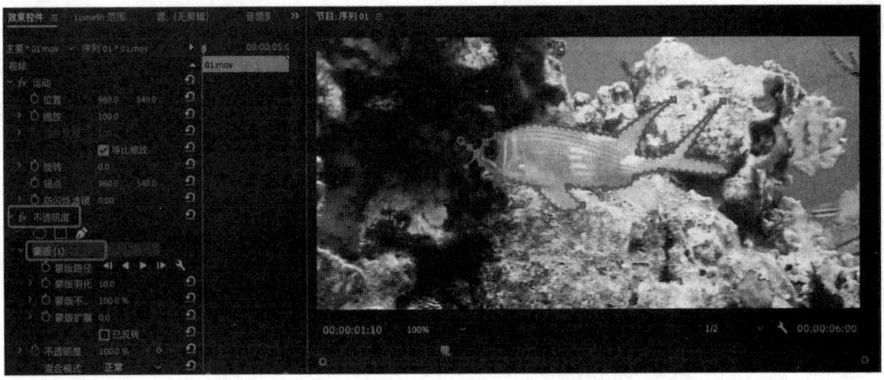

图 5-72　绘制不透明度蒙版

8.选择 V2 轨道上的素材文件，单击鼠标右键，在弹出的菜单中选择“嵌套”命令，并完成嵌套名称设置，单击“确定”按钮，此时在 V2 轨道上显示的是“嵌套序列 01”，如图 5-73 所示。

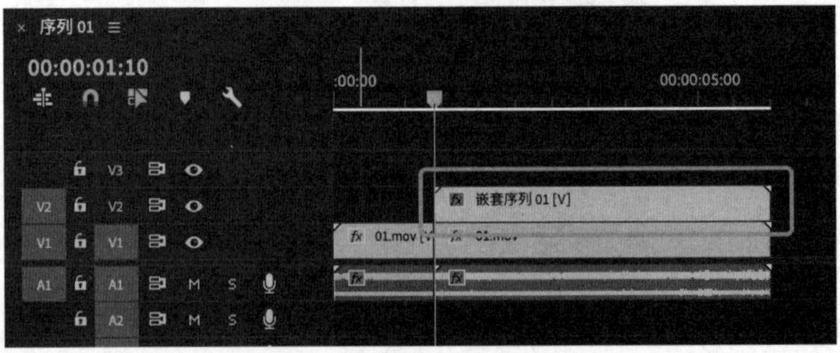

图 5-73　完成嵌套序列操作

9.展开“效果”面板，执行“视频效果”→“生成”→“油漆桶”命令，将“油漆桶”效果拖曳至 V2 轨道的“嵌套序列 01”上，如图 5-74 所示。

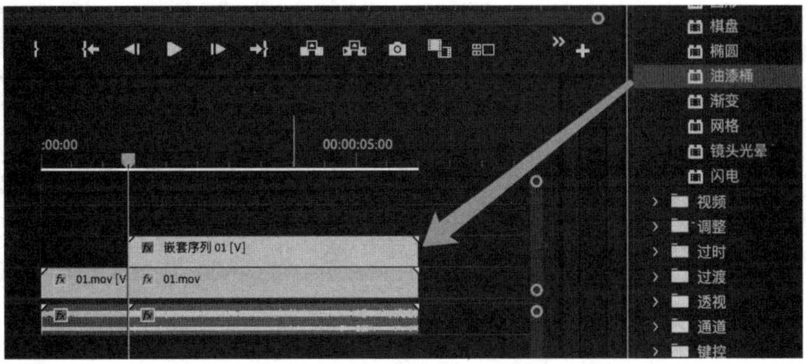

图 5-74　添加“油漆桶”效果

10.选择 V2 轨道上的“嵌套序列 01”，展开“效果控件”面板中的“油漆桶”属性，设置“填充”为“不透明度”，“描边”为“描边”，“描边宽度”为“7”，“颜色”为“白色”，操作步骤和此时的画面效果如图 5-75 所示。

扫码可看图
5-75 彩图

图 5-75　“油漆桶”参数设置

11.展开“嵌套序列 01”的“运动”面板，并设置“缩放”属性的参数，在 00:00:01:10 的位置设置“缩放”值为 90.0，在 00:00:02:10 的位置设置“缩放”值为 130.0，如图 5-76 所示。

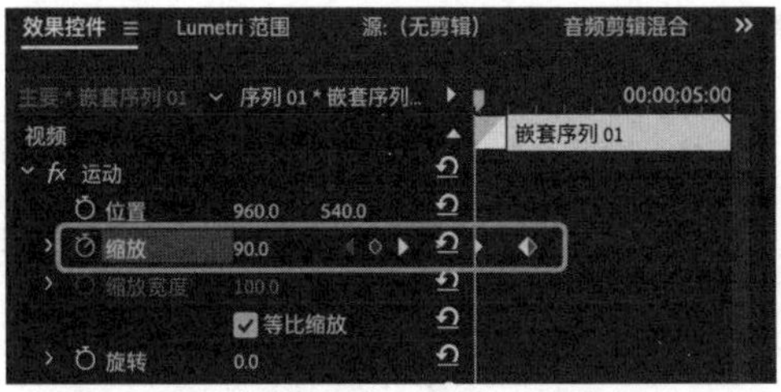

图 5-76　设置缩放关键帧参数及位置

12.展开“效果”面板，执行“视频过渡”→“溶解”→“白场过渡”命令，并将该效果拖曳至“嵌套序列 01”的起始位置，如图 5-77 所示。

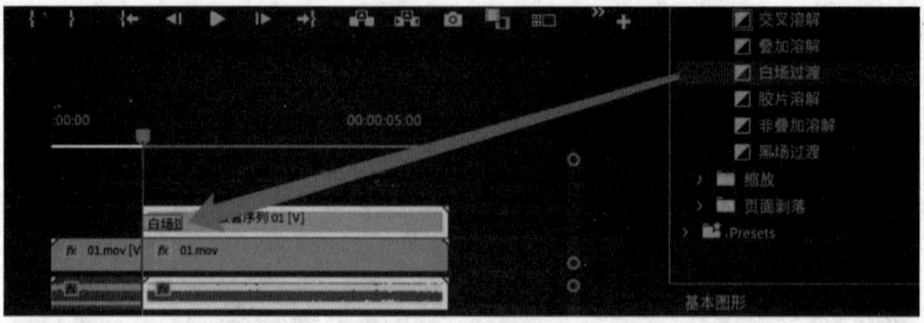

图 5-77　添加白场过渡

13.描边影片制作完成，点击播放键即可查看最终画面效果，如图 5-78 所示。

扫码可看图 5-78 彩图

图 5-78　案例最终效果

第七节　利用瞳孔进行转场效果的制作

在抖音、快手等一些短视频平台，我们经常能够看到通过眼睛瞳孔进行转场的效果，在视觉上表现为一幅画面逐渐从瞳孔处淡入另一幅画面中，常用于人物的场景回忆。在本章节中，我们通过“蒙版”抠除眼球部分，用“运动”属性来制作动画效果，具体操作如下：

1.打开 Premiere Pro CC 2019 软件，新建一个项目，点击鼠标左键依次执行“文件”→“导入”命令，将事先准备好的全部素材导入软件中，如图 5-79 所示。

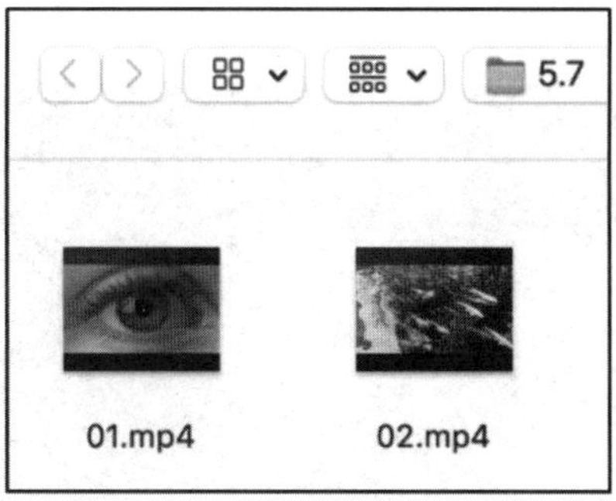

扫码可看图 5-79 彩图

图 5-79　导入素材窗口

2.在 V2、V3 轨道上分别放入“项目”面板中的 01.mp4 素材文件，在 V1 轨道上放入 02.mp4 素材文件，并设置 02.mp4 素材文件的起始时间为 00:00:04:07，如图 5-80 所示。

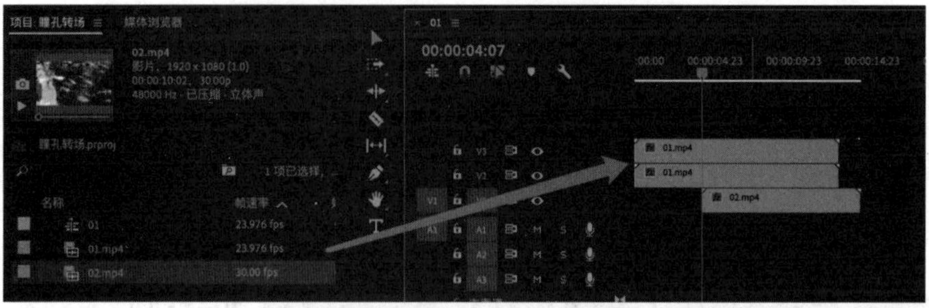

扫码可看图 5-80 彩图

图 5-80　将素材拖入时间轴

3.展开 V3 轨道上 01.mp4 素材文件的“不透明度”属性，通过“创建椭圆形蒙版”按键  创建一个蒙版，并在节目监视器中调整蒙版的形状，使蒙版与眼球边缘重合，接着再设置“蒙版扩展”参数为 10.0，如图 5-81 所示。

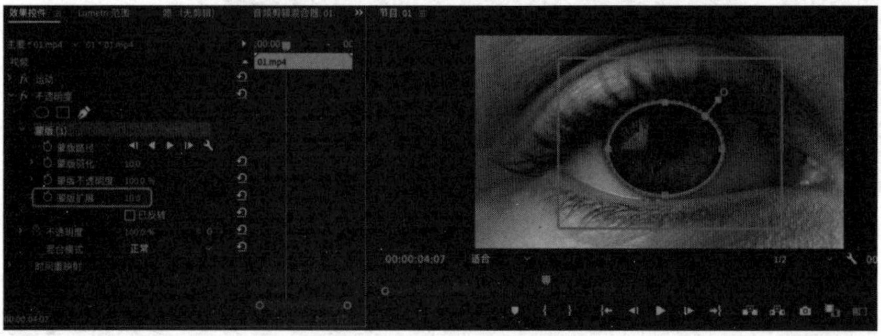

扫码可看图 5-81 彩图

图 5-81　绘制蒙版

4.在 00:00:04:07 的位置设置 V3 轨道上素材的“不透明度”为 100.0%，在 00:00:07:02

的位置设置“不透明度”为 0.0%，如图 5-82 所示。

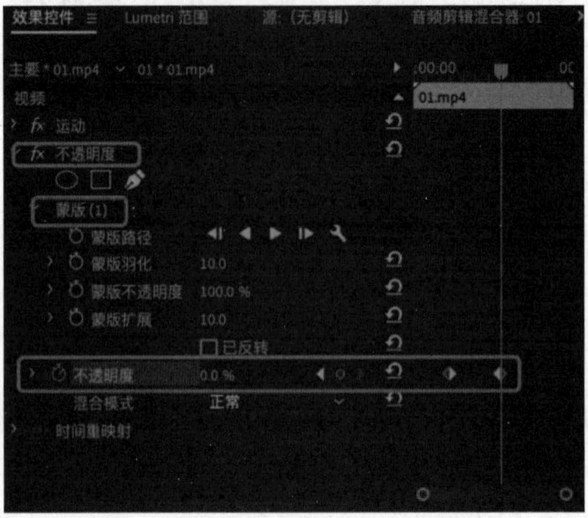

图 5-82　设置不透明度关键帧参数

5.接下来我们将 V3 轨道上素材的“不透明度”属性复制给 V2 轨道上的素材文件，选中 V3 轨道上刚刚设置好参数的“不透明度”属性，按下快捷键“Ctrl+C”进行复制，然后选中 V2 轨道上的素材文件，按下快捷键“Ctrl+V”进行粘贴，如图 5-83 所示。

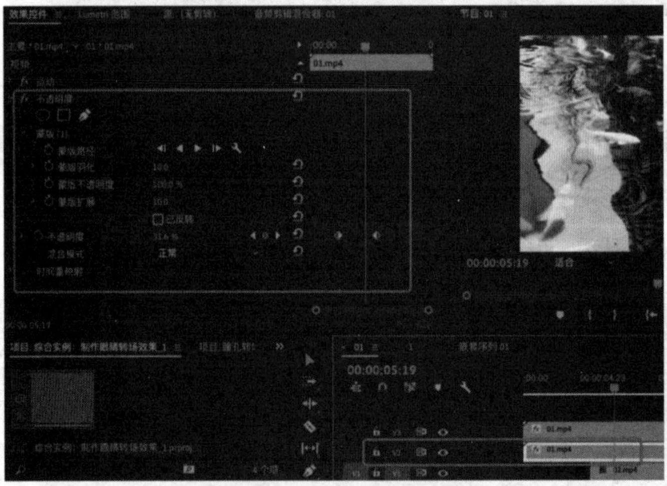

扫码可看图
5-83 彩图

图 5-83　复制不透明度属性

6.选中 V2 轨道上的素材文件，在“时间轴”面板中更改“不透明度”参数，设置“蒙版(1)”下方的“蒙版羽化”为 30.0，“蒙版扩展”为 0.0，勾选“已反转”，然后删除“不透明度”后方的两个关键帧，设置“不透明度”为 100.0%，如图 5-84 所示。

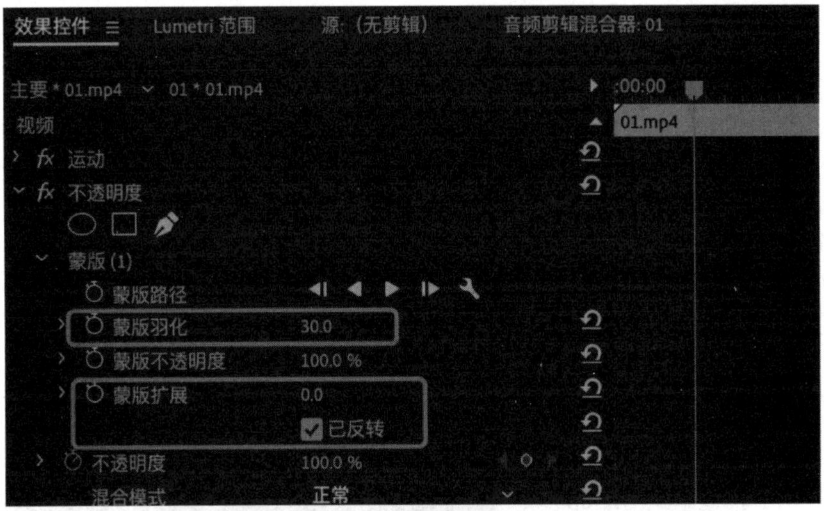

图 5-84　设置蒙版参数

7.在“时间轴”面板中同时选中 V2、V3 轨道上的素材,点击鼠标右键,在弹出的菜单中选择“嵌套”命令,并设置“名称”为“嵌套序列 01”,如图 5-85 所示。

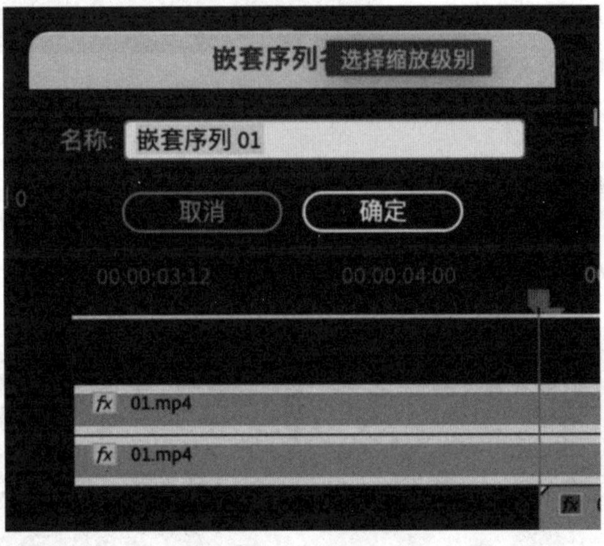

图 5-85　嵌套序列窗口

8.这时在“时间轴”面板中我们将看到单独的一条“嵌套序列 01”,选中“嵌套序列 01”,将“时间指示器”滑动至 00:00:04:07 的位置,在“效果控件”面板中开启“位置”和“缩放”关键帧,设置“位置”参数为“960.0,540.0”,“缩放”参数为 100.0,然后将“时间指示器”滑动至 00:00:07:02 的位置,设置“位置”参数为“-643.0,1400.0”,“缩放”参数为 1150.0,如图 5-86 所示。

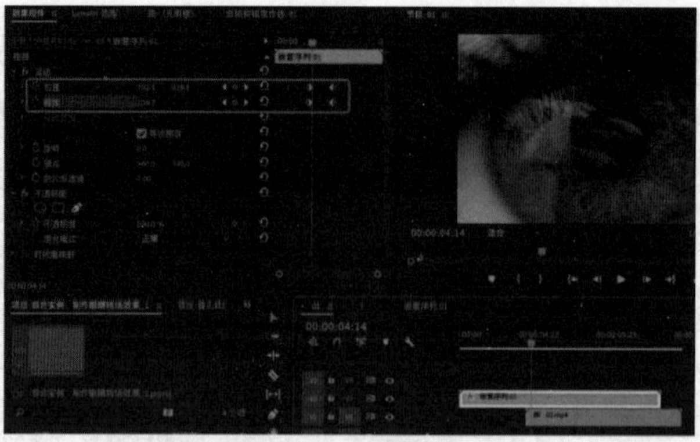

扫码可看图5-86彩图

图 5-86 设置关键帧参数

9.选中V1轨道上的02.mp4素材文件，在00:00:04:07的位置设置其“缩放”参数为300.0，然后在00:00:10:00的位置设置“缩放”参数为100.0，如图5-87所示。

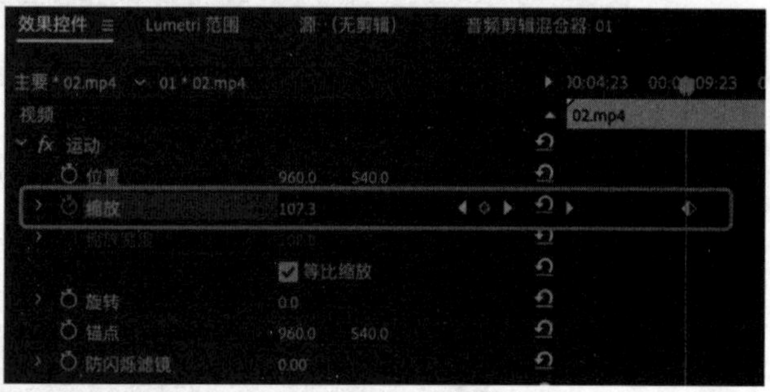

图 5-87 设置缩放关键帧参数

10.滑动“时间指示器”查看画面效果，如果发现画面太暗，可以在“时间轴”上选中需要调整的素材文件，展开“效果”中的“视频效果”→“过时”→“RGB曲线”，在“主要”的下方，点击鼠标左键添加控制点，将控制点向左上方移动，适当调整曲线的形状，从而调整画面的亮度，如图5-88所示。点击播放键即可查看最终的画面效果。

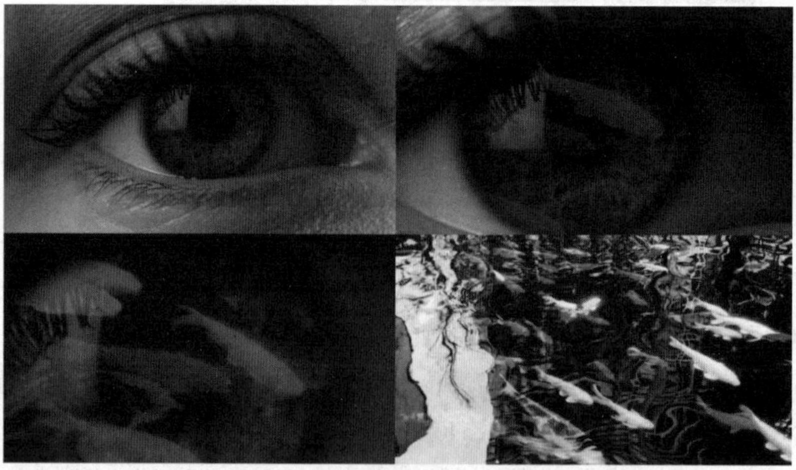

扫码可看图5-88彩图

图 5-88 案例最终效果

第八节　动感闪屏效果的制作

当下我们经常在抖音、快手、西瓜视频等一些短视频平台上看到这样一种画面效果，其画面呈现出闪烁或者不规则的闪动，这种在视觉上比较炫酷的画面效果也被称为动感闪屏。在本案例中，我们将使用“闪光灯”特效快速制作出各种颜色变化的动感闪屏效果，具体操作如下：

1.打开 Premiere Pro CC 2019 软件，新建一个项目，点击鼠标左键，依次执行“文件”→“导入”命令，将事先准备好的全部素材导入软件中，如图 5-89 所示。

扫码可看图
5-89 彩图

图 5-89　导入素材窗口

2.将“项目”面板中的 01.mp4 素材文件拖曳至 V1 轨道上，如图 5-90 所示。

扫码可看图
5-90 彩图

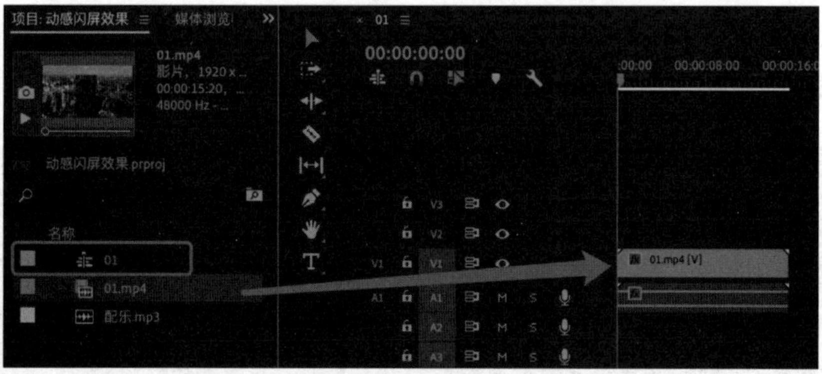

图 5-90　将素材拖入时间轴

3.在“项目”面板下方的空白位置点击鼠标右键,在弹出的菜单中执行“新建项目”→“调整图层”命令,如图 5-91 所示。

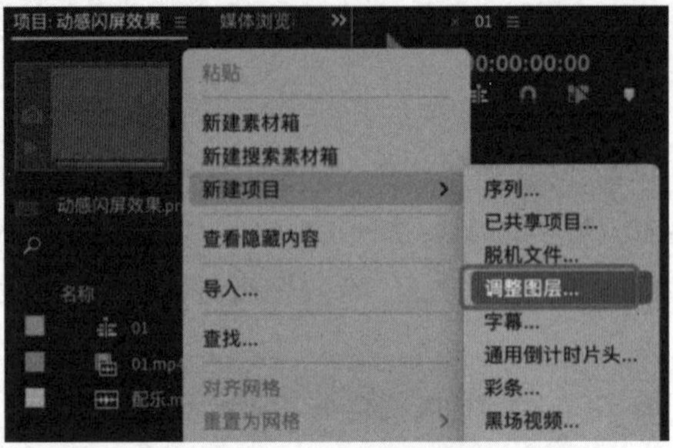

图 5-91　创建调整图层

4.将刚刚建好的“调整图层”放置于 V2 轨道上,并在时间轴上 00:00:01:00 的位置设置其起始时间,同时设置其持续时间为 1 秒,如图 5-92 所示。

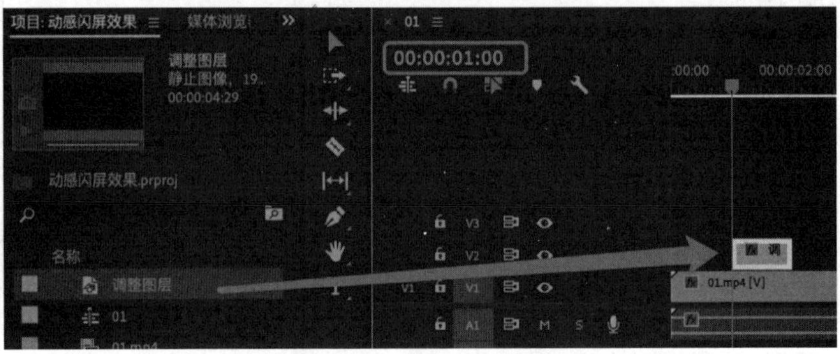

图 5-92　将调整图层导入时间轴

5.展开“效果”面板,执行“视频效果”→“风格化”→“闪光灯”命令,将“闪光灯”效果拖曳至新建的“调整图层”上,如图 5-93 所示。

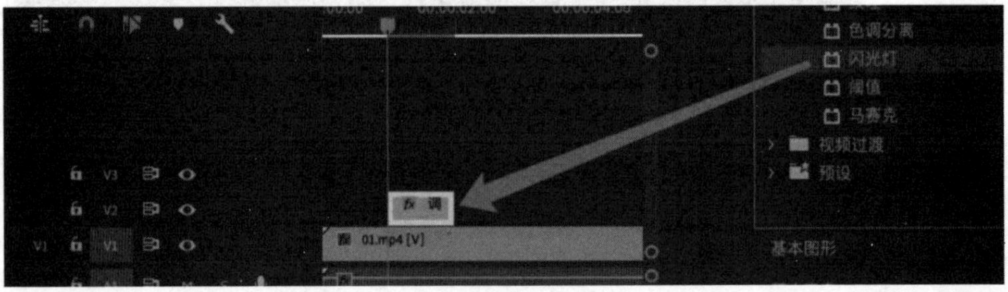

图 5-93　添加“闪光灯”效果

6.在“时间轴”面板上选中 V2 轨道上的“调整图层”，打开“效果控件”面板，设置“闪光灯”的“闪光色”为白色，“闪光持续时间”为 0.02 秒，“闪光周期”为 0.03 秒，点击播放键即可查看画面效果，如图 5-94 所示。

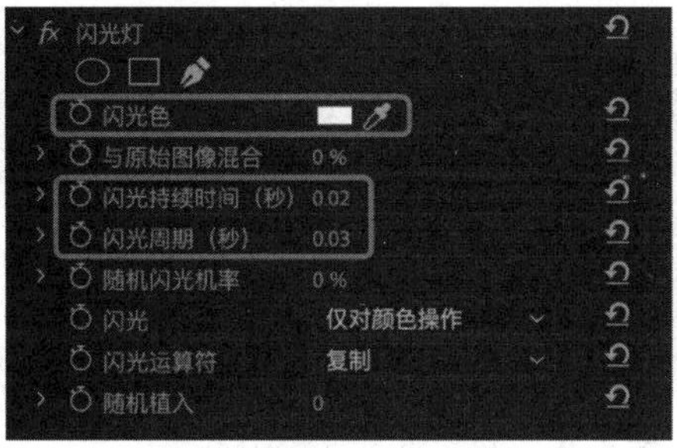

扫码可看图 5-94 彩图

图 5-94 设置闪光灯参数

7.选中 V2 轨道上刚刚设置好参数的“调整图层”，一边按住键盘上的“Alt”键，一边通过鼠标左键拖动“调整图层”，这时将复制出一个具有同样参数的“调整图层”，将该“调整图层”的起始时间设置为 00:00:04:00，如图 5-95 所示。

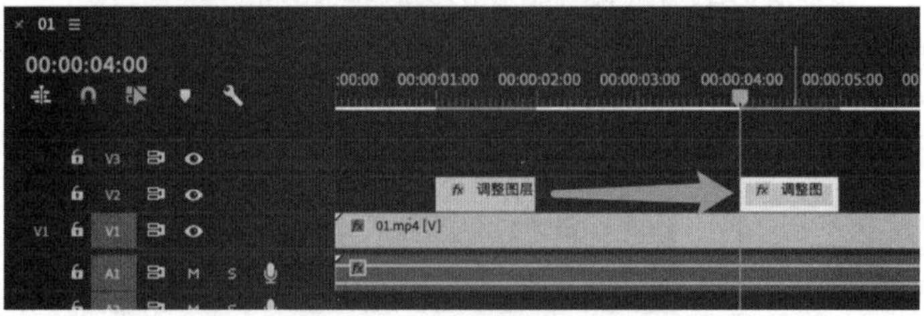

图 5-95 复制调整图层

8.选择刚刚复制出的“调整图层”，打开“效果控件”面板，设置“闪光灯”的“闪光色”为蓝色，然后设置“不透明度”的“混合模式”为“变暗”，如图 5-96 所示。

扫码可看图 5-96 彩图

图 5-96 设置第二个调整图层的混合模式和闪光灯参数

9.用同样的方式制作红色的闪烁画面。一边按住键盘上的“Alt”键，一边通过鼠标左键拖动刚才设置好参数的蓝色“调整图层”，复制出一个具有同样参数的“调整图层”，将该“调整图层”的起始时间设置为 00:00:07:00，如图 5-97 所示。

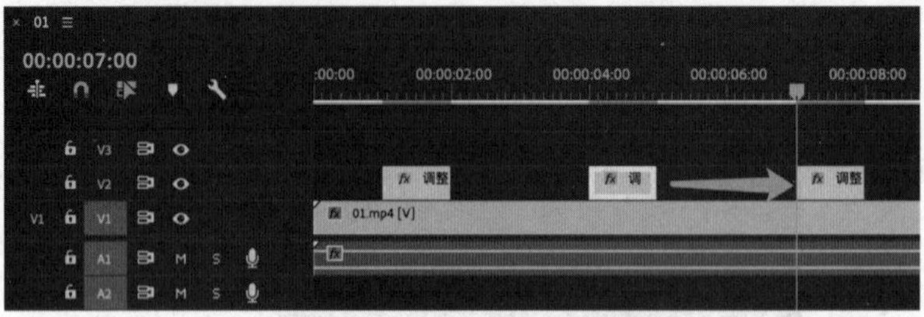

图 5-97　再次复制调整图层

10.用同样的方式更改 V2 轨道上刚刚复制出的第三个“调整图层”的“闪光灯”属性，将其“闪光色”设置为红色，这时我们可以点击播放键查看画面效果，如图 5-98 所示。

扫码可看图
5-98 彩图

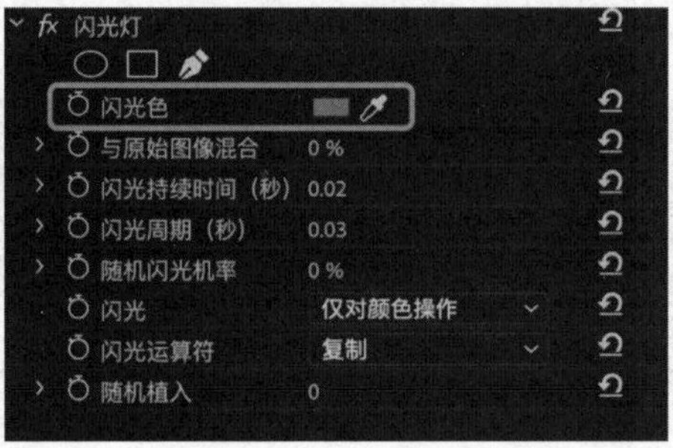

图 5-98　设置第三个调整图层的闪光灯参数

11.按照相同的方式，分别在“时间轴”面板上 00:00:10:00 和 00:00:13:00 的位置复制“调整图层”并修改其参数，如图 5-99 所示。

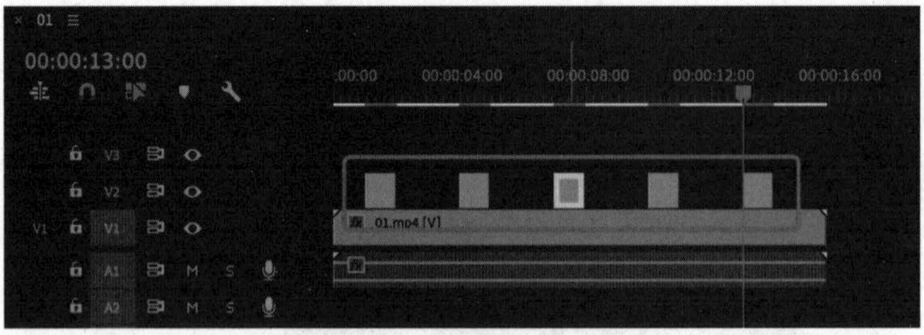

图 5-99　调整图层位置

12.选中 V1 轨道上的 01.mp4 素材文件，点击鼠标右键，在弹出的菜单中选择“取消链接”,这时我们就会发现01.mp4素材文件的画面和音频已经分开,然后我们单独选中A1轨道上的音频文件并将其删除,如图5-100所示。

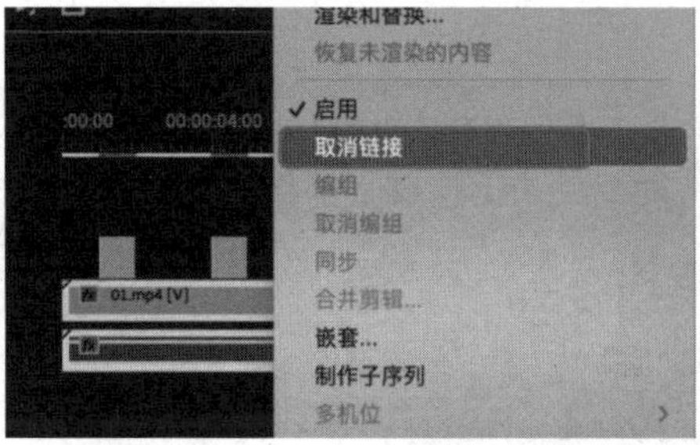

图5-100　“取消链接”命令位置

13.将“项目”面板中的“配乐.mp3”素材文件拖曳至“时间轴”面板中的A1轨道上,如图5-101所示。

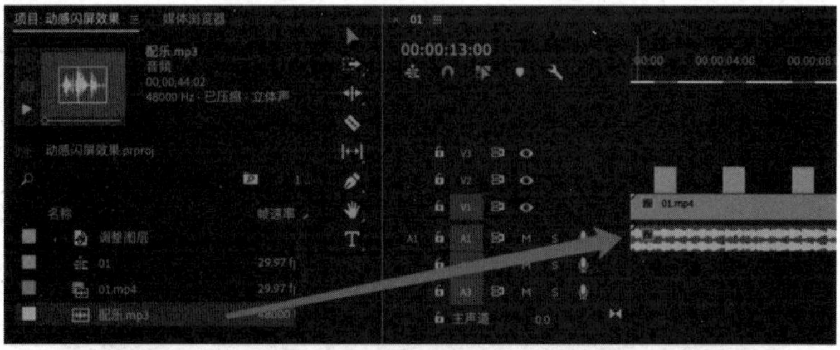

图5-101　拖曳配乐素材至时间轴

14.在“时间轴”面板中,将“时间指示器”滑动至01.mp4素材文件的结尾处,即00:00:15:20的位置,按下键盘上的“C”键将鼠标指针切换为“剃刀工具”,在当前位置对该音频素材进行剪切,按下“Delete”键,将剪切后的后半部分音频文件删除,如图5-102所示。

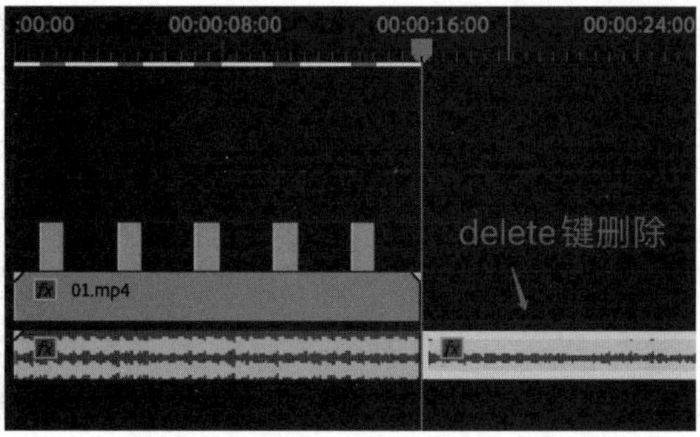

图5-102　删除多余部分

15.接下来我们为音频文件制作淡入淡出效果。选中 A1 轨道上的音频素材,双击 A1 轨道前半部分上方的空白位置,此时就会出现关键帧,然后分别在起始帧、结束帧、00:00:01:00和 00:00:14:20 的位置添加上关键帧,如图 5-103 所示。

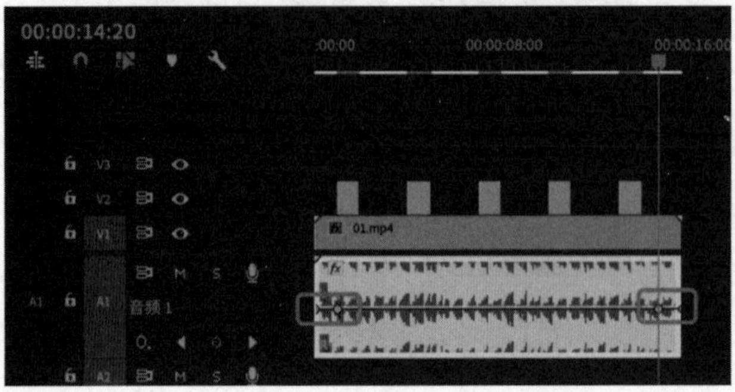

图 5-103　设置音频淡入淡出效果

16.为了达到刚开始时音量逐渐增大、结束时音量逐渐减小的效果,我们在“时间轴”面板中选中起始帧和结束帧这两个位置的关键帧,并将其向下方拖动,将这两个关键帧位置的音量调低,如图 5-104 所示。

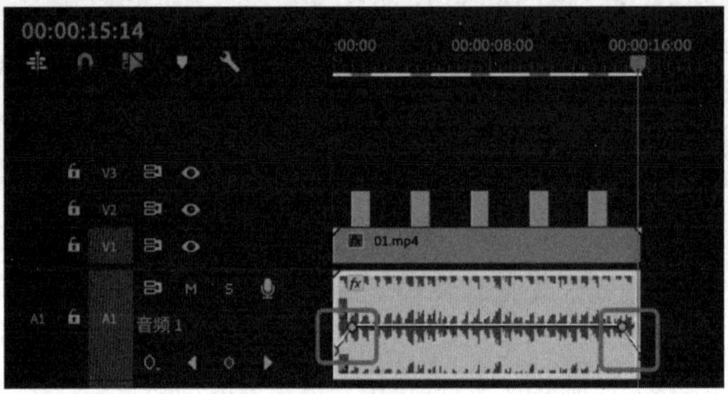

图 5-104　设置关键帧

17.此时动感闪屏效果制作完成,点击播放键即可查看最终的画面效果。

第九节　信号干扰效果的制作

信号干扰原本指的是在无线信号传输过程中产生的信号损伤,而在视频画面中呈现出的则是一种波动的画面效果,通常用于视频片头、Vlog 短视频或者悬疑短片。在本案例中，我们将使用“波形变形”特效来制作信号干扰抖动感效果，具体操作如下：

1.打开 Premiere Pro CC 2019 软件，新建一个项目，点击鼠标左键，依次执行“文件”→“导入”命令，将事先准备好的全部素材导入软件中，如图 5-105 所示。

扫码可看图 5-105 彩图

图 5-105　导入素材窗口

2.将“项目”面板中的素材 01 拖曳至 V1 轨道上，如图 5-106 所示。

扫码可看图 5-106 彩图

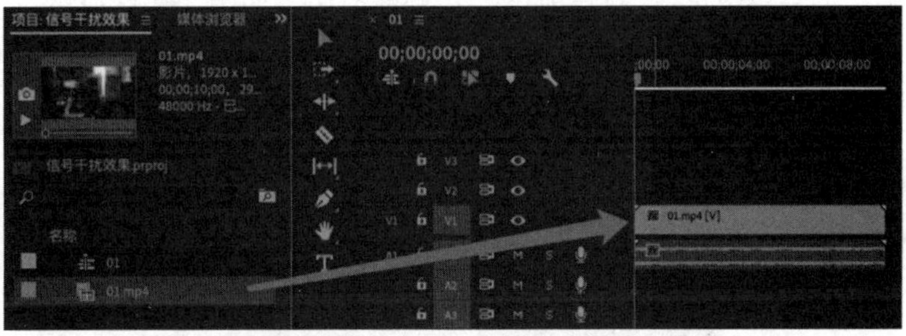

图 5-106　将素材 01 导入时间轴

3.这时我们发现素材 01 的画面有点暗，因此我们首先需要对其画面进行调亮处理。展开“效果”面板，执行“视频效果”→“过时”→“亮度曲线”命令，将“亮度曲线”效果拖曳至“时间轴”面板中的素材 01 上，如图 5-107 所示。

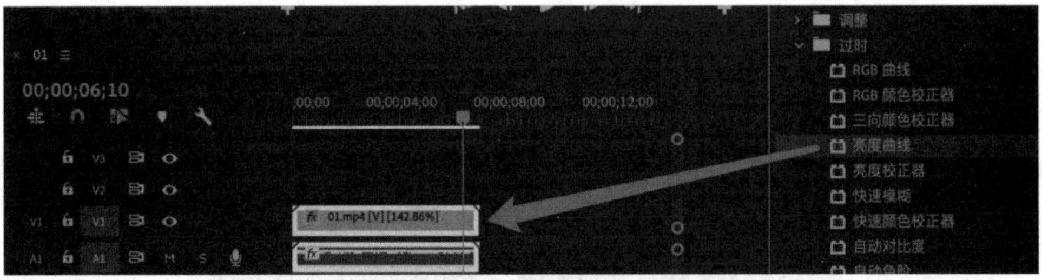

图 5-107　拖拽“亮度曲线”效果至素材 01

4. 展开“效果控件”面板中的“亮度参数”，找到“亮度波形”参数曲线，曲线默认形状为从左下角到右上角的一条对角线，单击鼠标左键，在曲线上添加控制点，然后将控制点向左上方拖动，此时画面将被提亮，如图 5-108 所示。

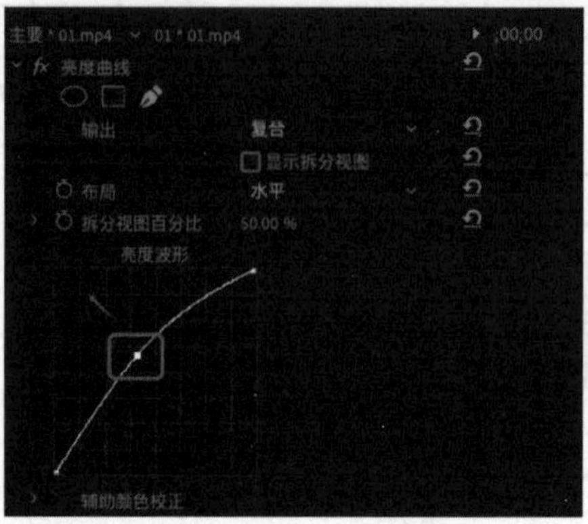

图 5-108　设置亮度曲线参数

5.接下来我们开始制作信号干扰效果。在“项目”面板下方的空白位置点击鼠标右键，在弹出的菜单中选择“新建项目”→“调整图层”，如图 5-109 所示。

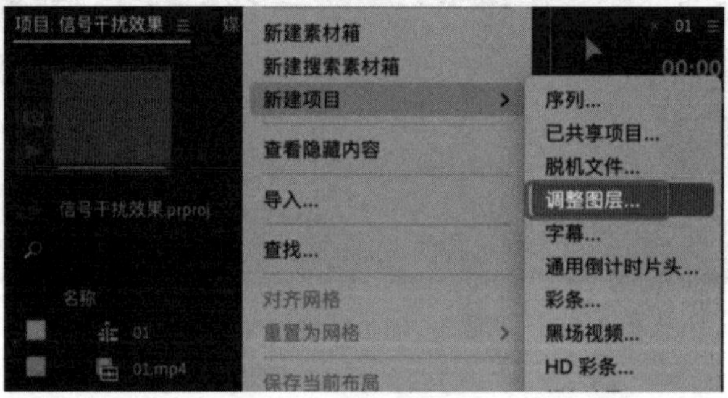

图 5-109　调整图层命令位置

6.将刚刚新建好的“调整图层”放到 V2 轨道上，并在时间轴上 00:00:01:10 的位置设置其起始时间，同时设置其持续时间为 1 秒，如图 5-110 所示。

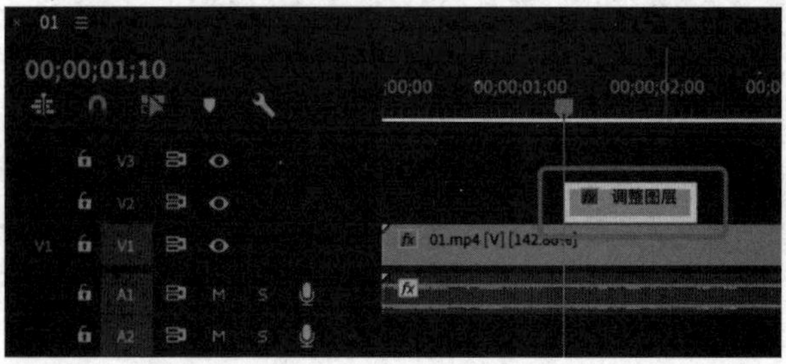

图 5-110　设置调整图层的持续时间

7.展开“效果”面板中的“视频效果”，执行“扭曲”→“波形变形”命令，并将“波形变形”效果拖曳至 V2 轨道的“调整图层”上，如图 5-111 所示。

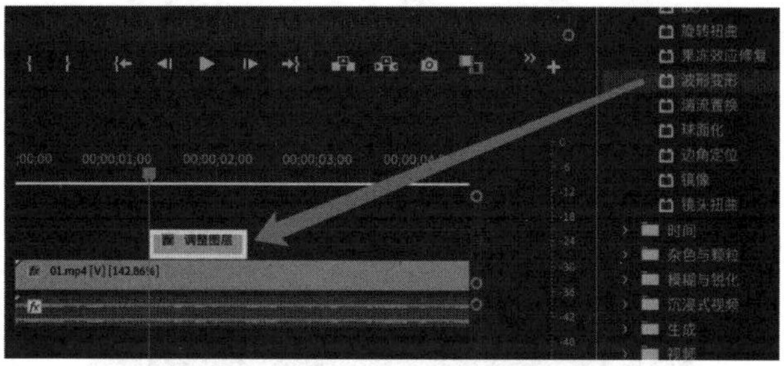

图 5-111　添加“波形变形”效果

8.在“时间轴”面板中选择刚刚创建的“调整图层”，展开“效果控件”面板中的“波形变形”并调整其参数，设置“波形类型”为杂色，“波形高度”为 15，“固定”为“所有边缘”，点击播放键即可查看画面效果，如图 5-112 所示。

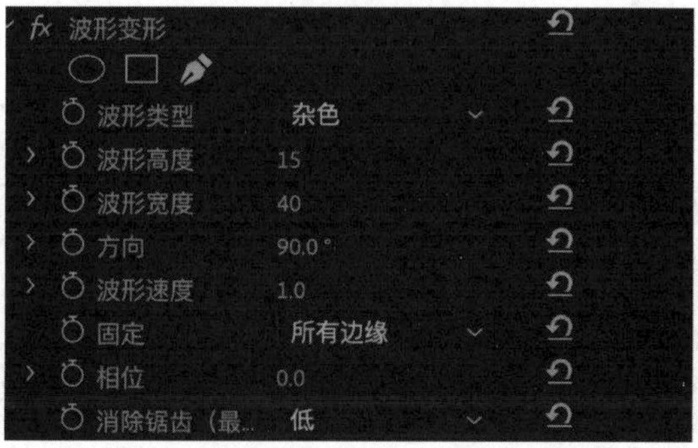

图 5-112　波形变形效果参数设置

9.选中 V2 轨道上刚刚设置好参数的“调整图层”，一边按住“Alt”键，一边通过鼠标左键拖动“调整图层”，这时将复制出一个具有同样参数的“调整图层”，将复制出的“调整图层”的起始时间点置于 00：00：03：10 的位置，如图 5-113 所示。

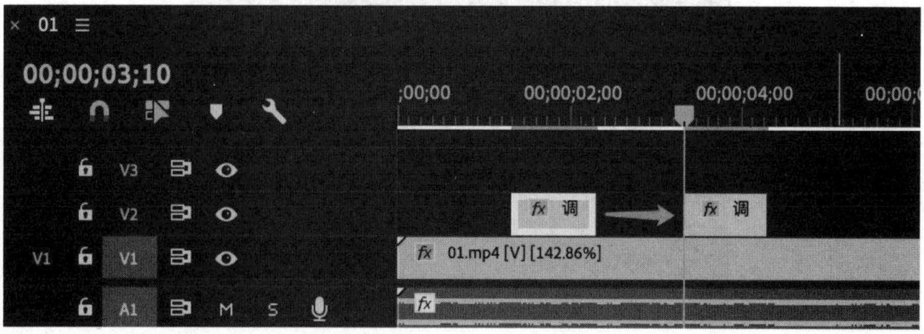

图 5-113　复制调整图层

10.选中 V2 轨道上刚刚复制出的“调整图层”,将其“波形变形”中的“方向”参数设置为 180°,点击播放键再次查看画面效果,如图 5-114 所示。

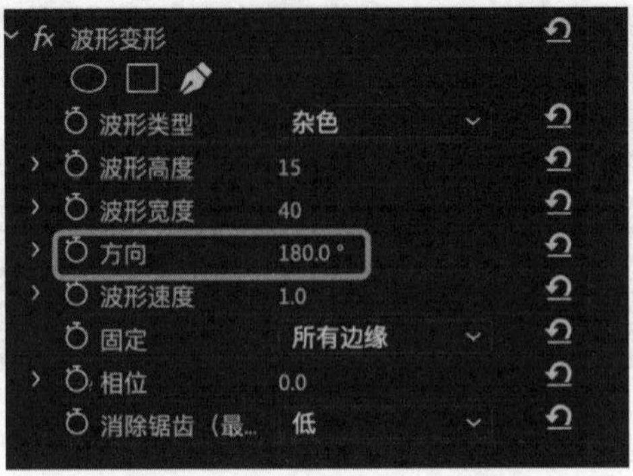

图 5-114　调整“波形变形”参数

11.用同样的方式继续制作信号干扰画面。一边按住“Alt”键,一边通过鼠标左键拖动 V2 轨道上的第二个“调整图层”,将复制出的“调整图层”的起始时间点置于 00:00:05:10 的位置,如图 5-115 所示。

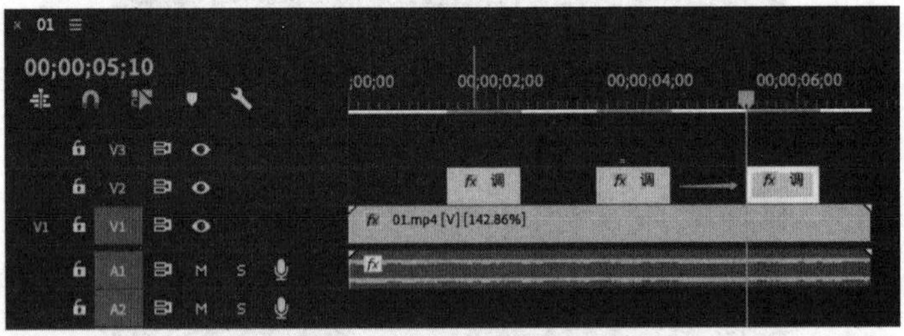

图 5-115　再次复制调整图层

12.选中 V2 轨道上的第三个“调整图层”,将其“波形变形”中的“方向”参数设置为 210.0°,点击播放键查看画面效果,如图 5-116 所示。

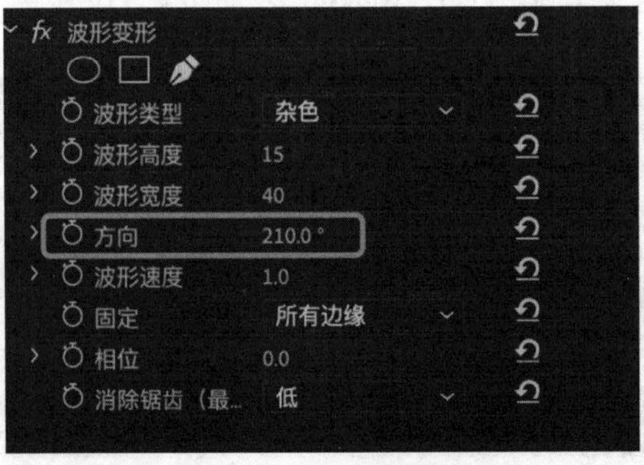

图 5-116　调整“波形变形”参数

13.按照同样的方法,在“时间轴”面板上 00:00:07:10 的位置复制“调整图层”并修改其参数,如图 5-117 所示。

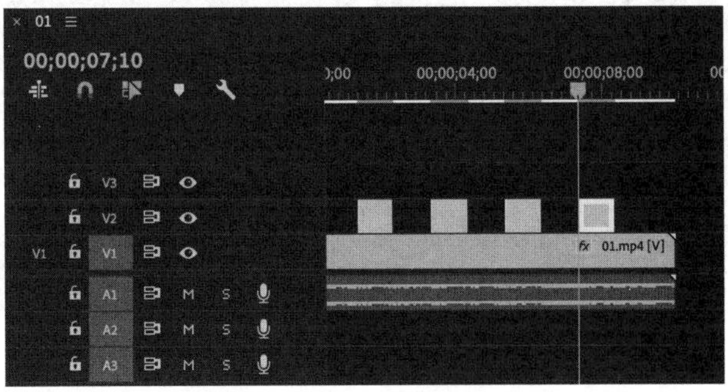

图 5-117　复制调整图层

14.此时信号干扰抖动效果制作完成,点击播放键即可查看最终的画面效果。

第十节　失帧色调效果的制作

失帧指的是图片或者视频在存储的过程中,由于存储信息丢失而产生的图像质量损失,在画面上呈现出条纹或者雪花等现象。在本案例中,我们将使用“颜色平衡(RGB)”特效制作色调分离,同时使画面产生杂色质感效果,具体操作如下:

1.打开 Premiere Pro CC 2019 软件,新建一个项目,点击鼠标左键依次执行“文件”→“导入”命令,将事先准备好的全部素材导入软件中,如图 5-118 所示。

扫码可看图 5-118 彩图

图 5-118　导入素材窗口

2.将“项目”面板中的素材 01 拖曳至“时间轴”面板的 V1、V2、V3 轨道上,这时在“项目”面板中就会自动生成一个新的序列,如图 5-119 所示。

扫码可看图
5-119 彩图

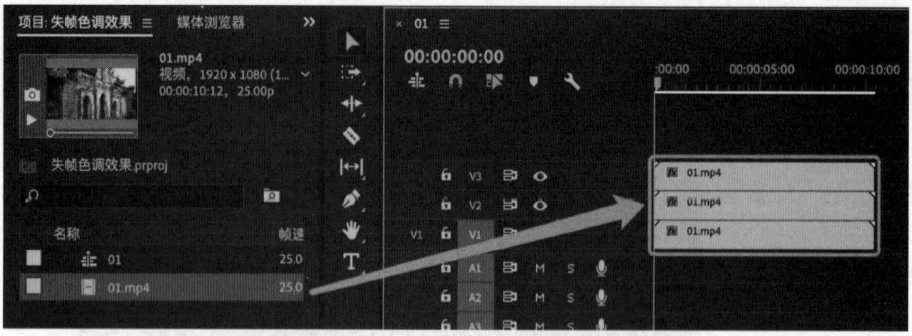

图 5-119　将素材拖入时间轴

3.选中素材 01、02、03,展开“效果”面板中的“视频效果”,选择“图像控制”下的“颜色平衡(RGB)”,并将该效果拖曳至轨道的 3 个素材上,如图 5-120 所示。

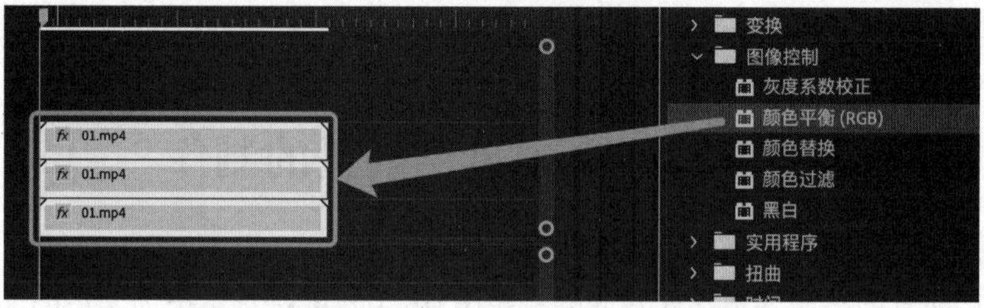

图 5-120　给素材添加“颜色平衡(RGB)”效果

4.在“时间轴”面板中选择 V1 轨道上的视频素材,在“效果控件”面板中设置“红色”和“绿色”的参数为 0,“蓝色”的参数为 100;然后选择 V2 轨道上的视频素材,在“效果控件”面板中设置“红色”和“蓝色”的参数为 0,“绿色”的参数为 100;接着选择 V3 轨道上的视频素材,在“效果控件”面板中设置“绿色”和“蓝色”的参数为 0,“红色”的参数为 100,如图 5-121所示。

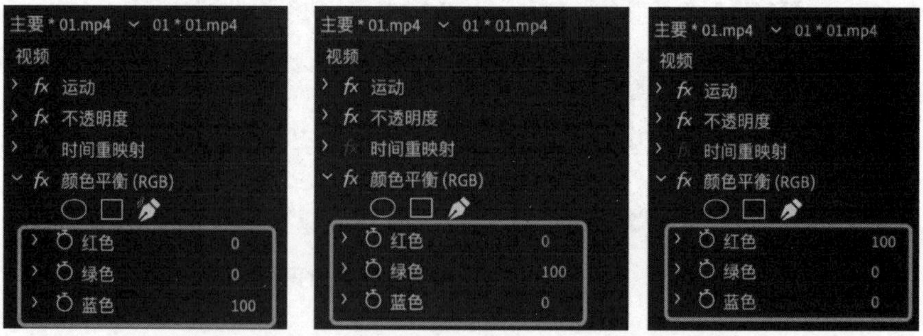

(a)V1 轨道　　(b)V2 轨道　　(c)V3 轨道

图 5-121　颜色平衡(RGB)参数设置

5.展开“效果控件”面板，选中素材01、02、03，将“不透明度”下方的“混合模式”设置为“滤色”，如图5–122所示。

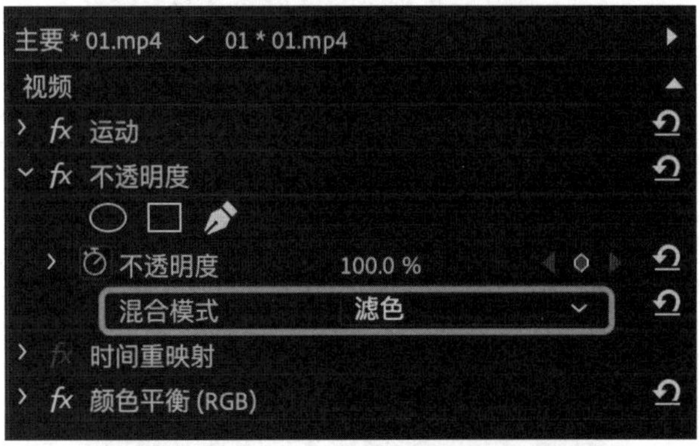

图5–122　设置3个素材的不透明度混合模式

6.展开“时间轴”面板，选中V3轨道上的视频素材，将“时间指示器”滑动至起始帧的位置，开启“缩放”关键帧，设置“缩放”参数为120.0；然后将“时间指示器”滑动至00:00:00:10的位置，设置“缩放”参数为110.0。接下来选中V2轨道上的视频素材，将“时间指示器”滑动至起始帧的位置，开启“缩放”关键帧，设置“缩放”参数为110.0；然后将“时间指示器”滑动至00:00:00:10的位置，设置“缩放”参数为100.0。最后选中V1轨道上的视频素材，将“时间指示器”滑动至起始帧的位置，开启“缩放”关键帧，设置“缩放”参数为100.0；然后将“时间指示器”滑动至00:00:00:10的位置，设置“缩放”参数为105.0，如图5–123所示。

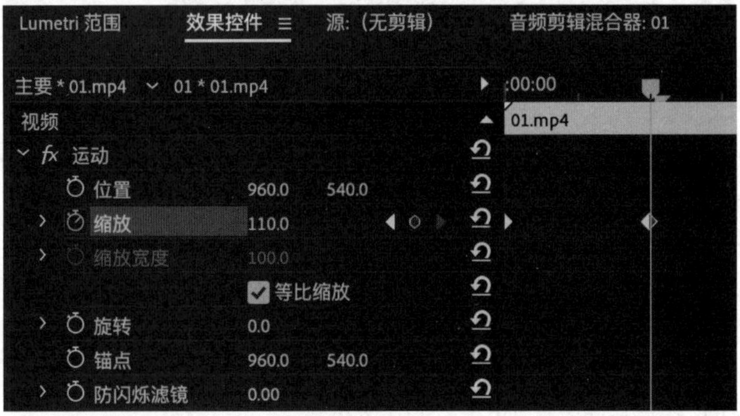

图5–123　设置不同素材的“缩放”关键帧

7.点击“文件”按钮，依次执行“新建”→“颜色遮罩”命令，在弹出的“拾色器”窗口中设置“颜色”为“黑色”,并设置“遮罩名称”为“颜色遮罩”,如图 5-124 所示。

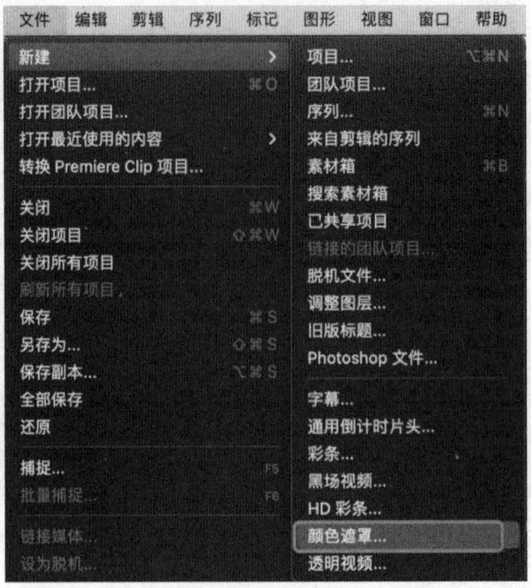

图 5-124 新建颜色遮罩

8.将刚刚新建好的“颜色遮罩”拖曳至“时间轴”面板的 V4 轨道上,如图 5-125 所示。

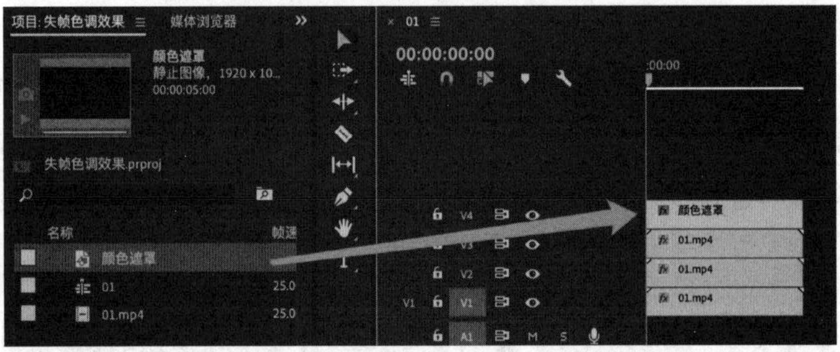

图 5-125 将颜色遮罩拖曳至时间轴

9.展开“效果”面板中的“视频效果”,选择“杂色与颗粒”下方的“杂色”效果,并将其拖曳至 V4 轨道的“颜色遮罩”上,如图 5-126 所示。

10.选中“颜色遮罩”素材文件并在“效果控件”面板中设置其“杂色”参数,将“杂色数量”更改为 100.0%,如图 5-127 所示。

11.展开“效果”面板中的“视频效果”,选择“过渡”下方的“百叶窗”效果,并将其拖曳至 V4 轨道的“颜色遮罩”上,如图 5-128 所示。

12.在“时间轴”面板中选择“颜色遮罩”,打开“效果控件”面板,设置其“缩放”参数为 200.0,然后设置“百叶窗”的“方向”参数为 90.0°,“宽度”参数为 30;接着将“时间指示器”滑动至起始帧的位置,设置其“位置”参数为“960.0,540.0”,开启“定格”关键帧,设置

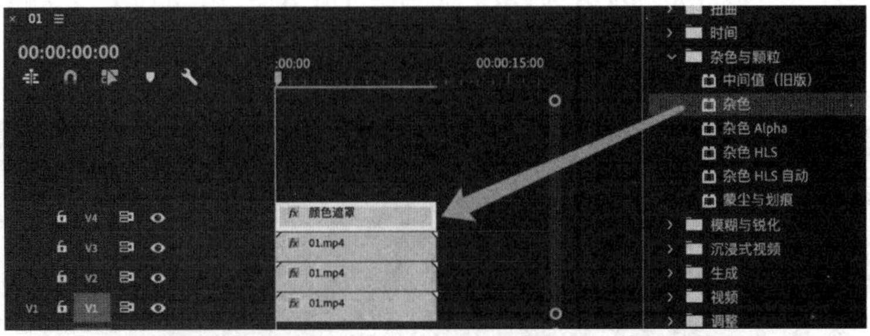

图 5-126　将杂色效果拖曳至 V4 轨道的"颜色遮罩"上

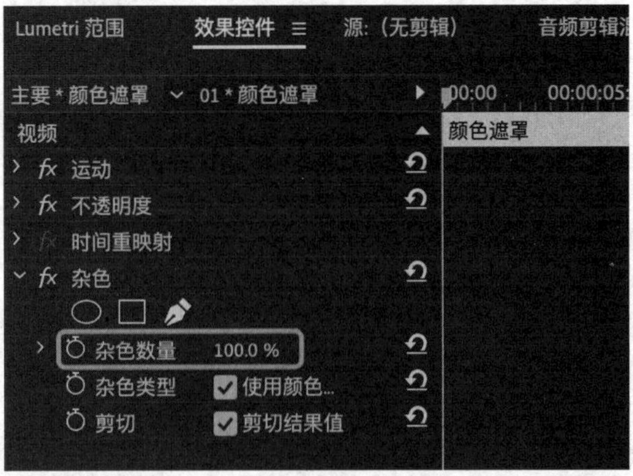

图 5-127　设置"杂色"参数

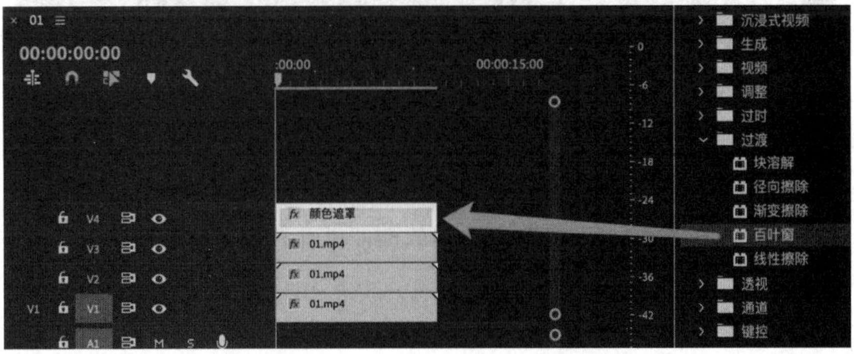

图 5-128　添加"百叶窗"效果

"过渡完成"为 95%；同样在开启"定格"关键帧的情况下，按住键盘上"Shift"键的同时，再按下键盘上方向键的右键，这时"时间指示器"可向右移动 5 帧，我们连续按方向键的右键两次，将"时间指示器"滑动到 10 帧的位置，设置其"位置"参数为"960.0，1500.0"，"过渡完成"为 80%；继续将"时间指示器"滑动到 20 帧的位置，设置其"位置"参数为

“960.0,-350.0”,“过渡完成”为 90%;最后将“时间指示器”滑动到 1 秒 5 帧的位置,设置其“位置”参数为“960.0,540.0”,“过渡完成”为 95%,如图 5-129 所示。

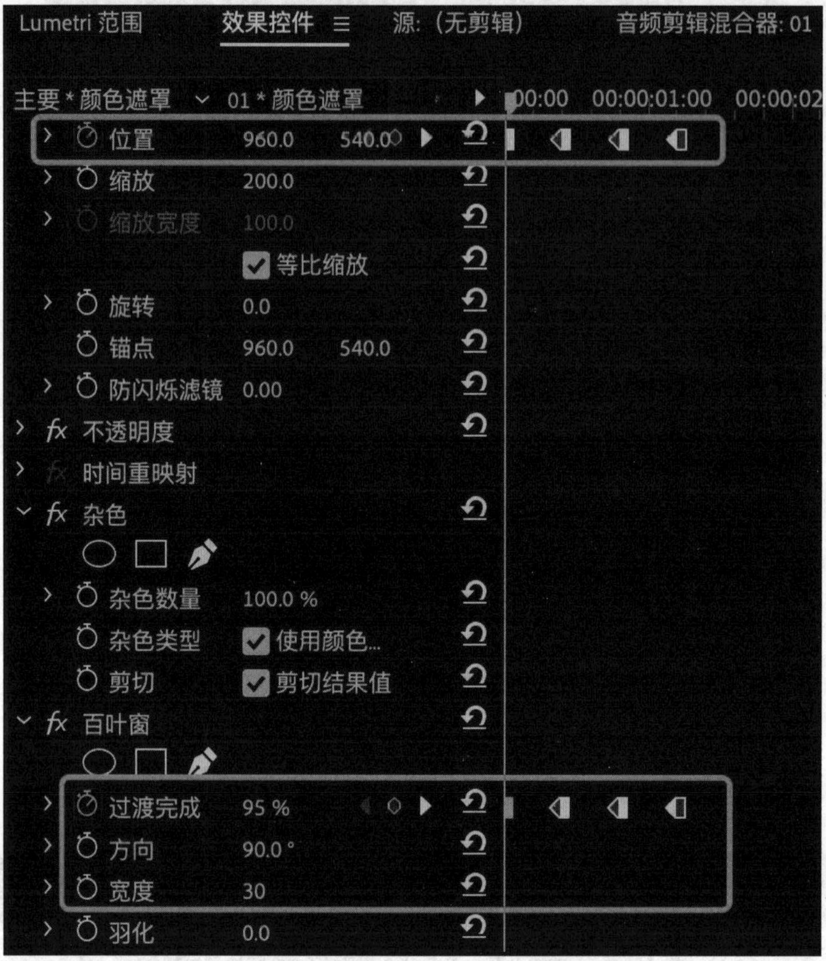

图 5-129 设置“颜色遮罩”关键帧

13.此时失帧色调效果制作完成,点击播放键即可查看最终的画面效果。

课后作业:时尚剪辑

● 练习知识要点

使用“缩放”“关键帧动画”“蒙版”“时间重映射”“颜色校正”等特效制作时尚剪辑效果,如图 5-129 所示。

● 效果所在位置

案例/5.11/时尚剪辑.prproj。

扫码可看图
5-130 彩图

图 5-130　时尚剪辑效果

第六章 Premiere Pro CC 2019 字幕创建与制作

本章概述

字幕是指以文字形式显示电视、电影、舞台作品中的对话等非影像内容，也泛指影视作品后期加工的文字。本章将详细介绍创建字幕的方法以及添加字幕效果等方面的知识。

思政教学目标

用国内优秀影视作品加强对当代大学生的爱国主义教育、素质教育，激发大学生积极投身于影视剪辑创作的热情，增强大学生的责任感和使命感。

教学要求

◆熟练掌握创建和编辑字幕的方法。

◆掌握插入标志的方法和技巧。

◆了解创建运动标题字幕的相关技术。

教学重点和难点

重点：如何快速掌握编辑字幕的操作技巧？

难点：如何巧妙应用综艺字幕？

第一节　字幕的定义及分类

通常来说,字幕指的是在影视作品中以不同形式出现在屏幕上的所有文字字符,包括片名、人物台词、时间、地点、演职员表、歌词以及片头、片尾的说明文字等。影视作品的对话字幕,一般出现在屏幕下方,而戏剧作品的字幕,则可能显示于舞台两旁或上方。字幕的分类方法有多种。比如,按照字幕的用途,可以分为标题字幕、说明性字幕等;按照字幕的呈现方式,可以分为静态字幕、动态字幕等;按照字幕所使用的语言,可以分为译文字幕、双语字幕、语内字幕等;按照媒体差异,可以分为电影字幕、电视字幕、音乐视频字幕及歌剧、音乐剧字幕等。随着科技创新赋能影视发展,字幕的形式和功能也得到了极大的拓展。现在比较流行的字幕格式,分为图形格式和文本格式两类。

表 6-1　字幕分类

用途	标题字幕	片名、地点
	说明性字幕	阅读理解,展示姓名
呈现方式	静态字幕	固定不动
	动态字幕	运动,加入细节特效,片头片尾
使用语言	译文字幕	
	双语字幕	
	语内字幕	
媒体差异	电影字幕	
	电视字幕	
	音乐视频字幕	
	歌剧音乐剧字幕	
制作字幕需要考虑的因素	1.与图形、图案的关系;2.与光影、色彩的关系;3.与视频内容的关系;4.与运动节奏、音乐节奏的关系	

第二节　“字幕”编辑面板概述

一、创建字幕

在 Premiere Pro CC 2019 中,创建字幕的方法有多种,例如,通过“文件”菜单,通过“项目”面板的下拉菜单,或者通过热键等,用户可以根据自己的操作习惯选择创建方式。

(一)通过“文件”菜单创建

展开“菜单栏”,依次执行“文件”→“新建”→“字幕”命令,如图 6-1 所示。打开“新建字幕”对话框,在“标准”下拉菜单中,选择“开放字幕”并设置相关参数,然后单击“确定”按钮,如图 6-2 所示。

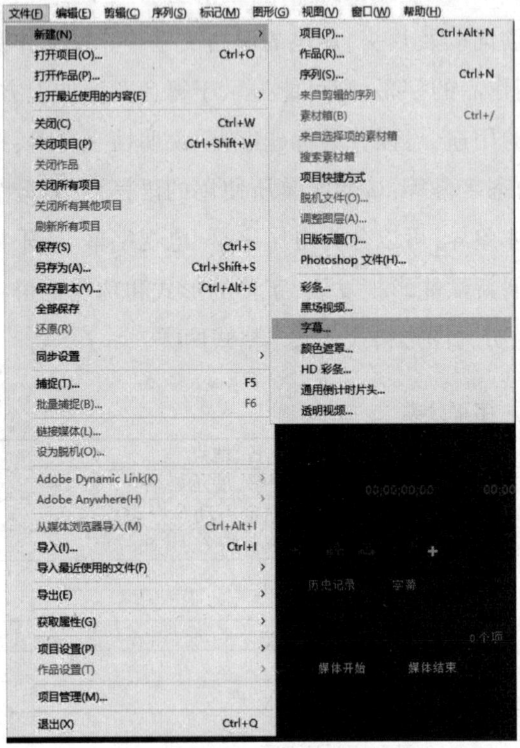

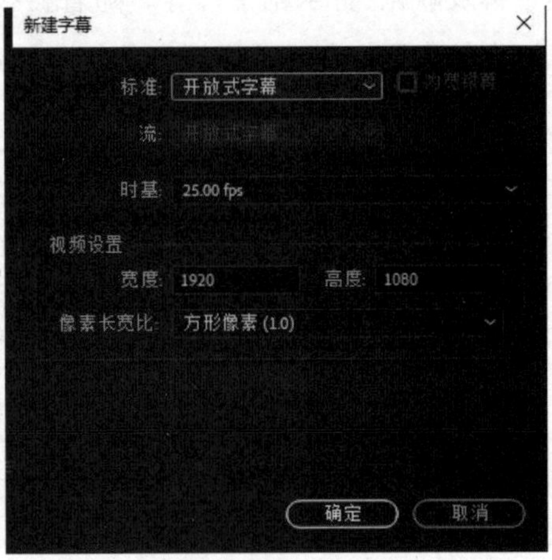

图 6-1　新建字幕命令位置　　　**图 6-2　新建字幕窗口**

(二)通过“项目”面板创建

单击“项目”面板右下角的“新建项”下拉菜单按钮,然后从下拉菜单中选择“字幕”,为视频添加字幕;或者右键单击“项目”面板中的空白区域,然后从出现的快捷菜单中执行“新建项目”→“字幕”命令,如图 6-3 所示。

该类型字幕的字体造型较为简单,常用作对话字幕。具体添加方式如下:用鼠标双击“开放式字幕”文件,进入“字幕”窗口,在文字输入框中输入相对应的字幕文字,用“入点”“出点”调整字幕的起始时间和结束时间,单击下方的“+”号,即可添加新字幕,如图 6-4所示。

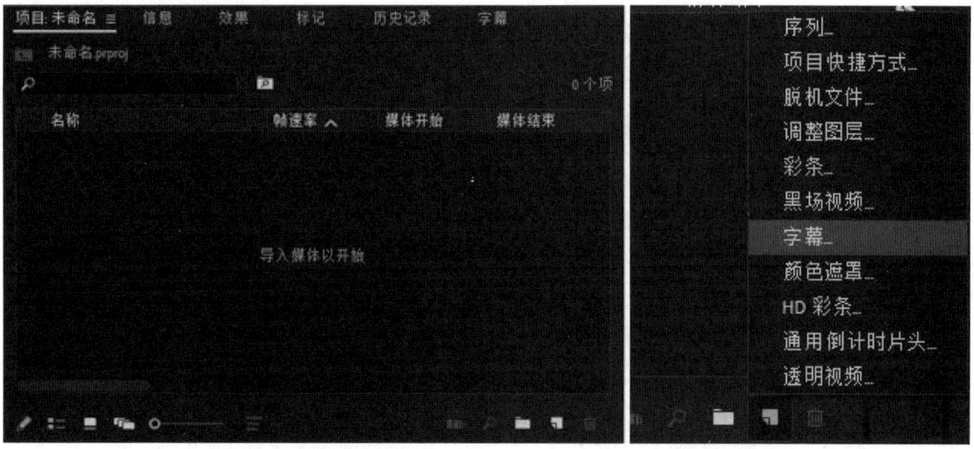

（a）项目窗口　　　　（b）新建字幕命令位置

图 6-3　通过“项目”面板创建

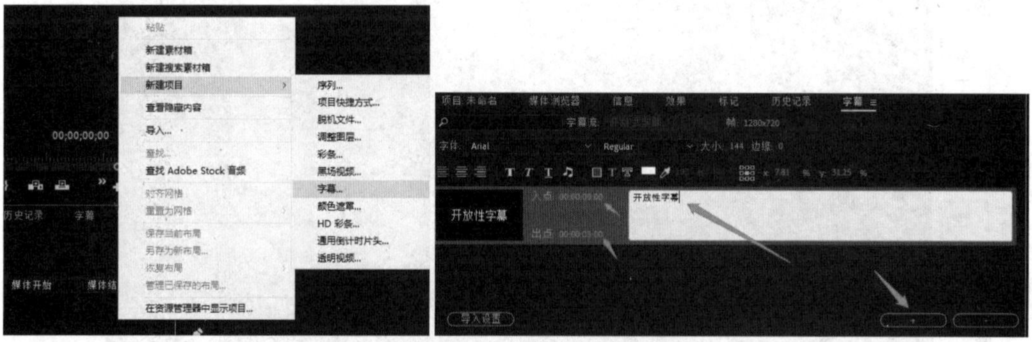

（a）字幕下拉菜单　　　　（b）开放式字幕窗口

图 6-4　通过“字幕”菜单创建

二、字幕属性面板、工具区及动作区

展开“菜单栏”，依次执行“文件”→“新建”→“旧版标题”命令。打开“新建字幕”对话框，不仅可以根据需要设置视频的宽度、高度、时间范围和像素纵横比，还可以对字幕进行重命名。在设置完字幕参数后，点击“确定”，即出现字幕设计面板。字幕设计面板中包含字幕工具区、字幕动作区、字幕编辑区、字幕样式区和字幕属性面板等，如图 6-5、图 6-6 所示。

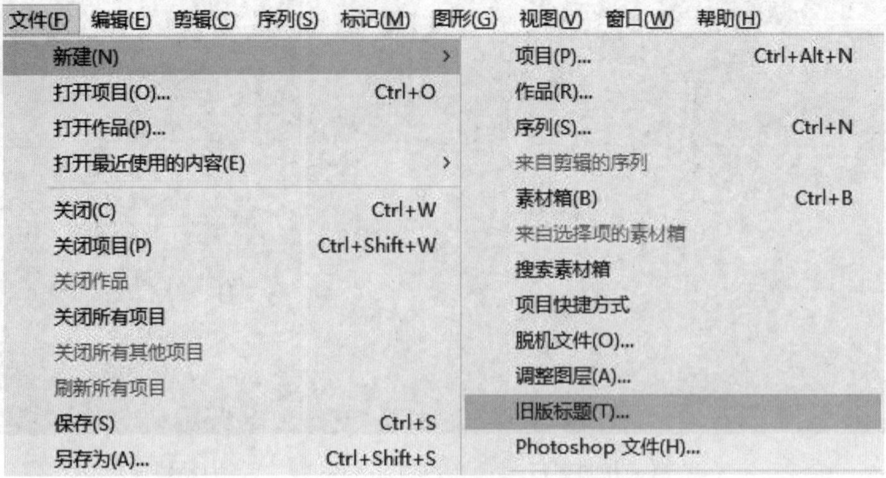

图 6-5 “旧版标题”命令位置

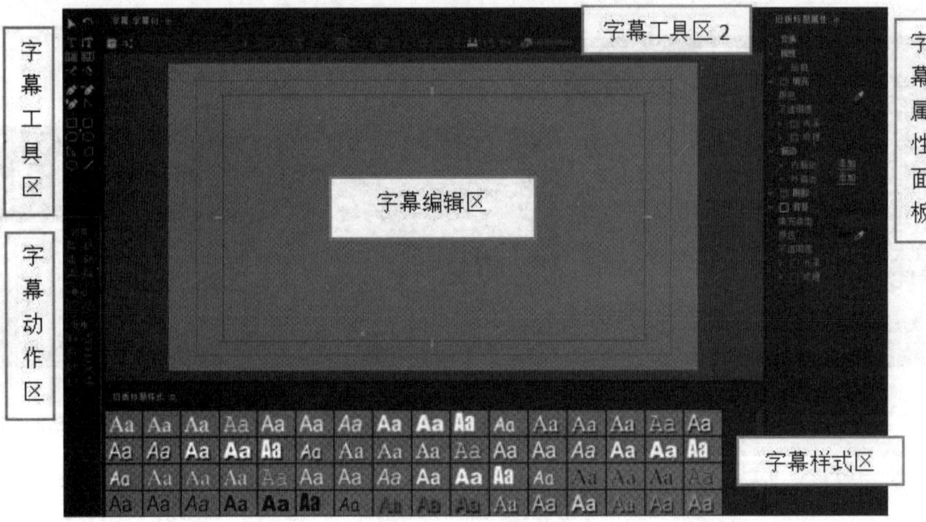

图 6-6 字幕设计面板

(一)字幕属性面板

字幕属性面板用于配置字幕的各种功能,如文本的变换效果、大小、字体、倾斜、扭曲以及是否带有下划线等。如果想使字体带有阴影,则选中文本,在字幕设计面板右侧属性栏中勾选“下划线”复选框即可,如图 6-7、图 6-8 所示。

(二)字幕工具区一

字幕设计面板左侧的工具箱和各种编辑工具,用于编辑文本和创建各种图形,如图

6-9所示。

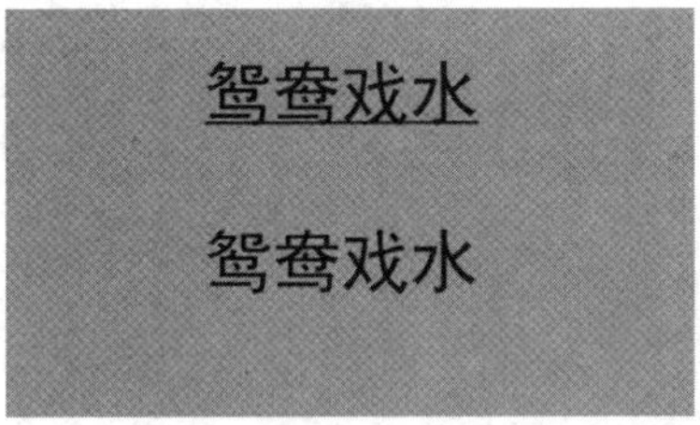

图 6-7 不同字幕效果

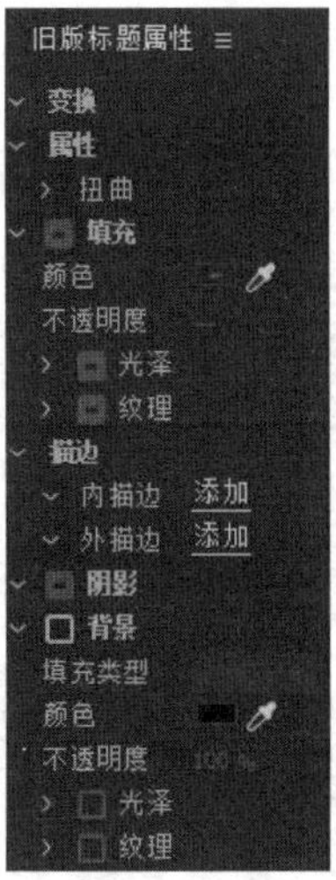

图 6-8 字幕属性面板

图 6-9 字幕工具区一

- 选择工具:用于在字幕创建窗口中选择文本和图形。单击鼠标左键即可选择文本或图形;如果想要选择多个项目,则需要同时按住"Shift"键并单击所需要勾选的每个图像或文本。另外,使用选择工具还可以调整对象的大小。
- 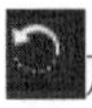旋转工具:用于旋转选定对象,包括文本和图形。
- 文本工具:用于书写文本,可以中英文书写,方向为横向。选择文本工具,在字幕创建窗口中单击需要输入文本的地方,这时就会出现一个文本框(虚线框),我们可以在文本框中键入或更改文本,之后在文本框外单击,取消文本编辑状态,如图 6-10 所示。

扫码可看图 6-10 彩图

图 6-10 文本框(虚线框)

• 垂直文本工具:用于书写文本,方向为垂直,如图 6-11 所示。

扫码可看图
6-11 彩图

图 6-11　垂直文本工具效果

• 区域文本工具:用于在区域块中书写文本,方向为水平。

• 垂直区域文本工具:用于在区域块中书写文本,方向为垂直。

• 路径文本工具:用于沿路径书写文本,方向为水平。

• 垂直路径文本工具:用于沿路径书写文本,方向为垂直。

• 钢笔工具:用于绘制线条或形状。

• 删除锚点工具:用于删除路径上的锚点。

• 添加锚点工具:用于添加锚点。添加锚点后,可以更好地控制图形。

• 转换锚点:用于转换图形锚点为平滑或者锐角。

• 矩形工具图:用于绘制各种矩形。如果右侧选中“填充”选项,则将填充一个矩形或正方形。绘制正方形时可同时按住“Shift”键,如图 6-12 所示。

扫码可看图
6-12 彩图

图 6-12　矩形工具效果

- 圆角矩形工具:用于绘制带圆角的矩形。
- 切角矩形工具:用于绘制带切角的矩形。
- 圆矩形工具:用于绘制圆角矩形。
- 楔形工具:用于绘制各种楔形。
- 弧形工具:用于绘制圆弧形状,如图 6-13 所示。

扫码可看图
6-13 彩图

图 6-13　弧形工具效果

- 椭圆工具:用于绘制椭圆形状,在绘制时同时按住“Shift”键可以绘制一个正圆形,如图 6-14 所示。

扫码可看图
6-14 彩图

图 6-14　椭圆工具效果

• 直线工具：用于在字幕窗口中画一条直线，画的时候同时按住“Shift”键，直线会形成一个 45 度角。选择直线工具后，点击直线的起点，再点击终点即可画出直线。

（三）字幕工具区二

在系统中创建字幕或应用内置字幕后，我们可以在字幕设计面板顶部的“属性”面板中设置相关属性，包括字幕类型、字体样式和段落布局等，如图 6-15 所示。

图 6-15　字幕工具区二

• 

字体下拉列表：用于选择字体样式。

• 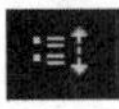滚动/游动选项：设置起始时间、游动方向等，用于指定滚动或游动的具体参数。

• 制表位：用于设置字幕跳格参数。

• 显示背景视频：选中此选项可在创建字幕时跟踪字幕，显示出在背景中的确切位置。默认情况下，显示的背景是“时间指示器”在时间轴上的位置。

（四）字幕动作区

默认情况下，字幕工作区位于字幕设计面板中，如图 6-16 所示。它提供了对齐、居中和分配字幕的工具。选择项目后，根据需要单击字幕工作区中的相应按钮，这样就可以在该位置呈现字幕对象。例如，输入 3 组文本后，它们的位置不同，如图 6-17 所示。如果想要它们左向对齐，可单击“水平左对齐”按钮，则文本的左侧将对齐，如图 6-18 所示。

图 6-16　字幕动作区

扫码可看图 6-17 彩图

图 6-17　字幕窗口

扫码可看图 6-18 彩图

图 6-18　左对齐效果

三、字幕样式区和字幕编辑区

（一）字幕样式区

字幕样式区提供了给字体加入特效的各种功能，比如：投影、颜色渐变等，如图 6-19 所示。我们可以直接在字幕样式区中选择想要的“样式”，单击鼠标左键选用，也可仅套用“样式”的部分功能，点击鼠标右键，在弹窗中选择“仅应用颜色样式”，如图 6-20 所示。

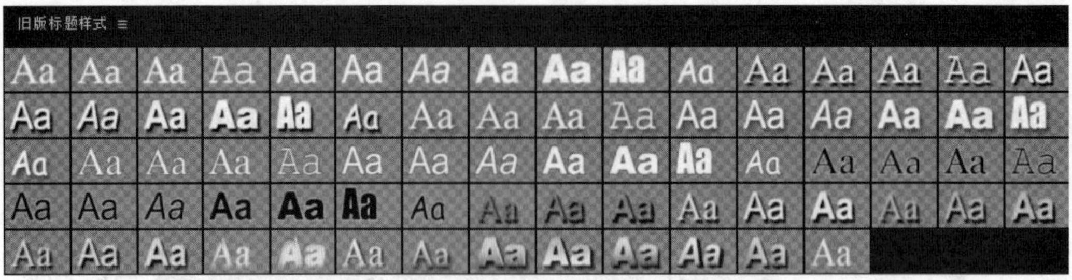

图 6-19　字幕样式区

在字幕面板上调整完成字幕效果后，如图 6-21 所示，我们可以将所调整的字幕效果添加至“标题样式”窗口，具体操作如下：将鼠标指针移至“标题样式”窗口空白处，点击鼠标右键，在弹窗中选择“新建样式”，完成新建样式操作，方便未来快速调用，如图 6-22 所示。

图 6-20　自定义字幕样式

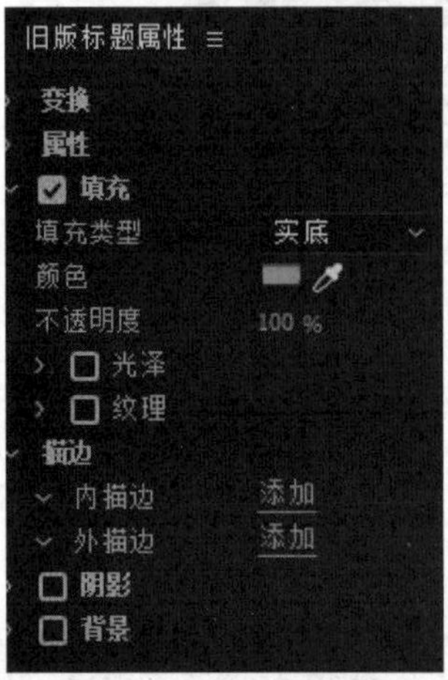

图 6-21　旧版标题属性

图 6-22　新建样式

(二)设置字幕样式

Premiere Pro CC 2019 的字幕设计面板提供了一些内置的字幕样式供使用,用户可以根据需求选择合适的字幕样式或创建属于自己的个性化样式。

1.应用样式

“字幕样式”面板位于字幕设计面板的底部中心。选择“字幕样式”面板中所需的样式后,在字幕窗口中输入文字,即可创建预设样式效果,如图 6-23 所示。

在“字幕样式”面板中,将鼠标指针放置于所需字幕样式的上方,点击鼠标右键,此时将弹出“字幕样式选项”菜单,菜单中包含多种样式应用及编辑命令,如图 6-24 所示。

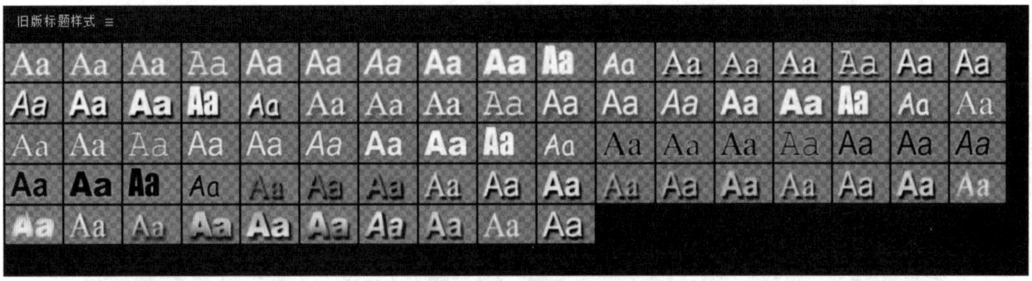

图 6-23　字幕样式

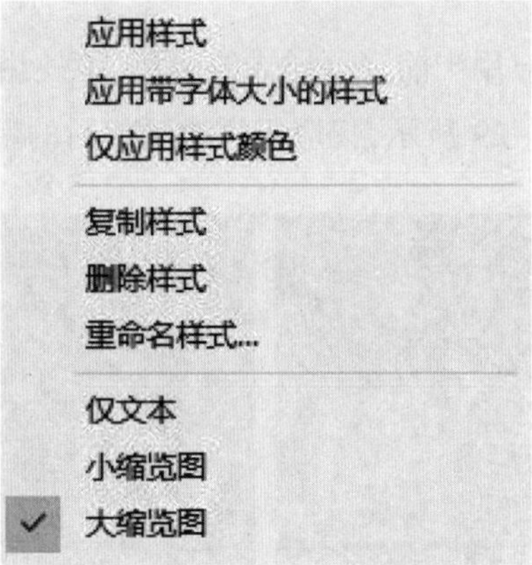

图 6-24　“字幕样式选项”菜单

●应用样式:完成此命令,将所有可用的字幕样式应用于字幕。原字幕效果如图 6-25所示,应用样式后的字幕效果如图 6-26 所示。

扫码可看图
6-25 彩图

扫码可看图
6-26 彩图

图 6-25　原字幕效果　　**图 6-26　应用样式的字幕效果**

• 应用带字体大小的样式：应用现有字幕样式的同时使用该样式的字体大小。原字幕效果如图 6-27 所示，应用带字体大小的样式后的字幕效果如图 6-28 所示。

扫码可看图
6-27 彩图

扫码可看图
6-28 彩图

图 6-27　原字幕效果　　**图 6-28　应用带字体大小的样式的字幕效果**

• 仅应用样式颜色：仅应用当前字幕样式的颜色，不使用字幕的字体类型、字体大小等属性。原字幕效果如图 6-29 所示，仅应用样式颜色后的字幕效果如图 6-30 所示。

扫码可看图
6-29 彩图

扫码可看图
6-30 彩图

图 6-29　原字幕效果　　**图 6-30　仅应用样式颜色的字幕效果**

- 复制样式：复制现有的样式。未复制样式的效果如图 6-31 所示，复制样式后的效果如图 6-32 所示。

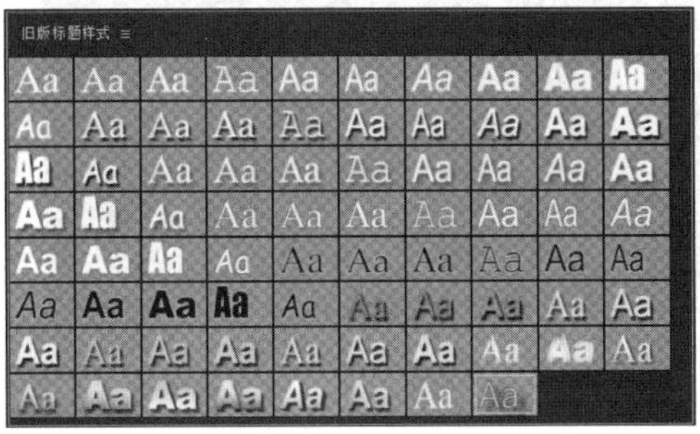

图 6-31 原字幕效果

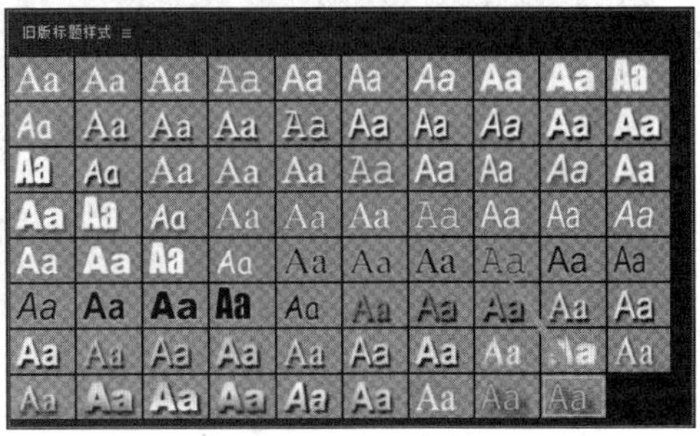

图 6-32 复制样式的字幕效果

- 删除样式：删除当前样式。
- 重命名样式：重新命名字幕样式。
- 仅文本：执行该命令后，“字幕样式”面板中的所有字幕都显示为文本，如图 6-33 所示。

图 6-33 仅文本

- 小缩览图：执行该命令后，所有“字幕样式”都会在面板中以缩略图的形式显示，如图 6-34 所示。

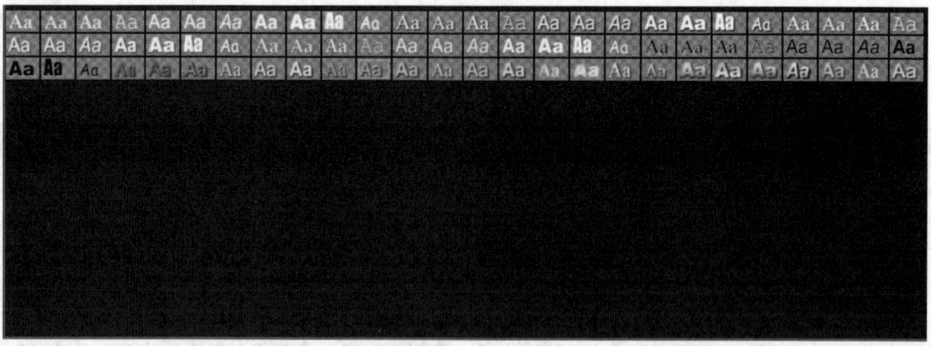

图 6-34 小缩览图

• 大缩览图：为了让用户更容易在“字幕样式”面板中预览字幕样式，Premiere Pro CC 2019 默认将字幕样式显示为大缩略图，如图 6-35 所示。

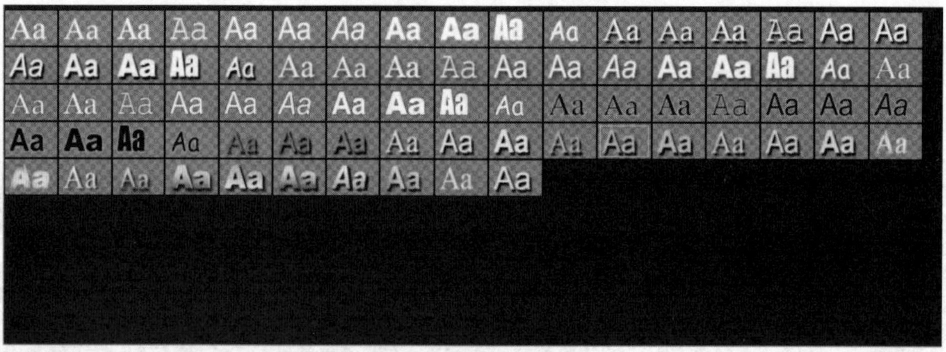

图 6-35 大缩览图

2.创建字幕样式

用鼠标右键单击“字幕样式”面板中的空白处，同时打开上下文菜单，然后选择“新建样式”，如图 6-36 所示。

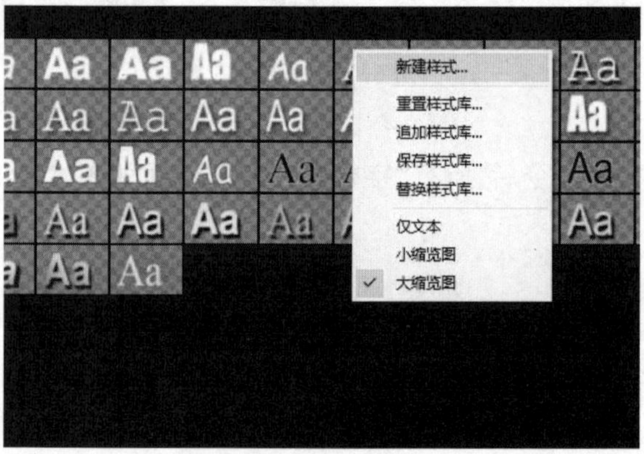

图 6-36 新建样式

执行“新建样式”命令，创建一个新生成的字幕样式，并将其显示在“字幕样式”面板中。原字幕样式如图 6-37 所示，新建字幕样式如图 6-38 所示。

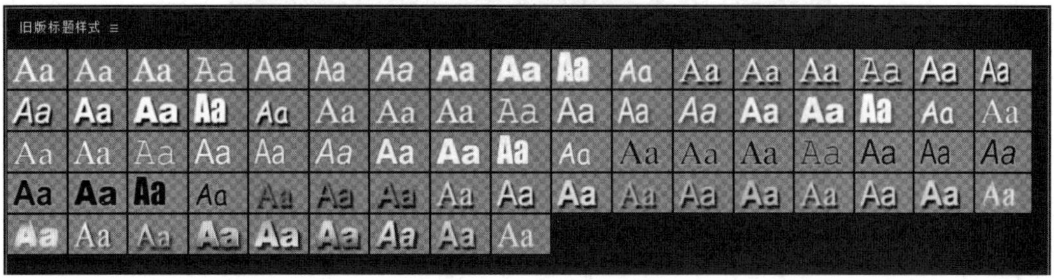

图 6-37 原字幕样式

图 6-38 新建字幕样式

- 重置样式库：将当前显示在“字幕样式”面板中的样式库重置为其原始状态。
- 追加样式库：将外部样式库添加到当前样式库中。
- 保存样式库：保存当前的字幕样式库，方便以后调用。
- 替换样式库：更新当前的字幕样式库。

3.控制文字颜色

字幕颜色的调整是视频制作中的一个重要环节，它直接影响到视频的观看体验。在 Premiere Pro CC 2019 中创建的字幕，其颜色并非一成不变。我们在字幕设计面板中选择字幕后，点击其右侧“字幕属性”面板中的“填充”选项，设置“填充类型”和“颜色”参数，创建各种区域字幕效果。

在“字幕属性”面板的“填充”部分，单击“填充类型”按钮展开下拉菜单，就会显示出字幕颜色的选择类型，如图 6-39 所示。

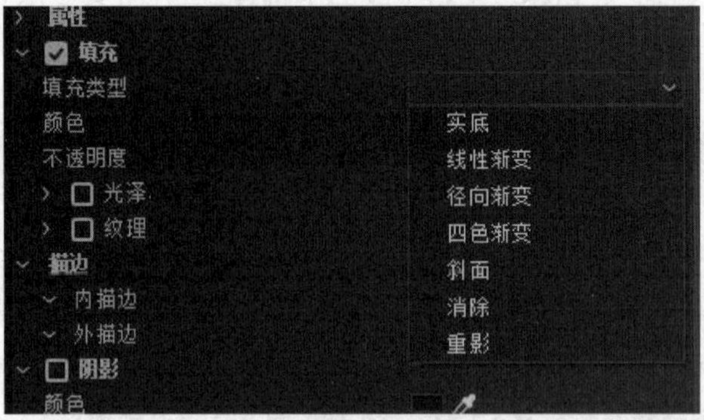

图 6-39 “填充类型”下拉菜单

• 实底：字幕以单色显示，用户可以根据画面的背景颜色来调整字幕的颜色，如图6-40所示。

• 线性渐变：字幕颜色由两种颜色控制，达到渐变效果，如图 6-41 所示。

扫码可看图6-40彩图

图 6-40 实底效果

扫码可看图6-41彩图

图 6-41 线性渐变效果

• 径向渐变：从起点到终点，颜色由内而外进行圆形渐变（从中间向外拉）。

• 四色渐变：顾名思义，四色渐变就是有四种颜色的渐变填充。为字幕选择此颜色填充类型后，“颜色”选项成为四个角的控件。我们为四个角分配不同的颜色参数，就可以创建具有渐变效果的四种颜色的字幕。

• 消除：为字幕选择此颜色填充类型后，字幕的文本部分将完全透明。这种填充类型常用于创建空心文字效果。

（三）字幕编辑区

• 对齐：选中多个对象一起对齐。对齐前如图 6-42 所示，中心对齐 中心 如图6-43所示。

图 6-42　对齐前

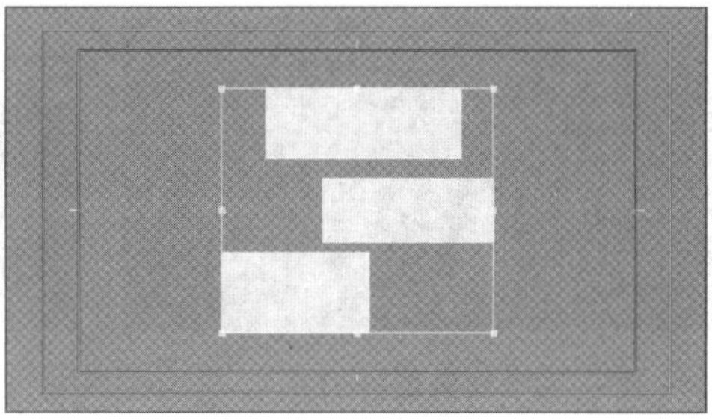

图 6-43　中心对齐

• 顶端对齐：以字幕编辑区中心点作为参照对齐，如图 6-44、图 6-45 所示。

扫码可看图 6-44 彩图

图 6-44　对齐前

图 6-45　顶端对齐

扫码可看图 6-45 彩图

• 分布常用工具：在字幕编辑区中，我们可以用字体加粗、倾斜、加下划线、字高、间距、行距、对齐、左中右等常用工具来进行段落文字编辑，如图 6-46 所示。行距、列距针对段落文字。

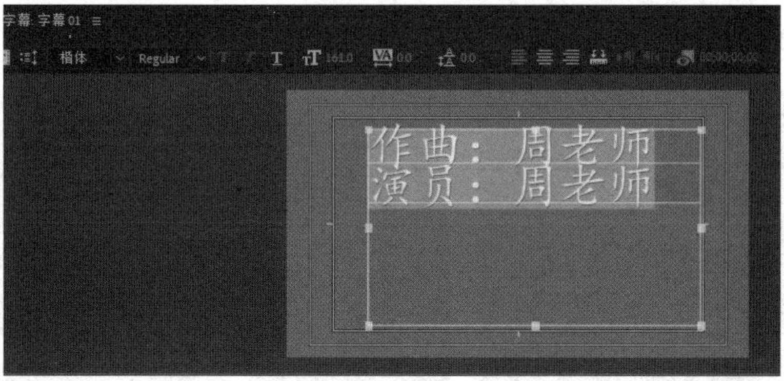

图 6-46　段落文字编辑

• 制表位：结合键盘 TAB 键，可以快速制作字幕，如图 6-47、图 6-48 所示。

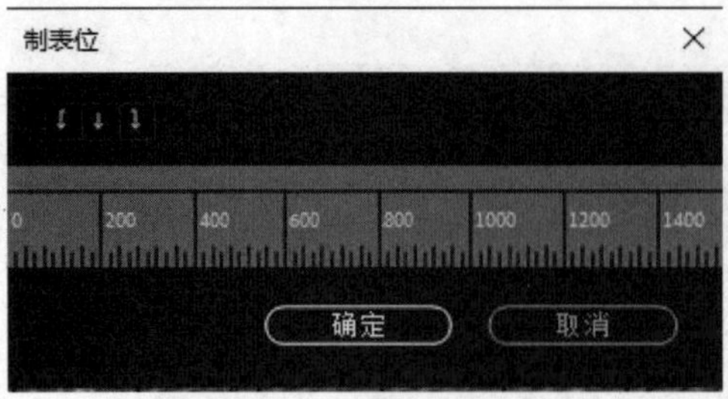

图 6-47　制表位(一)

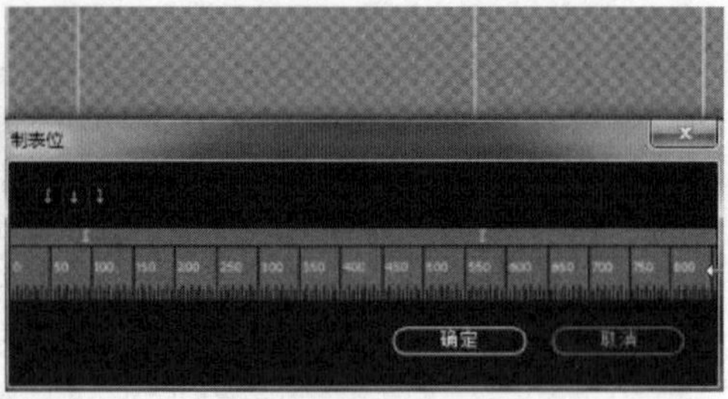

图 6-48　制表位(二)

第三节　创建字幕文本对象

字幕通常包含文本和图形两部分，而文本又是最重要的。通常，我们将字幕文本对象称为字幕素材。下面将重点讲解如何创建字幕文本对象。

一、课堂案例——“影视后期”静态字幕

以下我们将重点介绍创建静态字幕的方法，具体操作如下：

1.启动 Premiere Pro CC 2019 并创建一个新项目，项目参数设置如图 6-49 所示。

2.执行“文件”→“新建”→“旧版标题”命令，打开“新建字幕”对话框，设置相应的参数，点击“确定”按钮，如图 6-50 所示。

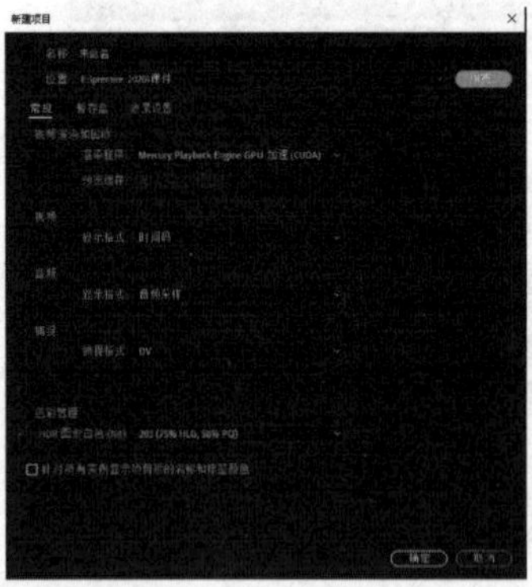

图 6-49　新建项目窗口

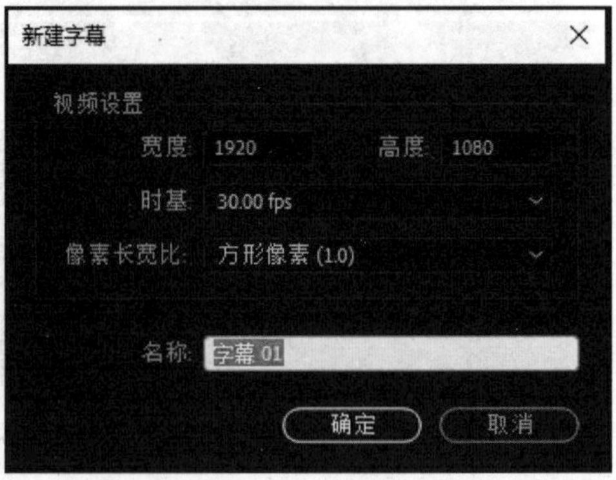

图 6-50　新建“旧版标题”窗口

3.此时将弹出字幕设计面板，选择字幕工具区的“文字工具”，如图 6-51 所示。

4.在字幕编辑区单击鼠标左键，激活文本框，在文本框内输入所需文本，如图6-52所示，此时文字无法完全显示，无须担心，我们进行下一步操作。

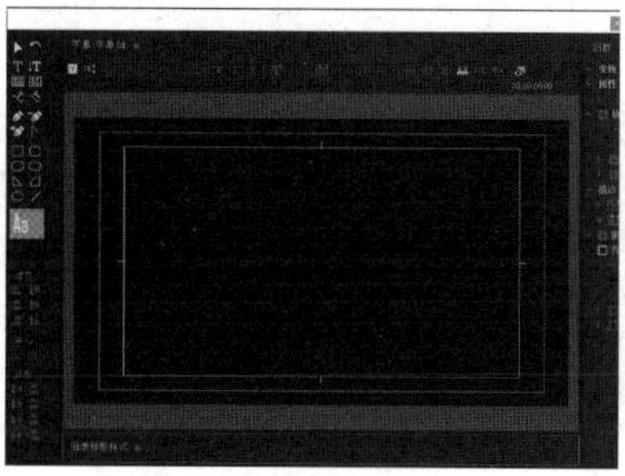

图 6-51 选择文字工具

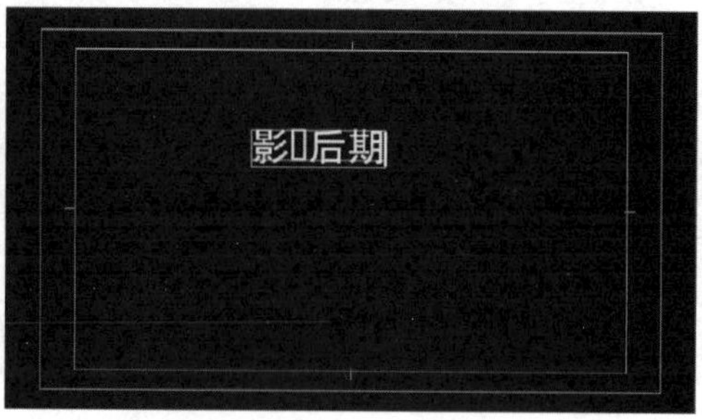

图 6-52 输入所需文本

5.在字幕编辑区空白处，单击鼠标左键，取消文本输入框，文本进入不可编辑状态，如图6-53所示。用鼠标双击字幕编辑区中的文本，激活文本框，文本进入可编辑状态。

6.如果想要更改文本对象的多个属性，则可以在属性栏中调整参数，包括字体系列、字体样式、字体大小等，如图6-54所示。

图 6-53 去掉字符周围的虚线框

图 6-54 在属性栏中调整参数

7.更改文本属性后,关闭“字幕设计”面板。在“项目”面板中创建的静态字幕文本对象被保存在静态字幕序列中,如图 6-55 所示。

8.将创建的字幕素材拖入 V1 轨道中,如图 6-56 所示。

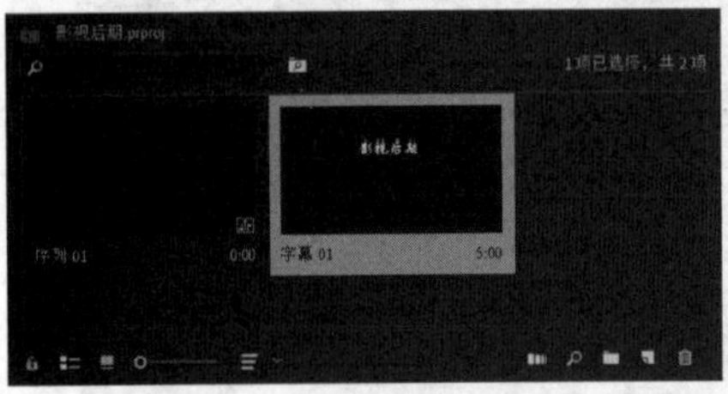

图 6-55 “项目”面板

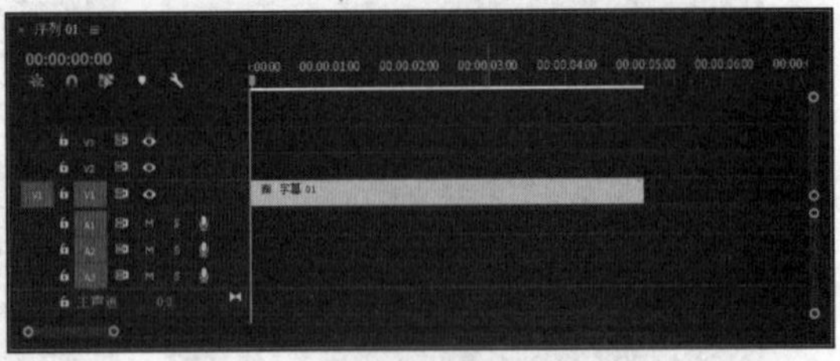

图 6-56 将字幕素材拖入 V1 轨道中

9.在“时间轴”面板中拖动“时间指示器”或单击“监视器”面板中的播放按钮即可进行预览,如图 6-57 所示。

图 6-57 节目窗口预览

二、创建水平或垂直排列文本

在字幕制作中,最关键的元素是文本。我们可以通过字幕面板中的文本工具或菜单来创建所需的文本素材。Premiere Pro CC 2019 为用户提供了大量的文本格式和字体。下面介绍创建水平或垂直排列文本的方法。

执行“文件”→“导入”命令,将剪辑文件拖拽至时间轴上。然后执行“文件”→“新建”→“旧版标题”命令,打开“新建字幕”对话框,单击“确定”按钮显示出“标题设计”面板。选择文本工具,在字幕窗口中单击要写入文本的位置,然后键入文字“鹦鹉”,如图 6-58所示,单击工具箱中的“选择工具”或在空白处单击鼠标左键显示完成。

扫码可看图
6-58 彩图

图 6-58　水平文本

然后,我们可以使用“选择工具”来拖动、定位文本位置,或使用键盘上的四个方向键来调整文本的位置,也可以使用“选择工具”拉伸文本,如图 6-59 所示。

扫码可看图
6-59 彩图

图 6-59　调整文本位置

选择垂直字幕工具,点击需要输入字幕窗口的地方,输入文字“温暖的手”,如图6-60所示。使用此工具输入的字符是垂直方向的,我们还可以使用“字距调整”来调整字符之间的间距,如图 6-61 所示。

扫码可看图 6-60 彩图

图 6-60　竖版文本

扫码可看图 6-61 彩图

图 6-61　字距调整

三、创建字幕路径

除了在区域中水平或垂直创建文本外，我们还可以绘制路径并沿路径键入文本。具体操作如下：

首先，选择路径类型工具并单击字幕制作窗口以创建起点，文本从这里开始，然后点击并拖动鼠标左键以创建第二个点，获得所需路径，如图 6-62 所示。

接下来点击并拖动鼠标左键以创建第三个点，获得所需路径，如图 6-63 所示。

扫码可看图 6-62 彩图

图 6-62　创建字幕路径

扫码可看图 6-63 彩图

图 6-63　获得所需字幕路径

选择文本工具，将文字填入，如图 6-64 所示。如果我们需要沿路径键入竖排文本，那么就选择竖排工具，点击标题窗口，创建起点，然后点击并拖动鼠标左键以创建第二个点，直到创建所需要的路径，如图 6-65 所示。最后，使用文本工具输入文字。

扫码可看图
6-64 彩图

阳下的黄昏

图 6-64　输入文字

图 6-65　竖版文本路径

扫码可看图
6-65 彩图

四、创建段落字幕

除了沿特定方向键入文本外，我们还可以将字符限制在文本段落框内。如果要输入横向文本，则可以选择区域文本工具，点击字幕窗口进入文本框，在文本框中输入所需的文本即可，如图 6-66 所示。

如果输入竖版文本，则可以选择垂直文本工具，点击字幕窗口进入文本框，在文本框中输入所需的文本即可，如图 6-67 所示。

扫码可看图
6-66 彩图

你给我一片沙漠
却没有留下骆驼

图 6-66　文本框输入文本

你给我一片
沙漠
却没有留下
骆驼

图 6-67　竖版文本框输入文本

扫码可看图
6-67 彩图

五、钢笔工具

在 Premiere Pro CC 2019 中，利用钢笔工具，可轻松为蒙版创建曲线或其他复杂形状。“钢笔工具”的具体操作方法是单击定点连直线，如图 6-68 所示；也可选中“钢笔工具”，拖动鼠标绘制曲线，如图 6-69 所示；或者使用“钢笔工具”添加或删除锚点，如图 6-70 所示。

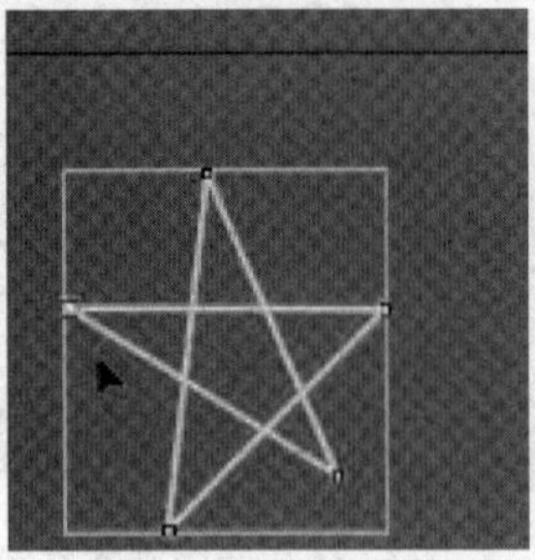

图 6-68　钢笔工具

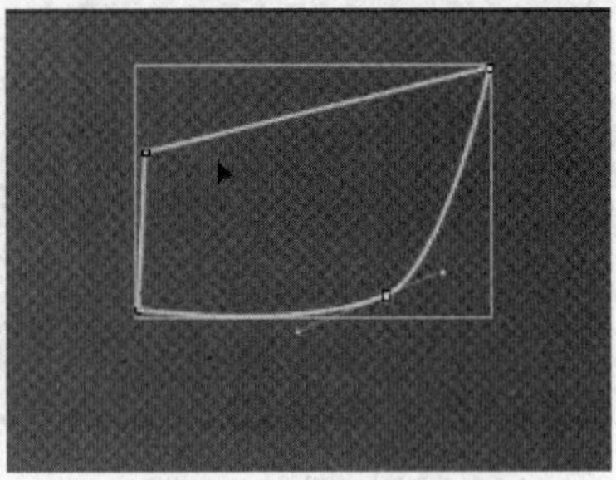

图 6-69　拖动鼠标绘制曲线

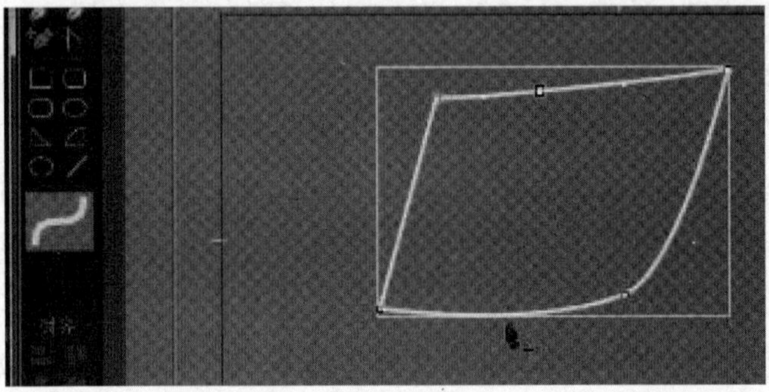

图 6-70　使用“钢笔工具”添加或删除锚点

• 单项手柄调节，它可以与 Photoshop 软件中的“钢笔工具”一样调节锚点：(1)移动锚点；(2)点转换工具(点击锚点转换为曲线点；拖动锚点转换为尖点)。

第四节　编辑与修饰字幕

一、课堂案例——蒲公英之园

在学习了应用 Premiere Pro CC 2019 创建字幕文本后，我们下面将引入具体案例，介绍如何制作“蒲公英之园”的文字阴影效果，具体操作如下：

1.启动 Premiere Pro CC 2019 并打开“新建项目”对话框，设置必要的参数，然后单击“确定”，如图 6-71 所示。

2.新建“HDV720P25”预设序列，将“素材”文件夹中的“蒲公英”导入“项目”面板，如图 6-72 所示。

扫码可看图 6-71 彩图

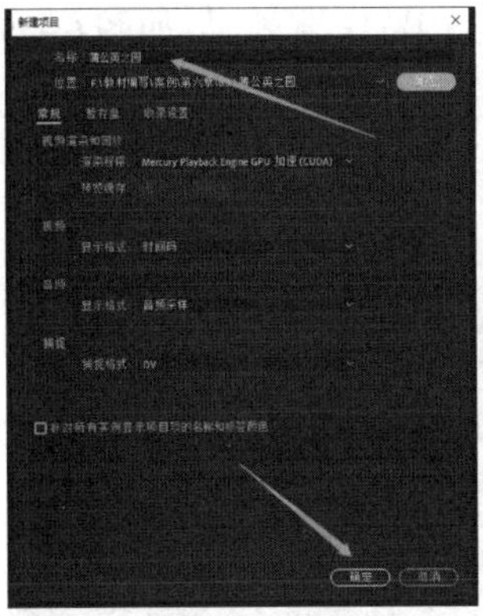

图 6-71 新建项目

图 6-72 导入素材

扫码可看图 6-72 彩图

3.将“项目”面板中的图形素材“蒲公英”导入“时间轴”面板，如图 6-73 所示。

4.在“节目监视器”面板中打开素材剪辑，浏览效果，如图 6-74 所示。

扫码可看图 6-73 彩图

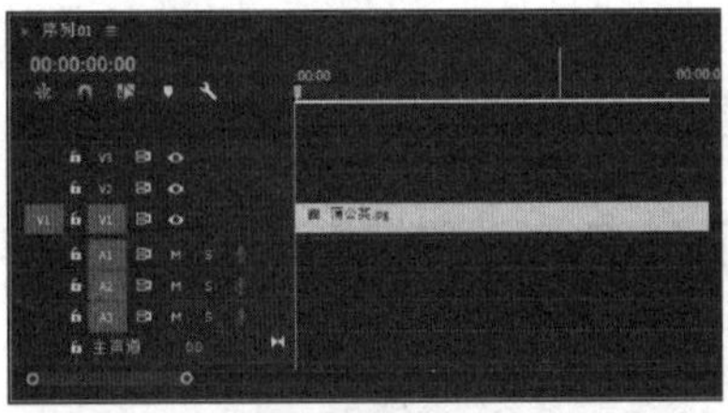

图 6-73 将素材导入时间轴

图 6-74 节目监视器效果

扫码可看图 6-74 彩图

5.依次执行“文件”→“新建”→“旧版标题”命令，在打开的“新建字幕”对话框中设置相关参数，然后单击“确定”按钮，如图 6-75 所示。

6.相关参数设置完成后，在字幕设计面板中创建“蒲公英之园”字幕，然后在字幕属性面板中设置字幕参数，如图 6-76 所示。

扫码可看图 6-75 彩图

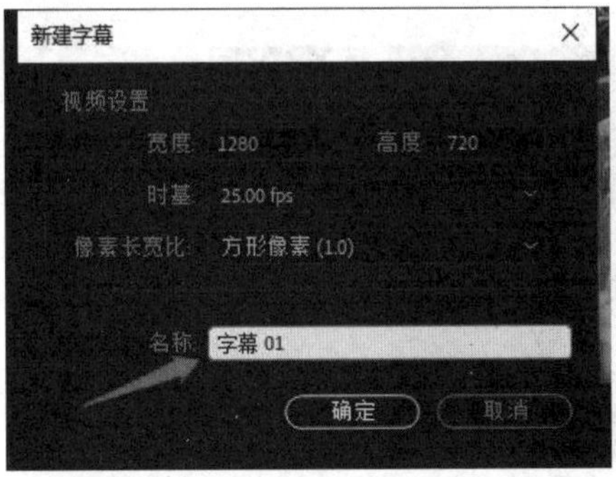

图 6-75 新建字幕

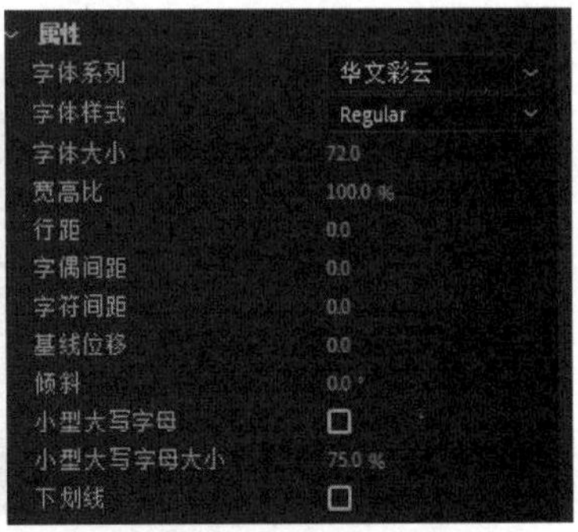

图 6-76 设置字幕参数

扫码可看图 6-76 彩图

7.相关参数设置完成后，返回字幕设计面板的设计区浏览字幕效果，如图 6-77 所示。

8.在字幕设计面板中选择字幕，回到字幕属性面板，展开带有“阴影”设置选项的窗口，勾选“阴影”前面的复选框，启用系统的默认阴影效果，如图 6-78 所示。

扫码可看图 6-77 彩图

图 6-77　设置参数后的字幕效果

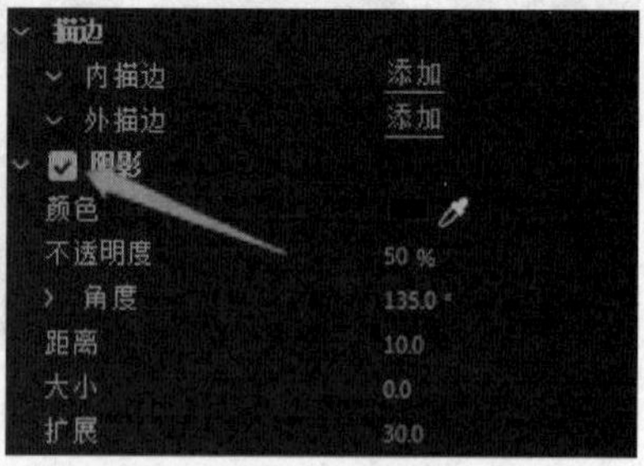

图 6-78　勾选阴影属性

扫码可看图 6-78 彩图

9.展开字幕属性面板中的“阴影”参数设置选项区，点击“颜色”后面的色块，在“拾色器”弹出的对话框中设置字幕的阴影颜色，点击“确定”按钮关闭界面，如图 6-79 所示。

10.在字幕设计区可以浏览字幕阴影效果，如图 6-80 所示。

扫码可看图 6-79 彩图

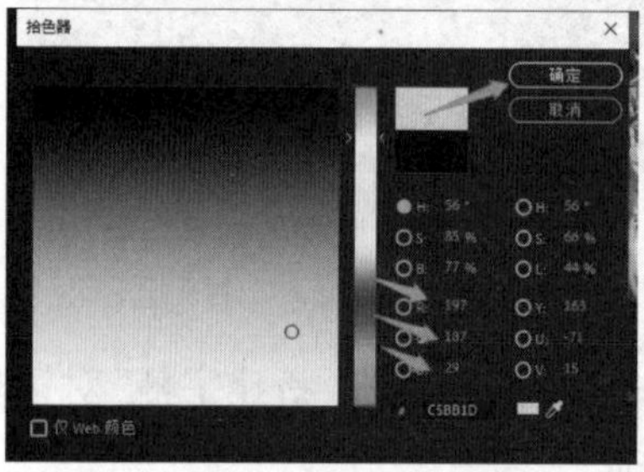

图 6-79　设置字幕阴影颜色

图 6-80　字幕阴影效果

扫码可看图 6-80 彩图

11.在字幕属性面板中设置角度、距离、大小和扩展参数，如图 6-81 所示。

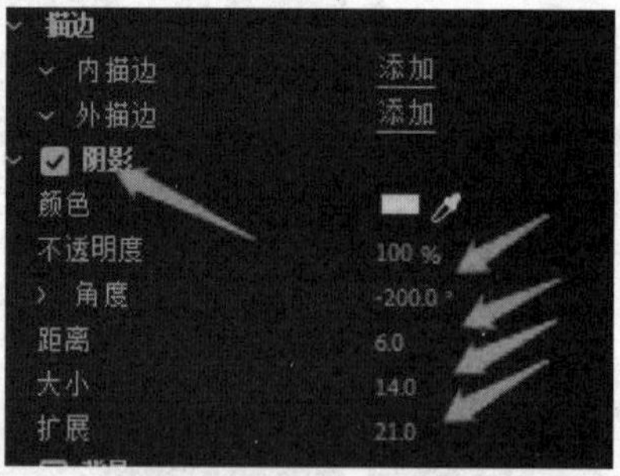

扫码可看图 6-81 彩图

图 6-81　设置相关参数

12.相关参数设置完成后，关闭字幕设计面板，将制作好的字幕导入“时间轴”面板，查看最终效果，如图 6-82 所示。

扫码可看图
6-82 彩图

图 6-82　最终效果

二、编辑字幕文本及设置字幕属性

在创建字幕时，我们可以结合字幕编辑器右侧属性栏中的选项对文字和图形进行编辑，包括设置大小、字体、字间距、行间距、倾斜、扭曲等字幕文本属性。编辑字幕文本属性面板如图 6-83 所示。

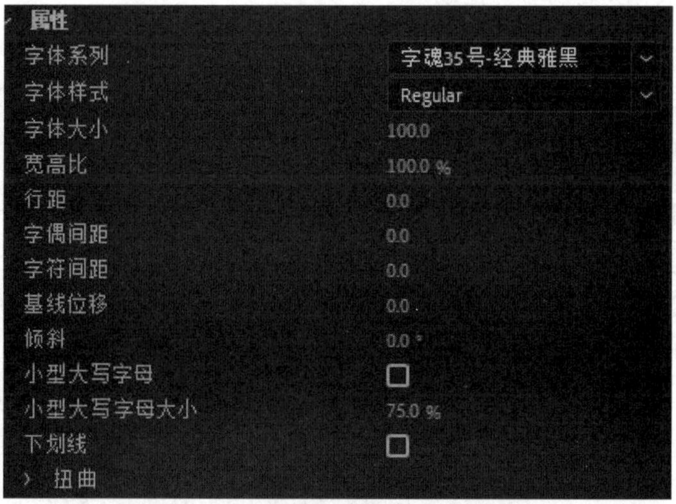

图 6-83　字幕文本属性

• 字体系列：用于设置字幕字体。单击该选项右侧的下拉按钮，可以替换弹出下拉菜单中所选字幕的字体。字幕字体效果如图 6-84 所示。

扫码可看图
6-84 彩图

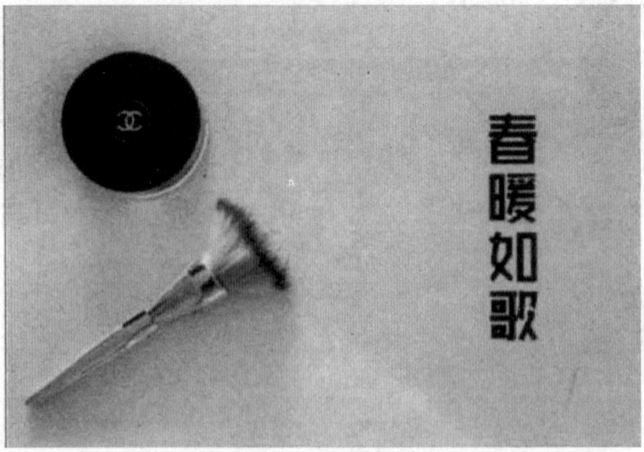

图 6-84　字幕字体效果

• 字体样式：用于设置字体的具体样式。大多数字体样式中包含的字体较少，有些仅包含一种字体，因此该选项的使用频率较低。

• 字体大小：用于设置所选文本的字体大小。参数越大，字就越大。

• 宽高比：用于设置文字的宽高比。

• 行距：用于设置多行文本的行间距。

• 基线位移：用于设置基线偏移。

• 倾斜：用于调整字幕的倾斜度。

• 字符间距：用于调整字幕文本的间距，默认参数为 0。数值越大，文字间距越大。调整字符间距如图 6-85 所示。

扫码可看图
6-85 彩图

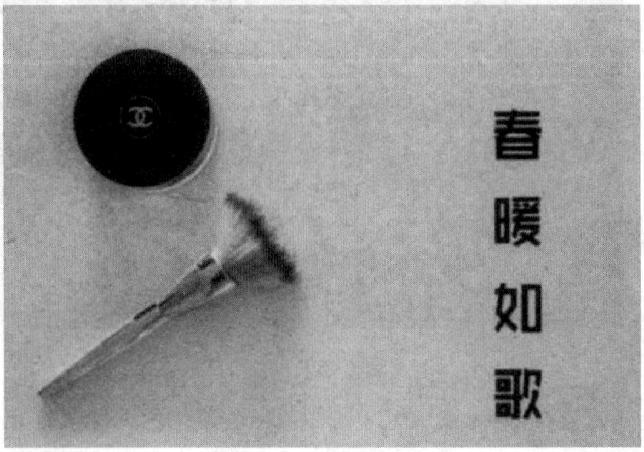

图 6-85　调整字符间距

(一)设置文本填充属性

“填充”主要是控制字幕颜色填充的类型、颜色以及是否启用纹理填充、光泽等。“填充”选项区域中的参数如图 6-86 所示。

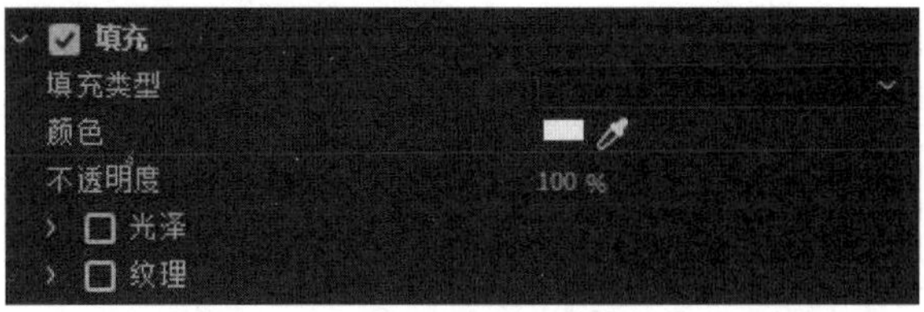

图 6-86　填充属性

● 填充类型：包括“实底”“线性渐变”“径向渐变”“四色渐变”“斜面”“消除”“重影”7 种类型。

● 颜色：用于设置填充颜色。不同的填充类型有不同的填充颜色设置。不同填充颜色下的字幕对比效果如图 6-87、图 6-88 所示。

扫码可看图 6-87 彩图

图 6-87　设置填充颜色效果(一)

图 6-88　设置填充颜色效果(二)

扫码可看图 6-88 彩图

● 不透明度：用于设置填充颜色的不透明度。参数值 100%为全不透明，参数值 0%为全透明。

● 光泽：为文本或图像设置特殊的照明效果，如设置灯光的颜色、不透明度、大小、角度和偏移量。

● 纹理：调整文本或图像的纹理效果，如设置纹理图案、缩放比例、队列和混合等参数。

(二)设置文本描边效果

“描边”指的是为文本或者图像描绘边缘。在 Premiere Pro CC 2019 中,“描边”主要用于设置文本或图像的内外描边效果,如图 6-89 所示。

图 6-89 设置文本描边

• 内描边:从形状的边缘开始,随着宽度的扩展向内延伸。单击“内描边”右侧的“添加”文本链接,可以添加内描边效果,如图 6-90 所示。

• 外描边:从形状的边缘开始,随着宽度的扩展向外延伸。单击“外描边”右侧的“添加”文本链接,可以添加外描边效果,如图 6-91 所示。

扫码可看图 6-90 彩图

图 6-90 内描边效果

图 6-91 外描边效果

扫码可看图 6-91 彩图

(三)设置文本阴影效果

“阴影”面板中的参数用于为字幕添加阴影,包括“颜色”“不透明度”“角度”“距离”“大小”“扩展”等,该选项区域的参数如图 6-92 所示。

图 6-92 “阴影”面板中的参数设置

• 颜色:用于设置字幕阴影的颜色。用鼠标点击该选项后的色块,在弹出的拾色器对话框中,通过设置阴影的各种颜色参数来控制阴影的颜色效果，阴影对比效果如图 6-93、图 6-94 所示。

扫码可看图 6-93 彩图

扫码可看图 6-94 彩图

图 6-93　设置字幕阴影颜色（一）　　**图 6-94　设置字幕阴影颜色（二）**

- 不透明度：用于调整阴影的不透明度。
- 角度：用于设置阴影相对于文本的角度。
- 距离：用于设置阴影与文本字幕的距离。参数值越大，阴影与字幕的距离越大。不同“距离”参数的对比如图 6-95、图 6-96 所示。
- 大小：用于设置阴影的大小。
- 扩展：用于设置阴影的扩展范围。

扫码可看图 6-95 彩图

扫码可看图 6-96 彩图

图 6-95　设置阴影与文本字幕的距离（一）　**图 6-96　设置阴影与文本字幕的距离（二）**

第五节　插入标志

1.执行“文件”→“新建”→“旧版标题”命令，创建字幕，如图 6-97 所示。

2.在弹出的窗口中输入字幕“影视后期”，在空白处点击鼠标右键，执行“图形”→“插入图形”命令，选择所需要的标志，如图 6-98、图 6-99 所示。

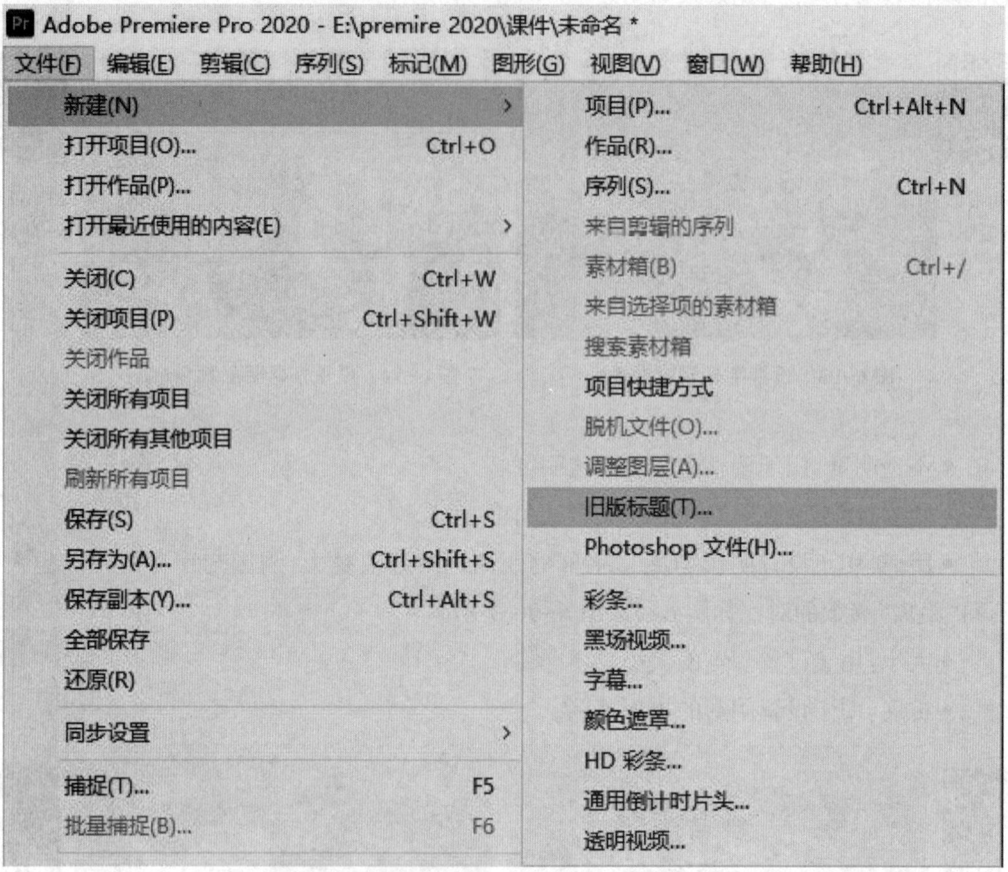

图 6-97 "旧版标题"命令位置

图 6-98 "插入图形"命令位置

图 6-99 选择标志

扫码可看图 6-99 彩图

3.调整标志的大小和位置,最终效果如图 6-100 所示。

扫码可看图 6-100 彩图

图 6-100　插入标志的效果

第六节　创建运动字幕

根据素材类型的不同，我们可以将 Premiere 中的字幕分为静态字幕和动态字幕两种类型。在此之前创建的字幕都属于静态字幕，即本身不会运动的字幕。而动态字幕则是本身可以运动的字幕类型。动态字幕分为游动字幕和滚动字幕两种类型。

一、制作垂直滚动字幕

1.执行“文件”→“新建”→“旧版标题”命令，打开文本编辑栏，在文本编辑栏中输入字幕文本，如图 6-101 所示。

图 6-101　输入字幕文本

2.将字幕素材导入时间轴,创建字幕滚动动画,点击素材选择效果控件,如图 6-102 所示。

图 6-102　将字幕素材导入时间轴

3.将“时间指示器”移动至起始位置,单击“位置”属性前的码表图标,开启记录关键帧开关,记录第一个关键帧;将“时间指示器”移动至 00:00:05:00 的位置,调整“位置”的 Y 轴参数为-110.0,完成字幕自下而上的运动动画,如图 6-103 所示。

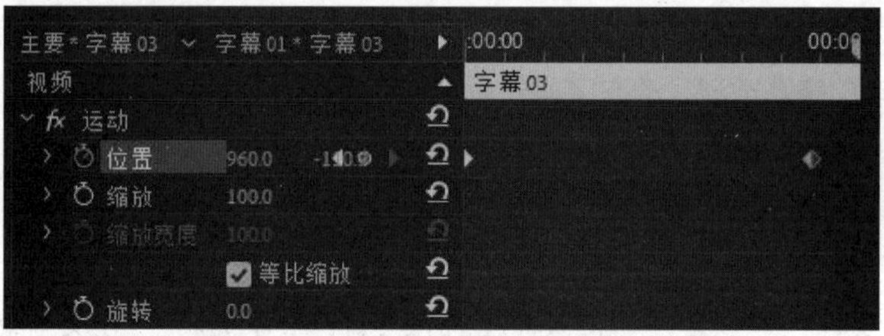

图 6-103　设置关键帧参数

4.文本呈现垂直滚动效果,从下到上移动,如图 6-104 所示。

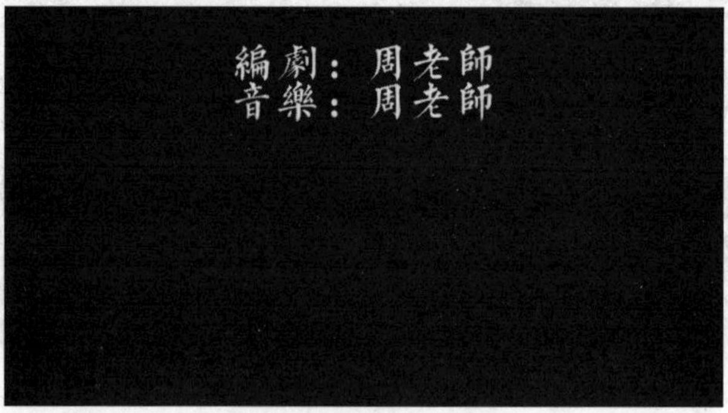

图 6-104　垂直滚动效果

二、制作横向滚动字幕

字幕背景完成后，同上述操作步骤，在 X 轴上制作横向滚动字幕，如图 6-105 所示。

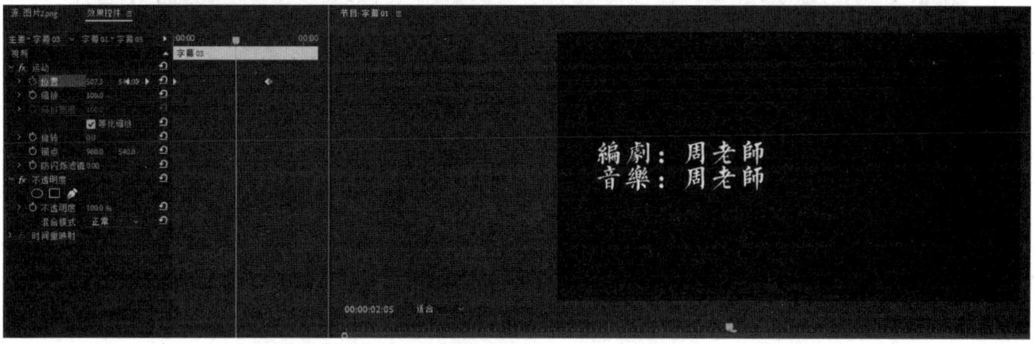

图 6-105　横向滚动字幕效果

三、制作屏幕底部字幕

对于一些音乐视频、译制片来说，在其屏幕下方会显示出大量的歌词字幕、译文字幕等，如果选择以上制作片头片尾字幕的方法，速度就会很慢，因此用户可以通过执行“文件”→“新建”→“字幕”→“开放式字幕”命令来创建屏幕底部的字幕，如图 6-106、图 6-107所示。

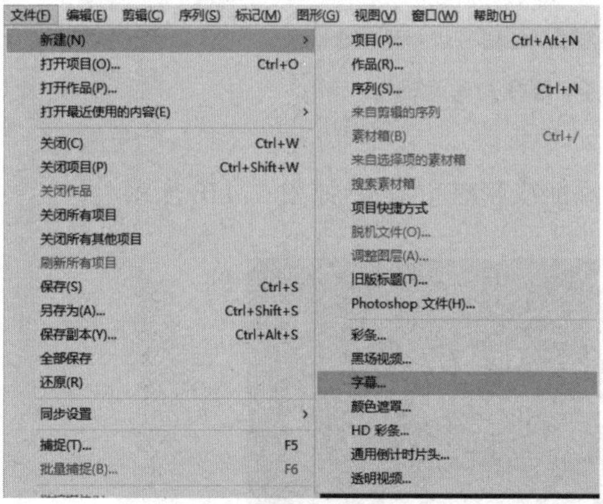

图 6-106　创建字幕命令位置

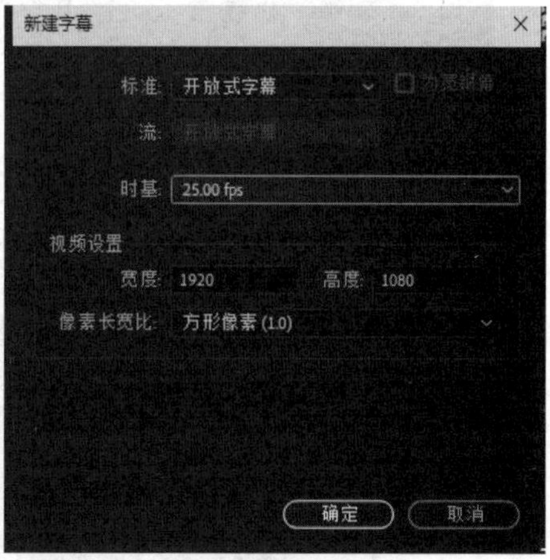

图 6-107　新建字幕窗口

如图 6-108 所示，按照时间顺序输入文字，确保文字与视频画面中的声音同步。接着，将字幕拖入时间轴进行编辑，这样设定的文字就会在指定的时间段内显示出来，具体效果如图 6-109 所示。

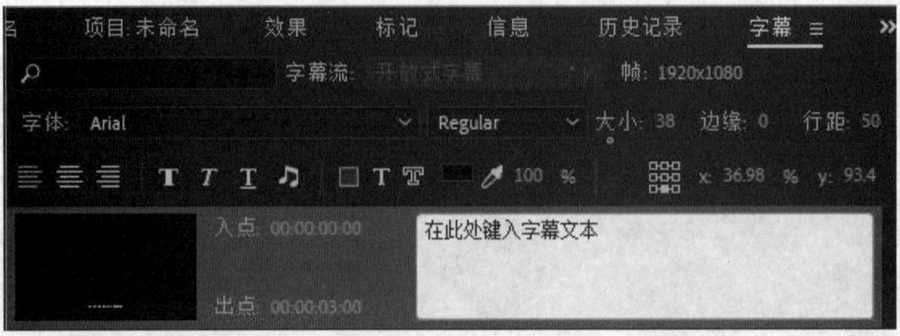

图 6-108　开放式字幕窗口

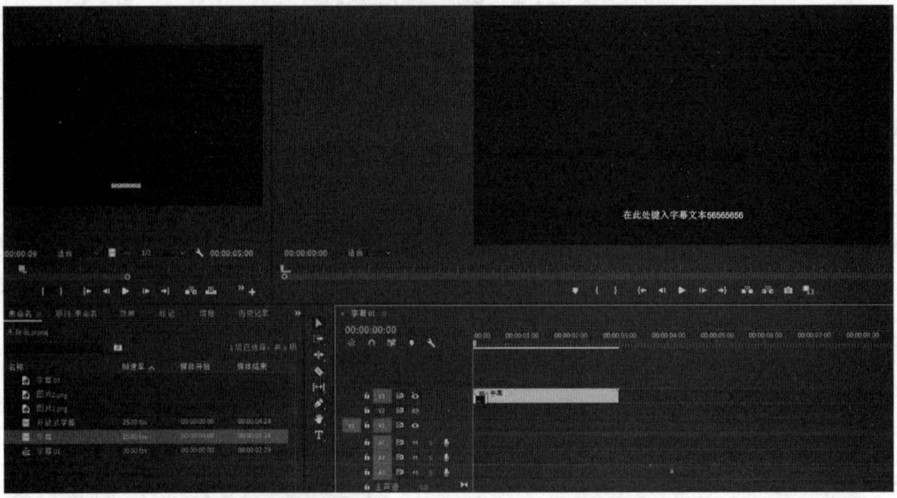

图 6-109　将字幕拖入时间轴

“字幕”窗口下方的“+”“-”按键用于添加或删减字幕条，如图 6-110 所示。

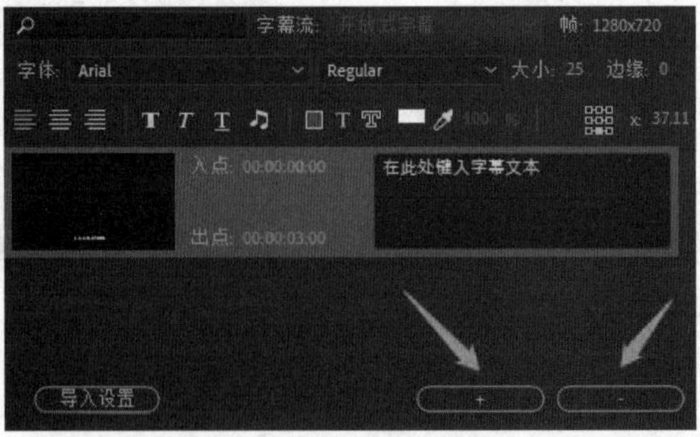

图 6-110　添加或删减字幕条

第七节　字幕综合实例——创建片尾字幕

1.创建一个新项目和一个新的序列。在序列设置中，选择 HDV720，时基选择 25 帧/秒，如图 6-111、图 6-112 所示。在编辑模式中选择“自定义”，如图 6-113 所示；设置帧大小为水平“1920”，垂直“1080”，如图 6-114 所示；像素长宽比选择“方形像素”，如图 6-115 所示；最后，将显示格式的帧速率设置为 25fps 时间码，如图 6-116 所示。

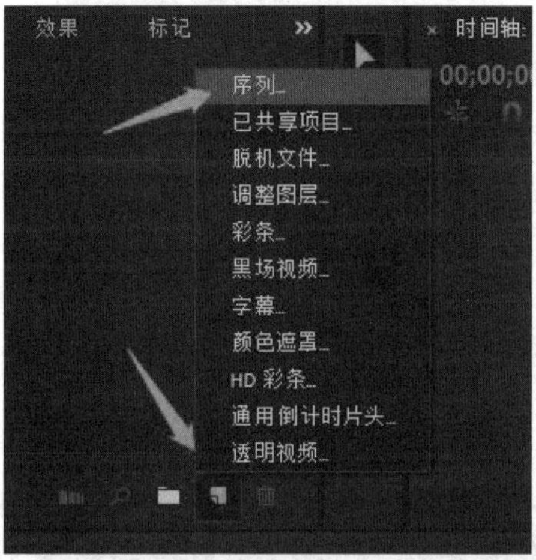

图 6-111　新建序列命令

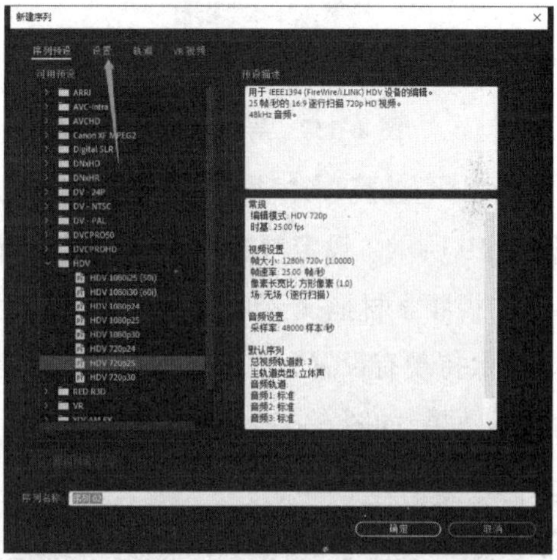

图 6-112　自定义设置序列

图 6-113　设置编辑模式和时基

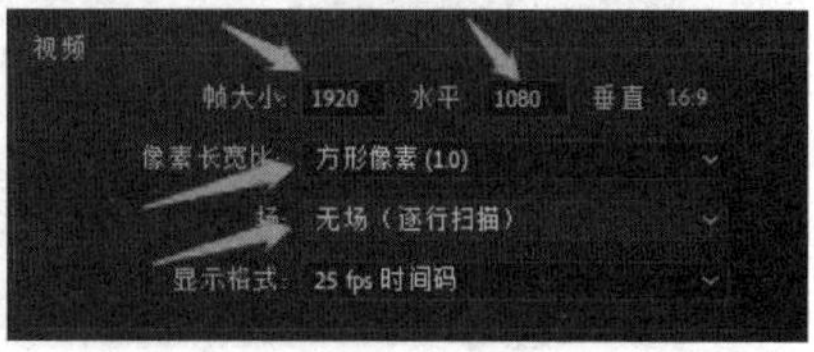

图 6-114　设置帧大小

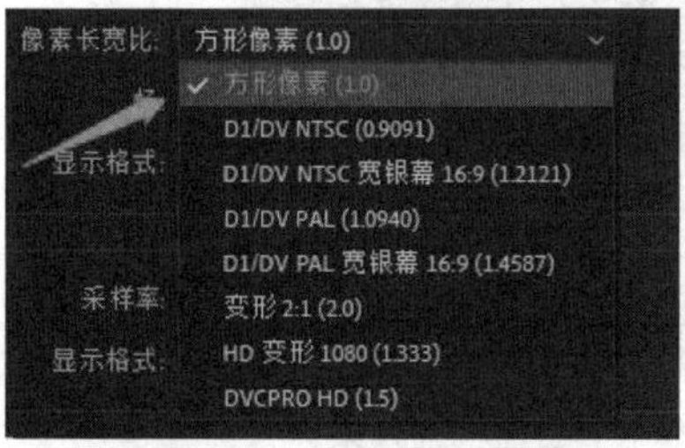

图 6-115　设置像素长宽比

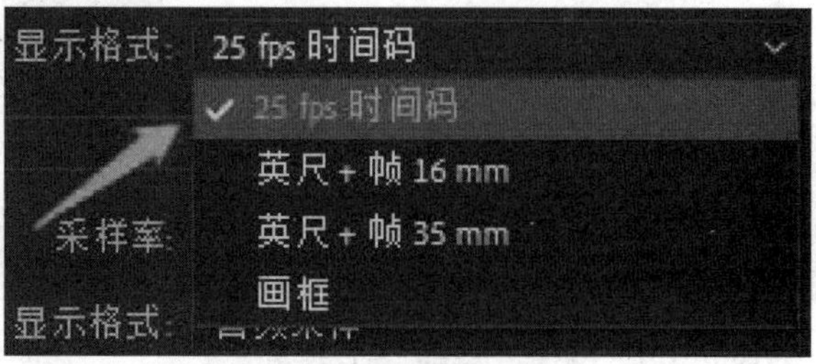

图 6-116　设置显示格式

2.将素材“抗日战争时期”导入时间轴,如图 6-117、图 6-118 所示。

扫码可看图 6-117 彩图

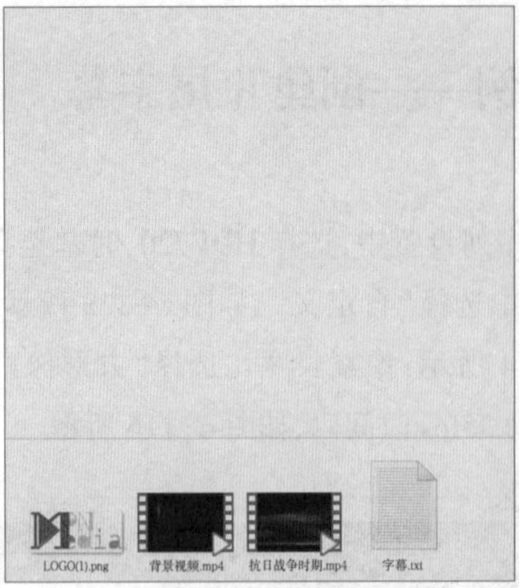

图 6-117　导入素材窗口

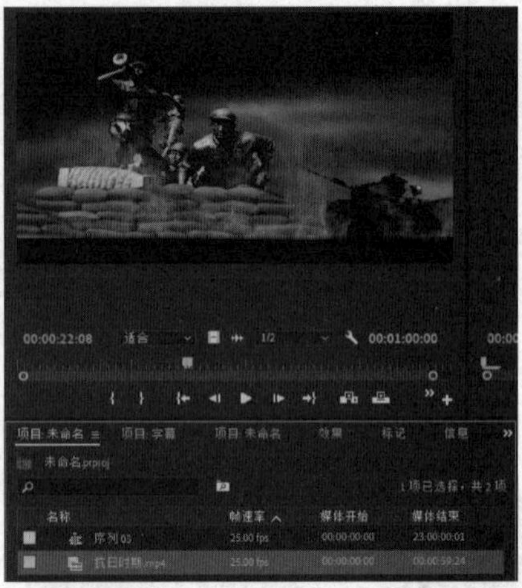

图 6-118　打开“抗日战争时期”素材

扫码可看图 6-118 彩图

3.用鼠标左键双击“项目”面板里的“抗日战争时期”素材,在源监视器中显示的效果如图 6-119 所示。设定素材的入点时间为 00:00:15:00,如图 6-120 所示。之后,将源监视器里的视频素材拖拽至时间轴的 V3 轨道上。如果遇到“剪辑不匹配”的警告框弹出,则选择“保持现有设置”,如图 6-121 所示。完成设置后,观察并确认视频在节目监视器中的显示效果,如图 6-122 所示。

扫码可看图 6-119 彩图

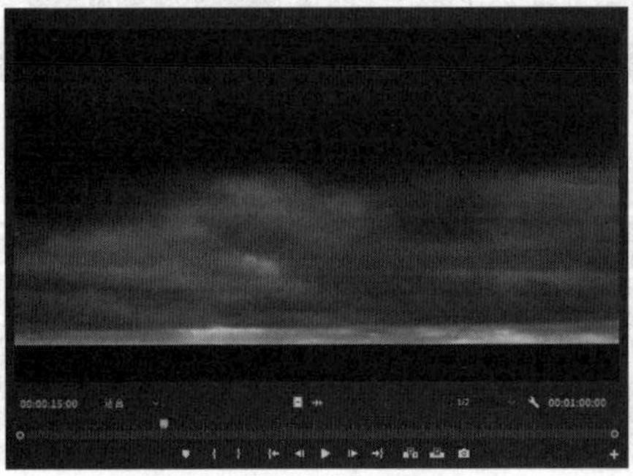

图 6-119　源监视器

图 6-120　设置素材入点

扫码可看图 6-120 彩图

图 6-121　“剪辑不匹配”警告弹窗

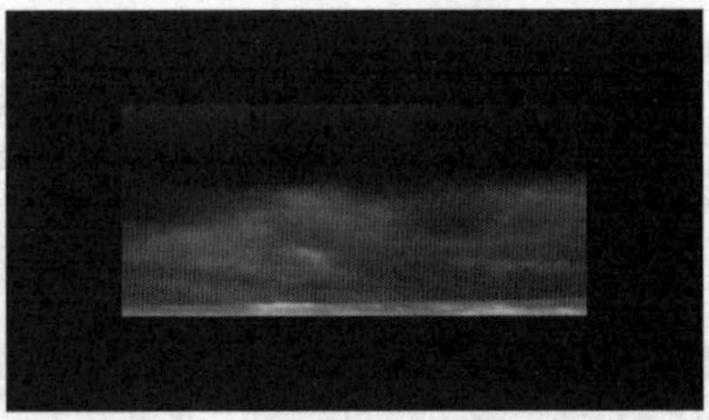

图 6-122　节目监视器效果

扫码可看图 6-122 彩图

4.由于默认的背景色为黑色，因此我们需要更换颜色。首先，从左上角的“文件”菜单中选择“新建项目”，然后选择“颜色遮罩”，如图 6-123 所示。在创建“颜色遮罩”时，保持默认的宽高设置，如图 6-124 所示。接下来，选择“红色”作为背景色，如图 6-125 所示。完成颜色选择后，点击确定，并将这个颜色遮罩拖拽至时间轴的 V1 轨道上，如图 6-126所示。这样就完成了背景色更换。

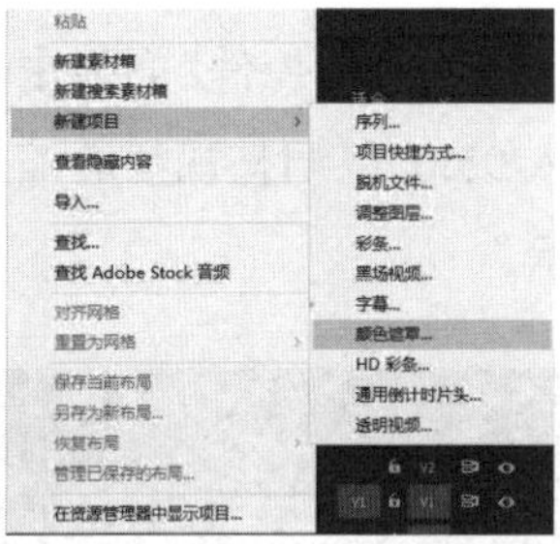

图 6-123　新建颜色遮罩

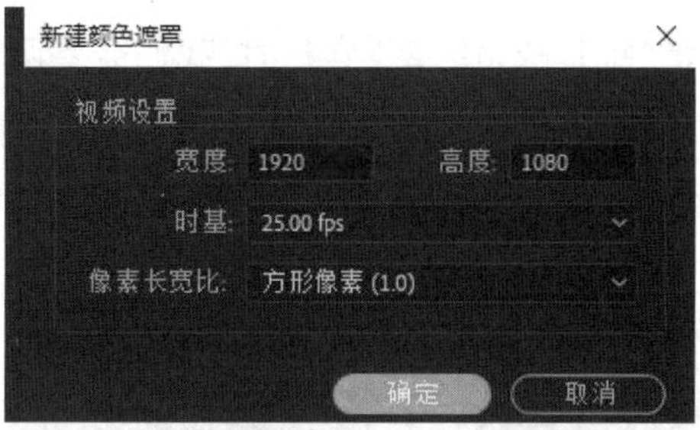

图 6-124　新建颜色遮罩弹窗

扫码可看图 6-125 彩图

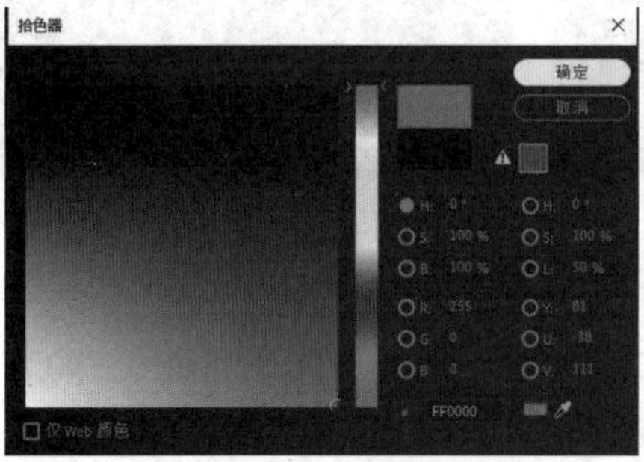

图 6-125　遮罩颜色拾色器

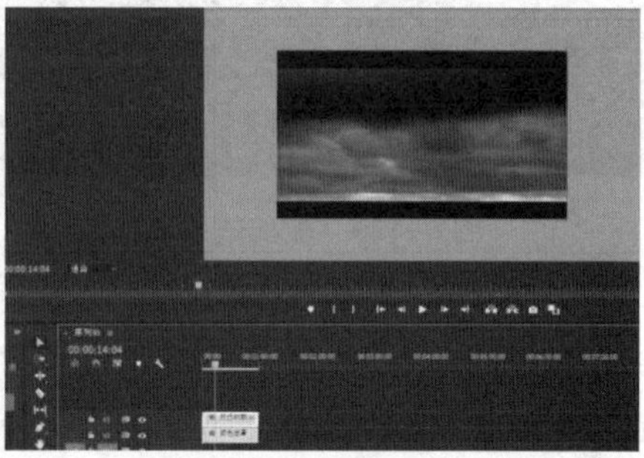

图 6-126　时间轴上的素材

扫码可看图 6-126 彩图

5.将“背景视频”素材拖拽至 V2 轨道上。然后，设置该素材的混合模式为“变暗”，以降低其亮度，使上层素材更突出。这一设置的效果如图 6-127 所示，而整个时间轴窗口则展示在图 6-128 中。

扫码可看图 6-127 彩图

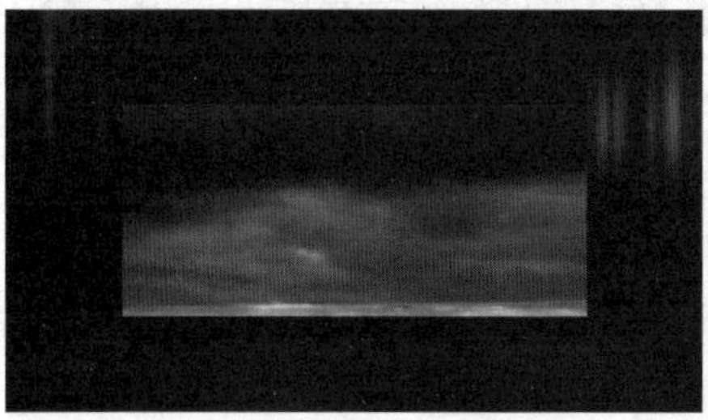

图 6-127　节目监视器效果

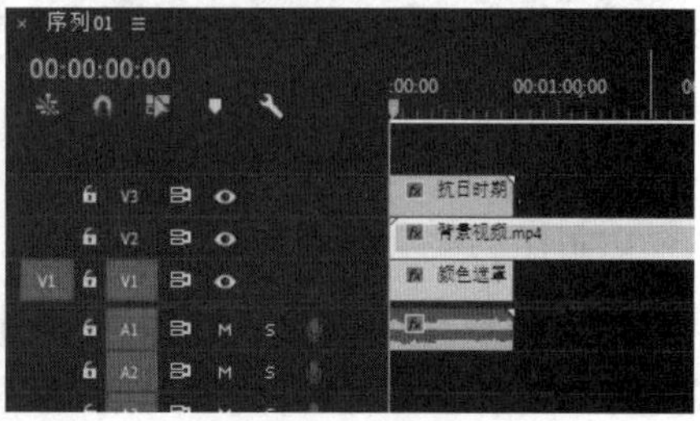

图 6-128　时间轴

6.在编辑“抗日战争时期”素材时，由于视频的上下黑色边框可能会对最终效果产生不利影响，因此我们需要使用“裁剪”效果来去除这些边框。首先，在“效果”面板中搜索并找到“裁剪”效果，然后将其应用到“抗日战争时期”素材上。接着，根据需要调整裁剪效果的参数，具体设置为：左侧裁剪 20.0%，顶部裁剪 10.0%，右侧裁剪 13.0%，底部裁剪 25.0%。完成这些设置后，视频的边框将被适当裁剪，以获得更好的视觉效果，如图 6-129 所示。

7.在编辑“抗日战争时期”素材时，我们需要调整其在“效果控件”面板中的设置。首先，关闭等比缩放功能，然后在“缩放宽度”选项中输入 95.0，以调整视频的缩放比例。这样设置后，视频的宽度将被适当压缩，如图 6-130 所示。

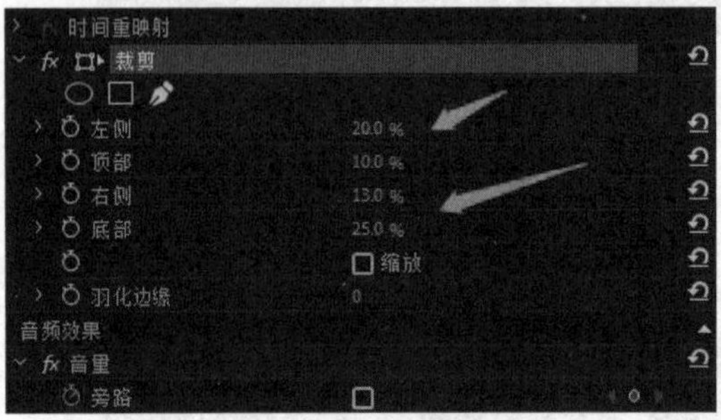

图 6-129　裁剪效果及参数

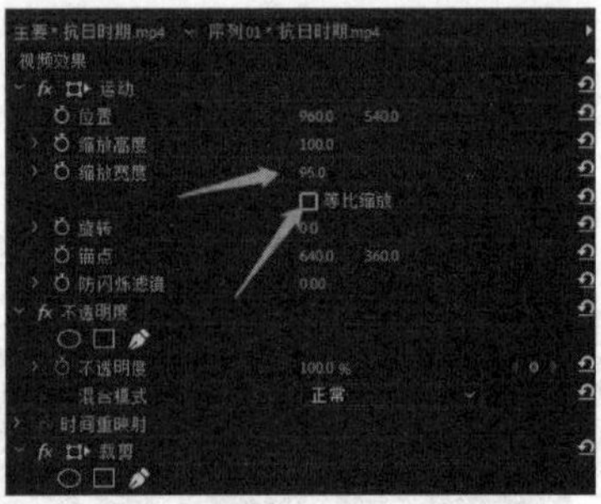

图 6-130　缩放参数设置

8.将“抗日战争时期”素材移动至画面左上角，设置位置参数为“520.0，390.0”，如图 6-131所示，调整位置后的效果如图 6-132 所示。

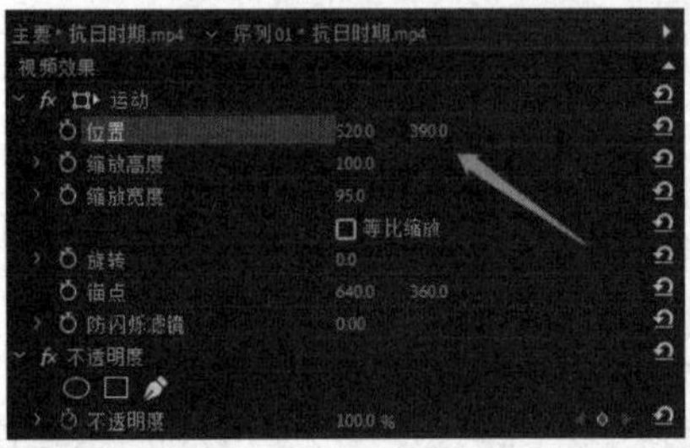

图 6-131　位置参数设置

图 6-132　调整位置后的效果

扫码可看图 6-132 彩图

9.制作倒影。选中时间轴上的“抗日战争时期”素材，按住“Alt”键的同时，点击鼠标左键向上拖拽复制至 V4 轨道，在“效果”面板中搜索并找到“垂直翻转”效果，然后将其应用于 V3 轨道的“抗日战争时期”素材上，调整位置参数为“520.0，747.0”，如图 6-133 所示。

扫码可看图 6-133 彩图 a

扫码可看图 6-133 彩图 b

(a)效果控件面板　　(b)倒影效果

图 6-133　制作倒影效果

10.在“效果”面板中搜索并找到“高斯模糊”效果,然后将其应用于 V3 轨道的素材上,调整“模糊度”参数为 30.0,如图 6-134 所示。

扫码可看图 6-134 彩图 a

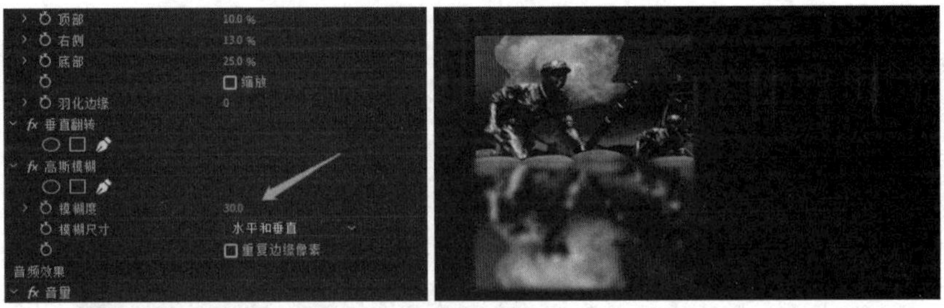

扫码可看图 6-134 彩图 b

(a)高斯模糊参数设置　　(b)倒影模糊设置

图 6-134　倒影模糊效果

11.制作透视效果。选择 V3、V4 轨道上的“抗日战争时期”素材,点击鼠标右键“嵌套”,如图 6-135 所示。

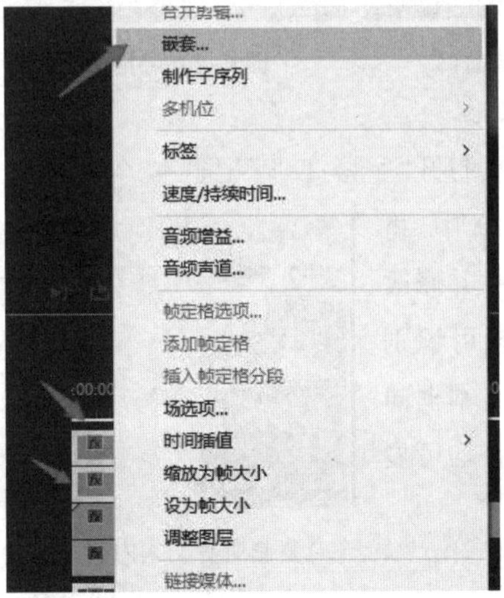

图 6-135　选择素材进行嵌套操作

12.在“效果”面板中搜索并找到“基本 3D”效果，然后将其应用于“嵌套序列 01”，调整“基本 3D”效果下的“旋转”参数为-45.0°，“运动”效果下的“缩放”参数为 72.0，“位置”参数为“830.0，490.0”，如图 6-136 所示。

扫码可看图
6-136 彩图 a

扫码可看图
6-136 彩图 b

(a)嵌套素材参数设置　　(b)基本 3D 效果

图 6-136　基本 3D 操作

13.创建字幕。执行“文件”→“新建”→“旧版标题”命令，创建字幕文件并将其命名为“片尾字幕”，如图 6-137 所示。

14.在“字幕”面板中，选择“区域文本工具”，并在窗口中拖拽出矩形文字框，如图 6-138所示。

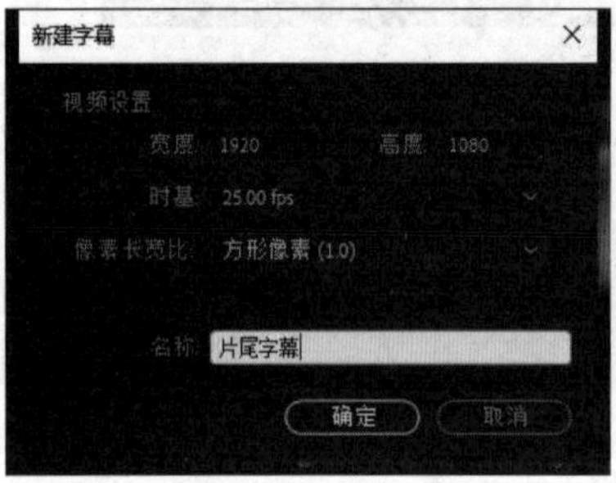

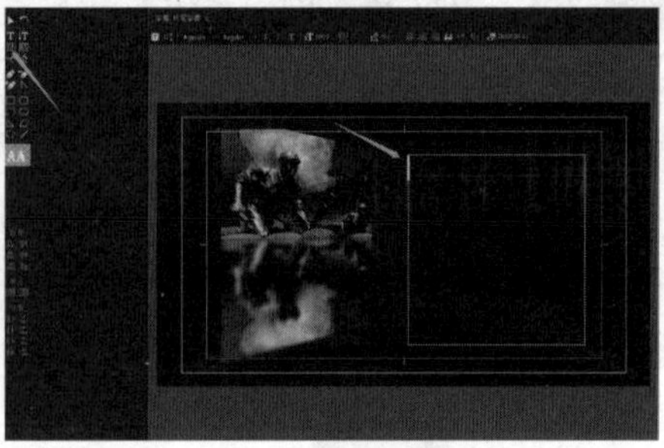

扫码可看图
6-138 彩图

图 6-137　新建字幕窗口　　**图 6-138　拖拽出矩形文字框**

15.在 Windows 窗口中，打开“字幕.TXT”记事本，勾选所有文本内容进行复制。然后回到 Premiere Pro CC 2019 中，将文字内容粘贴至文本框中，并修改其右侧“字体系列”为系统可识别字体，使用“选择工具”将文本框向下拉伸，保证所有文本内容均可显示，如图 6-139 所示。

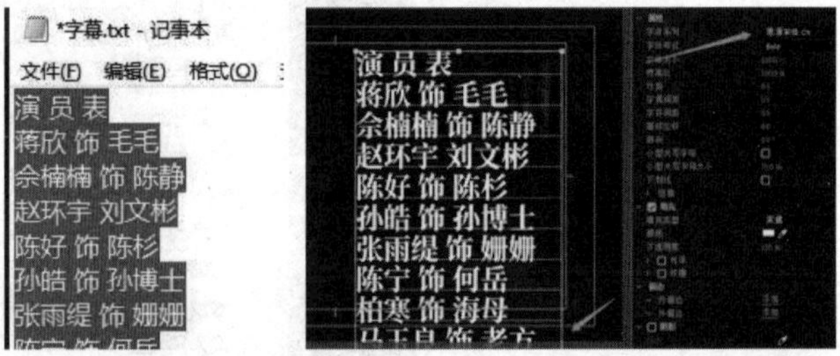

(a)复制所有文本内容　　(b)粘贴至字幕窗口

图 6-139　制作字幕

16.选中文本框,单击“滚动/游动选项”按键 ,在弹窗中勾选“滚动”选项,同时勾选“开始于屏幕外”“结束于屏幕外”,如图 6-140 所示。

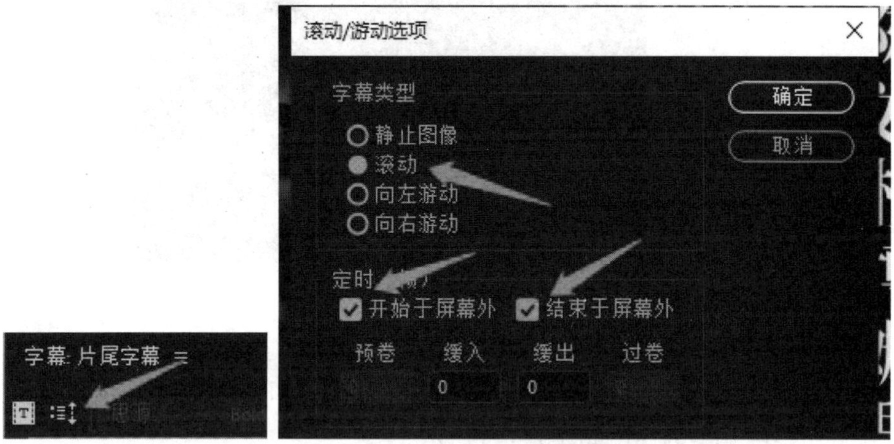

(a)滚动/游动选项 (b)滚动/游动选项弹窗

图 6-140 滚动/游动选项设置

17.调整字体和字体大小。调整“字体大小”的参数为 80.0,选择上方“居中对齐”选项,以保证画面美观,如图 6-141 所示。

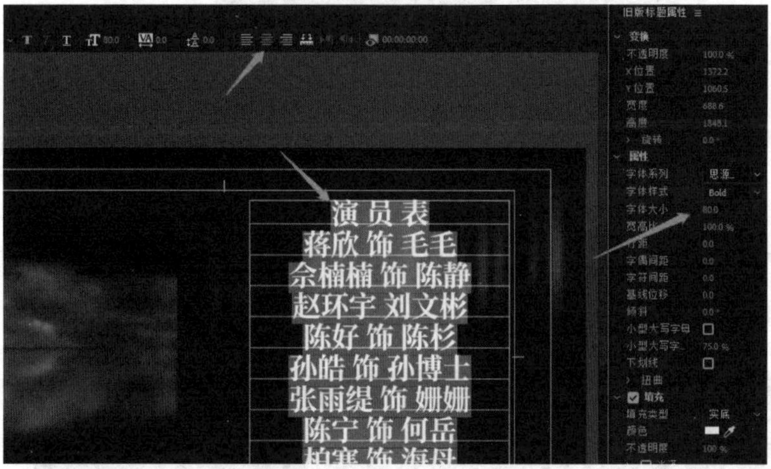

扫码可看图 6-141 彩图

图 6-141 调整字体和字体大小

18.最后在字幕编辑空白处加入 Logo,点击鼠标右键,执行“图形”→“插入”命令,如图 6-142 所示。

扫码可看图
6-142 彩图

图 6-142　加入 Logo

19.如果需要让最后的 Logo 停留 2 秒,则可以调整“滚动/游动选项”,取消勾选“结束于屏幕外”,“过卷”调整为 50,如图 6-143 所示。

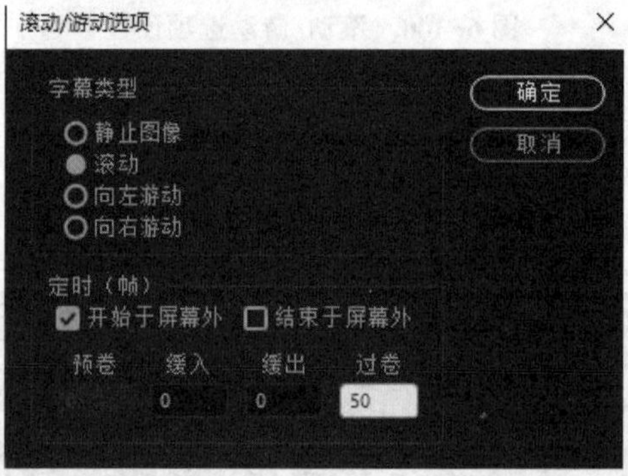

图 6-143　调整“滚动/游动选项”

20.将字幕素材拖拽至时间轴最上方的视频轨道,并将其出点和其他素材的出点拖拽至 00:00:30:00 的位置,如图 6-144 所示。

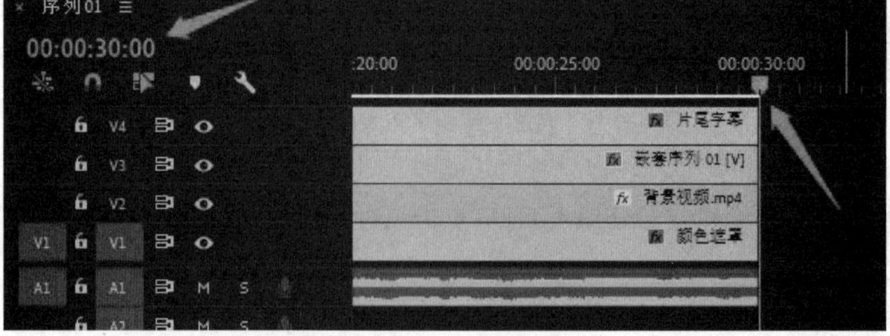

图 6-144　字幕时间轴设置

21.如果文字出画太僵硬,则需要添加柔化效果。选中时间轴上的“片尾字幕”素材,在“效果”面板找到“裁剪”,设置顶部参数为 7.0%,底部参数为 25.0%,羽化边缘参数为 210,如图 6-145 所示。

扫码可看图 6-145 彩图 a

扫码可看图 6-145 彩图 b

(a)裁剪参数设置　　(b)字幕出画效果

图 6-145　添加柔化效果

22.为了给音乐添加渐入渐出的效果,首先我们需要打开“效果”面板,然后进入“音频过渡”文件夹,找到并选择“指数淡化”效果。接着,将这个“指数淡化”效果分别应用于音频素材的入点和出点上,以实现平滑的过渡效果,如图 6-146 所示。接下来,点击音频素材出点处的“指数淡化”效果。在“效果控件”面板中,调整“指数淡化”效果的持续时间为 00:00:02:00,以达到渐出效果的时长,如图 6-147 所示。通过以上操作,音乐的起始和结束部分将拥有渐入和渐出的效果,整体听起来也将更加自然和流畅。

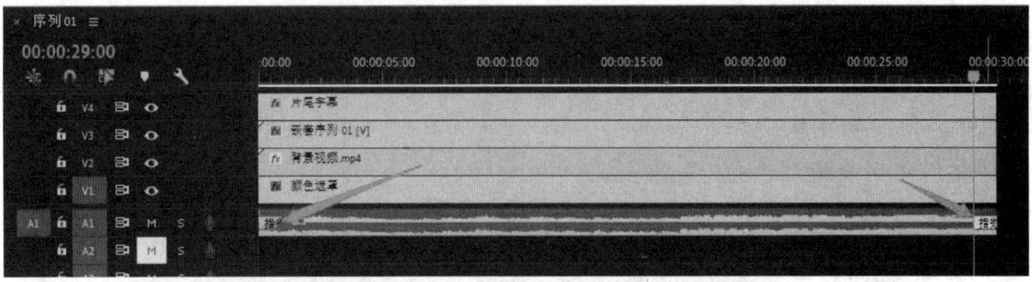

图 6-146　添加音频入点和出点过渡效果

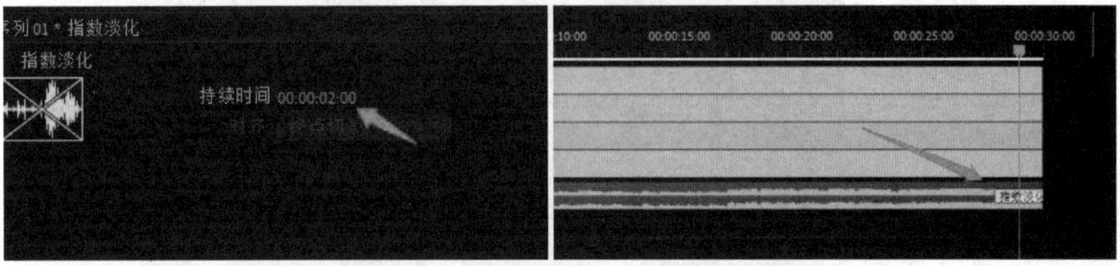

图 6-147　设置音频过渡效果持续时间

23.选中“序列 01”,按下快捷键“Ctrl+M”,打开渲染界面,设置“输出”格式为 H.264,“预设”参数为“匹配源-高比特率”,单击输出名称后的蓝色“序列 01.mp4”,指定渲染路径并修改渲染后的文件名,单击下方的“导出”按键,渲染成片,如图 6-148 所示。

扫码可看图
6-148 彩图

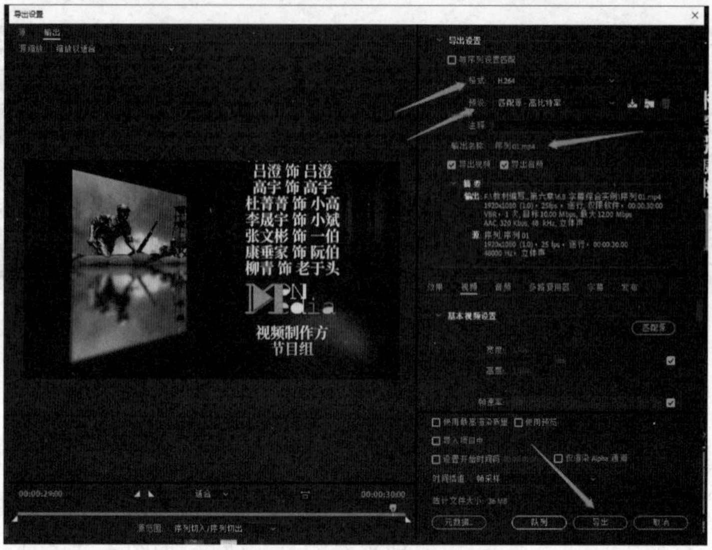

图 6-148　渲染设置窗口

课后作业:全民运动宣传片

● 练习知识要点

使用“文本字幕”“滚动字幕”“交叉叠化”等效果制作全民运动宣传片,如图 6-149 所示。

● 效果所在位置

案例/6.9/全民运动宣传片.prproj。

扫码可看图
6-149 彩图

图 6-149　全民运动宣传片

第七章　Premiere Pro CC 2019 音频处理与特效

本章概述

本章主要介绍了在 Premiere Pro CC 2019 中添加音频、编辑音频及音频特效的应用方法。通过本章的学习，读者可以轻松掌握 Premiere Pro CC 2019 的声音特效制作。

思政教学目标

用国内优秀音乐素材培养当代大学生对传统音乐文化的热爱，激发大学生积极投身于影视剪辑创作的热情，增强大学生的责任感和使命感。

教学要求

◆掌握调节与合成音频的技巧。

◆掌握添加音频特效的方法。

教学重点和难点

重点：音频及音频特效的应用与编辑。

难点：制作录音效果及添加音频特效。

“没声音,再好的戏也出不来。”对于中国观众来说,这句经典的广告语可谓家喻户晓。如果说画面是一部电影的灵魂,那么声音就是灵魂的表达,足见音效在影片中的重要性。影视作品中的声音包括人声、环境音、特效音等,其中,人声又包括对白、旁白、独白。在 Premiere Pro CC 2019 中,我们不仅可以调节音频的音量大小,还可以设置各类音频效果,模拟出各种不同的声音。

第一节　音频的基本编辑

一、音轨的输出设置

在 Premiere Pro CC 2019 中,我们可以在一开始新建序列的时候,就像设置视频属性一样,对最终需要得到的音频属性进行设置,包括设置音轨的数量、音轨的类别、音轨的模式等。具体的操作步骤如下:

选择菜单栏中的“文件”,执行“新建”→“序列”命令,这时在弹出的“新建序列”窗口中就会有视频及音频的初步设置,创作者可根据需求设置自己想要的参数,如图 7-1 所示。

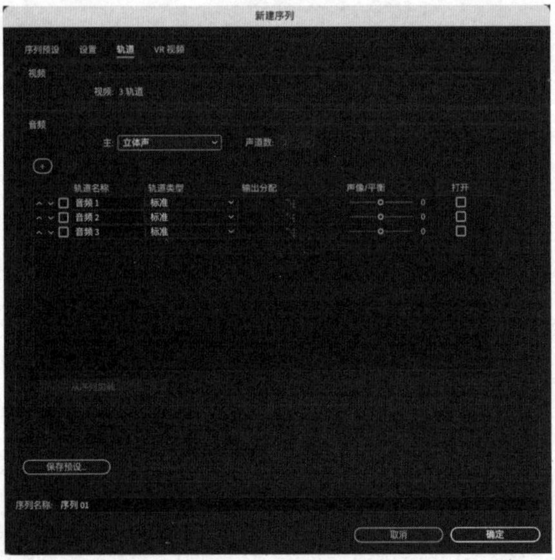

图 7-1　新建序列轨道窗口

打开轨道设置面板，主轨道音频的下拉菜单中提供了多种选项供创作者选择，包括立体声、5.1、多声道和单声道，如图 7-2 所示。

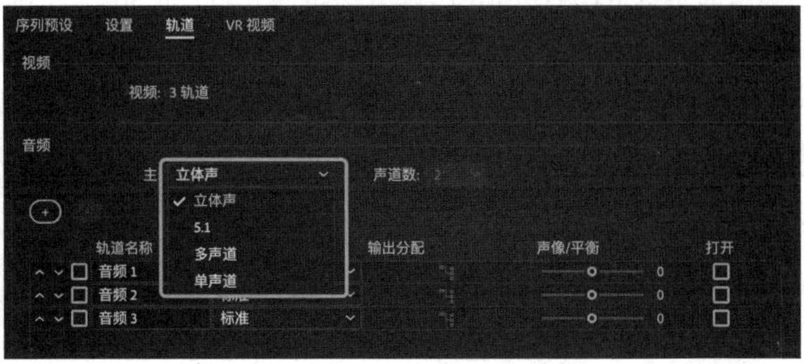

图 7-2　主轨道音频下拉菜单

我们也可以对每一条音频轨道的类型进行单独设置，类型包括标准、5.1、自适应、单声道和立体声子混合等，如图 7-3 所示。

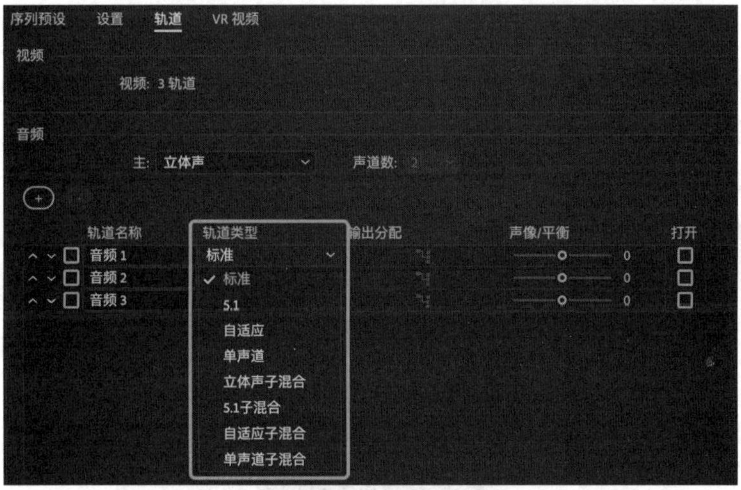

图 7-3　每条音频轨道的下拉菜单

不同音频轨道类型的作用如下：

- 标准：可以在容纳单声道音频素材的同时容纳立体声音频素材。
- 5.1：只能容纳 5.1 声道的音频素材。共包含 6 条声道，分别是 3 条前置音频声道（左声道、右声道和中置声道）、2 条后置或环绕音频声道（左声道和右声道）、1 条通向低音炮扬声器的低频效果音频声道。
- 自适应：可容纳多种音频类型，包括立体声、单声道和自适应。当处理多个音轨的音频时，或者多机位剪辑时，我们可以使用自适应类型的音轨。

• 单声道:只包含单个声道的音轨。我们在单声道中只能感受到声音的前后位置、音色、音量的大小,而不能感受到声音从左向右的横向移动。

• 子混合:输出的是轨道的合并信号,或者发送向它传送的信号。子混合音轨可用于管理混音和效果。

二、音量指示器

音量指示器,指的是在时间轴上所有音轨混合而成输出的主声道的音量大小显示,如图 7-4 所示。当音量大时,指示器的柱状图升高;反之,当音量小时,指示器的柱状图降低。当音量升高到一定范围时,指示器的柱状图顶部颜色就会显示为红色,预示着创作者需要及时调整音量的大小,从而避免音量过爆损伤音频设备。

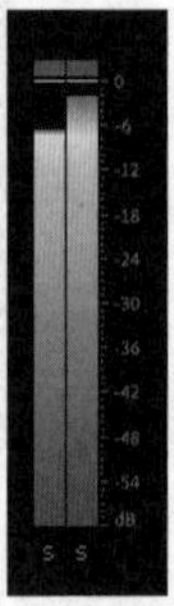

图 7-4　音量指示器

三、显示音频波形

在 Premiere Pro CC 2019 中,音频播放时音量大小的变化还体现在音频波形上。音频波形的振幅越大,表示音频的音量越大;反之,音频波形的振幅越小,音频的音量也越小。在 Premiere Pro CC 2019 中,将音频的波形显示出来的方式有以下两种:

第一种方式:在"时间轴"面板中点击左上方的"时间轴显示设置"按钮,在弹出的菜单中勾选"显示音频波形"选项,这时在音频轨道上的音频文件便能显示出音频波形。如果未能显示,则需要调整轨道宽度,以便更好地观察音频波形,如图 7-5 所示。

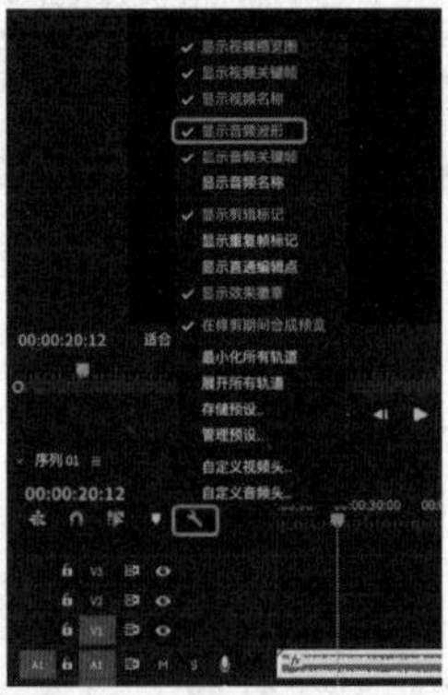
图 7-5　时间轴显示设置

第二种方式:用鼠标左键双击需要显示音频波形的素材文件,在窗口的源监视器中我们便能看到所选择音频素材的波形，如图 7-6 所示。

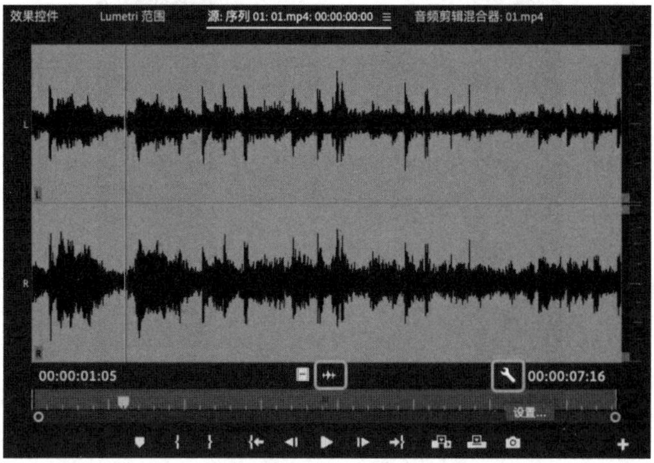

图 7-6　源监视器显示的音频素材波形

这里需要注意的是，如果时间轴上的素材同时包含画面和音频，那么我们以第二种方式在源监视器中显示的首先是素材画面，而不是音频波形。如果想要显示出音频波形，我们就需要在源监视器中进行设置，点击源监视器下方的“仅拖动音频”按钮，或勾选源监视器下方“设置”选项中的“音频波形”，都能显示出音频波形，如图 7-7、图 7-8 所示。

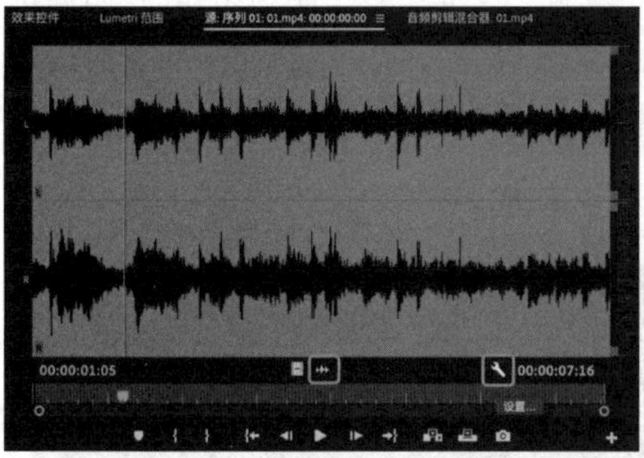

图 7-7　“仅拖动音频”按钮

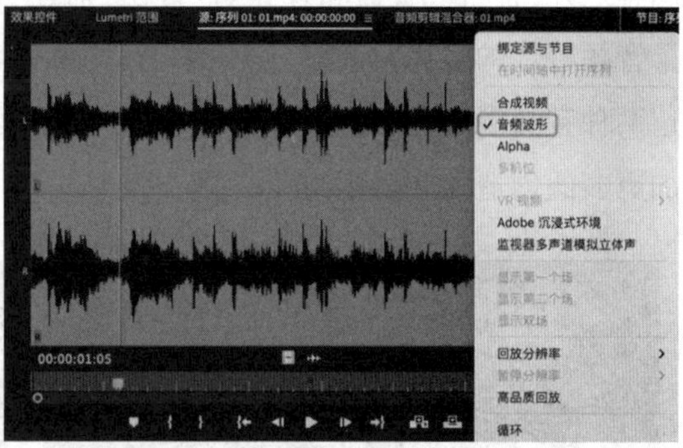

图 7-8　“设置”选项中的“音频波形”

以上两种方式都可以显示出音频波形，从而可以更好地调整音频设置。但两种方式显示出的音频波形是不一样的，这是因为，在时间轴上显示出的音频波形是通过软件自动调整过的波形。如果创作者想要在时间轴中显示出与源监视器中同样形状的音频波形，则可以打开“时间轴”面板，在“序列”设置中将“调整的音频波形”前面的“√”去掉，如图 7-9 所示。

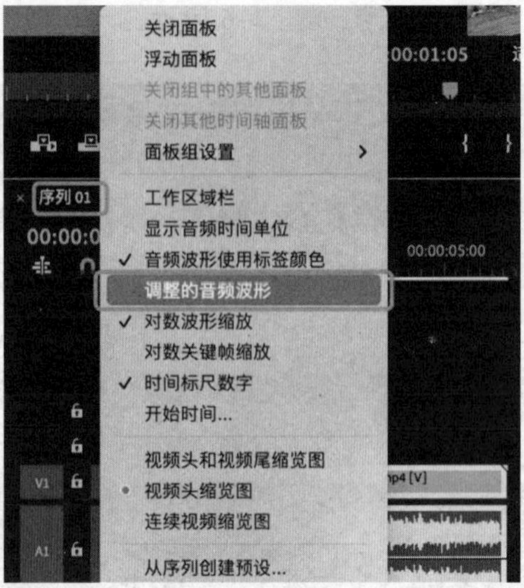

图 7-9　显示出与源监视器中同样形状的音频波形

四、音频控制面板

Premiere Pro CC 2019 内置了两种音频混合器面板，一种是音轨混合器，另一种是音频剪辑混合器。“音轨混合器”用来控制整个音轨上所有音频素材的音量，与之相应，“音频剪辑混合器”主要用于控制单个音频素材的音量，如图 7-10、图 7-11 所示。除了音量调整之外，音轨混合器和音频剪辑混合器还具有其他一些重要的功能。比如，它们提供了音频特性的多样化调节，例如平衡、均衡器和音频效果等。通过正确使用和灵活运用这两种音频混合器，我们可以更好地控制音频素材，提升整体音效质量，为我们的作品增加更多的创造力和表现力。

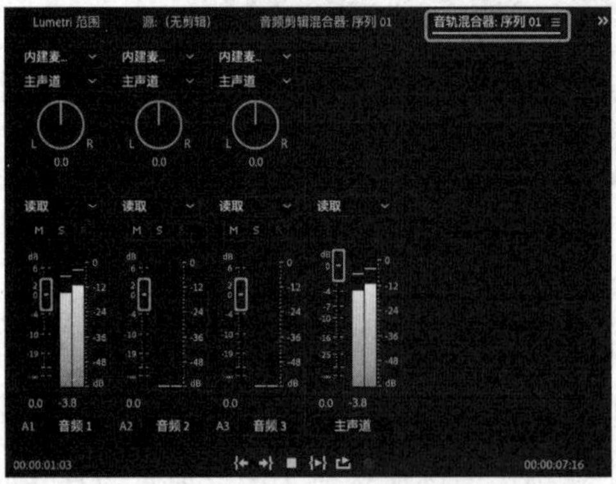

图 7-10　音轨混合器

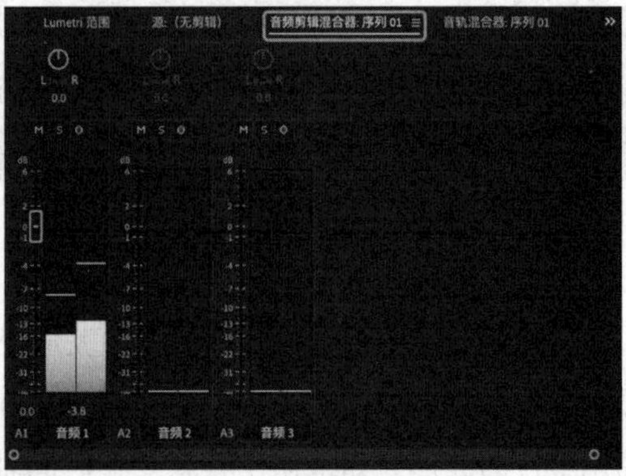

图 7-11　音频剪辑混合器

(一)音轨混合器

在音轨混合器中,我们可以实时调整时间轴上各个音频轨道的音量平衡、混合音频轨道或者直接录制音频等。音轨混合器不仅可以单独调节时间轴上任一音轨的电平,还可以调节整个音频主声道的电平。

音轨混合器面板的各部分功能如下:

1.圆盘控件:可对音频进行声像定位。对音频进行声像定位指的是将声音信号定向到立体声场的不同部分。声像定位可用于控制每个音轨的音频发声在右侧(R)和左侧(L)之间的平衡方式。因此,如果将其一直向右移动,则只能在右侧的耳机或扬声器中听到该轨道的音频。例如,如果一个人从场景右侧走过来,则可以在圆盘控件中将声音的声像向右定位,这样就能够为观众创造出人物脚步声渐渐靠近的逼真体验,如图 7-12 所示。

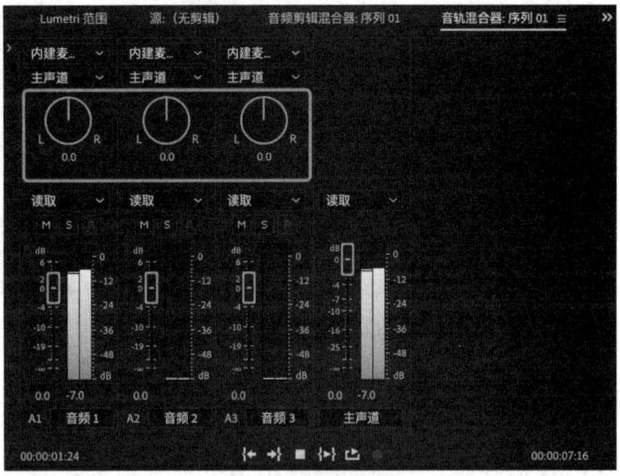

图 7-12　圆盘控件

2.M:将所选轨道静音并播放其他轨道的音频。

S:仅从所选轨道播放音频,其他所有轨道都会被静音。

R:将来自麦克风的音频直接录制到 Premiere Pro CC 2019 中,如图 7-13 所示。

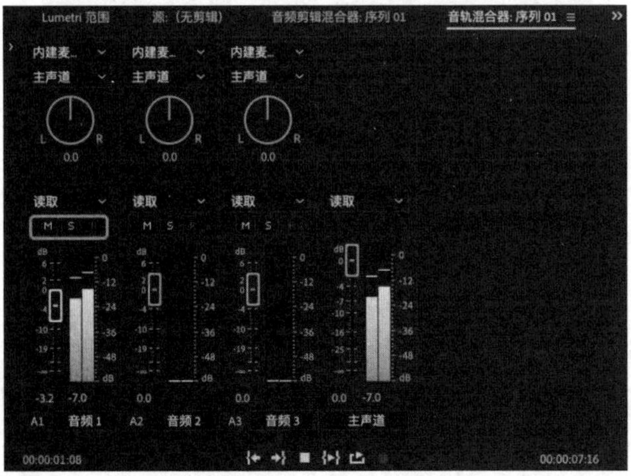

图 7-13　轨道设置

3.音量衰减器:向上拖动“音量衰减器”会提高音量,向下拖动则会降低音量。如果调低音频序列第一个音频轨道的音量,则整个音频轨道上所有音频的音量都会降低,如图 7-14 所示。

4.轨道名称:可根据需求进行修改,如图 7-15 所示。

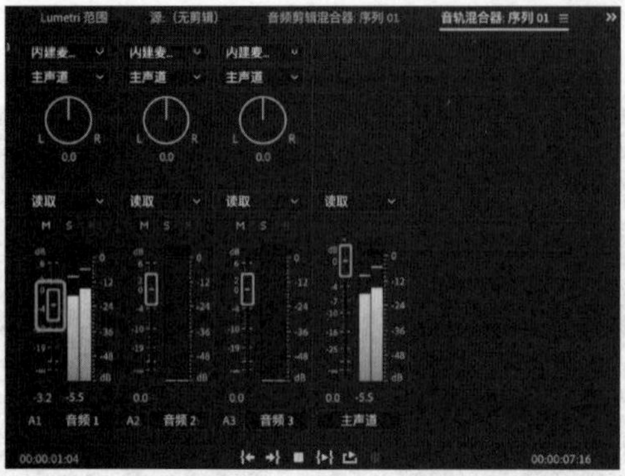

图 7-14 音量衰减器

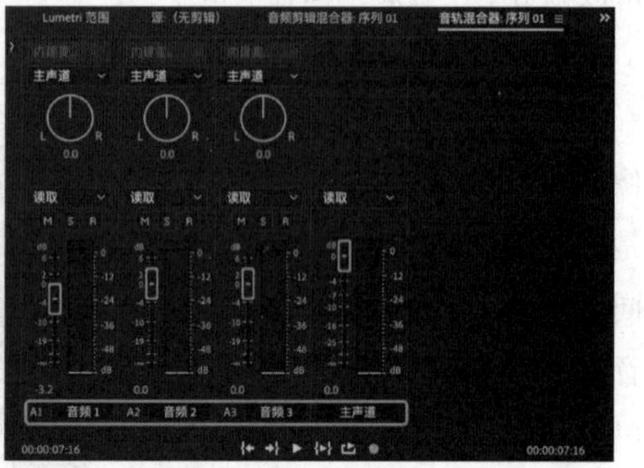

图 7-15 轨道名称

5.“音轨混合器”中的“自动模式”菜单:在确定的时间长度内允许自行调整参数,默认设置为读取。音轨混合器中提供了五种不同的自动模式,如图 7-16 所示。

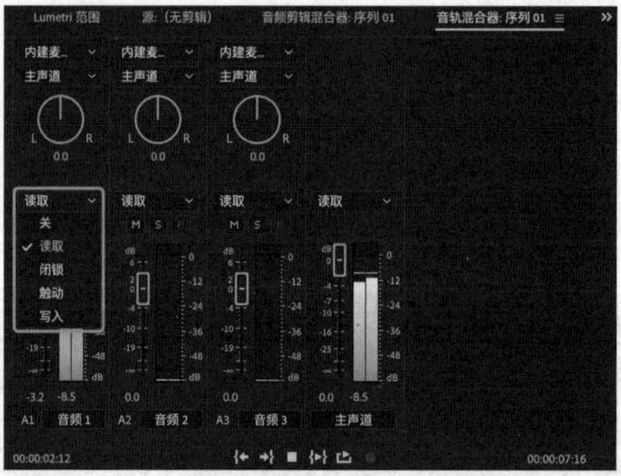

图 7-16 自动模式

• 关:忽略回放期间的轨道设置和现有关键帧。在该模式下,记录不会被更改,这时我们可以使用音量衰减器和圆盘控件对整个音频轨道进行应用调整。

• 读取:默认的自动模式,使用轨道关键帧来控制回放。如果某个音频轨道没有关键帧,则更改会影响整个音频轨道。

• 写入:记录回放期间调整和创建的关键帧。回放开始后进行更改,此后进行的更改将被忽略。例如,如果用户播放剪辑素材并实时移动滑块,它就会记录用户的动作并将其锁定到位。

• 触动：与“写入”相似，除非调整某个属性，否则它不会自动处理。停止调整某属性时，又会回到原先的状态，用户必须触动音频滑块才能记录下更改。

• 闭锁：与“触动”相似，除非调整某个属性，否则它不会自动处理。闭锁可使用上一次调整中用过的属性设置，直到用户停止回放然后重新开始，它才会返回到初始位置。

6.转到入点、转到出点、播放停止切换、从入点播放到出点、循环、录制，如图 7-17 所示。

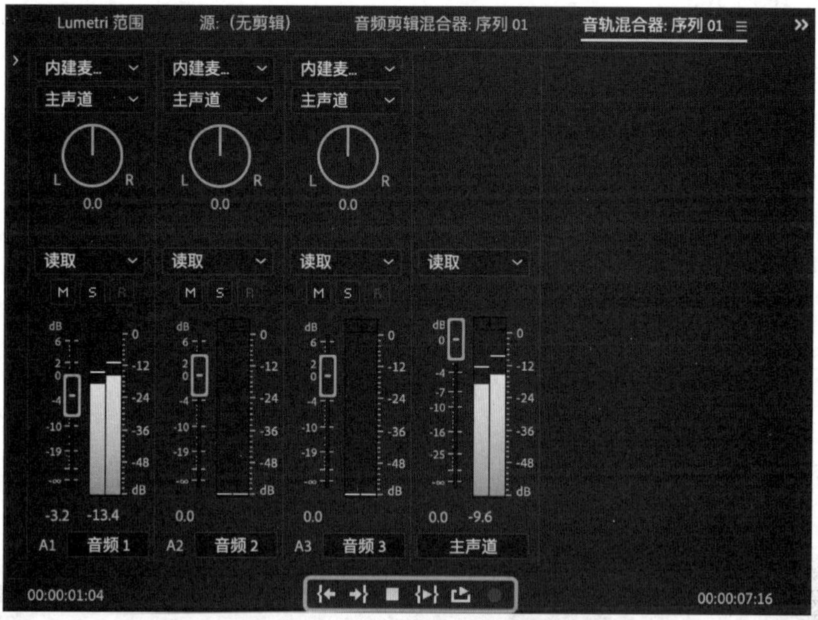

图 7-17　音轨混合器底部按键

(二) 音频剪辑混合器

“音频剪辑混合器”的操作面板与“音轨混合器”类似，不同之处在于，前者一般作用于所选定的音频剪辑，比如用于修复人声录音中的咬字、去除呼吸声等。

五、音量调整

我们在现实中拍摄素材时，难免会受到拍摄环境或者收音设备等各方面的影响，最后录制出来的音频效果不符合作品预期，而且各种各样的素材混合在一起，包括环境音、背景音乐、对白、旁白等，也需要达到整体效果的协调统一，营造出一定的层次感，这时我们就可以在 Premiere Pro CC 2019 中对前期收录的音频素材进行调整。

对前期收录的音频素材进行调整时,音量调整是非常重要的一个部分,它将直接影响作品的整体氛围。如果音量过大,则会影响观众的观感体验;如果音量过小,又达不到作品的播放要求。在 Premiere Pro CC 2019 中,调整音量的方式有以下三种:

第一种:通过"关键帧控制线"调整音频的音量。

选中"时间轴"面板中需要调整音量的音频素材,单击鼠标右键,在弹出的菜单中选择"显示剪辑关键帧"→"音量"→"级别",此时该选中的音频素材将显示出关键帧控制线,如图 7-18 所示。

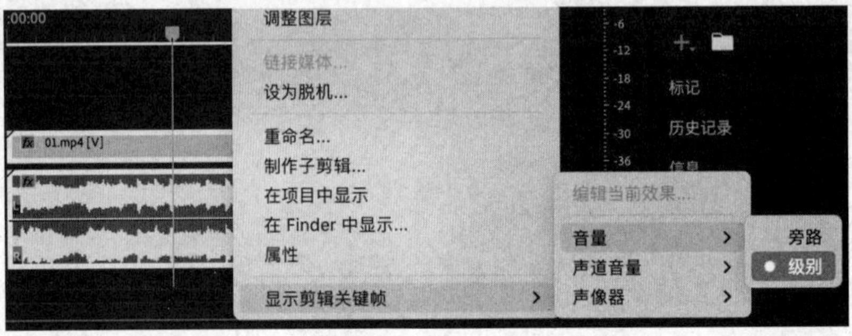

图 7-18 单击鼠标右键显示剪辑关键帧

选中音频素材上的关键帧控制线,通过鼠标左键向上拖动就能调大音频音量,相反,向下拖动就能调小音频音量,如图 7-19 所示。

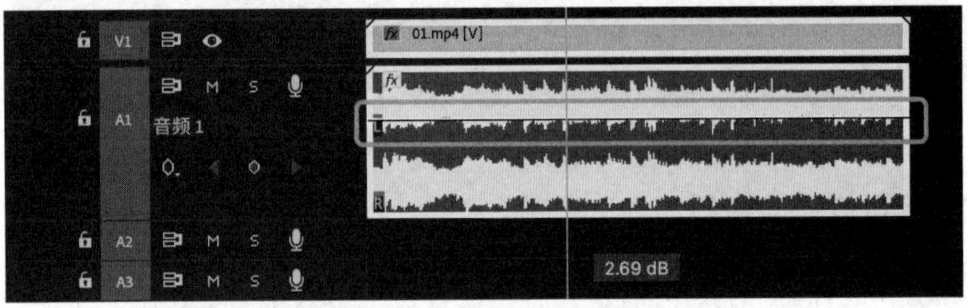

图 7-19 "时间轴"调整音频音量

第二种:通过"效果控件"面板中的音量参数调整音频的音量。

选中"时间轴"面板中需要调整音量的音频素材,打开"效果控件"面板,选择"音频"→"音量"→"级别",通过调整"级别"参数就能调整该音频素材的音量,如图 7-20 所示。

第三种:通过"音轨混合器"和"音频剪辑混合器"调整音频轨道或者素材的音量。

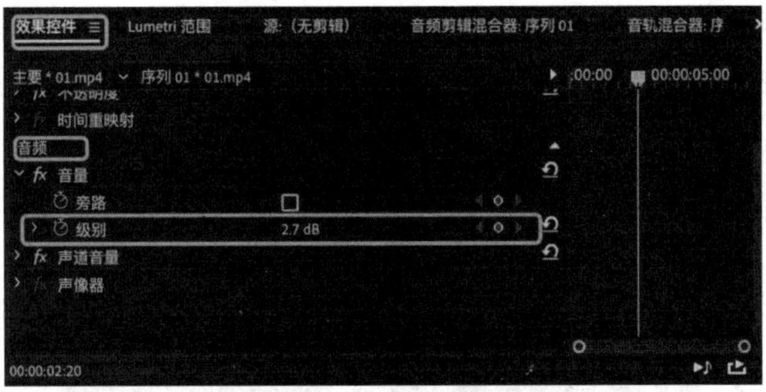

图 7-20　“效果控件”面板调整音频音量

六、音频增益

音频增益指的是音频素材的音频信号增加了多少。我们在处理音频素材时，除了要调整音量之外，还需要调整音调，特别是在音轨上剪辑在一起的各条音频素材的音量都调整过之后，仍然有整体效果上的不匹配现象，这时我们就需要调整音频增益。音频增益可以用来调节某个音频素材偏高或偏低的音频信号，也可以用于平衡几个音频素材的增益级别。

需要注意的是，后期对音频进行的处理都是建立在原始音频素材基础上的。如果音频素材本身就存在较大问题，单纯靠后期调整音频增益的方式，则可能会产生更大的噪音或者失真现象。因此，为了达到更好的输出效果，我们在前期录制声音时就应该做好相应的设置。

在 Premiere Pro CC 2019 中，调整音频增益的具体操作如下：

1.选中“时间轴”面板中需要调整音量的音频素材，点击鼠标右键，在弹出的菜单中选择“音频增益”选项，如图 7-21 所示；或者在 Premiere Pro CC 2019 软件界面上方的菜单栏中点击“剪辑”，然后在展开的选项中选择“音频选项”→“音频增益”，如图 7-22 所示。

图 7-21　点击鼠标右键调整音频增益

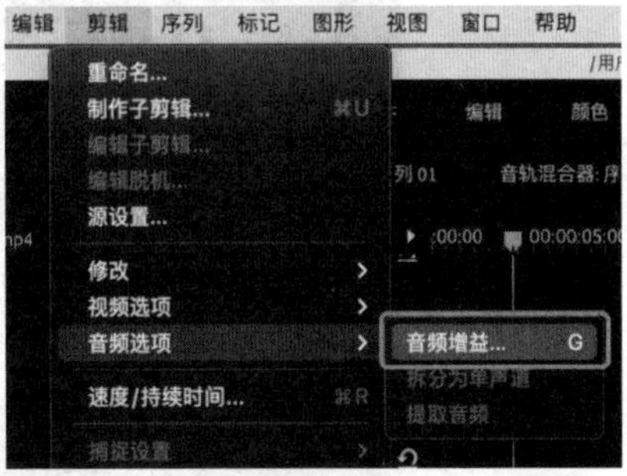

图 7-22　通过“剪辑”菜单调整音频增益

2.展开“音频增益”设置面板,在“调整增益值”后面的输入框中,设置当前选中音频素材的增益数值,如图 7-23 所示。这里需要注意的是,数值范围只能为“-96~96”。当增益值为正时,素材的增益值会放大,声音也更大;当增益值为负时,素材的增益值会减小,声音也更小。

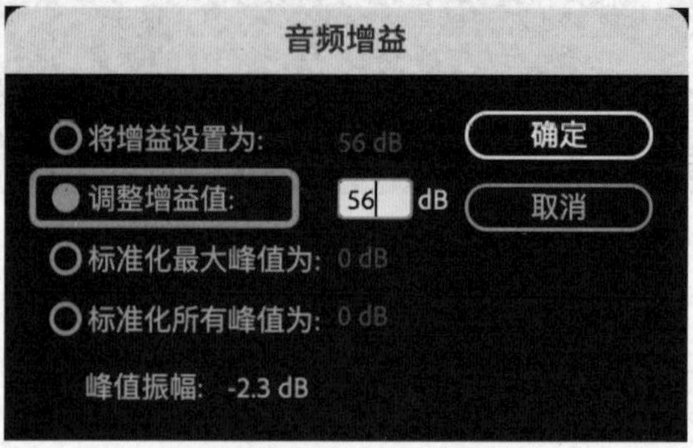

图 7-23 “音频增益”弹窗

3.单击“确定”按钮,完成音频增益的设置。

七、关键帧调整音量

在 Premiere Pro CC 2019 中,我们还可以使用音频关键帧来精确控制音频剪辑的音量变化,从而使作品达到更好的效果。通过关键帧调整音频音量的方式有以下五种:

第一种:通过“选择工具”添加关键帧调整音量。

选中“时间轴”面板中需要调整音量的音频素材,并将音频轨道调整至波形显示适合的宽度,选中工具栏中的“选择工具”,然后将鼠标指针移动至“关键帧控制线”上,在想要添加关键帧的位置,按住键盘上的“Ctrl”键,这时鼠标指针旁边会出现“+”号,单击鼠标左键即可在当前位置添加一个音量关键帧,如图 7-24 所示。

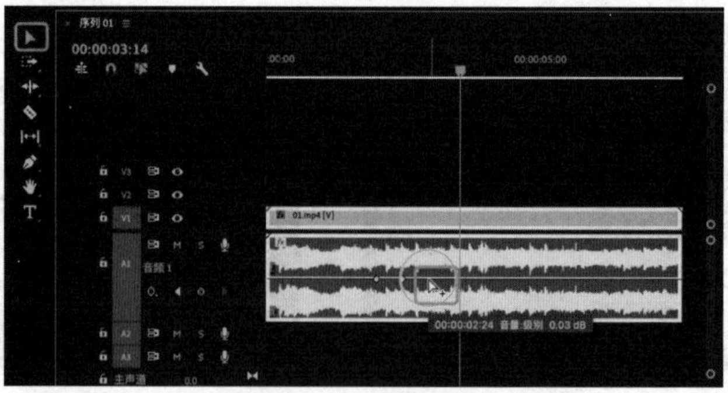

图 7-24 添加音量关键帧

第二种：通过“钢笔工具”添加关键帧调整音量。

选中“时间轴”面板中需要调整音量的音频素材，并将音频轨道调整至波形显示适合的宽度，选中工具栏中的“钢笔工具”，这时鼠标指针会变成钢笔的形状，然后将鼠标指针移动至“关键帧控制线”上，这时鼠标指针旁边会出现“+”号，单击鼠标左键即可在当前位置添加一个音量关键帧，如图 7-25 所示。

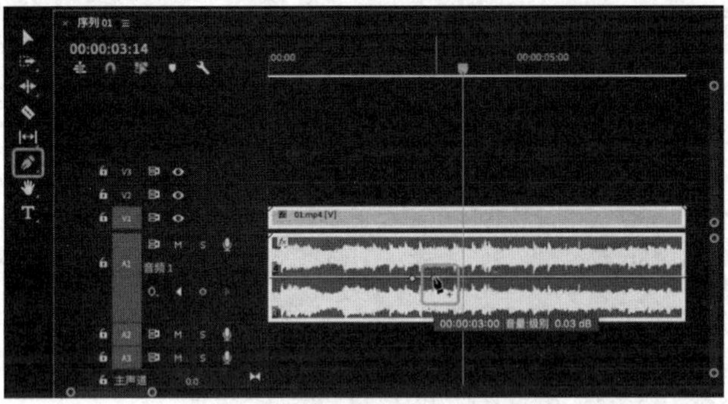

图 7-25 通过“钢笔工具”添加关键帧调整音量

第三种：通过轨道上的关键帧按钮添加音量关键帧。

选中“时间轴”面板中需要调整音量的音频素材，并将音频轨道调整至波形显示适合的宽度，将“时间指示器”滑动至想要添加关键帧的位置，然后用鼠标左键单击音频轨道前部的“添加/移除关键帧”按钮，便可以在当前位置添加一个音量关键帧，如图 7-26 所示。

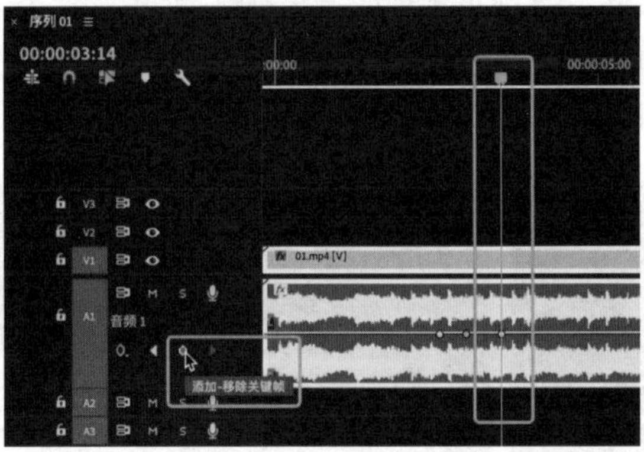

图 7-26 通过音频轨道添加音量关键帧

第四种：通过“效果控件”面板添加音量关键帧。

选中“时间轴”面板中需要调整音量的音频素材，并将音频轨道调整至波形显示适合的宽度，将“时间指示器”滑动至想要添加关键帧的位置，打开“效果控件”面板，选择“音频”→“音量”→“级别”，用鼠标左键单击“级别”后面的“添加/移除关键帧”按钮，便可以在当前位置添加一个音量关键帧，如图 7-27 所示。

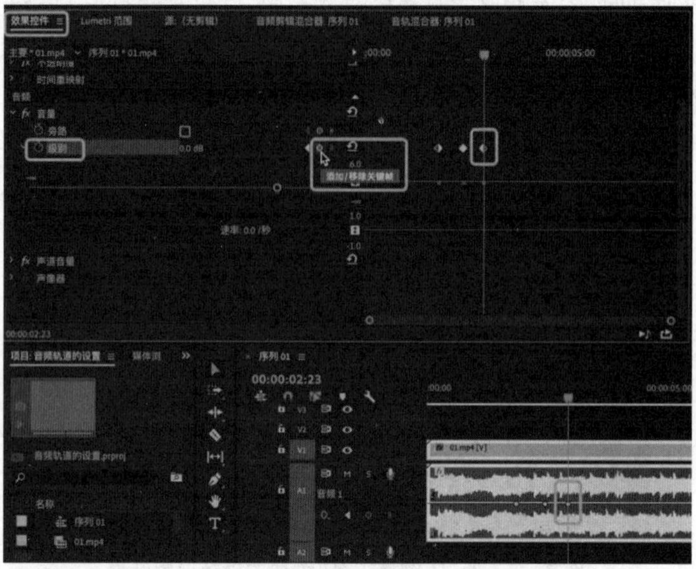

图 7-27　通过“效果控件”面板添加音量关键帧

第五种：通过音频剪辑混合器添加音量关键帧。

通过音频剪辑混合器，我们可以一边预览音频文件，一边添加音量关键帧。选中“时间轴”面板中需要调整音量的音频素材，并将音频轨道调整至波形显示适合的宽度，展开“音频剪辑混合器”面板，用鼠标左键单击“写关键帧”按钮，如图 7-28 所示。

回到“时间轴”面板中，播放需要调整音量的音频素材，在想要添加关键帧的地方拖动“衰减器”，这时在音轨上就会自动记录关键帧，如图 7-29 所示。

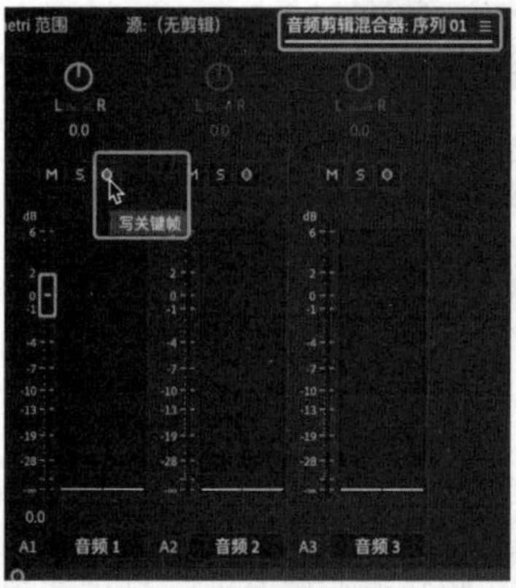

图 7-28　音频剪辑混合器

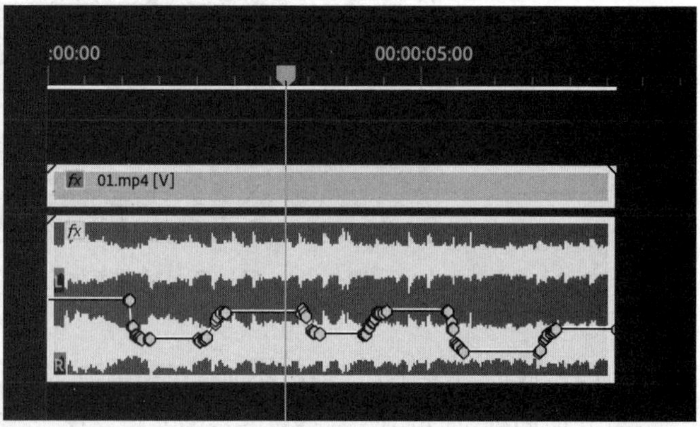

图 7-29　通过“时间轴”设置关键帧

八、声音的录制

在 Premiere Pro CC 2019 中，创作者可以对声音进行实时录制，具体包括以下两种方式：

第一种：通过“时间轴”面板中的“画外音录制”按钮录制音频。

1.在录制音频之前，我们首先要选择合适的音频输出设备。展开菜单栏中的“编辑”，点击“首选项”→“音频硬件”，在弹出的设置面板中选择合适的输出设备，完成后点击“确定”按钮，如图 7-30 所示。

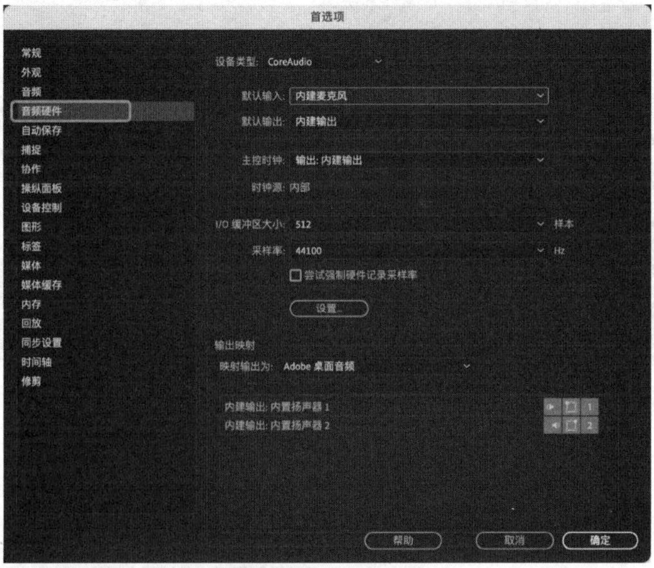

图 7-30　“音频硬件”窗口

2.接下来对音频轨道进行设置。在音轨的前部单击鼠标右键，在弹出的菜单中选择“自定义”，这时就会出现“按钮编辑器”窗口，然后将“画外音录制”按钮添加到音轨上，如图 7-31 所示。

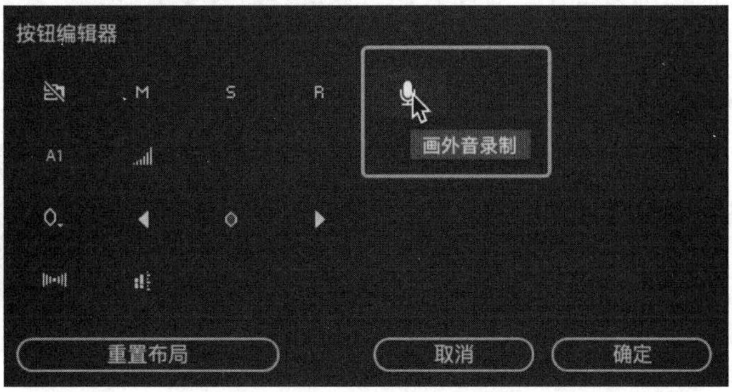

图 7-31　“画外音录制”按钮

3.现在我们就可以进行声音的录制了。选择想要保存音频的轨道,在该轨道上单击“画外音录制”按钮,该按钮会变成红色,紧接着在节目监视器中会出现开始录制的倒计时,创作者可以在这一阶段做最后的准备;当倒计时结束以后,在节目监视器中就会显示出“正在录制”,这时创作者可正式开始录制声音,如图 7-32 所示。

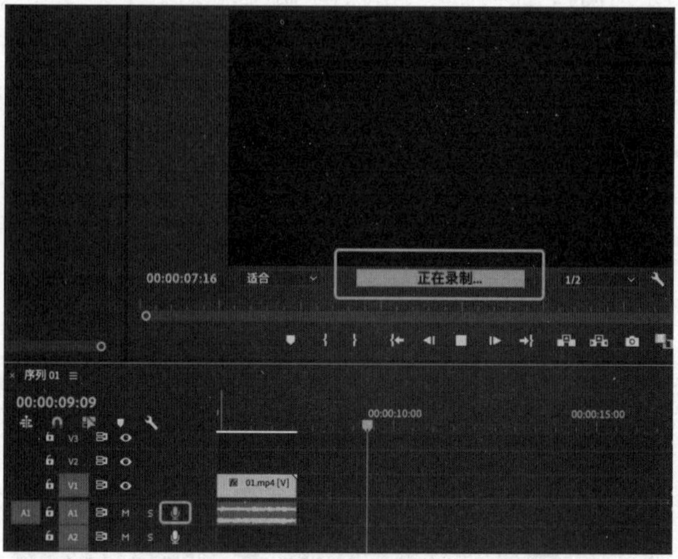

图 7-32　显示“正在录制”

录制完成后,我们需要再次单击音频轨道上的“画外音录制”按钮来结束录制,这时在所选择的音频轨道上就会出现已录制好的音频文件。

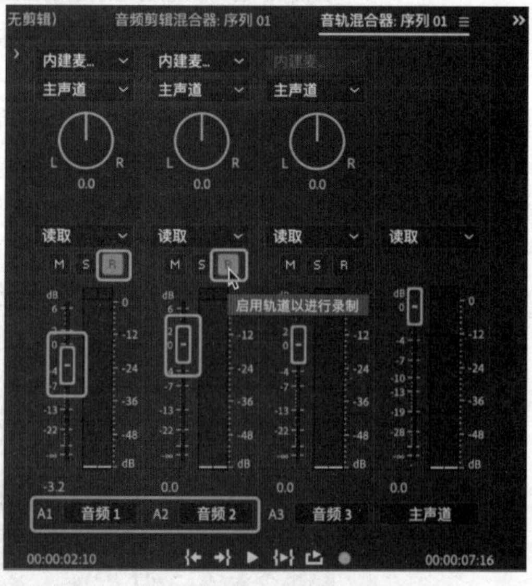

图 7-33　使用音轨混合器录制音频

第二种:使用音轨混合器录制音频。

1.同第一种方式一样,我们首先需要对录制的音频设备进行设置,方法同上。

2.接下来对音轨混合器进行设置。音轨混合器可以同时提供多条音轨的音频录制。选择想要保存音频文件的轨道并提前设置好合适的音量,单击面板中的“启动轨道进行录制”按钮,这时轨道便做好了录制声音的准备,如图 7-33 所示。

3.将“时间指示器”滑动至想要记录音频的位置,用鼠标左键单击音轨混合器面板下方的“录制”按钮,然后点击“播放/停止切换”按钮,此时节目监视器显示“正在录制”,意味着正式开始录音,如图 7-34所示。

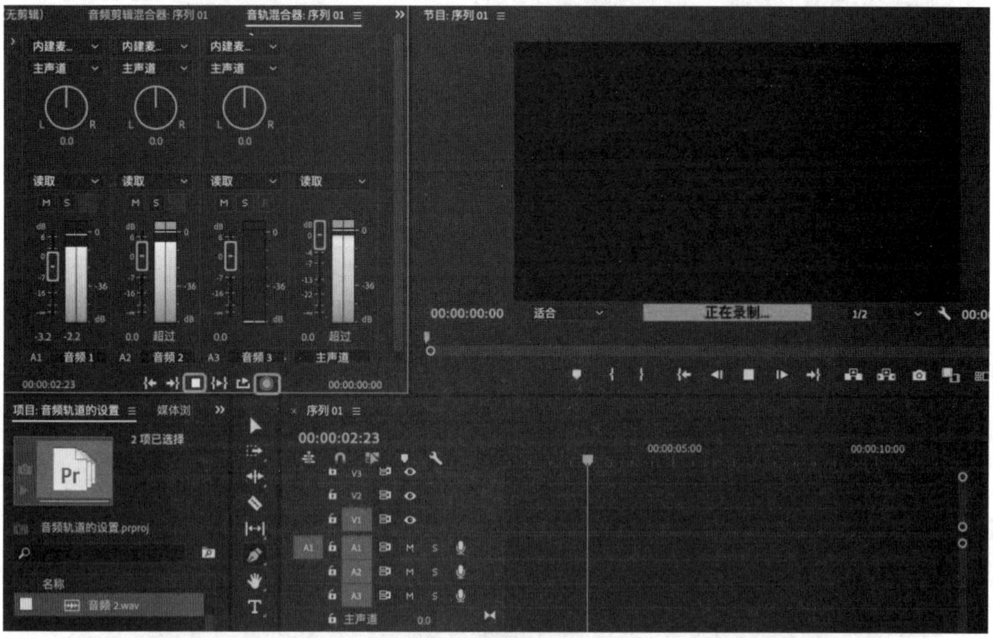

图 7-34 正在录制效果

录制完成后,我们需要再次点击“播放/停止切换”按钮,录制好的音频内容将显示在所选择的一条或者几条音频轨道上。

第二节 音频效果的应用

在 Premiere Pro CC 2019 中,我们不仅可以调整音频的音量大小,还可以制作各类音频特效,模拟不同的声音质感,从而辅助作品的画面,产生更丰富的气氛和视觉情感。

一、声音的淡入淡出

1.打开项目文件:声音的淡入淡出.prproj,如图 7-35 所示。在这里的效果设置中,我们会用到“剃刀工具”对音频素材进行剪辑,用音量关键帧制作淡入淡出效果。

扫码可看图 7-35 彩图

图 7-35　打开项目文件

2.展开菜单栏中的“文件”选项，通过“导入”按钮将素材文件夹中事先准备好的“背景音乐.mp3”导入项目文件中，并拖曳至 A1 轨道上，如图 7-36 所示。

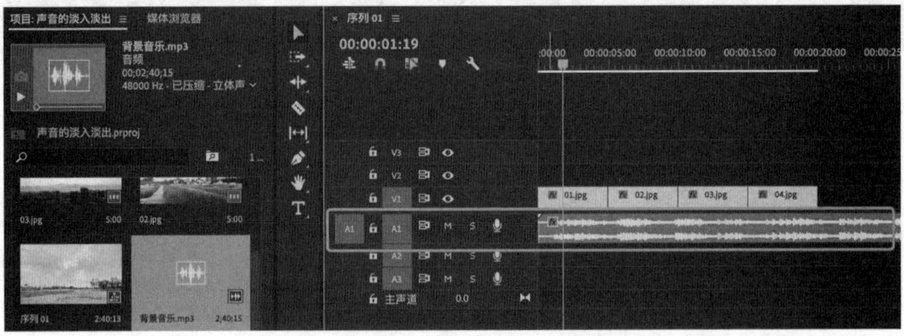

图 7-36　导入背景音乐

3.用鼠标左键点击“工具”面板中的“剃刀工具”，选中 A1 轨道上的“背景音乐.mp3”素材文件，在 00:00:20:00 的位置（即画面结束时的位置）对音频进行剪辑，如图 7-37 所示。

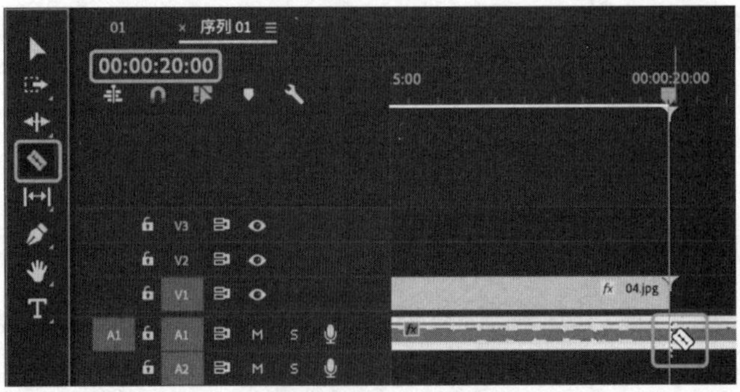

图 7-37　对音频进行剪辑

4. 用鼠标左键点击“工具”面板中的“选择工具”，选中剪辑之后的“背景音乐.mp3”的后半部分并将其删除，如图 7-38 所示。

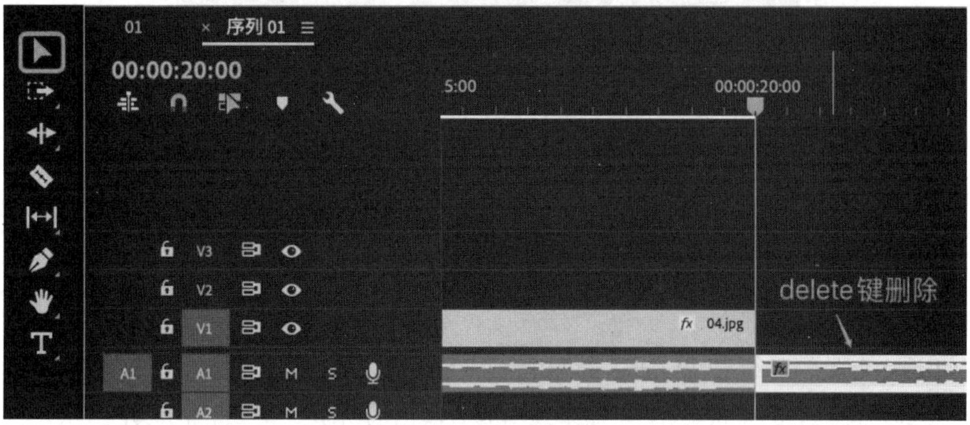

图 7-38 删除多余部分

5.选中 A1 轨道上的“背景音乐.mp3”素材文件，将音频轨道调整至波形显示适合的宽度，在该音频的起始帧位置，通过“添加/移除关键帧”按钮为其添加一个关键帧，同样在结束帧的位置也添加一个关键帧，如图 7-39 所示。

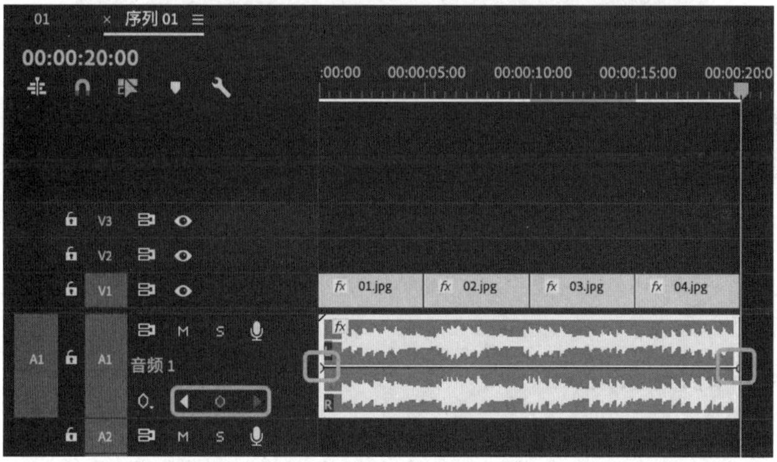

图 7-39 给音频入点、出点添加关键帧

6.然后分别在 00:00:02:00 和 00:00:18:00 的位置使用同样的方式各添加一个关键帧，如图 7-40 所示。

图 7-40　添加关键帧

7.选中起始帧和结束帧位置上的两个音量关键帧,通过鼠标左键向下拖动,便能将这两个关键帧位置上的音量减小,从而呈现出淡入淡出的听觉效果,如图 7-41 所示。按下空格键可暂停或继续播放音频。

图 7-41　调整音频音量

二、声音的降噪处理

在录制声音时,我们常常会遇到各种噪音干扰,包括环境噪音、设备电流声、设备底噪以及麦克风的破音和爆音等。为了达到更好的氛围效果,我们需要对录制的原始素材进行降噪处理。在 Premiere Pro CC 2019 中,我们可以通过为音频素材添加“降噪”效果来达到有效降低音频中噪音的目的,具体操作如下:

1.打开项目文件:消除噪音.prproj。展开菜单栏中的“文件”选项,通过“导入”按钮将素材文件夹中事先准备好的“地铁杂音.m4a”导入项目文件中,并拖曳至 A1 轨道上,如图 7-42 所示。

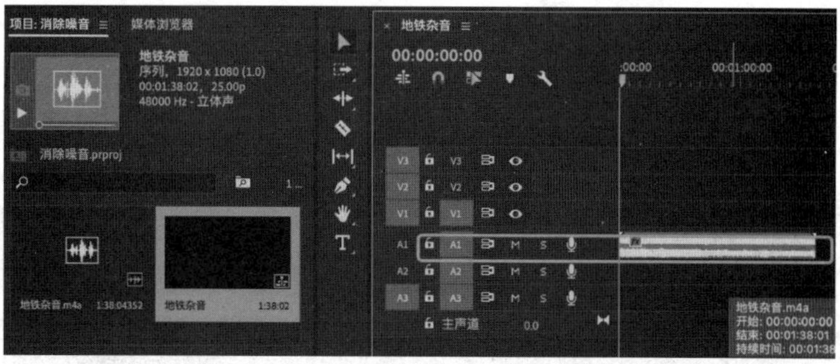

图 7-42 将音频拖曳至 A1 轨道

2.展开“效果”面板,将“音频效果”下方的“降噪”效果拖曳至“地铁杂音.m4a”素材文件上,点击播放按钮即可观察“降噪”后的音频效果,如图 7-43 所示。

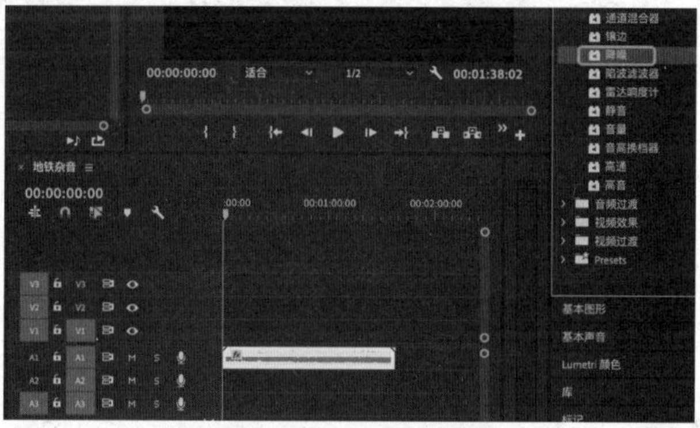

图 7-43 添加降噪效果

3.展开“效果控件”面板中的“降噪”,显示出影响音频效果的各项参数,我们可以一边播放“降噪”后的音频,一边调整各项参数的数值,以获得最佳的音频效果,如图 7-44 所示。

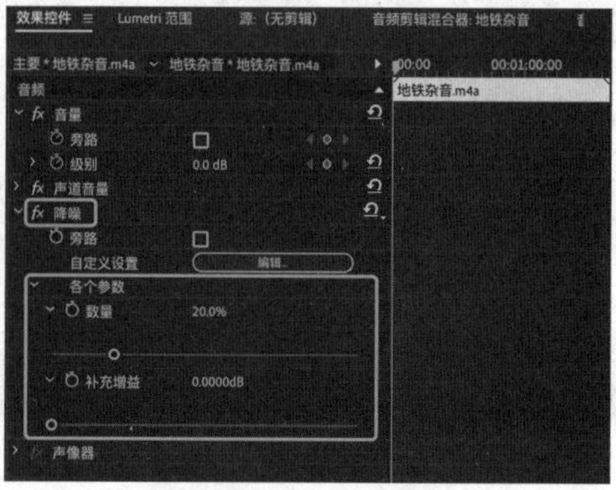

图 7-44 设置降噪参数

4.各项参数设置完成后，如仍不能达到预期效果，我们还可以为音频添加“自定义设置”中软件自带的各种预设效果：点击“自定义设置”后面的“编辑”按钮，选择想要添加的预设效果并根据需求调整预设参数值，直到取得预期效果，如图 7-45 所示。

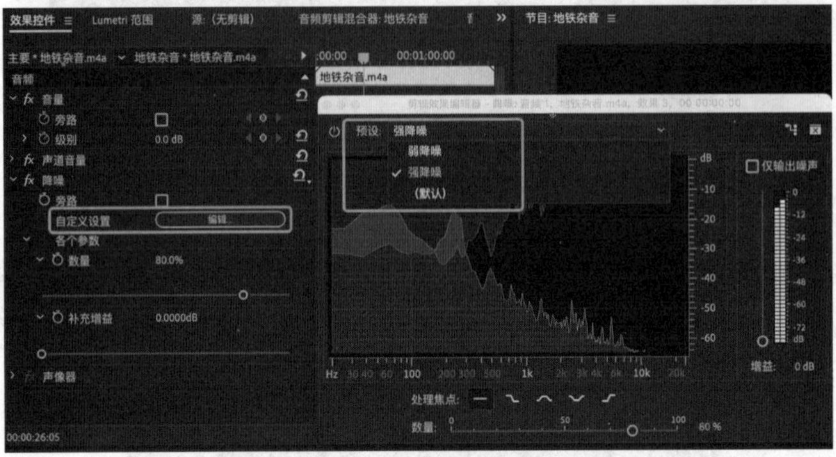

图 7-45 自定义设置弹窗

三、模拟延迟效果的应用

在本案例中，我们将使用“模拟延迟”效果为音频制作回声。

1.打开项目文件：模拟延迟.prproj。展开菜单栏中的“文件”选项，通过“导入”按钮将素材文件夹中事先准备好的“背景音乐.mp3”导入项目文件中，并拖曳至 A1 轨道上，如图 7-46 所示。

图 7-46 将背景音乐拖曳至 A1 轨道

2.用鼠标左键点击“工具”面板中的“剃刀工具”，选中 A1 轨道上的“背景音乐.mp3”素材文件，在 00:00:10:00 的位置(即画面结束时的位置)对音频进行剪辑，如图 7-47 所示。

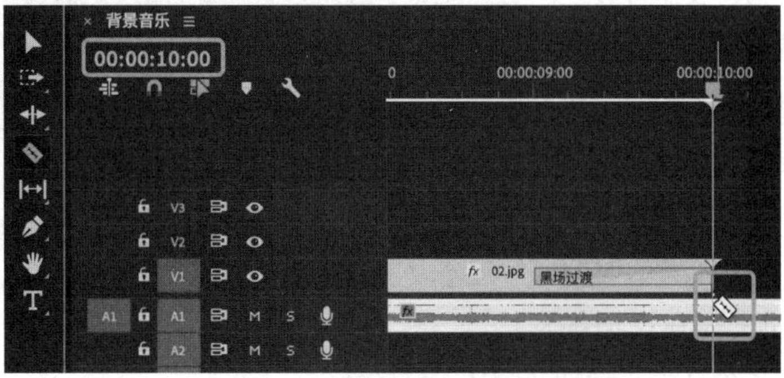

图 7-47　裁剪出点位置

3.用鼠标左键点击“工具”面板中的“选择工具”，选中剪辑之后的“背景音乐.mp3”的后半部分并将其删除，如图 7-48 所示。

图 7-48　删除多余部分

4.展开“效果”面板，将“音频效果”下方的“模拟延迟”效果拖曳至“背景音乐.mp3”素材文件上，点击播放按钮即可观察添加“模拟延迟”后的音频效果，如图 7-49 所示。

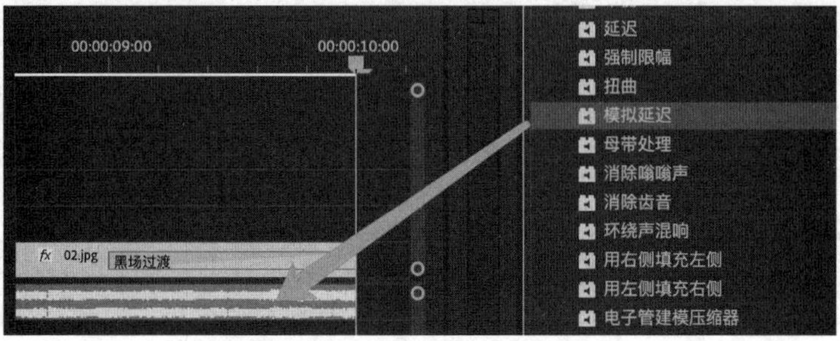

图 7-49　添加模拟延迟效果

5.展开“效果控件”面板中的“模拟延迟”，显示出影响音频效果的各项参数，我们可以一边播放应用“模拟延迟”效果的音频，一边调整各项参数的数值，以获得最佳的音频效果。其中，“延迟”指的是音频素材本身与回声效果之间间隔的时间长短，“反馈”指的是往回添加到延迟（以创建多个衰减回声）的延迟信号百分比。

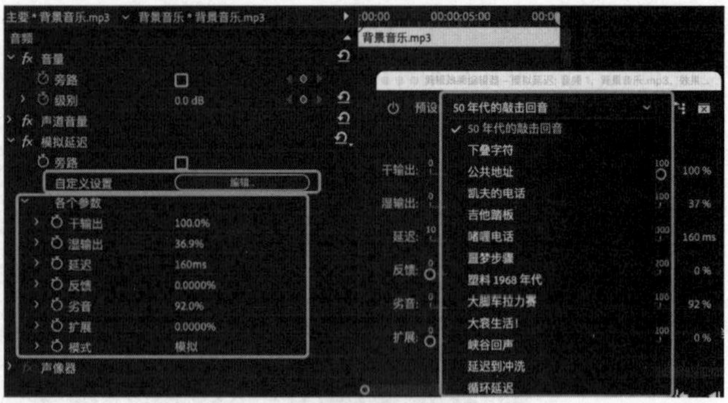

图 7-50 “模拟延迟”的各项参数

各项参数值调整完成后，如仍不能达到预期效果，我们还可以为音频添加“自定义设置”中软件自带的各种预设效果：点击“自定义设置”后面的“编辑”按钮，选择想要添加的预设效果并根据需求调整预设参数值，直到取得预期效果，如图 7-50 所示。

四、音高换挡器的应用

音高指的是声音音调的高低程度，是由音波振动频率的不同决定的。频率越高，音高就越高；频率越低，音高就越低。音高的不同常常会直接影响到声音的最终效果，比如我们经常在短视频平台上看到的变声器工具，就是在原本的音频音高的基础上调整了音高的结果。在 Premiere Pro CC 2019 中，我们可以通过“音高换挡器”来调整音频的音高，具体操作如下：

1.打开项目文件：调整音高.prproj。展开菜单栏中的“文件”选项，通过“导入”按钮将素材文件夹中准备好的“冰箱拟人说话.mp3”素材导入项目文件中，并拖曳至 A1 轨道上，如图 7-51 所示。

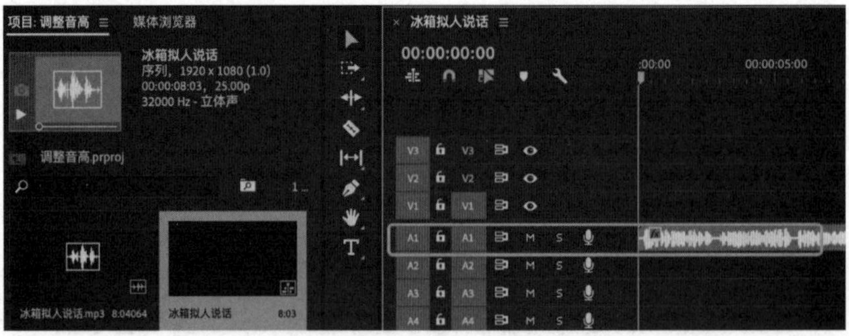

图 7-51 打开项目文件

2.展开“效果”面板，将“音频效果”下方的“音高换挡器”效果拖曳至“冰箱拟人说话.mp3”素材文件上，如图 7-52 所示。

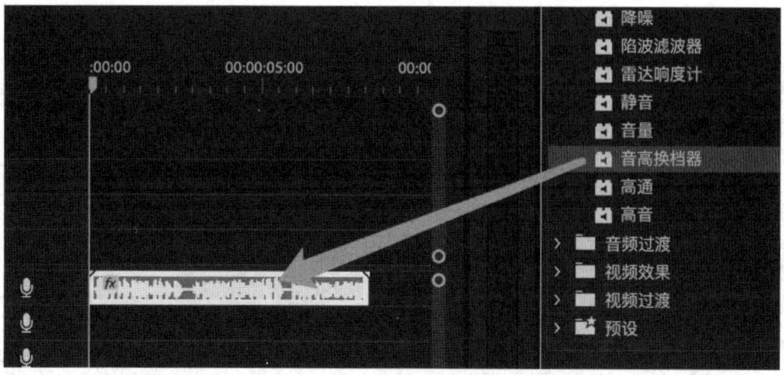

图 7-52 添加音高换挡器效果

3.选中“时间轴”面板中 A1 轨道上的“冰箱拟人说话.mp3”素材，展开“效果控件”面板中的“音高换挡器”，根据需要调整各项参数，特别是“变调比率”的数值，以取得理想的音频效果。

各项参数值调整完成后，如若仍不能达到预期效果，我们还可以为音频添加“自定义设置”中软件自带的各种预设效果：点击“自定义设置”后面的“编辑”按钮，在弹出的“剪辑效果编辑器”窗口中设置“预设”选项，Premiere Pro CC 2019 提供了包括“伸展”“愤怒的沙鼠”“病入膏肓”“黑魔王”等在内的多种预设效果供用户快速选择，如图 7-53 所示。

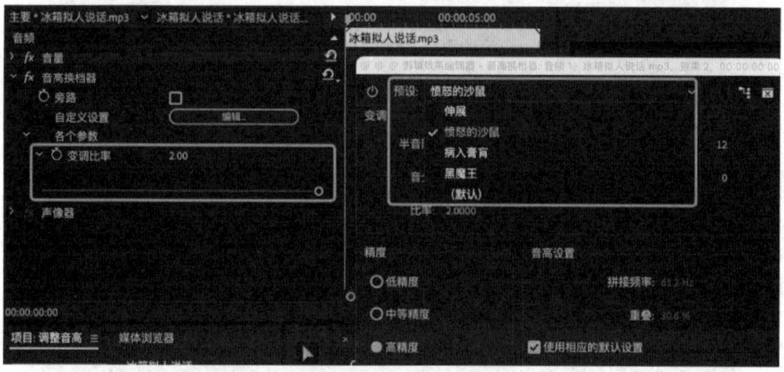

图 7-53 参数设置

五、动态处理效果的应用

在本案例中，我们将使用“剃刀工具”对音频进行剪辑，同时使用“动态处理”效果在软件中模拟出真实乐器的声音，具体操作如下：

1.打开项目文件:动态处理效果.prproj。展开菜单栏中的“文件”选项,通过“导入”按钮将素材文件夹中事先准备好的“背景音乐.mp3”导入项目文件中,并拖曳至 A1 轨道上,如图 7-54 所示。

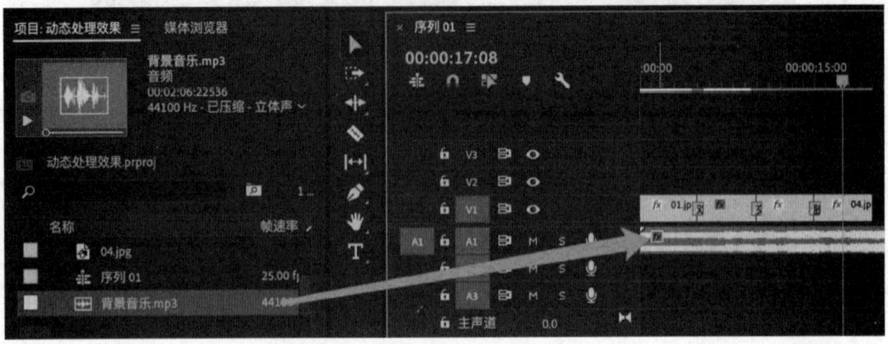

图 7-54 将素材拖曳至 A1 轨道

2.用鼠标左键点击“工具”面板中的“剃刀工具”,选中 A1 轨道上的“背景音乐.mp3”素材文件,在 00:00:20:00 的位置(即画面结束时的位置)对音频进行剪辑,如图 7-55 所示。

图 7-55 对音频进行剪辑

3.用鼠标左键点击“工具”面板中的“选择工具”,选中剪辑之后的“背景音乐.mp3”的后半部分并将其删除,如图 7-56 所示。

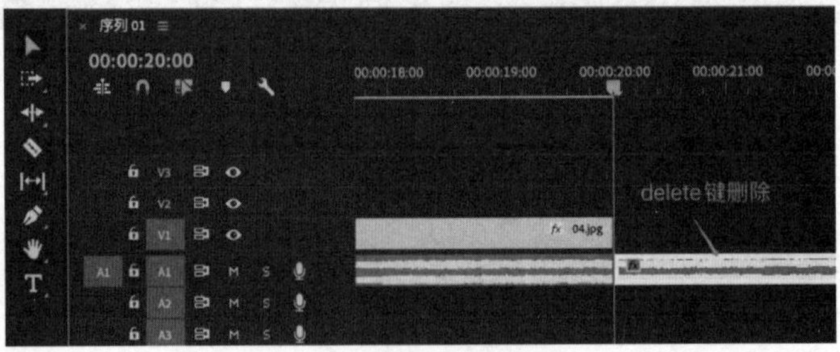

图 7-56 删除多余部分

4.展开“效果”面板,将“音频效果”下方的“动态处理”效果拖曳至“背景音乐.mp3”素材文件上,如图 7-57 所示。

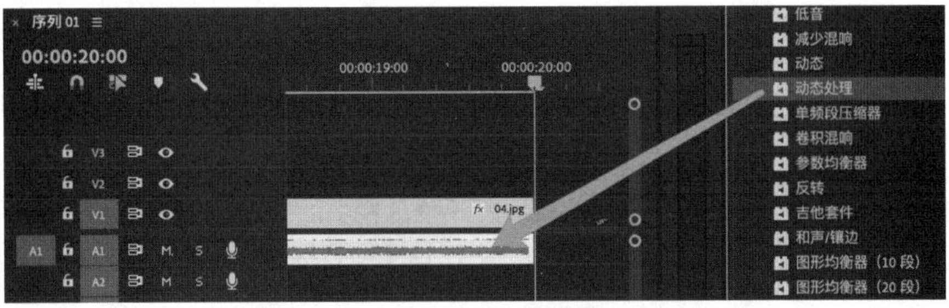

图 7-57　将“动态处理”效果拖曳至素材

5.展开“效果控件”面板中的“动态处理”,显示出影响音频效果的各项参数,我们可以一边播放应用“动态处理”效果的音频,一边调整各项参数的数值,以取得最佳的音频效果。

各项参数值调整完成后,如若仍不能达到预期效果,我们还可以为音频添加“自定义设置”中软件自带的各种预设效果:点击“自定义设置”后面的“编辑”按钮,在弹出的“剪辑效果编辑器”窗口中设置“预设”选项,Premiere Pro CC 2019 提供了包括“纸板低音鼓”“小军鼓激荡”“雷公鼓”“吉弦贝斯”“摇滚歌手”等在内的多种预设效果供用户快速选择,如图 7-58 所示。

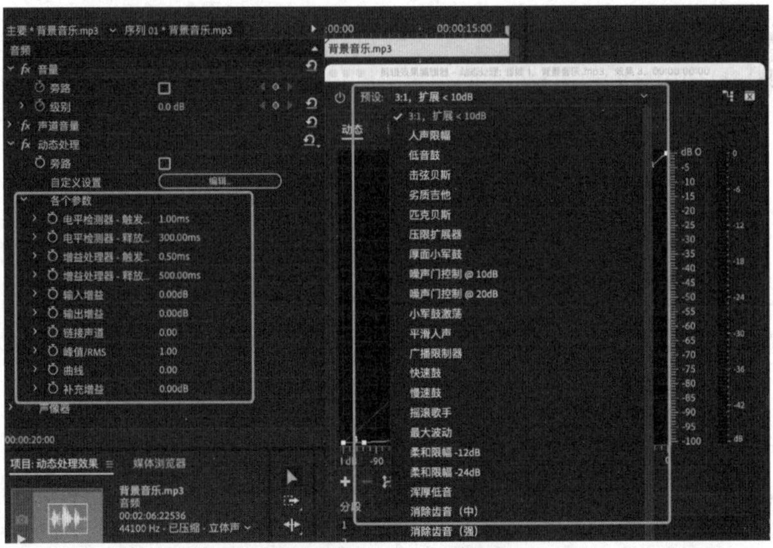

图 7-58　动态处理参数

六、环绕声混响效果的应用

在现实生活中，声音会受到周围环境的影响，比如空间的大小、远近等都会影响到音频的效果。在本案例中，我们将通过环绕声混响效果来模拟现实世界中的真实声音，具体操作如下：

1.打开项目文件：环绕声混响.prproj。展开菜单栏中的“文件”选项，通过“导入”按钮将素材文件夹中事先准备好的“背景音乐.mp3”导入项目文件中，并拖曳至A1轨道上，如图7-59所示。

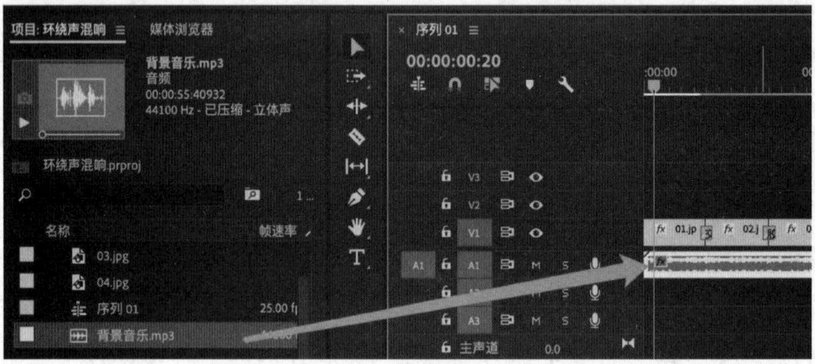

图7-59 将素材拖曳至A1轨道

2.用鼠标左键点击“工具”面板中的“剃刀工具”，选中A1轨道上的“背景音乐.mp3”素材文件，在00:00:20:00的位置(即画面结束时的位置)对音频进行剪辑，如图7-60所示。

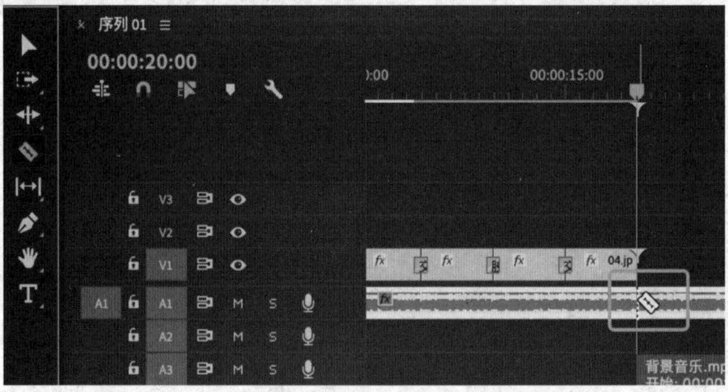

图7-60 对音频进行剪辑

3.用鼠标左键点击“工具”面板中的“选择工具”，选中剪辑之后的“背景音乐.mp3”的后半部分并将其删除，如图7-61所示。

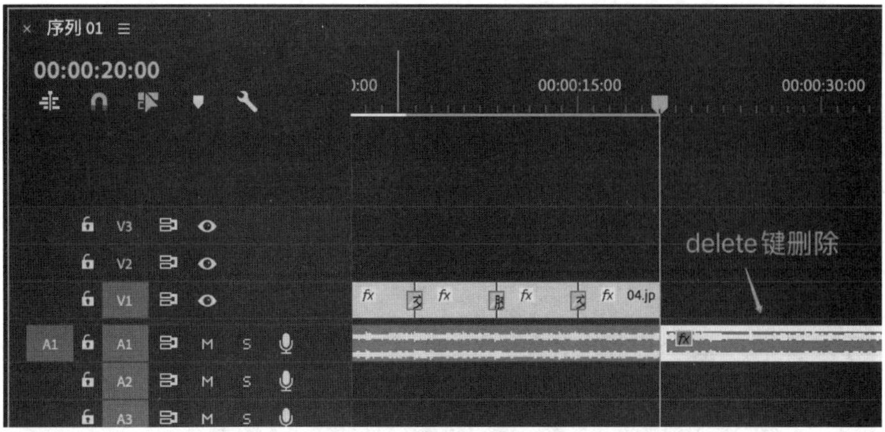

图 7-61　删除多余部分

4.展开“效果”面板,将“音频效果”下方的“环绕声混响”效果拖曳至“背景音乐.mp3”素材文件上,如图 7-62 所示。

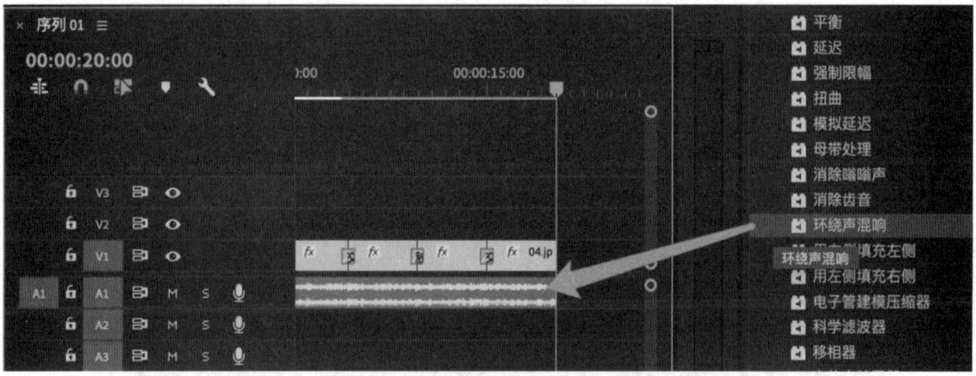

图 7-62　将“环绕声混响”拖曳至素材

5.展开“效果控件”面板中的“环绕声混响”,显示出影响音频效果的各项参数,我们可以一边播放应用“环绕声混响”的音频,一边调整各项参数的数值,以取得最佳的音响效果。

各项参数值调整完成后,如若仍不能达到预期效果,我们还可以为音频添加“自定义设置”中软件自带的各种预设效果:点击“自定义设置”后面的“编辑”按钮,在弹出的“剪辑效果编辑器”窗口中设置“预设”选项,Premiere Pro CC 2019 提供了包括“中央舞台”“在教堂中”“完整金属”“户外餐厅”“星际迷航”“音乐会维度”“鼓室”等在内的多种预设效果供用户快速选择,如图 7-63 所示。

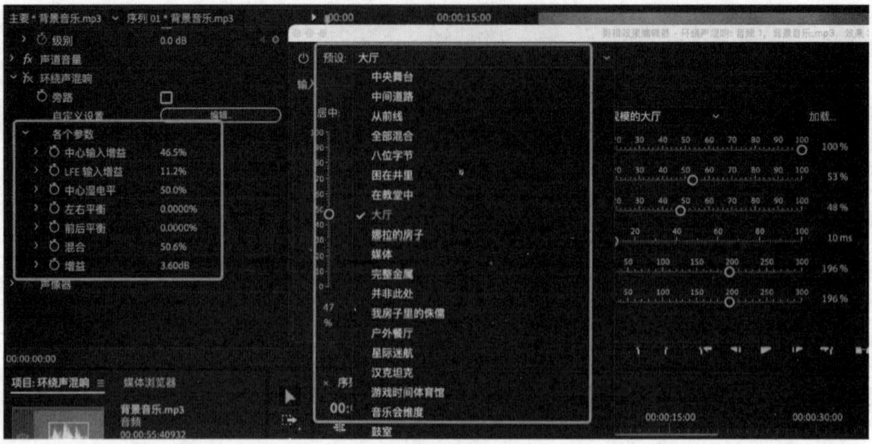

图 7-63　环绕声混响参数

七、多频段压缩器效果的应用

在本案例中,我们将使用“剃刀工具”对音频进行剪辑,并使用“多频段压缩器”对不同频率的音频进行适当的压缩,具体操作如下:

1.打开项目文件:多频段压缩器.prproj。展开菜单栏中的“文件”选项,通过“导入”按钮将素材文件夹中事先准备好的“配乐.mp3”导入项目文件中,并拖曳至 A1 轨道上,如图 7-64 所示。

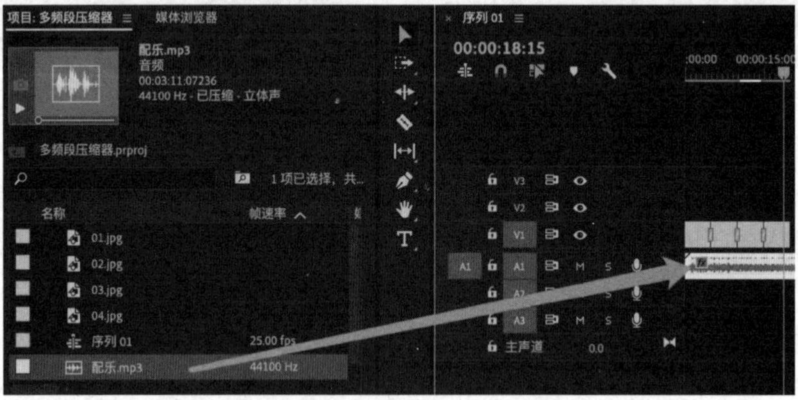

图 7-64　将素材拖曳至 A1 轨道

2.用鼠标左键点击“工具”面板中的“剃刀工具”,选中 A1 轨道上的“配乐.mp3”素材文件,在 00:00:20:00 的位置(即画面结束时的位置)对音频进行剪辑,如图 7-65 所示。

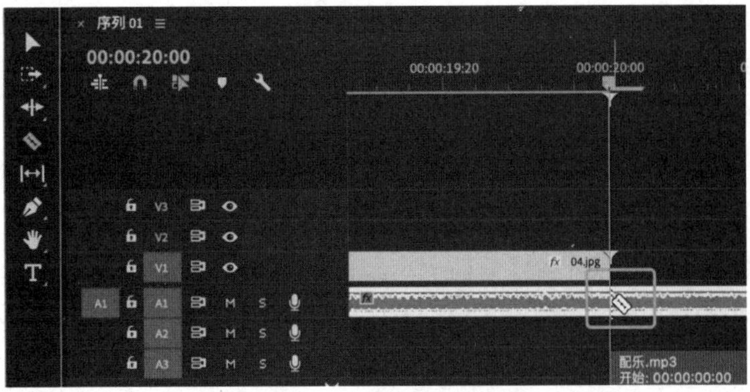

图 7-65 对音频进行剪辑

3.用鼠标左键点击“工具”面板中的“选择工具”,选中剪辑之后的“配乐.mp3”的后半部分并将其删除,如图 7-66 所示。

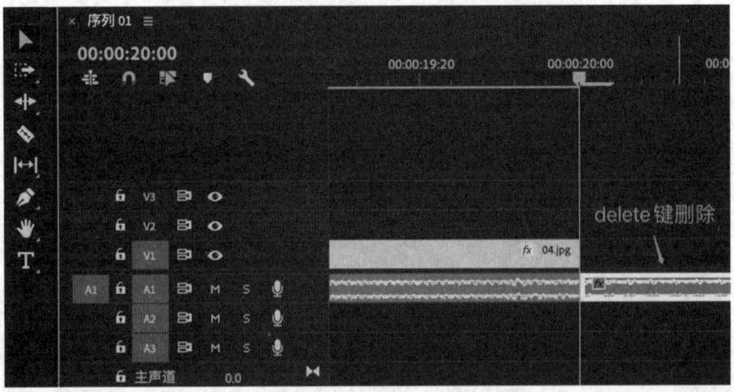

图 7-66 删除多余部分

4.展开“效果”面板,将“音频效果”下方的“多频段压缩器”效果拖曳至“配乐.mp3”素材文件上,如图 7-67 所示。

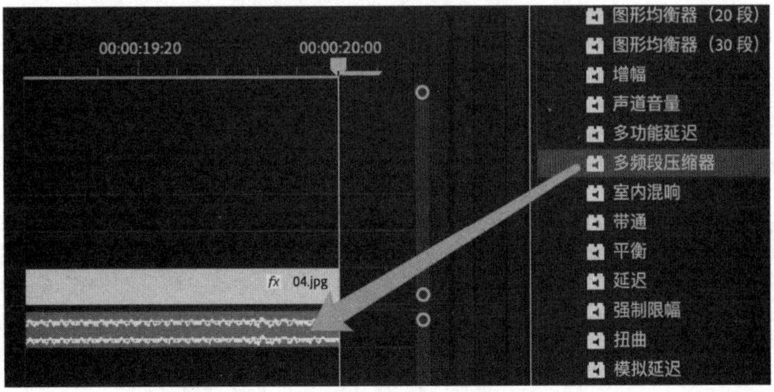

图 7-67 将“多频段压缩器”效果拖曳至素材

5.展开“效果控件”面板中的“多频段压缩器”，显示出影响音频效果的各项参数，我们可以一边播放应用“多频段压缩器”的音频，一边调整各项参数的数值，以取得最佳的音频效果。

各项参数值调整完成后，如若仍不能达到预期效果，我们还可以为音频添加“自定义设置”中软件自带的各种预设效果：点击“自定义设置”后面的“编辑”按钮，在弹出的“剪辑效果编辑器”窗口中设置“预设”选项，Premiere Pro CC 2019 提供了包括“古典音乐大师”“对讲机”“流行音乐大师”“重金属吉他”“广播”“提高人声”“玩具”等在内的多种预设效果供用户快速选择，如图 7-68 所示。

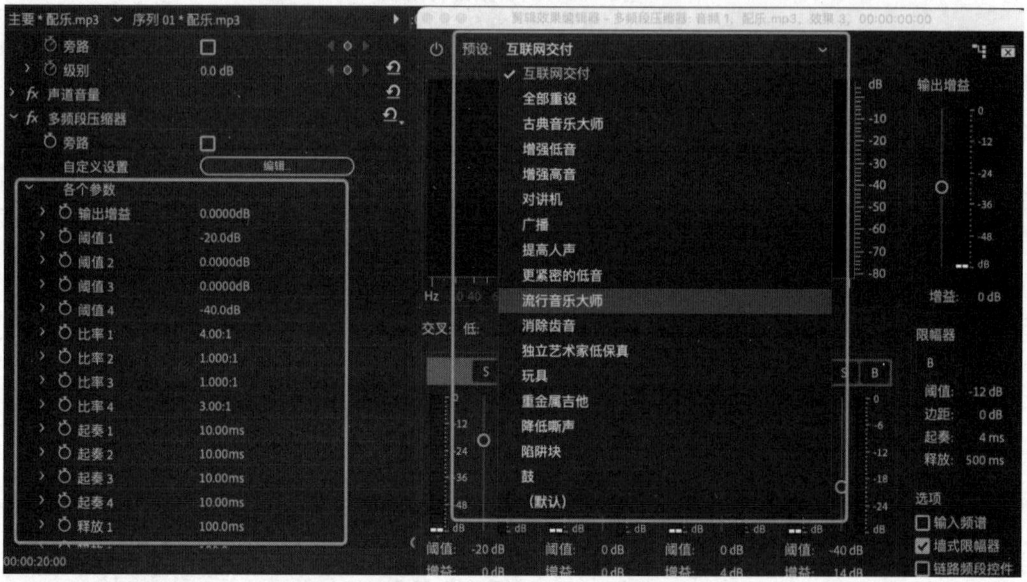

图 7-68　多频段压缩器效果参数

八、扭曲效果的应用

在本案例中，我们将使用“剃刀工具”对音频进行剪辑，并使用“扭曲”效果将少量砾石和饱和效果应用于音频，具体操作如下：

1.打开项目文件：扭曲效果.prproj。展开菜单栏中的“文件”选项，通过“导入”按钮将素材文件夹中事先准备好的“背景音乐.mp3”导入项目文件中，并拖曳至 A1 轨道上，如图 7-69 所示。

2.用鼠标左键点击“工具”面板中的“剃刀工具”，选中 A1 轨道上的“背景音乐.mp3”素材文件，在 00:00:15:00 的位置（即画面结束时的位置）对音频进行剪辑，如图 7-70 所示。

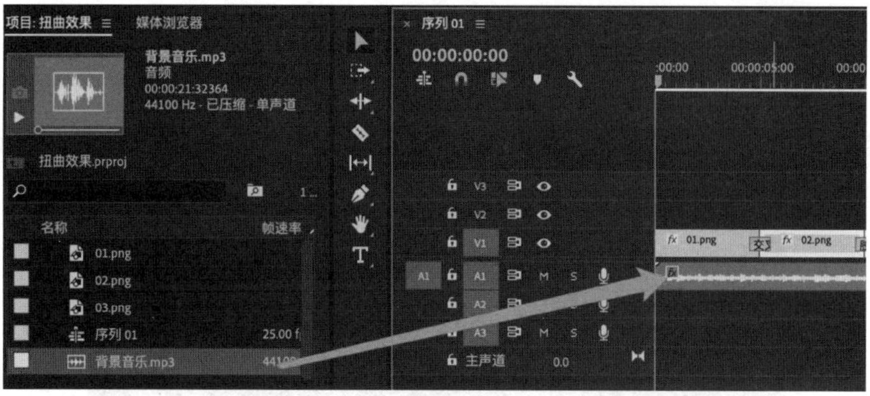

图 7-69　将素材拖曳至 A1 轨道

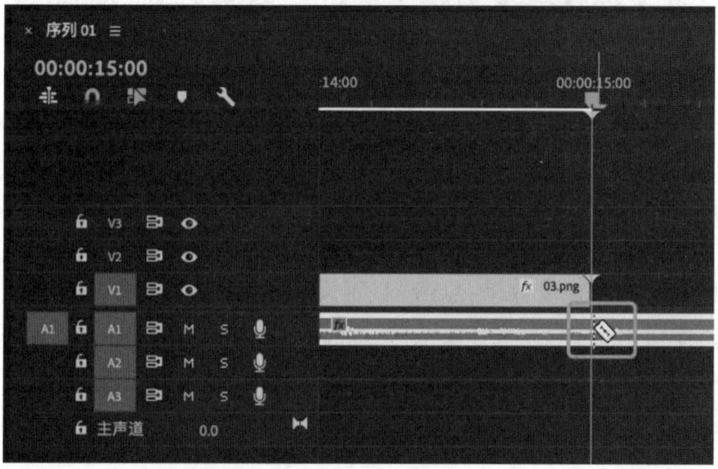

图 7-70　对音频进行剪辑

3.用鼠标左键点击“工具”面板中的“选择工具”，选中剪辑之后的“背景音乐.mp3”的后半部分并将其删除，如图 7-71 所示。

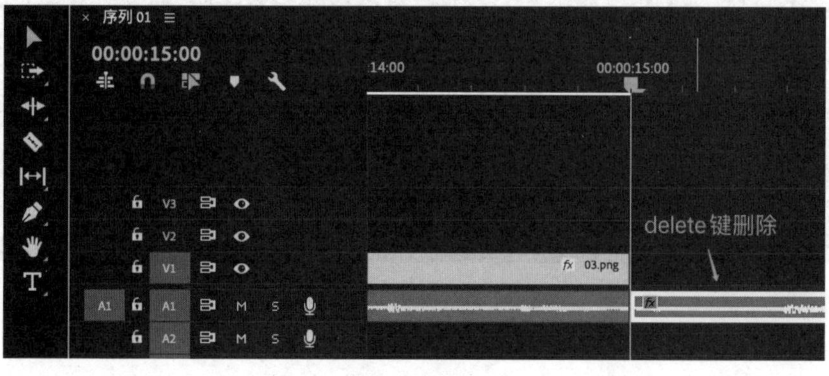

图 7-71　删除多余部分

4.展开“效果”面板，将“音频效果”下方的“扭曲”效果拖曳至“背景音乐.mp3”素材文件上，如图 7-72 所示。

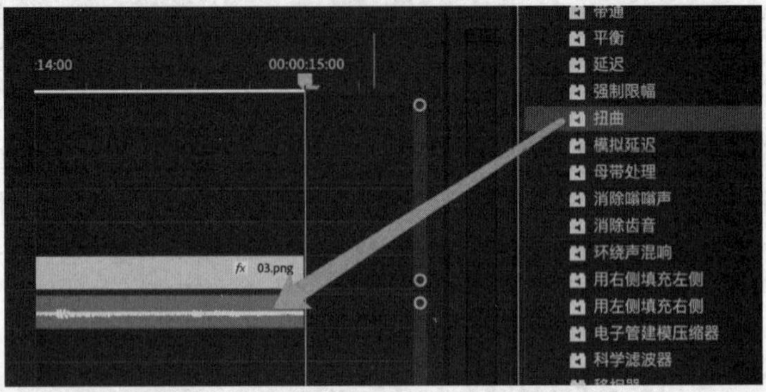

图 7-72　将“扭曲”效果拖曳至素材

5.选中“时间轴”面板中 A1 轨道上的“背景音乐.mp3”素材文件，在“效果控件”面板中展开“扭曲”效果，根据音频效果调整各项参数的数值。

各项参数值调整完成后，如若仍不能达到预期效果，我们还可以为音频添加“自定义设置”中软件自带的各种预设效果：点击“自定义设置”后面的“编辑”按钮，在弹出的“剪辑效果编辑器”窗口中设置“预设”选项，Premiere Pro CC 2019 提供了包括“无限扭曲”“最大的痛苦”“最终失败”“演员休息室-安格斯”“磁带驱动器”“沼泽异形”等在内的多种预设效果供用户快速选择，如图 7-73 所示。

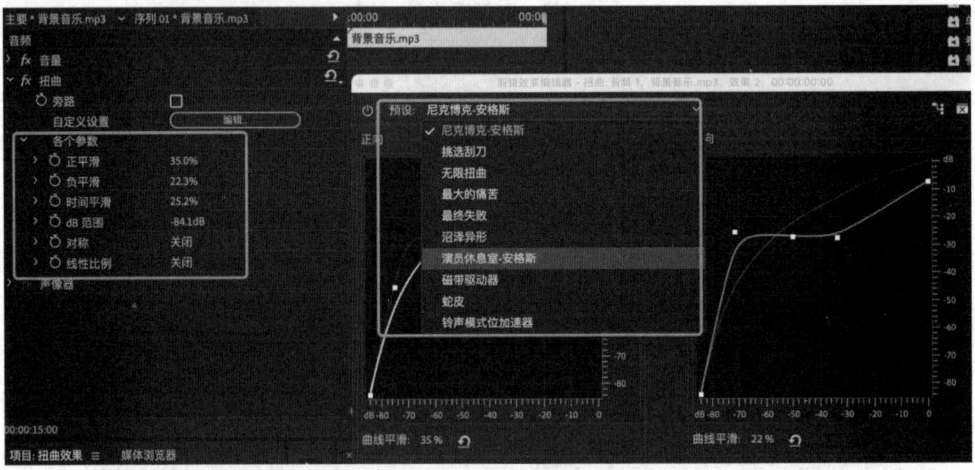

图 7-73　“扭曲”效果参数

九、室内混响效果的应用

在本案例中,我们将使用“剃刀工具”对音频进行剪辑,并使用“室内混响”效果模拟在室内演奏时的混响音乐效果,具体操作如下:

1.打开项目文件:室内混响效果.prproj。展开菜单栏中的“文件”选项,通过“导入”按钮将素材文件夹中事先准备好的“背景音乐.mp3”导入项目文件中,并拖曳至 A1 轨道上,如图 7-74 所示。

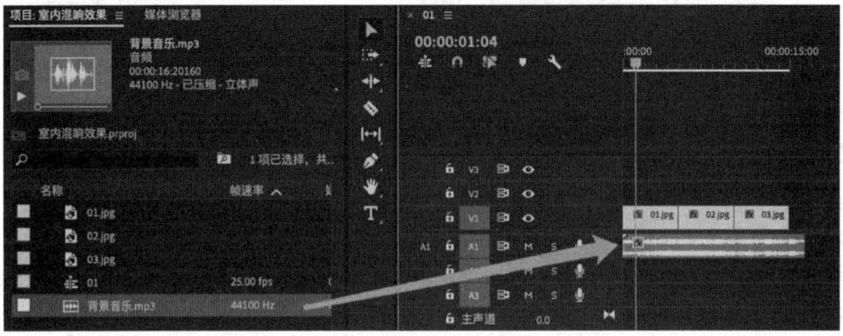

图 7-74　将素材拖曳至 A1 轨道

2.用鼠标左键点击“工具”面板中的“剃刀工具”,选中 A1 轨道上的“背景音乐.mp3”素材文件,在 00:00:15:00 的位置(即画面结束时的位置)对音频进行剪辑,如图 7-75 所示。

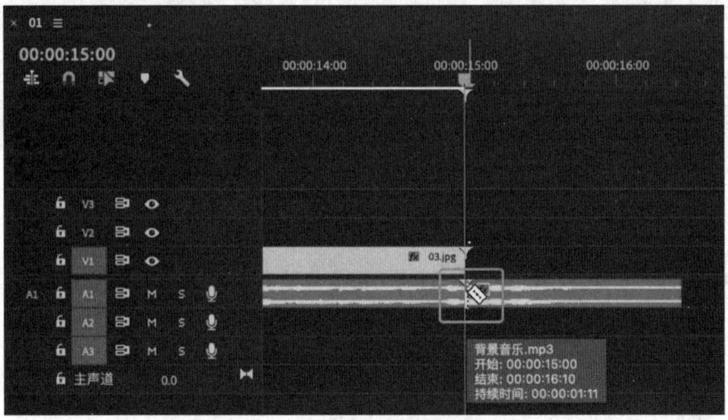

图 7-75　对音频进行剪辑

3.用鼠标左键点击工具面板中的“选择工具”,选中剪辑之后的“背景音乐.mp3”的后半部分并将其删除，如图 7-76 所示。

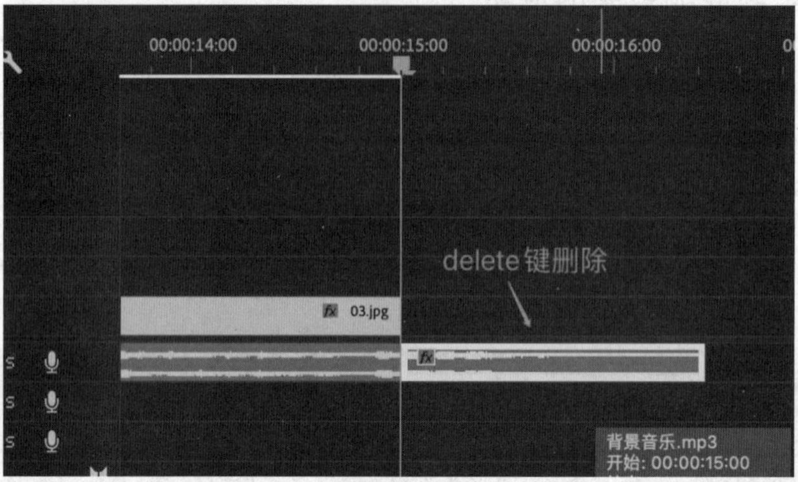

图 7-76　删除多余部分

4.展开“效果”面板，将“音频效果”下方的“室内混响”效果拖曳至“背景音乐.mp3”素材文件上，如图 7-77 所示。

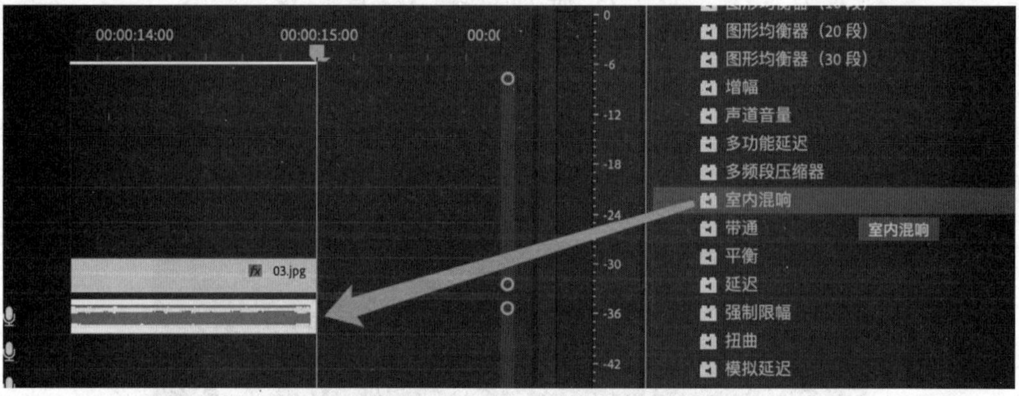

图 7-77　将“室内混响”效果拖曳至素材

5.选中“时间轴”面板中 A1 轨道上的“背景音乐.mp3”素材，在“效果控件”面板中展开“室内混响”效果，根据音频效果调整各项参数的数值。

各项参数值调整完成后，如若仍不能达到预期效果，我们还可以调整“自定义”按钮后面的“编辑”按钮，在弹出的“剪辑效果编辑器”窗口中设置“预设”选项，Premiere Pro CC 2019 提供了包括“人声混响”“俱乐部外”“吉他放大器”“大厅”“房间临场感”“漩涡形混响”等在内的多种预设效果供用户快速选择，如图 7-78 所示。

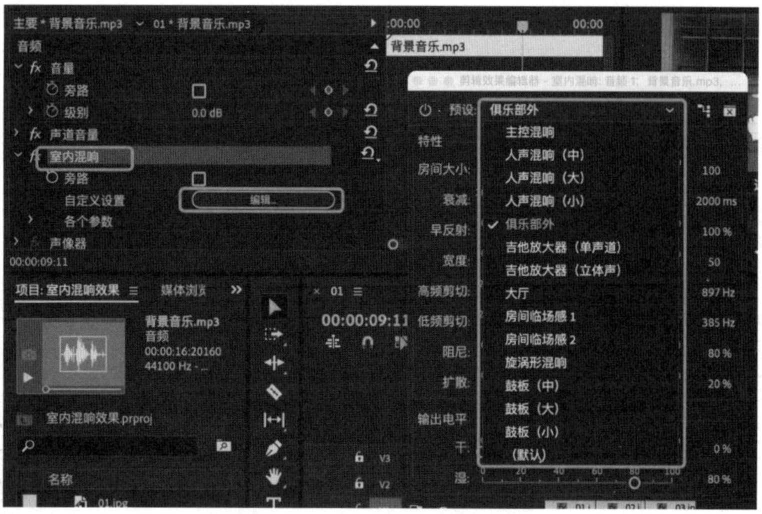

图 7-78　“室内混响”效果参数

课后作业:卡点视频

● 练习知识要点

使用“自动匹配序列”“自动颜色”“标记”“关键帧动画”等效果制作卡点视频,如图 7-79 所示。

● 效果所在位置

案例/7.3/卡点视频.prproj。

扫码可看图 7-79 彩图

图 7-79　卡点视频

第八章　剪辑与匹配镜头

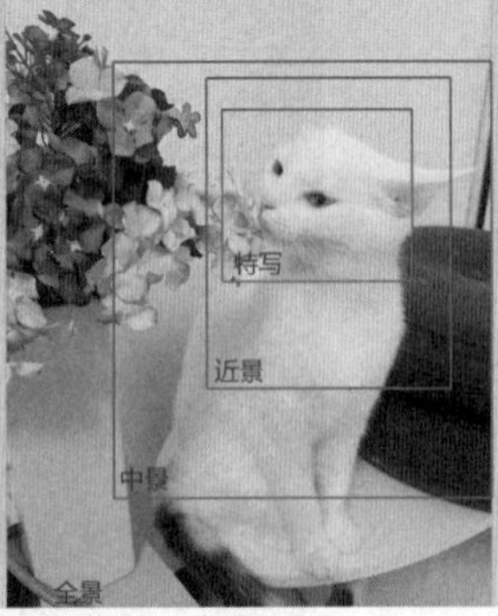

本章概述

本章主要介绍了影视剪辑的基础逻辑与匹配镜头的原则和方法。通过本章的学习,读者将掌握镜头剪辑的一般规律和数字视频编辑的相关知识,为从事影视剪辑工作做好一定的理论知识储备。

思政教学目标

培养学生的责任感、使命感,树立正确的价值观、人生观和世界观,激发学生积极投身于影视创作的热情,为中国影视事业发展培养接班人。

教学要求

◆理解剪辑的基础逻辑和基本规则;

◆掌握匹配镜头的原则。

教学重点和难点

重点:剪辑的基础逻辑和匹配原则。

难点:如何将简单的镜头组合出不同的视觉效果?

思考一个问题：电影是导演的艺术还是演员的艺术呢？

可能有些学生会感到疑惑，这两个选项有区别吗？答案是：有很大的区别。

首先我们来了解一下什么是演员的表演艺术。演员的表演艺术指的是演员通过自身的面部表情、动作、声音和身体语言，将角色的情感传达给观众的一种艺术形式。演员的表演艺术注重的是演员本身的表现张力。那么，什么是导演的艺术呢？导演运用独特的视觉语言、剪辑技巧和表演指导，将故事情节转化为生动而有趣的影像作品。可以看出，演员的表演艺术与导演的艺术是相辅相成的关系。

第一节　剪　辑

剪辑，指的是将影片制作中所拍摄的大量素材，经过选择、取舍、分解与组接，最终完成一个连贯流畅、含义明确、主题鲜明并有艺术感染力的作品。从美国导演格里菲斯开始，采用了分镜头拍摄的方法，然后再把这些镜头组接起来，因而产生了剪辑艺术。剪辑既是影片制作工艺过程中一项必不可少的工作，也是影片艺术创作过程中所进行的最后一次再创作。从事视频剪辑的人叫剪辑师。剪辑师是摄制组的主要创作人员之一，负责选择、整理、剪裁全部分割拍摄的镜头素材（画面素材和声音素材），运用蒙太奇技巧进行编纂组接，使之成为一部完整的影片。剪辑师在深刻理解剧本和导演总体艺术构思的基础上，以分镜头剧本为依据，通过对镜头（画面与声音）精细而恰到好处的剪接组合，使整部影片故事结构严谨、情节展开流畅、节奏变化自然，从而有助于突出人物、深化主题，提高影片的艺术感染力。

剪辑在视频制作中扮演着至关重要的角色，它不仅关乎视频的最终质量，还影响到到视频的叙事结构、情感传达以及观众的观影体验。关于电影镜头剪辑原理研究的一项实验，是由苏联电影理论家库里肖夫最先进行的。为了弄清楚蒙太奇的作用，他给俄国著名演员莫兹尤辛拍摄了一段无表情的特写镜头，并且将这个镜头分别与一碗汤、一具棺材、一个躺在沙发上的女性的镜头并列剪辑在一起，如图 8-1 所示，观众在观看过程中从莫兹尤辛的脸上看出了饥饿、悲伤和愉悦的感情，验证了爱森斯坦的蒙太奇理论。也就是说，观众在观看相邻的两个镜头时，会主观地将前一个镜头中所呈现的情感和想法赋予后一个镜头。这种奇妙的心理效应，为后来电影艺术的诞生奠定了基础。

扫码可看图
8-1 彩图 a

扫码可看图
8-1 彩图 b

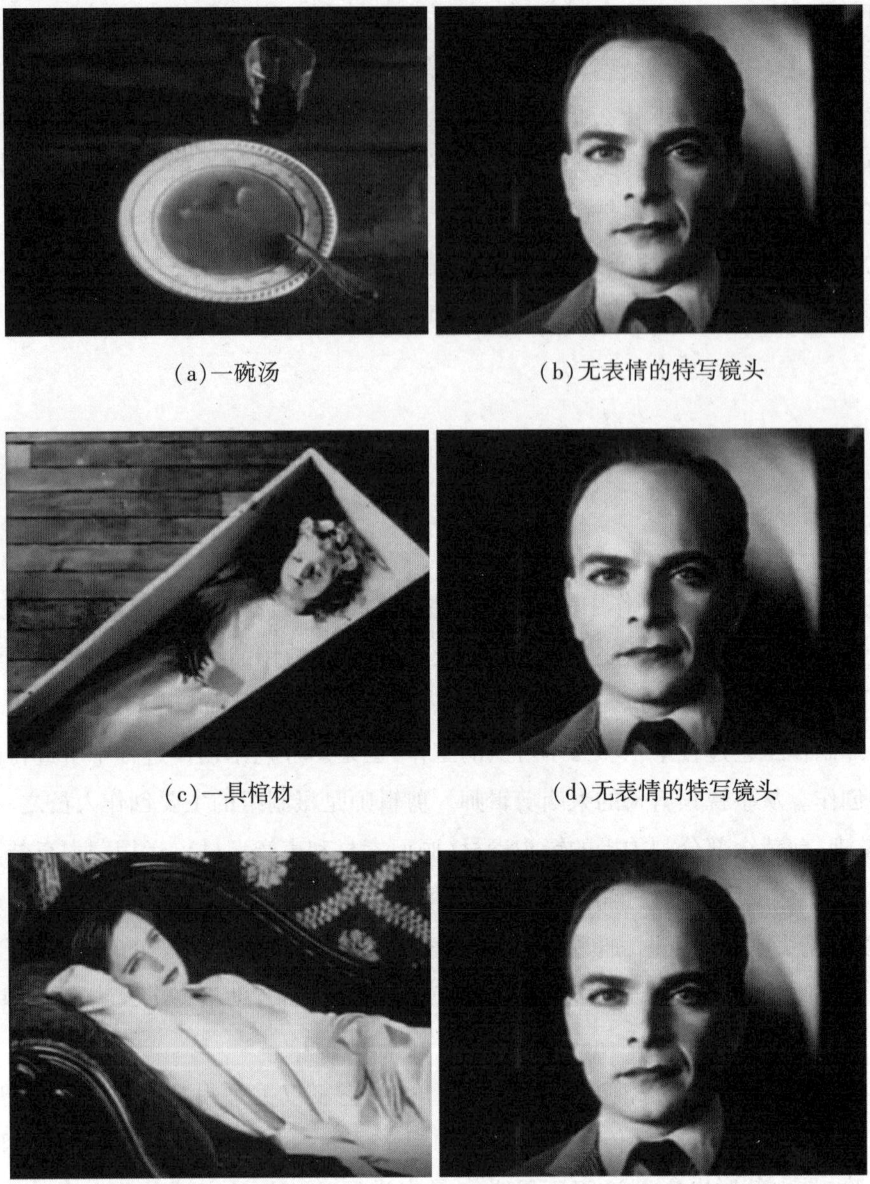

(a)一碗汤　(b)无表情的特写镜头

扫码可看图
8-1 彩图 c

扫码可看图
8-1 彩图 d

(c)一具棺材　(d)无表情的特写镜头

扫码可看图
8-1 彩图 e

扫码可看图
8-1 彩图 f

(e)一个躺在沙发上的女性　(f)无表情的特写镜头

图 8-1　库里肖夫实验

在了解了库里肖夫实验之后,我们来思考另一个很重要的问题:什么样的内容或者在什么样的情况下可以被称为剪辑?

我们大致可以设想出三种剪辑状态:

第一种:有一个人,他将一段胶片剪成了碎片,然后又随意地将这些碎片黏合在一起。

第二种：有一个孩子，他将一段剪开的胶片完全按照自己的喜好黏合在一起，比如将桌子和凳子放在一起、动物和动物放在一起，或者按照颜色进行排列，而完全不顾及这段胶片的内容和所含有的意义。

第三种：有一个导演，他按照胶片所提供的信息，将这些碎片组合拼凑成了一个故事。在这个故事中，一只动物看到了一张椅子，然后走过去舒舒服服地坐了上去……

那么，是否我们可以就此认为，上面提到的第三种剪辑状态，也就是剪辑的概念所规定的范围，正是我们所要研究的剪辑的全部？

答案是否定的。在讨论剪辑的概念的时候，我们需要提到剪辑的不同目的，有叙事、抒情和表现。其中，叙事，尤其是流畅的叙事，是剪辑的主要功能。虽然抒情和表现很少被人提及，但它们也都是剪辑的重要组成部分。因此，究竟什么是剪辑呢？准确的描述应该是：剪辑是一种主要用于图像连接的手段，它将模拟或虚构的时空关系，以一般人可以接受的方式进行组合，达到叙事、抒情以及表现的目的。

一、剪辑强调“图像连接”，而不是音响和音乐

剪辑强调“图像连接”的原因在于视觉能指①高，而听觉能指低。视觉能指，指的是人的视觉可以在几个向度上同时并发，而听觉能指却只有时间上的一条线，它的要素相继出现，构成一个链条。

在观看 MV 时，这种感受会更加明显。在音乐的作用下，几乎任何形式的画面都可以被连接在一起，而观众并不会感受到任何不适，他们不必顾及画面之间的匹配，也就是画面与画面之间因果关系的呈递；换句话说，也就是不用顾及我们所谓的剪辑的规律。

而在影片当中，当以音乐作为主要表现手段时，则会对影片的剪辑风格产生较大的影响。比如在达米恩·查泽雷（Damien Chazelle）执导的《爱乐之城》（*La La Land*，2016）中，当以音乐作为主要表现手段时，画面内容趋于表现节奏和强化情感表达。而在电影《秒速 5 厘米》（2007）中，当男主人公面临较大的情感波折时，伴随音乐出现的是一组并列的镜头，以强化主人公的情感变化，如图 8-2 所示。这些画面看上去是一种省略镜头，但镜头之间的衔接已经不再考虑“上下文”的连贯，而只注重镜头罗列之后所表现出来的“音乐性”，这种表达方式与一般的剪辑叙事要求是不同的。

今天的电影制作者应致力于将最好的视觉元素与听觉元素结合起来，为观众带来更好的视听体验。

---

① 能指：视觉图像或声音所表达出来的内容和意义。

扫码可看图
8-2 彩图 a

总有一天可以再一次共赏樱花

(a)省略镜头 1

(b)省略镜头 2

扫码可看图
8-2 彩图 b

扫码可看图
8-2 彩图 c

我一直在寻觅 寻觅着你的身影

(c)省略镜头 3

对面的房间 巷中的窗口

(d)省略镜头 4

扫码可看图
8-2 彩图 d

图 8-2 电影《秒速 5 厘米》

二、剪辑强调“模拟或虚构的时空关系”

这是各种风格蒙太奇得以成立的根本原因,或者说是剪辑艺术得以成立的前提条件。如果剪辑不能按照创作者的想象或者假设来处理素材的话,那么它就不可能呈现出不同的风格,也不可能创造出不同的效果,更加不可能成为一门艺术。

库里肖夫曾针对蒙太奇的空间关系进行了一场实验,他拍摄了这样的一组镜头:在第一个镜头中,他让一个人从克里姆林宫走出穿过红场;在下一个镜头中,他让这个人走入了美国的白宫。对于熟悉这两个地方的人来说,他们会觉得十分荒谬;但对于不熟悉这两个地方的人来说,这样的事情他们是可以接受的,在他们的意识中,他们会认为这个人是从一座建筑走入了另一座建筑,两座建筑物相邻很近。这种剪辑组合方式是一种对时空关系的艺术创作,并不是真实存在的时空关系。这证明剪辑通过蒙太奇能改变观众对客观事物本身的感受。

当下长镜头美学和纪实美学所关注的真实的时空关系,那种认为可以凭借技术手段区分真实与否的想法,对于影视作品来说已经不再成立,它们并不能成为打动观众的焦点,观众更关注的是作品本身的内容及所营造出的时空感。

三、剪辑强调“一般人可以接受”

这是剪辑艺术得以存在的最基本的规律,也是剪辑艺术发展的基础。如戈达尔在 20

世纪 60 年代影片中创造性地使用了“跳接”技巧，曾经就是一件震惊电影圈的大事，所有接触过那个时间段电影史的人都会从不同角度探讨这个问题。但如今，跳接已经成为一种常见的剪辑手段。曾经我们必须要遵循的从全景到特写时必须以中景作为过渡，现如今这一剪辑规则早已被打破。曾经方向和轴线也是我们剪辑时必须要遵守的原则，现如今这一规则已不再严谨。

这是因为，现代观众对电影语言早已十分熟悉，对影像的接受程度也在不断发展。尽管如此，我们在从事电影创作时，依旧要考虑当下观众是否能接受画面内容。即便是知名导演，在创作中也需要考虑观众的想法，而不能自以为是。比如，著名导演希区柯克在创作《惊魂记》（*Psycho*，1960）时，就因为某些镜头过于恐怖而不得不进行删减。在《惊魂记》的一场淋浴戏中，导演使用了明晃晃的刀部特写、流淌的鲜血以及恐怖的剪影来营造恐怖的氛围，如图 8-3 所示。为了不吓到观众，导演对部分画面进行了删减处理，但在当年，这部影片依旧被认为是最出名的一部恐怖片。可以说，某种电影语言的创新性使用，重要的不是导演的天马行空的想象，而是观众的心理接受程度。

（a）镜头 1　　（b）镜头 2　　（c）镜头 3

扫码可看图 8-3 彩图 a　　扫码可看图 8-3 彩图 b　　扫码可看图 8-3 彩图 c

（d）镜头 4　　（e）镜头 5　　（f）镜头 6

扫码可看图 8-3 彩图 d　　扫码可看图 8-3 彩图 e　　扫码可看图 8-3 彩图 f

图 8-3　电影《惊魂记》

四、剪辑强调“目的”，“手段”必须服务于“目的”

叙事、抒情和表现是剪辑艺术所要达到的三种目的。

“叙事”要求的是流畅，即画面之间的因果关系明确，观众对事件的发展保持着一定的关注，能够被环环相扣的因果逻辑关系所牵引，沉浸于真实或虚构的故事中。为了强化这种沉浸感，创作者们会竭力避免逻辑上的不顺畅。

“表现”要求的是通过剪辑达到某种特殊的效果，使观众中断流畅的感受，开始思考或感受视听艺术所呈现的形式美感。如爱森斯坦在谈到“激情”的时候所说：“在普通的、直接的描述无法达到激情的效果时，纪实式的描述便会发生质的飞跃，转入另一个叙述‘向度’——比喻、隐喻、换喻。”[①]表现的方式是与叙述的流畅相矛盾的，因此在表现的时候，创作者必须让观众不再沉迷于剧情，而是清醒地认识到这里是舞台，这里正在进行表演。

“抒情”正好介于“叙事”和“表现”之间。“抒情”要求既有“表现”的情感表达，同时又不能完全脱离“叙事”的框架。这种微妙的形式，也正如人们的情感一样，既不能深陷于太多的信息当中，也不能将其视作纯粹的视听游戏，必须在两者之间选取一个恰当的位置，偏向任何一边都不会获得最佳欣赏效果。“抒情”在“叙事”与“表现”之间微妙的游离，以寻找最适合自身的表现方式。

第二节　镜头排列的匹配

在学习剪辑之前，我们先来复习一个基础概念——景别。

一、景别

一般来说，景别指的是被摄主体在画面中所呈现的范围。景别可以分为远景、全景、中景、近景和特写。更细致的划分还有大远景、中全景、中近景、大特写等。景别取决于两个因素，即摄影机和被摄主体之间的距离以及所使用的摄像机镜头焦距的长短，如图8-4所示。

---

① 爱森斯坦.并非冷漠的大自然[M].富澜，译.北京：中国电影出版社，1996：81-82.

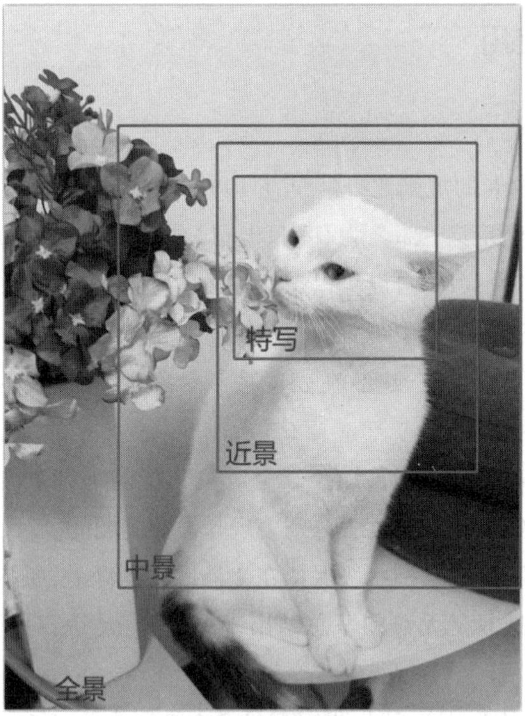

扫码可看图
8-4 彩图

图 8-4　各种景别

景别的划分方法有两种:

第一种:以被摄主体在画面中所占的比例大小为标准。被摄主体以全貌存在为全景,摄取局部则为中景和近景。

第二种:以人物为参照系,即以人物在画面中占据比例的大小来划分景别。人物头部和脚部全部在画面内,被称为全景;膝盖以上至头部为中景;胸部以上至头部为近景;只取景头部、面部、人体的局部为特写。当然这其中还有中近景、大特写等景别,这里就不再做细分。

景别不仅是人们表现事物的一种规格和尺度,它同时也是影片制作者用四条边框"切割"事物的结果,事物或事物的局部因此而被按照固定的规格放大或缩小。

正是因为这种限制的存在,赋予了电影创作者无限的创作可能。但景别并非电影自身的发明,在摄影中很早就有了各种不同的景别画面;摄影中的景别画面又源自绘画构图的影响;在美术中表现局部的技法,甚至可以追溯到公元前数千年的雕塑和陶器造型。

需要注意的是,景别是一个相对概念,表现一个人的面部是特写,而表现一个人的眼睛或者嘴也是特写,但相对于眼睛或嘴来说,人物的面部则又是全景甚至大全景了。所以各种景别在称呼上并没有一个绝对的限定。

二、匹配镜头的应用

匹配是什么？

匹配是剪辑历史中最古老的规则之一。早在 1901 年，英国人乔治·阿尔伯特·史密斯(George Albert Smith)拍摄了一部名为《一只老鼠》的影片，他在影片中首次尝试了用镜头切换画面。因此可以说，剪辑自诞生以来就是在进行景别的匹配。

随着电影技术的不断发展，电影中镜头的衔接也有了巨大的变化。但无论镜头之间如何衔接，镜头的匹配原则一直没有改变：在表现某个对象时，相连接的两个画面，其景别和拍摄角度必须有较大的区别。

在此处需要强调的是匹配原则中所说的“某个对象”，指的是一个(或一组)对象，不同人物和对象之间，用相同的景别和角度去分别表现是没有问题的。

对于当代的剪辑来说，匹配的景别一般保持在 2 档以上的级差，拍摄角度在 90 度左右。以上并没有硬性要求，这只是无数前辈总结出来的经验，是最容易被观众所接受的一种经典方法。

特别要注意的是，在使用匹配连接时，我们需要考虑被摄主体在画面中的位置：如果上一个镜头中，被摄主体在画面左侧，那么下一个镜头中，被摄主体也需要在画面左侧。否则观众会感觉“画面跳了一下”，影响观赏时的注意力。

事实上，并非所有的剪辑都需要严格按照匹配镜头来进行，在一些特殊情况下，匹配原则也可以适当让步，如模仿新闻片的拍摄，更多追求的是纪实的效果感。

匹配原则并不能无限放大两个镜头之间的区别，因为当两个镜头区别过大时，观众不能在画面中找到上一个镜头的主体，那么他就需要重新对主体事物进行判断，这很容易导致观众的“出戏”。而这也是所有影视制作者都在竭力避免的情况。

三、匹配镜头的原理

为什么我们一定要执行匹配原则呢？不按照匹配原则进行剪辑不可以吗？

我们当然可以将两个景别或角度相近的镜头连接在一起，但是，在将它们连接在一起之前我们需要考虑：本次剪辑的目的是什么？为了叙事、表现还是完成实验影片或者先锋派作品？

除了对观众连续不断地进行视觉和注意力刺激外，匹配还能保持影片在逻辑上和视觉上的连贯性。那么，为什么要符合匹配原则呢？

第一，绝大部分影片都是对现实的省略表现，那么，剪辑就必然存在于影片当中，镜头之间的连接就是无法回避的话题。

第二，电影是基于人眼的视觉暂留原理而开发出的一种艺术形式。正因为“视觉暂留”能让人们在脑海中将两个相似画面联系起来，并形成活动的视觉感受，那么，当前面两幅画面之间的连接差距过大时，就会破坏人眼的“视觉暂留”，进而会影响到观众的观影感受。

第三，现代心理学研究发现，人类对于物体的观察并非如镜子一般进行反映，而是将局部观察和整体观察相结合，人的视线在观察过程中随意游走。匹配原则无形之中契合了人们的观察习惯，它将人们试图审视的局部放大或提供新的可供审视的部分，因而连接的画面也更容易被观众所接受。

四、匹配原则与推拉镜头

在影片制作过程中，我们经常会遇到摄影机运动的情况，那么，摄像机的运动是否可以替代剪辑呢？

这也是很多影视制作初学者经常纠结的一个问题：是使用剪辑的方式来完成故事的叙述，还是使用摄像机运动的方式来替代剪辑？

这里我们要认真思考：在什么情况下，会用到摄像机的运动？摄像机运动是否也有什么不足之处？

摄像机的运动其实相当于人眼原本的运动过程，是连贯的、纪实的画面性内容。但在这里我们需要区分一下长镜头和推拉镜头之间的区别。长镜头指的是用比较长的时间（有的长达 10 分钟），对一个场景、一场戏进行连续拍摄，形成一个比较完整的镜头段落。推拉镜头指的是摄像机的机位不变，通过摄像机镜头焦距的变化而改变镜头的视角，使被摄物体在镜头画面中所占的比例产生显著的变化，达到不同的视觉效果。在这里我们只讨论推拉镜头与匹配原则之间的关系。

人们普遍认为，人的眼睛不像某些动物一样具有推、拉的能力，而只有变焦的能力，因此，在影片中使用推拉镜头是不符合人的视觉习惯的。一些学者认为，推拉镜头会破坏观众的沉浸感，使观众从影片所提供的情境中惊醒。他们不但排斥推拉等拍摄技术手段，甚至也摒弃所有的特技剪辑方法，而只使用“切”。这种极致的做法追求是否正确暂且不论，但欧美电影在很长一段时间内避免使用推拉镜头的确是事实。

尽管当今人们已经不再忌惮使用推拉镜头，但在使用时，人们仍保持着一定的谨慎态度。这是因为，推拉镜头所展现的是一种相对的真实。比如，拍摄一个人讲话，如果仅使用几个推拉镜头，那么观众无法相信这场讲话长达 2 个小时。但如果采用剪辑的方法，在讲话过程中，切换几个近景画面（观众不耐烦的表情，有的观众甚至睡着了），然后再接上演讲者的演讲结束画面，那么观众就会相信这场演讲持续了很长时间。

当然，不使用匹配的剪辑也可以达到省略的目的，我们还可以使用其他表现手法，这里不再赘述。

与之相对，长镜头也并不是绝对不能进行省略的。比如在影片《大象》(2003)中，一个长镜头跟随拍摄三个女生进入食堂，拿取食物并坐下，此时她们在讨论某个男生，然后镜头转向窗外；当镜头再转回这三个女生时，她们已经完成了就餐并端起盘子准备离开，如图 8-5 所示。其中，镜头短暂地转向了窗外，而女生们是不可能在如此短的时间内完成就餐的，因此，此处也使用了省略。这种方式在默片时代较为常见，不过这种镜头在拍摄时难度较高，所以在现代电影中并不多见。

同时，影片组合手段多样性的要求也不允许在一部影片中过多使用推拉镜头，因为相对于"切"而言，推拉镜头是一种更为引人注目的技术，需要谨慎使用。一旦过度使用，则不仅会导致观众视觉疲劳，也会因为打乱了叙事节奏而显得张弛无度。

(a) 镜头 1　　(b) 镜头 2　　(c) 镜头 3

扫码可看图 8-5 彩图 a　　扫码可看图 8-5 彩图 b　　扫码可看图 8-5 彩图 c

(a) 镜头 4　　(b) 镜头 5　　(c) 镜头 6

扫码可看图 8-5 彩图 d　　扫码可看图 8-5 彩图 e　　扫码可看图 8-5 彩图 f

图 8-5　电影《大象》

第三节 电影剪辑的手段——蒙太奇

剪辑在英语中有“编辑”(editing)之意;在德语中有“裁剪”(schnitt)之意;在法语中有“组合”之意,即“蒙太奇”(montage)。在电影艺术诞生之前,蒙太奇原为建筑学术语,意为构成、装配,电影发明后又在法语中引申为“剪辑”。

蒙太奇一般可以分为叙事蒙太奇、表现蒙太奇和技巧性蒙太奇。

叙事蒙太奇:线性、平行、交叉、重复等。

表现蒙太奇:对比、隐喻、抒情、心理等。

技巧性蒙太奇:停机再拍、多次曝光、升格、降格、淡入淡出、叠化等。

一、叙事蒙太奇

叙事蒙太奇是影片叙事中较为常用的一种方法,它主要以交代情节、展示事件为目的,按照事件发展的时间流程、逻辑顺序和因果关系来分切、组合镜头、场面和段落,是较容易被观众理解剧情的一种剪辑手法。叙事蒙太奇一般可以分为线性蒙太奇、平行蒙太奇、交叉蒙太奇、重复蒙太奇等。

(一)线性蒙太奇

线性蒙太奇,又被称为连续蒙太奇,是指沿着单一故事情节线索、按照故事因果逻辑而进行的线性叙事剪辑的手法。这种剪辑手法叙事自然、符合观众的常规认识,但无法展现同时发生的情节,较难突出不同情节之间的关系,较为拖沓。因此一部影片中不会单独使用线性蒙太奇,而是与其他蒙太奇手法结合更好地完成影片叙事。

(二)平行蒙太奇

平行蒙太奇又称为并列蒙太奇,指将两条或两条以上发生在不同时空或同时异地发生的情节线索并列表现,分头叙述而统一在一个完整的结构之中。平行蒙太奇是影片中较为常用的一种剪辑手法,它可以较为方便地删减故事情节,节约篇幅,扩大影片的信息量,加快影片的 叙事节奏,同时多条时间线的平行表现,也可以强化艺术感染效果。如电影《情书》(1999)中就使用了平行蒙太奇的手法来讲述现在时和回忆中的故事,如图 8-6所示。

扫码可看图
8-6 彩图

这样的话，信不就寄到了吗？

扫码可看图
8-6 彩图 b

(a)回忆镜头　　(b)现实镜头

图 8-6　电影《情书》

(三)交叉蒙太奇

交叉蒙太奇指的是将同一时间，在不同空间发生的两种动作交叉剪接，构成紧张的气氛和强烈的节奏感，造成惊险的戏剧效果。其作用是引起悬念，制造紧张气氛，加强矛盾冲突的尖锐性。交叉蒙太奇与平行蒙太奇的区别之处在于，平行蒙太奇针对的是不同时空或同时异地发生的两条情节线索，而交叉蒙太奇更强调的是同一时间发生的不同动作。如电影《疯狂的外星人》(2019)中就使用了交叉蒙太奇剪辑了大量在同一时间、不同空间发生的动作，如图 8-7 所示。

(a)镜头 1　　(b)镜头 2　　(c)镜头 3

扫码可看图
8-7 彩图 a

扫码可看图
8-7 彩图 b

扫码可看图
8-7 彩图 c

图 8-7　电影《疯狂的外星人》

(四)重复蒙太奇

电影中的重复蒙太奇，相当于文学作品中的复述方法或反复修辞手法。在这种蒙太奇结构中，具有一定寓意的镜头，在情节发展的关键时刻反复出现，以达到刻画人物、深化主题的目的。如电影《这个杀手不太冷》(1994)中兰花和牛奶的反复出现，就属于重复蒙太奇的技巧,如图 8-8 所示。

扫码可看图
8-8 彩图 a

(a)牛奶镜头 1

扫码可看图
8-8 彩图 b

(b)兰花镜头 1

扫码可看图
8-8 彩图 c

(c)牛奶镜头 2

扫码可看图
8-8 彩图 d

(d)兰花镜头 2

图 8-8　电影《这个杀手不太冷》

二、表现蒙太奇

当叙事蒙太奇无法表现创作者的某种情感、情绪的时候,我们就要用到表现蒙太奇。表现蒙太奇是以相连的或相叠的镜头、场面、段落在形式上或内容上的相互对照冲击,产生一种单个镜头所不具有的丰富含义,以表现某种感情、情绪、心理或思想,给观众造成心理上的冲击,激发观众的联想和思考。表现蒙太奇的目的不是叙事,而是传达出一种情感和寓意。表现蒙太奇一般可以分为对比蒙太奇、隐喻蒙太奇、抒情蒙太奇、心理蒙太奇等。

(一)对比蒙太奇

对比蒙太奇指的是通过镜头(或场面、段落)之间在内容上(如贫与富、苦与乐、生与死、高尚与卑微、胜利与失败等)或形式上(如景别的大小、角度的俯仰、光线的明暗、色彩的冷暖和浓淡、声音的强弱、动与静等)的强烈对比,产生一种彼此强调、相互冲突的效果,以表达创作者的某种寓意或强化所表现的内容、情绪和思想。对比蒙太奇在镜头表现中与平行蒙太奇有一定的相似性,区别在于对创作者的情感表现。如电影《穿普拉达的女王》(2007)片头中多个女性角色的相似镜头剪辑,虽然与平行蒙太奇相似,但从深层意义上来看,是创作者对不同阶层女性角色之间的对比,如图 8-9 所示。

扫码可看图 8-9 彩图 a

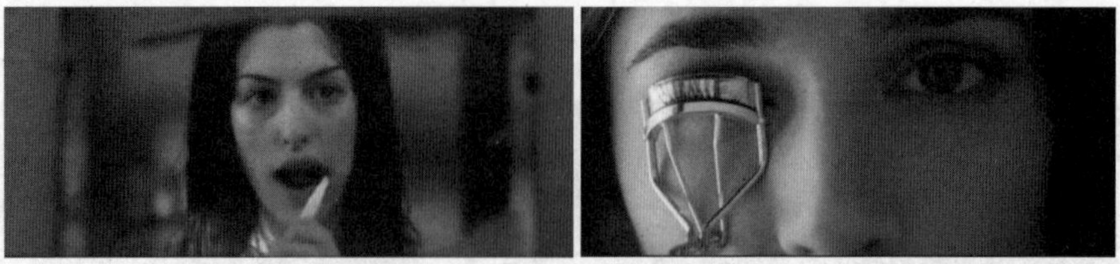

(a)女主人公镜头 1　　(b)对比镜头 1

扫码可看图 8-9 彩图 b

扫码可看图 8-9 彩图 c

(c)对比镜头 2　　(d)女主人公镜头 2

扫码可看图 8-9 彩图 d

图 8-9　电影《穿普拉达的女王》

(二)隐喻蒙太奇

隐喻蒙太奇指的是通过有意识地对镜头进行重新排列组合,传达创作者的某种寓意或对某个事件的主观情绪。这种蒙太奇手法较为隐晦,通常隐藏在影片的叙事或画面构图中。如电影《红高粱》(1988)中反复出现的远景太阳和高粱地,就属于隐喻蒙太奇的应用。

(三)抒情蒙太奇

抒情蒙太奇指的是在保证影片叙事性和描写连贯性的同时,通过镜头中各种元素的组合和镜头之间的组合,升华剧情的思想和情感。最常用的抒情蒙太奇,往往在一段叙事场面之后,恰当地切入象征情绪情感的空镜头。如电影《爱乐之城》(2017)中,女主人公最后与男主人公相遇,之后两人在星空下热舞、相伴走过一生的画面都属于抒情蒙太奇,如图 8-10 所示。

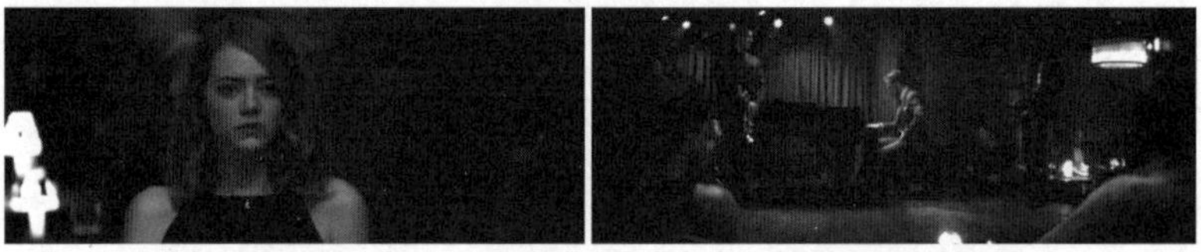

(a)女主人公镜头　　(b)男主人公镜头

扫码可看图 8-10 彩图 a

扫码可看图 8-10 彩图 b

(c)抒情镜头 1　(d)抒情镜头 2　(e)抒情镜头 3　(f)抒情镜头 4

扫码可看图 8-10 彩图 c　扫码可看图 8-10 彩图 d　扫码可看图 8-10 彩图 e　扫码可看图 8-10 彩图 f

图 8-10　电影《爱乐之城》

(四)心理蒙太奇

心理蒙太奇指的是通过镜头组接或声画的有机组合,直接而生动地展示出人物的心理活动、精神状态,如表现人物的闪念、回忆、梦境、幻觉、想象、遐想、思索甚至潜意识的活动。如电影《罗拉快跑》中,女主人公在接到男主人公钱丢了的电话后,画面的旋转以及其他人物的闪现,都属于心理蒙太奇的应用。

三、技巧性蒙太奇

技巧性蒙太奇指通过不同的拍摄技法或剪辑技法来实现某些特定的视觉效果和创作者的情感表达。技巧性蒙太奇包括停机再拍、多次曝光、升格、降格、淡入淡出、叠化等。

(一)停机再拍

停机再拍指以固定摄像机的机位,拍摄一段画面后停机,对被摄主体进行位置的调整或参数的变化后,然后再开机拍摄的一种蒙太奇技巧。停机再拍通常用作画面中被摄主体的逐一呈现、消失或路线的移位。

(二)多次曝光

多次曝光指通过拍摄或后期制作的方法将几个不同的物体拍摄在同一个画面中。

多次曝光常用于将不同时空的拍摄物体合成在同一个画面中，可用于表现角色的精神状态、特殊画面效果等。

(三)升格

升格指改变正常24格/秒的电影拍摄速度，以低于24格/秒的速度拍摄，这样播放出来的效果就是慢动作。升格常用于表现人物的情感变化。如电影《阿飞正传》中，阿飞离开生母庄园时反复出现的奔跑慢镜头。

(四)降格

降格指改变正常24格/秒的电影拍摄速度，以高于24格/秒的速度拍摄，这样播放出来的效果就是快动作。降格常用于表现时间的流逝或加速某一过程，如花开的过程。还有部分喜剧片，如艺术大师卓别林的很多电影都采用了降格拍摄，表现人物动作的喜剧性。

(五)淡入淡出

淡入淡出指采用拍摄或后期处理的方式，让画面逐渐显现或逐渐消失。通常情况下，画面从暗到亮的转变被称为淡入，常用于片头；画面从亮到暗的转变，被称为淡出，常用于片尾。淡入淡出在电影中常用作时间、空间的转换技巧，且本身具有抒情的意味。

(六)叠化

叠化指的是在两个场景画面转化时，前一个画面逐渐溶解消失并被后一个画面所代替。与影视剪辑中的“切”相对，叠化通常表现一个更长的时间、空间变化。在很多时候，“叠化”也被看作“闪回”的出现信号。

蒙太奇的应用让电影逐渐脱离了舞台剧的叙述和表现形式，在时间和空间上有了更大的创作自由，电影也因此成为一门独立的表现艺术。在影视创作过程中，巧妙、合理地应用蒙太奇手法，可以给影片带来更多的创作可能。

课后作业：短篇小说片段改编

尝试对以下短篇小说片段进行编剧改编、分镜头脚本绘制、拍摄并剪辑，并感受小说与剧本的差别。

以下片段摘选自海明威的短篇小说《一天的等待》。

他走进我们的房间关窗时，我们还没有起床，不过我发现他好像生病了，全身哆嗦，脸色苍白,步履蹒跚,似乎动一下就会疼痛至死。

“哪儿不舒服了,宝贝儿?”

“头痛。”

“赶快回床上躺着去。”

“不,我没事儿。”

“你先回床上去,我穿好衣服就去看你。”

不一会儿,他穿好了衣服,坐在火炉旁。这个九岁男孩看上去又虚弱又可怜,我摸了摸他的额头,烧得很厉害。

“上床躺着,”我说,“你发烧了。”

“我没事儿。”他说。

医生很快来了,给孩子量了体温。

“多少度?”我问医生。

“一百零二度。”

第九章　电影中常用的镜头剪辑方式

本章概述

电影中常用的镜头剪辑方式有很多种，以并列镜头最为典型。本章主要介绍并列镜头的概念、并列镜头的呈现方式、并列镜头的发展和演变，以及其他电影中常用的镜头剪辑方式。

思政教学目标

引入优秀经典案例，激发大学生的爱国主义情怀，培养从事影视创作创新的自觉性和使命感。

教学要求

◆理解并列镜头的概念和呈现方式。

◆了解并列镜头的发展和演变。

教学重点和难点

重点：并列镜头的发展和演变。

难点：并列镜头的呈现方式。

第一节 电影中常用的镜头剪辑方式

一、连贯

镜头剪辑是通过一定的镜头组合方式去模拟或者虚构时空关系,以此达到叙述故事、抒发情感和传达思想的目的。

剪辑的依据是人们的心理逻辑关系。一个人从俄罗斯的克里姆林宫走出,穿过红场,在下一个镜头中,他直接走进了美国的白宫。这样的剪辑表面上看并没有什么问题。因为一个人从一个建筑物中走出,然后走进了另一个建筑物,是符合空间认知逻辑关系的。但事实上,人是不可能从克里姆林宫走出来直接就进入白宫的,因为两者离得实在太远,所以剪辑是在模拟和虚构时空关系。人们之所以信以为真,是因为依靠自身的逻辑推理和联想,建立起画面因果的连贯性。

这种连贯性通常建立在心理层面上,而非物理层面上。在剪辑过程中,我们还会使用音乐、音响和有声语言,这些声音在物理上是连续的,与画面一起剪辑,画面很容易就成为声音的附属品。因为声音在物理上的连贯性会取代画面在逻辑上的连贯性,在音乐或音响存在的情况下,观众对视觉连续性的要求会大大降低。在 MTV 中,几乎任何画面都可以被组接在一起,因为在音乐的主导下,观众不会感到任何不适,这恰恰说明逻辑上的连贯性很容易被物理上的连贯性所抹杀。

在物理上,声音的连续是客观存在的,想打断声音自身的连续也很困难。且不说强切人物的对话,就是在手风琴演奏中强行插入一段钢琴表演,也会让观众感到很奇怪。而建立在观众心理层面上的画面因果逻辑则不同,它会随着观众对视听语言的熟悉而不断飞跃。电影刚出现那会儿,一个水浪的镜头,就可以让观众跳上椅子,挽起裙子,而现在的电影院里则不会再闹这种笑话。过去从全景到特写必须通过中景过渡,今天从大全景直接切到特写都可以,中间没有任何中景镜头过渡也没关系。过去轴线和方向的原则是十分严谨的,现在剪辑时却经常变通。总之,只要画面剪接逻辑能够被观众所理解,画面组接不影响叙事连贯,一切原则都可以被打破。观众心理认知上的进步所带来的逻辑推理上的变化,正是影视剪辑艺术不断发展的动力源泉。

二、匹配

不变换拍摄的景别和角度,一镜到底的画面并不好看,尽管仍有些纪录片为了强调原汁原味而刻意为之。剪辑师将同一对象的不同景别或角度的镜头组接到一起,从而使固定的画面产生变化,避免观众视觉疲劳,这是视觉语言最常见的表达方式。将同一对象的不同景别或角度的镜头组接到一起时,镜头的转换不能产生明显的跳进,不能因镜头转换而造成视觉上的混乱和理解上的困难,导致观众观看时的思路被打断。这些保障镜头连贯、流畅而不错乱的剪辑规则就是匹配。

匹配既是剪辑的基本要求,也是剪辑师的最高艺术境界。优秀的剪辑师要能够协调处理多种要素关系的匹配,使之平顺、流畅。比如,焦距统一的匹配、色彩的匹配、形状的匹配、运动速度的匹配、距离远近的匹配、画面位置的匹配、动作的匹配、光线强弱的匹配、视觉概念的匹配以及音量高低的匹配等。好的剪辑会把观众带入忘我境界,使观众完全沉浸在剧情里,跟着导演的设计感受作品所带来的喜怒哀乐。

三、级差

在表现某个对象时,相邻镜头的景别和拍摄角度必须有较大的区别,观看时视觉才会舒服。在影视作品中最早开始使用不同景别的镜头进行组接,要从大卫·格里菲斯(D. W. Griffith)说起。早在20世纪初,就在当时的影片还在沉迷于演员顶天立地撑满整个银幕时,格里菲斯已经开始在他的影片中尝试不同的景别,在其导演的《永恒之海》(*The Unchanging Sea*,1910)中,他就将大全景加入自己的镜头语言里。格里菲斯在景别上的进一步贡献,是他在同一场景中根据剧情使用不同的景别和机位,经过不断尝试和探索找到了"全景→中景→近景/特写"的经典电影叙事的镜头语言,如图9-1所示。这一做法彻底地打破了舞台化的时空观念,将一个场景空间拆分开来,表现不同层次的细节,是电影叙事的一个重大突破。

扫码可看图
9-1 彩图 a

(a)大全景

(b)中景

扫码可看图
9-1 彩图 b

扫码可看图
9-1 彩图 c

(c)近景/特写

图 9-1 电影《永恒之海》

格里菲斯是第一个在剧情片中大量运用特写镜头的,他把观众带入影片人物的情感世界,这在当时是革命性的。然而,当时的制片人并不具有这种意识,他在看了《暴风雨中的孤儿们》(*Orphans of the Storm*,1921)之后大惊——怎么可以将人物的脸剪辑得这么巨大而丑陋?我们不能放映这样的片子。我们花钱请来这个演员,要看他的全身,而不只是一张脸,而且也不知道观众反应如何。可是效果好不好由观众说了算,结果是观众一点儿也不感到困惑。格里菲斯在 1915 年拍摄了《一个国家的诞生》(*The Birth of A Nation*)。在这部影片中,格里菲斯在全景、中景、近景和特写间的镜头切换已经十分娴熟了。这种剪辑手段的运用极大地刺激了电影同行,引起争相效仿,并成为电影剪辑的基本模式。

在默片时代,不同景别的切换一直被小心谨慎地对待,不同景别的差异一般维持在"一档"的跨度。当时人们还不具备大级差的观念,每个镜头之间,景别的差异只有一个级差,从全景到中景,从中景到近景或者特写。当时画面占据绝对重要的地位,因此,形式上的表现力受到了特别重视。最早打破这一原则的剪辑,出现在德国电影大师的影片中。在茂瑙(F. W. Murnau)的影片《吸血僵尸》(又译《吸血鬼诺斯费拉杜》,1922)中,出现了从大全景直接连近景的画面,两个镜头之间跨越了中景和全景,但这种连接方式并不多见。

“档级差”的景别切换规则实际上保持了二十多年,直到20世纪30年代。在整个20世纪,社会生活发生了巨大的改变,人们的生活节奏越来越快,欣赏习惯也相应改变。档级差的镜头连接方式虽然仍然被接受,但人们希望看到节奏更快的剪辑,感受到更强烈的视觉刺激,于是多级差的影视作品就陆续出现了。

格里菲斯建立了电影剪辑的经典原则。电影剪辑经典原则的基础是“隐形剪切”的概念。一般认为,好的镜头剪辑应该总是连贯流畅和移动的,剪辑的目的就是抹去剪切的痕迹,让观众不注意或者忘记在看电影。格里菲斯的无缝剪辑沿用至今,几十年来一直都是电影剪辑的主流手段。越是隐形,我们就干得越好。

遗憾的是,由于剪辑艺术无形的风格,剪辑师的工作得不到足够的重视,观众甚至意识不到剪辑师的存在,这是多年来电影业保守得最好的秘密。

四、跳接

好的剪辑应该是连贯、流畅和运动的,那么我们反向思维,思考一下:糟糕的视频剪辑可能会犯什么样的错误?首先应该是违背了无缝剪辑所要求的隐形原则,破坏了镜头连接的运动和流畅,观众可以清晰地感觉到一些地方存在剪切的痕迹,干扰了观众对影视作品的专注和理解。违反隐形原则的剪辑会给观众带来“跳”或者“闪”的感觉,虽然只是一瞬间,但观众还是能够清晰直接地感受到。

这种让观众感觉到“跳”的剪辑叫跳接,也就是剪辑镜头的运动主体动作不连贯,观众明显感觉到眼前画面跳了一下。跳接带给观众跳跃和不连贯的感觉。那么,它是怎样产生的?如果拍摄的场景和主体相同,摄像机拍摄的距离和角度差别也不大,将两个镜头连接在一起,观众就会明显地感觉画面跳了一下,从而产生不流畅、不连贯的感觉。“跳”的感觉产生有其内在的心理原因,这与电影的工作原理一样,都是源于视觉暂留。如果拍摄的两个镜头主体相同,只是因为机位的角度或高度有点不一样,或者是焦距有一点小变化,然后将这两个镜头连接在一起,那么观众会自然地将前后两个镜头当作一个连续镜头来理解,剪辑点前后的些许轻微变化,都会给人留下“跳”的感觉。因为上一个镜头的画面在观众头脑中还没有消逝,下一个镜头拍摄的场景和主体没有多大的变化,摄像机拍摄的距离和角度又没有明显的区别,两个画面中相同的部分实在太多了。同一主体相似景别的镜头会被理解为同一镜头;同一主体相似角度的镜头,即使景别不同,也会被认为是切断了推或拉的运动镜头,观众会不由自主地将前后两个镜头联系起来进行比较,关注点就从画面中的人物主体转移到画面中微小的差别上来,“跳”就被发现了。

相似景别和角度的两个镜头是不应该直接组接在一起的，这是视频剪辑的基本原则，强行组接在一起就会出现跳接。视频剪辑原则是剪辑师们在长期的工作实践中总结出的经验，用来指导同行们的工作。非常有趣的是，这些经验并不是什么金科玉律，经常会被挑战和质疑。比如，有些纪录片的剪辑师就喜欢用跳接，他就是要告诉观众：这里是我剪切过的，我的作品就要原汁原味地呈现事物本来的面貌，不提供那种伪流畅来欺骗观众。这样的剪辑虽然有些突兀，但也引人注目。

黄渤和闫妮主演的电影《斗牛》(2009)开头就采用了跳接的剪辑手法，主要是同景别镜头之间的跳接。如图 9-2 所示，镜头 1 到镜头 3 都是特写镜头，镜头 4 到镜头 6 都是近景镜头，前后两段组接在一起都是跳接。从画面中的背景来看，拍摄的机位、角度还是有所变化的，但角度转变太小，因此仍属于同角度镜头间的跳接。跳接属于非正常的镜头组接方式，能带给观众一种真实存在的环境感。比如在《斗牛》中，当鬼子屠村之后，黄渤饰演的二牛回到了空荡荡的村子里，使用跳接画面恰好营造了空旷、凄凉和萧瑟的特殊氛围。

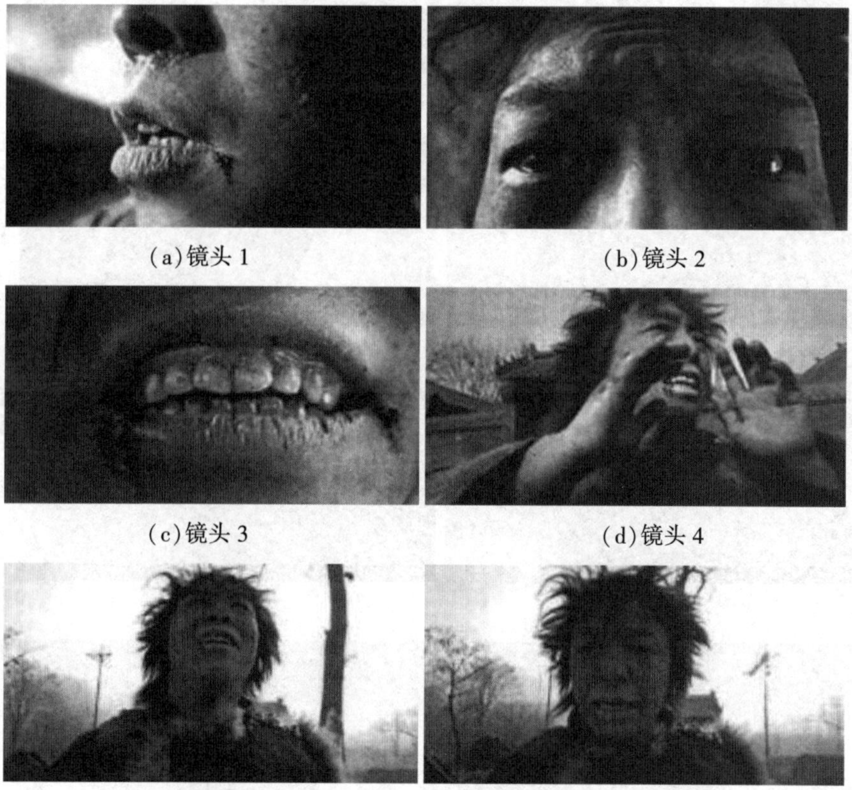

扫码可看图 9-2 彩图 a

扫码可看图 9-2 彩图 b

(a)镜头 1　(b)镜头 2

扫码可看图 9-2 彩图 c

扫码可看图 9-2 彩图 d

(c)镜头 3　(d)镜头 4

扫码可看图 9-2 彩图 e

扫码可看图 9-2 彩图 f

(e)镜头 5　(f)镜头 6

图 9-2　电影《斗牛》中同景别镜头间的跳接

再比如，20 世纪福克斯电影公司于 1970 年出品的历史片《巴顿将军》(*Patton*)一开始就大胆地使用了在相同机位、角度的前提下不同景别间的跳接，这样处理的好处是可以有效地压缩上下镜头的时间。该片荣获第 43 届奥斯卡最佳影片、最佳导演和最佳男主角等七项大奖。影片一开场,画面背景是硕大无比的美国星条旗,军鼓响起,一身戎装的巴顿登上国旗前的讲台。接着巴顿向前迈了四步,立定、敬礼,同时响起美国陆军的升旗军号。升旗军号时长达 42 秒。在这 42 秒的升旗时间里,剪辑师总共使用了 11 个跳接镜头,如图 9-3 所示,通过视觉语言塑造了巴顿将军鲜明的视觉形象。没有一句对白和解说,观众已经获得有关巴顿将军的许多信息。这些跳接镜头组接在一起,观众并没有感到画面"跳"得无法忍受,原因在于音乐的持续,美国陆军的升旗军号在这 42 秒钟内是连贯的。建立在物理上军号声的连续性,会大大削弱观众对镜头建立在逻辑上画面的连续性的感知能力,军号声的存在使观众对视觉连续性的要求大为降低。

扫码可看图 9-3 彩图 a

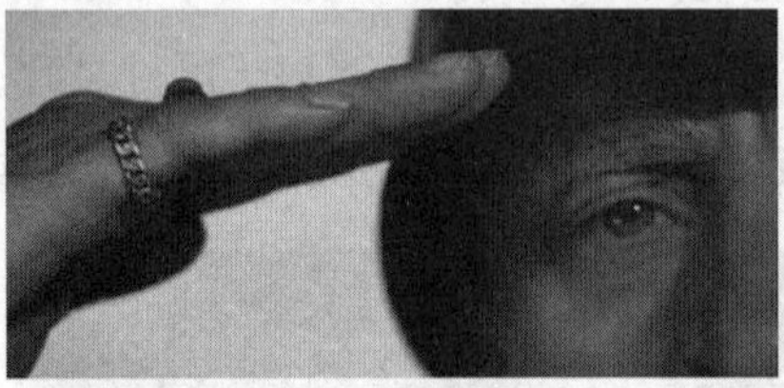

(a)镜头 1

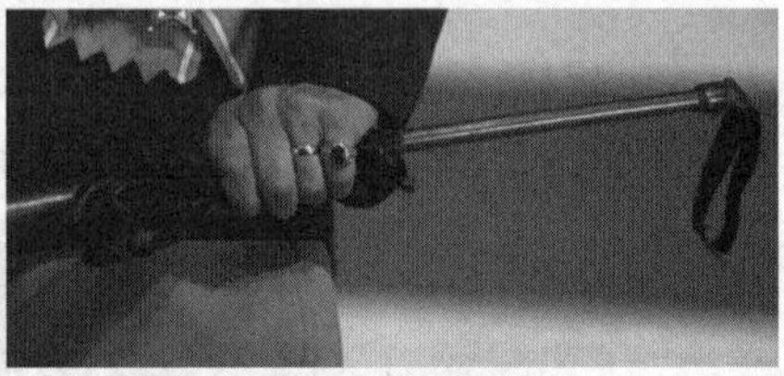

(b)镜头 2

扫码可看图 9-3 彩图 b

扫码可看图 9-3 彩图 c

(c)镜头 3

(d)镜头 4

扫码可看图 9-3 彩图 d

扫码可看图 9-3 彩图 e

(e)镜头 5

(f)镜头 6

扫码可看图 9-3 彩图 f

扫码可看图 9-3 彩图 g

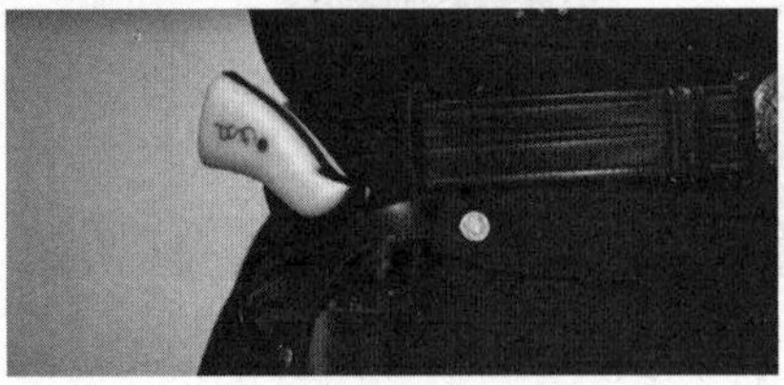

(g)镜头 7

(h)镜头 8

扫码可看图 9-3 彩图 h

图 9-3 电影《巴顿将军》中同角度镜头间的跳接

在新闻剪辑中,跳接也可以省略与主题无关的多余的话。此外,跳接还可以强调某个动作的结果,常用来表现人物主体紧张或者急迫的心情,有出人意料的表达效果。

不过,跳接镜头的确会有损画面的流畅感,如果没有足够的把握能留住观众,跳接剪辑还是要回避的。如何避免跳接?其实很简单,只要插入一个可以中断前后画面视觉联想的镜头即可。比如,在两个相同机位和景别的画面中插入一个特写镜头,或者全景、空镜头以及第三者反应镜头之类的,就能将画面之间的视觉记忆中断,音响又能够保持连续,这样的镜头剪辑手法就比较隐蔽和自然。

有经验的摄像师会在拍摄正式内容的前后多拍一些空镜头或者特写镜头,以备不时之需。

五、闪屏

屏幕上短时间光线的急剧变化会给人以闪烁的感觉,我们叫它"闪"或者"闪屏"。与"跳"一样,"闪"也违反隐形剪辑的原则,让观众视觉上感到不舒服。观众在电影院里观影,所有的灯都熄灭了,处于黑暗中的观众对光线的急剧变化尤为不适应,就像黑暗中走路的行人会被对面疾驶汽车的远光灯照晕一样,这是人眼的生理构造决定的。造成闪屏的原因主要有两种:一种是画面的亮度出了问题,另一种是画面的色差出了问题。跳接的问题出在心理逻辑上,闪屏则是在物理上就出了问题,因此,大多数闪屏都是可以在前期拍摄时预见和规避的。

屏幕上画面亮度的强烈变化就会造成闪屏。画面过暗或过亮都可能是闪屏的原因。首先,我们应该明确亮度是画面的第一要义。有亮度,画面才能有反差,也才能有层次,因此,要避免在特别暗的地方拍摄。在光线比较暗的环境下进行拍摄,我们可以考虑通过借位获得较好的光线。在不方便使用遮光板和辅助光源的情况下,我们可以通过调大摄像机的光圈或者提高增益等技术手段来获取清晰的画面。应尽可能避免到后期剪辑时,再通过软件调整画面的曝光和明暗度,因为那是不得已而为之的手段,调整后的画面也未必能如愿。

画面昏暗并不会让观众视觉上感到不舒服,只有将昏暗的画面与明亮的画面组接在一起才会闪屏。因此我们尽可能不要用白色作为背景,白色只能用于点缀。除非所有镜头都是在同样的白色录影棚里拍摄的,而且画面人物活动和布景极为简单,否则不要轻易尝试。黑色吸收所有颜色的光线,白色则反射所有颜色的光线。屏幕没有任何图像的时候就是黑场,任何画面都可以与黑色融合对接,与白色对接则非常困难。画面曝光过度会产生白色的高亮区域,高亮区域会丢失一些画面层次和细节。如果将一个包子的画面曝光过度就看不出其与馒头的区别了,包子的褶皱消失在白色的炫光里。画面有了反差才会有层次。色彩画面的层次,最少可以分八级,也就是八个层次,但人眼对暗部细节层次远比亮部更加敏感。

摄像机和非线性编辑软件里都有 Zebra(斑马)显示选项,Zebra70 以上的高亮区域显示绿色的斑马纹,Zebra100 以上就是过曝区域,显示红色的斑马纹。“广播安全”特效是绝大多数非线性编辑软件里的标准配置,应用“广播安全”可以部分修正高亮区域的曝光过度问题。降低编辑点附近明亮画面的透明度,使之与昏暗画面的连接部分亮度相匹配,给人眼以从暗到亮或者从亮到暗的适应时间。再经过透明度调整处理,前后画面过渡就自然了。

屏幕上的画面颜色反差太大也会出现闪屏。前后镜头的颜色反差大,可能是技术原因,也可能是前后画面本身就处于相反的色系里。技术原因引起镜头颜色的差异,不会让人视觉上感到不舒服,但会造成观众空间逻辑的混乱。出现这种现象,往往是因为摄像时白平衡没有调整好,几次拍摄的镜头存在明显的色温不同,本来发生在同一个空间里的事件,观众会认为换了地点,因为场景的背景颜色和光线都发生了变化。特别是在有窗的室内拍摄,天光和灯光会对拍摄出来的画面色调有明显的影响。室内如果使用钨丝灯,应该以 3200K 色温作为基准,拍出来的白色才不偏色。晴天室外太阳光色温是 5600K,比室内钨丝灯基准色温要低,如果摄像机白平衡仍设置在 3200K,那么拍出来的白色实际上是偏蓝的。不要以摄像机液晶屏显示画面的颜色为标准,它比实际的要亮,是不准的。

如果前期拍摄的镜头白平衡没有校准,那么在后期剪辑时,我们也可以用计算机调色的方法来进行矫正。非线性编辑软件中的“三路色彩矫正”特效可以解决偏色的问题。

现在影视作品后期几乎都要经过调色这个流程,像 Color、达芬奇等专业调色软件,修正白平衡偏差自然不在话下。另一种情况是前后画面色彩对比过于强烈,也可能让观众产生“闪”一下的感觉。比如,从一碧万顷的湖面接熔岩翻滚的火山,蓝色基调的湖面接红色基调的熔岩,从观众的心理感受来说就会不协调、不舒服。从色彩的心理感觉来说,蓝色属于冷色系,红色属于暖色系,两者之间没有经过任何过渡直接对接,就会造成观众心理上的不适应。冷色系画面与暖色系画面之间对接,应该加入中性色系做适当的过渡,让观众在心理上适应变化的过程。也就是说,最好不要直接在高明度的冷色系画面后面接低明度的暖色系画面,反之亦然。如果必须这样做,那就要在画面转场上下点功夫。比如,“交叉叠画”转场就可以在前后两个画面重合的部分,通过画面透明度的变化,人为地制造出既非冷色也非暖色的中性色作为短暂的过渡,使人眼适应变化的过程。比如刚才的例子,蓝色基调的湖面接红色基调的熔岩使用“交叉叠画”转场时,叠画的部分会出现瞬间的紫色,紫色是蓝色与红色之间的过渡色,前后两个镜头的过渡就自然了。

第二节　并列镜头

电影中的所有画面要么是有序的，要么是并行排列的。序列镜头按照线性规律排列，并列镜头则不按照线性规律排列。

一、序列镜头和并列镜头

序列镜头指按逻辑顺序排列的镜头，如图 9-4 所示。

扫码可看图 9-4 彩图 a

你们不会捣乱吧 会听妈妈话吧

(a)镜头 1

扫码可看图 9-4 彩图 b

(b)镜头 2

扫码可看图 9-4 彩图 c

跟爸爸再见 弗兰基 尼基 过来

(c)镜头 3

图 9-4　电影《绿皮书》

并列镜头指一组镜头在同一主题下有一些相似之处，彼此之间没有逻辑呈现或因果关系，如图 9-5 所示。

扫码可看图
9-5 彩图 a

So their head is just more of their face.

(a)镜头 1

因为他们的头会闪闪发亮
Sometimes they're bald because their head is shiny...

(b)镜头 2

扫码可看图
9-5 彩图 b

爸 瓢虫只有女生
Daddy, Are ladybugs only girls...

扫码可看图
9-5 彩图 c

(c)镜头 3

图 9-5　电影《我是山姆》

二、并列镜头的特点

(一)主题内容的同一性

并列镜头一般不具有叙事功能,但它是总体叙事的一部分,想要让观众明白其表达的是发生在同一时间内的事情,就需要有一个共同的主题。

(二)镜头形式的相似性

并列镜头是以一组镜头的形式出现的,在形式上具有相似性。并列镜头彼此之间没有逻辑关系,理论上,其中的每一个镜头都可以彼此交换。

三、并列镜头的应用

(一)象征

并列镜头蕴含于叙事过程之中,具有讽刺、赞扬或其他情绪的象征意味。比如在法国电影《情妇玛依》中，当玛依同青年游击队员德古鲁（两人的关系不太正常）在被砸毁的教堂中接吻时，出现了一组神像的镜头，同样的景别、同样的内容、同样的拍摄手段和剪辑方法，有许多共同点，但没有逻辑关系，因此是一组典型的并列镜头，如图 9-6 所示。这组并列镜头含有讽刺的意味：在一个被战争摧毁的神圣之地，毁损的神灵正试图阻止一场不洁的爱情；或者也可以解释为“礼崩乐坏”。

扫码可看图 9-6 彩图 a

（a）镜头 1

（b）镜头 2

扫码可看图 9-6 彩图 b

扫码可看图 9-6 彩图 c

（c）镜头 3

（d）镜头 4

扫码可看图 9-6 彩图 d

图 9-6　电影《情妇玛依》

（二）表现同一时间

表现同一时间内发生的事情，是并列镜头最基本的使用方法。截取事物的某一瞬间进行放大，如同事物发展过程中的一个横向的剖面，时间在这一个剖面上凝固，影片得以从容不迫地逐次表现各个人物不同的活动。如在电影《我的野蛮女友》中，当女主人公打完男主人公后，地铁车厢中表现不同人物反应的一组并列镜头，就是对某段时间实施了延长处理，如图 9-7 所示。

(a)镜头 1

(b)镜头 2

(c)镜头 3

图 9-7　电影《我的野蛮女友》

并列镜头有时也被用来夸张地表现某一个瞬间。在武打动作片中,同一镜头经常多次反复出现,用来表现演员所完成的某些高难度动作。除此之外,并列镜头还可以用于突出表现某一瞬间。如在电影《世界之战》中,男主人公和人群反复回头看的一组镜头,即加深了大家看见外星人的惊恐,重叠动作的并列镜头夸大了动作的戏剧力量,具有一定的视觉冲击力,同时拉伸了时间,如图 9-8 所示。

扫码可看图 9-8 彩图 a

(a)镜头 1

(b)镜头 2

扫码可看图 9-8 彩图 b

扫码可看图 9-8 彩图 c

(c)镜头 3

(d)镜头 4

扫码可看图 9-8 彩图 d

扫码可看图
9-8 彩图 e

(e)镜头 5

图 9-8　电影《世界之战》

(三)省略

一般来说,电影都是省略的,只在极少数的情况下才会表现真实的时间。所谓省略,也就是以观众能够理解和接受的方式打破流畅叙事的方法,或者说跳跃性地进行叙事。在今天的电影中,我们经常看到将并列镜头用作省略的方法。如在美国影片《肖申克的救赎》中,导演将 20 年来瑞德的三次假释场景用三个相似的并列镜头重复表现,省略了冗长的叙事过程,体现了时间的流逝,如图 9-9 所示。

扫码可看图
9-9 彩图 a

(a)瑞德第一次假释

(b)瑞德第二次假释

扫码可看图
9-9 彩图 b

扫码可看图
9-9 彩图 c

(c)瑞德第三次假释

图 9-9　电影《肖申克的救赎》

省略是将时间进行压缩,但并列镜头本身并不能独立完成省略的过程,它必须依靠并列镜头前后叙事的帮助。

(四)某种印象的叠加

并列镜头既可以对时间进行省略,同时又会让观众感觉到时间的漫长,两者同时使用,则会产生某种印象叠加的效果。在《热血警探》的开头片段中,男主人公边走路边叙述他的个人经历,每种经历都使用了并列镜头进行表现,且将这些经历组合起来也形成一种并列。从并列的每一个单元来看,肯定都是省略的,因为镜头只表现了其个人经历的局部段落。但从总体来看,每个单元的叠加又使人明白这是一个漫长的过程。通过这组并列镜头,观众在心目中也加深了主人公是一名十分优秀的警探的印象,如图 9-10 所示。

扫码可看图 9-10 彩图 a

1993年毕业于坎特伯雷大学
Graduated Canterbury University in 1993

(a)镜头 1

之后在亨顿学院接受警务培训
Attended Hendon College of Police Training.

(b)镜头 2

扫码可看图 9-10 彩图 b

扫码可看图 9-10 彩图 c

在社区中很快建立起
Quickly established an effectiveness and popularity

(c)镜头 3

高效及受欢迎的形象
within the community.

(d)镜头 4

扫码可看图 9-10 彩图 d

图 9-10　电影《热血警探》

第三节　并列镜头的呈现方式

一、并列镜头的组合形态

(一)叙事性组合

每个小故事相互独立,所有故事之间的顺序可以交换而不影响影片的整体结构。每个小故事内部都有因果逻辑的叙事性,并列关系所要求的相似性不再以单个镜头来显现,而是以段落与段落之间的相似来显现。如电影《重返地球》的时序性交替叙事组合,呈现的是两个或三个时间叙事组合序列,每一个序列内部均有因果逻辑的叙事性,但几个序列之间则是同时性的,如图 9-11 所示。

(二)"反"并列形式组合

这是一种情绪性的、逻辑关系不明确的组合并列。彼此之间没有能够以小故事分组的可能性,它有意地破坏镜头之间的逻辑关系而使其达到并列的抒情效果,如电影《阿甘正传》中的一组并列镜头,如图 9-12 所示。

扫码可看图 9-11 彩图

图 9-11　电影《重返地球》

图 9-12　电影《阿甘正传》

扫码可看图 9-12 彩图

(三)形式加强组合

这种并列镜头在组合的形式上有所创新,突破了单一镜头的样式。它具有假定化的前提。对于此类并列镜头来说,最重要的一点便是增加镜头组合之间的相似性,如电影

《罗拉快跑》中的一组并列镜头，如图 9-13 所示。

扫码可看图
9-13 彩图

图 9-13　电影《罗拉快跑》

二、置换法则的讨论

1.其实任何并列镜头都无法摆脱时间的约束，也就是时间逻辑延续的问题，因为电影剪辑本身具有时间性。

2.当时间的逻辑延续很短的时候，观众不太会注意到并列镜头。

3.当剪辑师大力压缩时间时，时间的逻辑延续性问题才会暴露出来。关键在于观众心理知觉的尺度。

并列镜头的功能来自其自身所表现的内容，观众只有在看完整个一组并列镜头并理解其含义后，才能产生上述效果。

三、并列镜头的美学意义

1.组合并列镜头与非组合并列镜头的功能基本上是一样的，都是对叙事流畅性的有意破坏。

2.对于电影的视觉语言来说，观众对情感的释放通常会借助并列手段。

3.当观众不希望叙事被破坏或表现得太突兀时，则应将叙事与表现相融合。

第四节　并列镜头的演变

一、趋向于表现——镜头之间维持强烈的相似性，无逻辑关系

1.将一个运动过程分成两部分，形成两组并列镜头。并列镜头之间没有逻辑关系，两组镜头之间有明确的逻辑关系。

2.作用：对时间进行省略，加强并列镜头之间的相似性和表现力，如电影《十面埋伏》中的一组并列镜头，如图 9-14 所示。

扫码可看图 9-14 彩图

图 9-14　电影《十面埋伏》

3.重表现性，轻叙事性，需要借助于音乐或者语言，如电影《生死谍变》《我是山姆》中的并列镜头，如图 9-15、图 9-16 所示。

扫码可看图 9-15 彩图

图 9-15　电影《生死谍变》

图 9-16　电影《我是山姆》

扫码可看图 9-16 彩图

二、趋向于叙事

1.景别、拍摄方法相似(但不严格),镜头之间可交换,向叙事性靠拢,表现性在叙事性的控制之下,如图 9-17 所示。

扫码可看图
9-17 彩图

图 9-17　电影《柔道龙虎榜》

2.相似性低,镜头之间可交换,如图 9-18 所示。

扫码可看图
9-18 彩图

图 9-18　电影《集结号》

3.基于一般并列和叙事之间,画面相似性低,主人公的行为和情绪相似性高,镜头之间不易交换,如图 9-19 所示。

扫码可看图
9-19 彩图

图 9-19　电影《一个男人和一个女人》

三、趋向于游戏——正常的因果逻辑片段处理成并列形式

1.叙事转变为非叙事,拿时间开玩笑,镜头之间可以置换,如图 9-20 所示。

扫码可看图
9-20 彩图

图 9-20　电影《拳霸》

2.逻辑性差,叙事性强,镜头之间不可以置换,如图 9-21 所示。

扫码可看图
9-21 彩图

图 9-21　电影《四月物语》

第五节　组合的并列镜头

两个镜头并列不是简单的一加一，而是一个新的创造。将一对并列镜头组接在一起时，其效果“不是两数之和，而是两数之积”。

一、组合的形态

因果的逻辑性、叙事性组合的并列，是以镜头询问到假设推理，然后一步一步得出结论的递进式的组合形态，如电影《尼罗河惨案》中的并列镜头，如图 9-22、图 9-23 所示。

扫码可看图
9-22 彩图

图 9-22　电影《尼罗河惨案》海报

图 9-23　电影《尼罗河惨案》

扫码可看图
9-23 彩图

二、象征组合的并列

即具有象征意义的镜头并列组合，如图 9-24 所示。

扫码可看图
9-24 彩图

图 9-24　电影《少林寺》

三、具有主观因素的并列

用主观思想表现镜头的并列组合，如电影《公民凯恩》中的一组并列镜头，如图 9-25 所示。

扫码可看图
9-25 彩图

图 9-25　电影《公民凯恩》

参考文献

[1]爱森斯坦. 并非冷漠的大自然[M]. 富澜,译. 北京:中国电影出版社,1996.

[2]奥斯廷. 看不见的剪辑[M]. 张晓元,丁舟洋,译. 北京:世界图书出版公司,2013.

[3]聂欣如. 影视剪辑(第二版)[M]. 上海:复旦大学出版社,2012.

[4]潘强,何佳. Premiere Pro CC 影视编辑 标准教程(微课版)[M]. 北京:人民邮电出版社,2016.

[5]唯美世界,曹茂鹏. 中文版 Premiere Pro 2020 完全案例教程(微课视频版)[M]. 北京:中国水利水电出版社,2020.

图书在版编目(CIP)数据

影视后期制作基础:Adobe Premiere Pro CC 实训教程/王路主编;余南霖,周竹,杨苏副主编.--北京:中国传媒大学出版社,2024.6
ISBN 978-7-5657-3641-4

Ⅰ.①影… Ⅱ.①王… ②余… ③周… ④杨… Ⅲ.①视频编辑软件-教材 Ⅳ.①TP317.53

中国国家版本馆 CIP 数据核字(2024)第 108147 号

影视后期制作基础:Adobe Premiere Pro CC 实训教程
YINGSHI HOUQI ZHIZUO JICHU:Adobe Premiere Pro CC SHIXUN JIAOCHENG

主　　编	王　路		
副 主 编	余南霖　周　竹　杨　苏		
策划编辑	姜颖昳		
责任编辑	姜颖昳　李水仙　蒋　倩		
特约编辑	李明远		
封扉设计	闰江文化		
责任印制	李志鹏		
出版发行	中国传媒大学出版社		
社　　址	北京市朝阳区定福庄东街 1 号	**邮　　编**	100024
电　　话	86-10-65450528　65450532	**传　　真**	65779405
网　　址	http://cucp.cuc.edu.cn		
经　　销	全国新华书店		
印　　刷	北京中科印刷有限公司		
开　　本	787mm×1092mm　1/16		
印　　张	24.75		
字　　数	512 千字		
版　　次	2024 年 6 月第 1 版		
印　　次	2024 年 6 月第 1 次印刷		
书　　号	ISBN 978-7-5657-3641-4/TP·3641	**定　　价**	78.00 元

本社法律顾问:北京嘉润律师事务所　郭建平